全国高职高专规划教材

环境监测技术
——工学结合教材

姚进一　主编

中国环境出版集团·北京

图书在版编目（CIP）数据

环境监测技术：工学结合教材/姚进一主编. —北京：中国环境出版集团，2015.1（2024.8 重印）
ISBN 978-7-5111-2200-1

Ⅰ. ①环… Ⅱ. ①姚… Ⅲ. ①环境监测—高等职业教育—教材 Ⅳ. ①X83

中国版本图书馆 CIP 数据核字（2014）第 309779 号

责任编辑 陈雪云
封面设计 宋 瑞

出版发行 中国环境出版集团
（100062 北京市东城区广渠门内大街 16 号）
网 址：http://www.cesp.com.cn
电子邮箱：bjgl@cesp.com.cn
联系电话：010-67112765（编辑管理部）
010-67112735（第一分社）
发行热线：010-67125803，010-67113405（传真）
印 刷 北京中科印刷有限公司
经 销 各地新华书店
版 次 2015 年 3 月第 1 版
印 次 2024 年 8 月第 2 次印刷
开 本 787×960 1/16
印 张 23.25
字 数 450 千字
定 价 55.00 元

本书编写人员

主　编　姚进一

副主编　刘琳娟

参　编　荣梅娟　花海蓉　白晓龙

施桃红　陈　刚

前言

环境监测是对影响环境质量因素的某些代表值进行监视、监控和测定，以确定环境质量及其变化趋势的工作过程。环境监测的一般过程可分为接受任务、现场调查和收集资料、监测计划设计、采样点布设、样品采集、样品运输和保存、样品预处理、分析测试、数据处理、综合评价等几个环节。我们在结合多年项目化教学，充分听取企业人员意见和建议的基础上，与企业人员一起编写了基于校企合作的《环境监测技术》项目化教材，以利于职业院校的环境监测课程更好地实行项目化教学。

《环境监测技术》课程的设计遵循行业能力要求，在南通市环境监测站及其他相关企业工作人员的参与下，编制专业计划和课程标准，选定课程教学内容，合理配置教学资源，采用岗位模拟方式实行项目化教学，形成“知行并重、教学并举”的课程教学模式，以完成知识、技能、素质目标的综合培养。在内容的编排上，力求以环境监测的工作过程为主线，以工作任务的完成为目标，进行了理论知识、实践操作、职业素质培养的重新组合。项目内容的选取可根据学期时间的长短进行适当安排，建议选择项目数 14 ～ 18，周课时数 5 ～ 6，学期课时数 70 ～ 96。

各项目内容按照教学过程五环节进行编写：知识准备、技能准备、方案设计、方案实施、总结评价。教学中要注意因材施教，因人施教；注意教书与育人并重，技能与品德双修；注意力求在讲授知识的同时，适当穿插技能操作，或者在传授技能操作的同时，适当糅合理论知识的讲解，以减少学习的枯燥乏味。学生总成绩的评定，以过程评价与期末考核评价的方式进行。建议过程评价占比 60%，期末考核占比 40%。技能操作以理论试题的面目出现在期末试卷中，以全面检查学生的学习质量，努力形成既满足能力为先，又达到愉快学习的教学局面。

南通市环境监测站的刘琳娟工程师一并参与了课程标准的编制及教学内容的选取和编写工作。参加本教材编写工作的还有荣梅娟、花海蓉、白晓龙、施桃红、陈刚等老师，荣梅娟老师还负责了本书的插图润色和校对工作，在此一并表示衷心的感谢！

由于编者水平有限，书中缺点与错误在所难免，恳请读者批评指正，以供再版时修正。

编者

2014.10

目录

项目1 氨氮水样的采集与保存

一、知识准备

测定水中的氨氮含量，有助于评价水体污染程度和当前的自净状况。

进入水体中的氮有无机氮和有机氮之分。无机氮包括氨态氮（简称氨氮）和硝态氮。氨氮包括游离氨态氮（NH_3-N）和铵盐态氮（NH_4^+-N）；硝态氮包括硝酸盐氮（NO_3^--N）和亚硝酸盐氮（NO_2^--N）。有机氮主要有尿素、氨基酸、蛋白质、核酸、尿酸、脂肪胺、有机碱、氨基糖等含氮有机物。可溶性有机氮主要以尿素和蛋白质形式存在，它可以通过氨化等作用转换为氨氮。

水体中的含氮化合物很多，比较受到重视的有硝酸盐氮、亚硝酸盐氮、氨氮、有机氮、凯氏氮等。氨氮是水质监测的必测项目之一。其污染源主要有生活污水中含氮有机物的分解产物、工业废水（如焦化废水）、氨化肥厂污水和农业排水等。

本次的工作任务，是假定采用纳氏试剂分光光度法测定水样中的氨氮，如何做好采集和保存氨氮的水样。

（一）环境监测的概念及内容

1. 环境监测概念

指利用现代的科学技术手段，对代表环境污染和环境质量的各种环境要素（环境污染物）的监视、监控和测定，从而科学评价环境质量及其变化趋势的操作过程。

2. 环境监测方案

指包括接受任务、现场调查、收集资料、监测方案设计、样品采集、样品保存、样品预处理、分析测试、数据处理、综合评价等。

环境监测技术主要由采样技术、测试技术和数据处理技术构成，所以环境监测方案也包括采样方案、测试方案和数据处理方案三个方面。

（1）采样方案：包含国家相关法律法规与标准的了解、样品采集现场情况调查、分析项目、采样点布设、采样时间、采样频率、采样方法、样品的运输与保存、样品的现场处理等。

（2）测试方案：分析方法选择、样品的制备或预处理、水的准备、试剂的配制、仪器的准备、监测分析操作、制定质量保证体系等。

（3）数据处理方案：数据处理方法、监测报告、综合评价等。

3．环境监测内容

指一般包括水和污水监测、大气和废气监测、噪声污染监测、土壤污染监测、固体废弃物监测、生物污染监测、放射性污染监测等。除此之外，有时还包括振动监测、电磁辐射监测、热监测、光监测、卫生监测等。

4．环境监测类型

指按监测对象分，有环境质量状况和污染源监测等；按分析指标分，有化学指标监测、物理指标监测、生物指标监测；按专业部门分，有气象监测、卫生监测、资源监测；按监测区域分，有厂区监测和区域监测；按监测目的或监测任务分，有监视性监测、特定目的监测、研究性监测等。目前使用比较多的是按照监测目的或监测任务进行分类。

表 1-1　环境监测类型

分类依据	类型	备注
监测对象	环境质量状况 污染源监测等	也称大环境监测 也称小环境监测
分析指标	化学指标监测 物理指标监测 生物指标监测等	化学因素 物理因素 生物因素
专业部门	气象监测 卫生监测 资源监测等	
监测区域	厂区监测 区域监测等	
监测目的或监测任务	监视性监测 特定目的监测 研究性监测等	常规监测 事故、仲裁、验证、咨询等 明显用于科学研究的监测
监测内容	水和污水监测 大气和废气监测 噪声污染监测 土壤污染监测 固体废弃物监测 生物污染监测 放射性污染监测等	除此之外，有时还包括振动监测、电磁辐射监测、热监测、光监测、卫生监测等

（1）监视性监测

包括对污染源监测和环境质量监测，以确定环境质量及污染源状况、评价污染控制措施的效果、衡量环境标准实施情况和环境保护工作的进展。这是监测工作中量大面广、日常开展得最多的工作。

监测内容有：

①污染源排放的监控。即在工业废水、生活污水、医院污水等污染源排放口设

置特定的仪器进行自动监测，或定期人工采样实验室分析，测定有害物质的瞬间浓度、单位时间平均浓度、排放量、污染物形态等，并建立监测台账及污染源档案，编制报表，判断污水排放标准的执行情况和治理措施的效果，为环境污染物总量控制提供依据。

②区域环境的趋势监测。定期、定点年复一年地测定大气、水体、土壤、生物等环境要素中已知污染物的形态、浓度在时间和空间上的分布状况，并调查或测定影响环境质量变化的气象、水文、地质、地理、社会生产、能源和人口情况，综合分析环境质量现状、问题和变化趋势，提出追踪和改善环境质量现状问题和变化趋势，提出改善环境质量和追踪环境目标的对策，实现对环境质量的有效控制。

（2）特定目的监测

①污染事故监测

在发生污染事故时，及时深入事故地点进行应急监测，确定污染物的种类、形态扩散方向、扩散速度，判断污染程度及危害范围，查找污染发生的原因，为控制污染事故提供科学依据。这类监测常采用流动监测（车、船等）、简易监测、低空航测、遥感遥测等技术手段。

②纠纷仲裁监测

主要针对污染事故纠纷、环境执法过程中所产生的矛盾进行仲裁监测，提供污染公证数据。

③考核验证监测

包括人员考核、方法验证、新建项目的环境考核评价、排污许可证制度考核监测、“三同时”项目验收监测、污染治理项目竣工时的验收监测。学校的教学与培训、环境监测工种证书的培训与考核等，可以归纳于此类监测中。

④咨询服务监测

为政府部门、科研机构、生产单位提供的服务性监测，为国家政府部门制订环境保护法规、环境标准、区域环境规划提供基础数据和手段。如建设新企业应进行环境影响评价，需要按评价要求进行设点监测和对环境质量变化趋势进行科学预测。

（3）研究性监测

针对特定目的科学研究而进行的高层次监测，是通过监测了解污染机理、弄清污染物的迁移、扩散、降解、转化等变化规律，研究环境遭受污染的程度，例如环境本底的监测及研究，有毒有害物质对从业人员的影响研究、污染物在动植物体内的分布规律研究等，为监测工作本身服务的科研工作的监测（如统一方法和标准分析方法的研究、标准物质研制、预防监测）等。这类研究往往要求多学科、多领域、多人员合作进行。

（二）环境监测的目的及特点

1．环境监测目的

（1）通过环境质量监测，将监测数据结果与环境质量标准比较，以判断环境质量的优劣；

（2）通过污染源监测，将监测数据结果与污染物排放标准比较，以判断污染源排放是否超标；

（3）研究污染物扩散及降解特点、污染治理设施效果、污染物治理技术与方法等，为环境科学研究提供基础数据；

（4）根据长期积累的数据和资料，预测预报环境质量变化，并为环境影响评价提供依据；

（5）研究环境容量，实施总量控制和目标管理，为环境管理部门制定和修改环境法规、环境质量标准等服务。

2. 环境污染特点

（1）时空分布性

包括时间分布性和空间分布性两方面，说的都是污染物浓度的变化特点。时间分布性是指同一污染物在同一地点，于不同的时间内存在很大的变化；空间分布性是指同一污染物在同一时间内，于不同的地理位置上也会发生很大的差异。了解污染物的时空分布性，对于如何布设采样点、何时采样以及采集多长时间，具有很大的指导意义。

（2）活性和持久性

活性强的污染物，往往在环境中的危害性大，程度剧烈，而且更容易在环境中发生变异，形成毒性更强的二次污染物，严重危害人和生物的生存环境。持久性是指污染物在环境中对环境危害时间持续的长短程度。多数活性强的污染物，在环境中危害的持久性短，但那些不容易降解的重金属、有机物等，其活性强，持久性也比较长。

（3）生物累积性和可分解性

有些污染物存在于环境中能够被生物吸收、利用并分解，尤其是有机污染物。如水体中的苯酚对于鱼类有很强的威胁性，但是也容易在微生物的作用下，被氧化分解为无毒物质。也有一些有机污染物不能被生物有效降解，如二噁英。生物累积性是指有些污染物可在人或生物体内逐渐积累、富集，直至达到伤害病变的程度。例如，铬、镉、铅等重金属，可在人体的肝、肾、骨骼中等造成蓄积。水俣病、骨痛病就是分别由于甲基汞、金属镉在人体内逐渐蓄积而引起的疾病。

（4）综合效应

进入环境中的污染物种类众多，发生危害作用时形式多样。这种作用形式可以单独作用，也可以是协同作用（相加作用、相乘作用、拮抗作用）的结果。单独作用是指污染物中的某一组分发生的危害作用；相加作用是指多种污染物发生的危害作用等于各个污染物发生的危害作用之和；相乘作用是指多种污染物发生的危害作用，超过了多种污染物单独发生的危害作用之和；拮抗作用是指多种污染物发生的毒害作用，发生了彼此部分或全部抵消。

3．环境监测特点

环境监测就其对象、手段、时间和空间的多变性，污染组分的复杂性等，其特点可归纳为：

（1）综合性

环境监测的综合性表现在：

①监测手段：包括化学、物理、生物、物理化学、生物化学及生物物理等一切可以表征环境质量的方法与手段；

②监测对象：包括空气、水体（江、河、湖、海及地下水）、土壤、固体废物、生物等客体，只有对这些客体进行综合分析，才能确切描述环境质量状况；

③监测数据的处理：对监测数据进行统计处理、综合分析时，需涉及该地区的自然和社会各个方面的情况，因此，必须综合考虑才能正确阐明数据的内涵。

（2）连续性

由于环境污染具有时空性等特点，因此，具有坚持长期测定，才能从大量的数据中揭示其变化规律，预测其变化趋势，数据样本越多，预测的准确度就越高。因此，监测网络、监测点位的选择一定要科学，而且一旦监测点位的代表性得到确认，必须长期坚持监测，以保证前后数据的可比性。

（3）追踪性

环境监测是依法进行的，包括监测目的的确定、监测计划的制订、采样、样品运送与保存、实验室测定和数据处理等过程，是一个环节多、干扰多、要求高的复杂而又联系的系统。为使监测结果具有一定的准确性，并使数据具有代表性、可比性和完整性，需要建立环境监测全过程的质量保证体系，以保证监测数据准确可靠，并可以追踪。

（三）环境监测的原则及要求

1．环境监测原则

（1）优先污染物

对众多污染物进行分级排队，从中筛选出潜在危害性大、在环境中出现频率高的污染物作为监测和控制对象。经过优先选择的污染物称为优先污染物。

环境优先污染物具有如下特点：①在环境中难以降解；②在环境中有一定残留水平；③出现频率高、排放量比较大；④具有生物累积性；⑤属于“三致”物质；⑥毒性较大以及现代已有成熟的检出方法。

1997 年，由中国环境监测总站《中国水中优先控制污染物黑名单的确定》课题组主导的团队，从工业污染源调查和环境监测着手，在总结大量实验研究结论的基础上，汇总了约 10 万个数据，从全国有毒化学品登记库中检索出 2 347 种污染物的初始名单，最终筛选出中国环境优先污染物名单，包括 14 种化学类别共 68 种有毒化学品，其中有机物占 58 种。

（2）优先监测

一般来说，对优先污染物进行的监测称为优先监测。由于环境污染物种类繁多，不管出于何种目的，人们不可能也没有必要对每一种污染物都制定标准进行监测，只能将潜在危险性大、在环境中出现频率高、残留高、有成熟监测方法、样品有广泛代表性的污染物确定为优先监测目标，实施优先监测。

从广义的优先监测角度讲，优先监测还应该包括对那些含量不稳定的污染指标或污染因子，进行时间上首批选定的及时的监测，如水质监测指标中的温度、pH 等，尽管它们不属于优先污染物，但由于它们的含量或示值极不稳定，容易变化，所以应优先于其他成分在现场就要监测。

一般来说，对符合以下条件的，应考虑优先监测：

对环境影响大的；在环境中含量不稳定的；浓度高到接近甚至超过标准值的；样品有广泛代表性的；有标准可比的；有可靠分析方法进行测定的。

2．环境监测要求

主要包括代表性、可比性、系统性、准确性、精密性 5 个方面。

（1）代表性：指少量的样点抽样测定，其结果能够较真实地代表总体结果。

（2）可比性：指样点选取、样品采集、预处理与测定、数据处理等全过程中的方法条件保持一致，使测定结果相互可比。

（3）系统性：指监测过程的每一个环节，尤其是监测系统的整体方案设计及实施步骤，必须完整，不要出现疏漏。

（4）准确性：分析准确度是一个方法的综合指标，所有的其他条件及要求，都是为了这个准确度服务的。即最终都要满足测定值与真实值相吻合。

（5）精密性：指对一个均匀样品进行多次测定结果，应该具有较好的平行性、重复性和再现性。精度性是准确性的前提要求。

（四）环境标准

1．环境标准分类

环境标准可以分为六类、两级。六类环境标准包括：环境质量标准、污染物排放标准、环境监测方法标准、环境标准样品标准、环境基础标准，以及其他标准。

环境标准的两级是指国家级环境标准和地方级环境标准。其中，环境质量标准以及污染物排放标准既有国家级，又有地方级。

（1）环境质量标准

指为了保护人类和生物的生存环境，在一定的时空范围内，对环境质量所做的浓度或指标的分级（分类）限定，即污染物或污染因子在环境中的容许含量。

环境质量标准主导和制约着所有其他的环境标准，是衡量环境质量好坏的依据，其目的是为环境保护主管部门提供环境管理的工作指南和依据，是制定污染物排放标准的基础。

制定环境质量标准要以环境质量基准为依据，环境质量基准是指污染物或污染因子对人或生物，不产生伤害的最大剂量或浓度。

由于我国幅员辽阔，各地区的地理条件差异很大，不同区域的经济发展水平很不平衡，为了满足经济发展要求，在国家环境质量标准做指导的基础之上，各地区可以根据当地的环境功能、污染状况和地理、气候、生态特点，并结合经济、技术条件，在省、市（区）、直辖市范围或特定的区域内，建立地方环境质量标准，它是对国家环境质量标准的补充和完善。

（2）污染物排放标准

是环保部门对污染源排入环境的有害物质或产生污染的各种因素作的限制规定，也称污染物控制标准。本标准是为满足环境质量标准服务的。

同样，在满足地方环境质量标准的前提下，各地区也可以根据地区的实际情况，建立地方污染物排放标准。

（3）环境监测方法标准

是为监测环境质量和污染物排放，规范采样、样品处理、分析测试、数据处理等作的统一规定，即由环境保护部环境监测司统一颁布的环境监测规范方法标准。环境监测采用的分析方法，要优先采用国家正式颁布的分析方法。

（4）环境标准样品标准

为保证环境监测数据的准确、可靠，实现量值传递或分析质量控制，将来源于环境中的样品材料等进行研制定值，使之成为标准物质，这就是标准样品标准。标准样品属于实物标准，与文字标准合在一起构成完整的标准形态。

标准样品可以用来评价分析仪器性能、鉴别分析方法的精密度、准确度和灵敏度，评价操作者的分析技术，实现操作技术的规范化。标准样品的采用，可以实现不同地区、不同实验室的数据的可传递性，实现数据互用，有利于实现国际执法。

（5）环境基础标准

指在环境标准化工作范围内，对有指导意义的符号、代号、指南、程序、规范等做的统一规定，是制定其他环境标准的基础。我国已颁布的环境基础标准有：制定地方水污染物排放标准的技术原则与方法（GB 3839—83）；制定地方大气污染物排放标准的技术原则与方法（GB 3840—83）。

（6）其他环境标准

指除了上述五类标准以外，对在环境保护工作中还需要统一协调的技术规范，如仪器设备标准、环境管理方法、产品标准等，所作的统一规定，是对环境标准的补充。

2．环境标准作用

（1）是环境保护的工作目标，是制定环境保护规划和计划的重要依据；

（2）是判断环境质量和衡量环保工作优劣的准绳：评价一个地区环境质量的优劣、评价一个企业对环境的影响，只有与环境标准相比较才能有意义；

（3）是执法的依据，不论是环境问题诉讼、排污费收取、污染治理目标等执法的依据都是环境标准；

（4）是组织现代化生产的重要手段和条件，通过实施标准可以制止任意排污，促使企业对污染进行治理和管理；采用先进的无污染、少污染的工艺；更新设备；资源和能源的综合利用等。

3．环境标准制定原则及依据

环境标准的制定要充分体现科学性和现实性相统一，才能满足既保护环境质量的良好状况，又促进经济技术发展的要求。

(1)要有充分的科学依据：标准中指标值的确定,要以科学研究的结果为依据，如环境质量标准，要以环境质量基准为基础；制定监测方法标准要对方法的准确度、精密度、干扰因素及各种方法的比较等进行试验。制定控制标准的技术措施和指标，要考虑它们的成熟程度，可行性及预期效果等；

（2）既要技术先进，又要经济合理：环境质量标准是以环境质量基准为依据，注重社会、经济、技术等因素的影响，它既具有法律强制性，又可以根据技术、经济以及人们对环境保护的认识变化而不断修改、补充；

（3）与有关标准、规范、制定协调配套：质量标准与排放标准、排放标准与收费标准、国内标准与国际标准之间应该相互协调才能有效地贯彻执行；

（4）积极采用或等效采用国际标准：一个国家的标准是反映该国的技术、经济和管理水平。积极采用或等效采用国际标准，是我国重要的技术经济政策，也是技术引进的重要部分，它能了解当前国际先进技术水平和发展趋势。

（五）水和水体污染

1．水体污染类型

环境水体是指海洋、江河、湖泊、水库、沼泽等地表水和地下水构成的总体。环境中的水体并不是纯净的水，或多或少地含有多种无机和有机物质，其中还存在着大量的水生生物、底质生物等，与大气降水、大气蒸发、地下渗透、落差搬运等，构成了动态的物质循环系统。

淡水与海水在组成上存在较大差异，海水的组成远较淡水来得复杂，并且盐度很高，而陆地地下水和地表水也因地域不同，成分也有很大不同。由于人类活动影响，大量污染物进入水体，导致了水和水体底泥的物理化学性质、生物群落组成发生变化，从而降低了水体的使用价值，造成了水体污染。大量事实告诉我们，我国的许多城市目前都存在着水质型缺水现象，不仅饮用水质量受到影响不能达标，甚至基本的农田灌溉水也不符合要求。

环境科学上，通常按照污染物的类型或能量（如热污染）造成的环境问题，将水体污染类型分为化学型、物理型、生物型几类。

（1）化学污染型

由排入水体的有毒化学物质造成的水体污染。又可以分为无机型和有机型。无机型主要是酸碱盐、各种形态的金属化合物以及砷化物、氰化物等。有机型主要由石油、有机农药、多氯联苯、多环芳烃、卤代烃、芳香族氨基化合物、洗涤剂、酚类、蛋白质、脂肪、碳水化合物、木质素、食物下脚料等引起的污染。

（2）物理污染型

指排入水体的有色物质、悬浮物、放射性物质、废热引起的高于常温物质造成的污染。

（3）生物污染型

指随着生活污水、医院污水、养殖业、有机加工废料等进入水体，而引起的细菌、病毒、寄生虫等病原微生物造成的污染。

2. 监测对象及方法

（1）监测对象

一般划分为水体环境质量监测（即大环境的环境质量状况监测）和水污染源监测两大部分。

水体环境质量监测包括地表水（江河、湖泊、水库、沟渠、海水）和地下水，水污染源监测包括工业废水、生活污水、医院污水等。

（2）监测方法

一般要求采用国家标准统一分析方法和统一技术规范，在某些情况下也可以采用等效分析测试方法进行。

水体监测常用的分析方法有：

①化学分析方法，一般用于常量组分分析，有称量法、滴定法；

②仪器分析方法，常用于含量比较低的微量级以下的监测，通常对样品的预处理技术有一定要求。有分光光度法、原子吸收分析法、原子荧光分析法、离子选择电极法、库仑分析法、气相色谱法、液相色谱法、离子色谱法、多机联用技术等。

（3）监测项目

①地表水（除了海水）监测项目：水温、pH 值、溶解氧、高锰酸盐指数、化学需氧量、五日生化需氧量、氨氮、总氮（湖、库）、总磷、铜、锌、硒、砷、汞、镉、铅、铬（六价）、氟化物、氰化物、硫化物、挥发酚、石油类、阴离子表面活性剂、粪大肠菌群。

②生活饮用水监测项目：肉眼可见物、色、嗅和味、浑浊度、pH、总硬度、铝、铁、锰、铜、锌、挥发酚、阴离子合成洗涤剂、硫酸盐、氯化物、溶解性总固体、耗氧量、砷、镉、铬（六价）、氰化物、氟化物、铅、汞、硒、硝酸盐、氯仿、四氯化碳、细菌总数、总大肠菌群、粪大肠菌群、游离余氯、总 α 放射性、总 β 放射性。

③废（污）水监测项目

第一类污染物：在车间或车间处理设施排放口采样测定的污染物，包括总汞、烷基汞、总镉、总铬、六价铬、总砷、总铅、总镍、苯并 [*a*] 芘、总铍、总银、总 α 放射性、总 β 放射性。

第二类污染物：在排污单位排放口采样测定的污染物，包括 pH、色度、悬浮物、五日生化需氧量、化学需氧量、石油类、动植物油、挥发酚、总氰化物、硫化物、氨氮、氟化物、磷酸盐、甲醛、苯胺类、硝基苯类、阴离子表面活性剂、总铜、总锌、总锰。

（六）水样的采集

1. 采样前准备

采样前，要根据监测项目的性质和采样方法的要求，选择适宜材质的盛水容器和采样器，并清洗干净。此外，还需要准备好交通工具，常使用船只。对采样器具的材质要求化学性能稳定，大小和形状适宜，不吸附欲测组分，容易清洗并可反复使用。

（1）装样容器准备

选择容器的依据是避免容器材质溶解、吸附或者与待测物质发生反应。

常使用的容器有聚乙烯塑料容器和硬质玻璃容器。塑料容器常用于金属或无机物监测项目；玻璃容器常用于有机物和生物等监测项目；惰性材料常用于特殊监测项目。

容器使用前要进行洗涤，以防止容器对水样测定造成干扰。

金属类水样容器：自来水→洗涤剂→自来水→ 10% 的盐酸或硝酸浸泡 4 ～ 8h →自来水→蒸馏水；

有机物水样容器：自来水→洗涤剂→自来水→蒸馏水。

（2）采样器准备

常采用聚乙烯塑料、有机玻璃、硬质玻璃和金属铜、铁等。清洗时，先用自来水冲洗掉灰尘等杂物，用洗涤剂去除油污，自来水冲洗后再用 10% 的盐酸或硝酸洗刷，再用自来水冲洗干净备用。

（3）交通运输工具准备

最好有专用的监测船或采样船，或其他合适的船只，根据交通条件选择合适的陆上交通工具。

（4）采样量确定

采样量的多少，与监测方法、水样组成、污染物性质、浓度高低等因素有关。按照监测项目计算后，再适当增采 20% ～ 30% 的采集量。供一般物理与化学监测用的水样 2 ～ 31 个，待测项目很多时采集 5 ～ 101 个，充分混合后分装于 1 ～ 21 个储样瓶中。采集的水样除一部分做监测，还要保存一部分备用。正常浓度水样的采集量（不包括平行样和质控样），见表 1-2。

表 1-2　单指标测量时水样采集量

监测项目	水样采样量 / mL	监测项目	水样采样量 / mL	监测项目	水样采样量 / mL
悬浮物	100	氯化物	50	溴化物	100
色度	50	金属	1 000	碘化物	100
嗅	200	铬	100	氰化物	500
浊度	100	硬度	100	硫酸盐	50
pH	50	酸度、碱度	100	硫化物	250
电导率	100	溶解氧	300	COD	100
凯氏氮	500	氨氮	400	苯胺类	200
硝酸盐氮	100	BOD_5	1 000	硝基苯	100
亚硝酸盐氮	50	油	1 000	砷	100
磷酸盐	50	有机氯农药	2 000	显影剂类	100
氟化物	300	酚	1 000		

2．地表水采集

（1）收集资料，调查研究

①水体的水文、气候、地质和地貌资料。如水位、水量、流速及流向的变化；降雨量、蒸发量及历史上的水情；河流的宽度、深度、河床结构及地质状况；湖泊沉积物的特性、间温层分布、等深线等。

②水体沿岸城市分布、工业布局、污染源及其排污情况、城市给排水情况等。

③水体沿岸的资源现状和水资源的用途；饮用水水源分布和重点水源保护区；水体流域土地功能及近期使用计划等。

④历年水质监测资料。

（2）监测断面设置原则

应在水质、水量发生变化及水体不同用途的功能区处设置监测断面：

①大量废水排入河流的居民区、工业区上下游；

②湖泊、水库的主要出入口；

③饮用水水源区、水资源区域等功能区；

④入海河流河口处、较大支流汇合口上游和汇合后与干流混合处；

⑤国际河流出入国际线的出入口处；

⑥尽可能与水文测量断面重合。

（3）监测断面设置

为评价完整江河水系的水质，需要设置背景断面、对照断面、控制断面和削减断面；对于某一河段，只需设置对照、控制和削减三种断面。

①背景断面：指为评价某一完整水系的污染程度而设置在未受人类生产和生活活动影响，能够提供水环境背景值的断面。设置原则为：基本不受人类活动的影响，远离城市、居民稠密区、工业区、农药及化肥施放区、主要交通干线等，一般设置在河流上游不受污染的河段及接近水源处；在水文地球化学异常的河段，应在其上、下游分别设置断面。

②对照断面（也称清洁断面）：反映该段河流水质的初始情况，一般设置在废水排放口的上游，不受本地区排放废水影响的地方。

③控制断面（也称污染断面）：反映本地区排放废水对河段水质的影响情况，其数目应根据城市的工业布局和排污口分布情况而定，一般设置在排污区（口）下游，污水与河水基本达到混匀的地方。

④消减断面（也称削减断面或自净断面）：指河流受纳废水和污水后，经稀释扩散和自净作用，使污染物浓度发生显著降低的断面，通常设在城市或工业区最后一个排污口下游 1 500m 以外的河段上。

对于湖泊、水库而言，监测断面设置在水流进出口、汇入口、各功能区中心部位、深浅水区、滞流区等处比较适宜。

（4）采样点布设

设置监测断面后，应根据水面的宽度确定断面上的采样垂线，再根据采样垂线处水深确定采样点的数目和位置。

根据河流的宽度，设定垂线数目：

表 1-3 水面宽度与采样垂线数目的确定

水面宽度 /m	垂线数目	说明
小于 50	1	中间
50 ～ 100	2	左右明显水流处
100 ～ 1 000	3	左右明显水流处，加中间一点
大于 1 500	5	等距离，边缘水流明显

根据垂线的深度，设定采样点数目：

表 1-4 水样深度与采样点数目的确定

水深度 /m	采样点数目	说明
小于 5	1	水面下 0.5m
5 ～ 10	2	水面下 0.5m，水底上 0.5m
10 ～ 50	3	水面下 0.5m，水底上 0.5m，加中间一点
大于 50	大于 4 点，酌情	基本等高度布点，上、下点的距离同上

（5）采样时间及频率

①饮用水水源地全年采样监测 12 次，采样时间根据具体情况选定。

②对于较大水系干流和中、小河流，全年采样监测次数不少于 6 次。采样时间为丰水期、枯水期和平水期，每期采样两次。流经城市或工业区，污染较重的河流，游览水域，全年采样监测不少于 12 次。采样时间为每月一次或视具体情况选定。底质每年枯水期采样监测一次。

③潮汐河流全年在丰、枯、平水期采样监测，每期采样两天，分别在大潮期和小潮期进行，每次应采集当天涨、退潮水样分别测定。

④设有专门监测站的湖泊、水库，每月采样监测一次，全年不少于 12 次。其他湖、库全年采样监测两次，枯、丰水期各 1 次。有废（污）水排入，污染较重的湖、库应酌情增加采样次数。

⑤背景断面每年采样监测一次，在污染可能较重的季节进行。

⑥排污渠每年采样监测不少于 3 次。

⑦海水水质常规监测，每年按丰、平、枯水期或季度采样监测 2 ～ 4 次。

（6）采样方法及采样器

①在河流、湖泊、水库、海洋中采样：常乘监测船或采样船、手划船等交通工具到采样点采集，也可涉水和在桥上采集；

②采集表层水水样：可用适当的容器（如塑料筒等）直接采集；而溶解氧水样采集时，必须隔绝空气采样，常用双瓶溶解气体采水器进行采集。

③采集深层水水样：可用简易采水器、深层采水器、采水泵、自动采水器等进行操作。

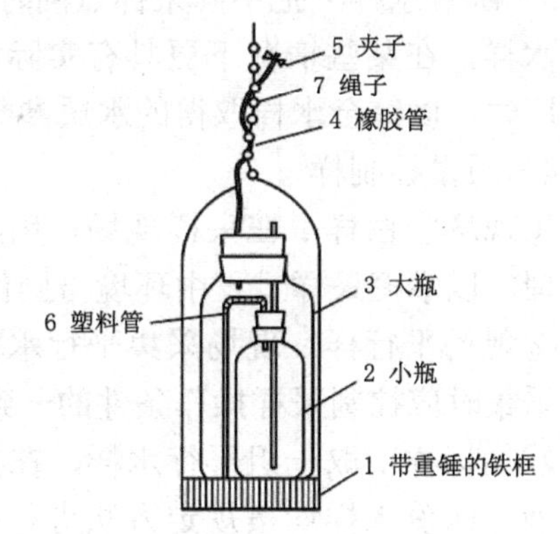

图 1-1 双瓶溶解氧采水器

水样采集的采样器有：简易采水器（水桶、瓶子）、单层采水器、急流采水器、双层采水器、泵式采水器、固定式自动采水器、比例组合式自动采水器，以及其他采水器（直立式、塑料手摇泵、电动）等。目前各单位使用最多的是有机玻璃采水器，内壁上附有精度0.2℃的酒精温度计，读数方便，几乎可以适用于任何水样的采集。

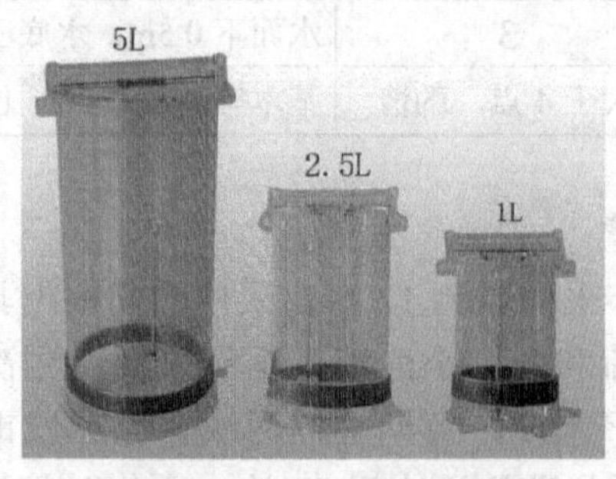

图 1-2　有机玻璃采水器

（7）水样类型

1）瞬时水样：指在某一时间和地点从水体中随机采集的分散水样。当水体水质稳定，或其组分在相当长的时间或相当大空间范围内变化不大时，瞬时水样具有很好的代表性；当水体组分及含量随时间和空间变化时，就应隔时，多点采集瞬时样，分别进行分析，摸清水质的变化规律。

2）混合水样：指在同一采样点于不同时间采集的瞬时水样混合后的水样，有时称“时间混合水样”。这种水样在观察平均浓度时非常有用，但不适用于被测组分在贮存过程中发生明显变化的水样。如果水流量随时间变化，必须采集流量比例混合样，即在不同时间依照流量大小按比例采集的混合样。包括等时混合水样和等比例混合水样。

3）综合水样：把不同采样点同时采集的各个瞬时水样混合后得到的样品称为综合水样，在某些情况下更具有实际意义。例如，当为几条河、渠建立综合污水处理厂时，以综合水样取得的水质参数作为设计的依据更为合理。

4）质量控制样

①现场空白样：在采样现场，用纯水按照采样步骤进行采样装瓶，与水样同样处理，以掌握采样过程中环境与操作条件的变化对监测结果的影响。

②现场平行样：现场采集平行水样用于平行测定，以反映采样与分析的精密度。采集时应控制采样操作条件的一致性。

③加标样：取一组平行水样，在其中的一份水样中加入一定量的被测物的标准溶液，两份水样均按规定方法进行处理，分析结果计算加标回收率，以说明分析准确度的好坏。

（8）水样保存

水样采集后常需送至实验室进行测定，这就涉及样品的保存和运输。对于痕量物质容易在保存过程中发生物理、化学和生物化学的变化，而使水质变化，失去代表性。所以从采样到测定时间间隔越短越好。某些指标则必须在现场测定（如温度、pH、Eh 等）或现场固定后再运输（如 DO 等）。

常见水样的保存方法如下：

① COD 水样保存方法：用于测定 COD 的水样最好取完样后立即测定，否则由于存放时间长，水样中的还原性有机物在微生物的作用下，会吸收空气中的氧气，缓慢地进行氧化还原反应分解掉，使得测定结果偏低。所以，水样做好在 2h 内进行测定。若必须存放一定时间，则应加入硫酸酸化至 pH ＜ 2，并在低温（4℃左右）存放，以减缓微生物活动。并在 48h 内测定完毕。

②氨氮水样保存方法：应存放于聚乙烯瓶或玻璃瓶中，加盖密封，防止吸收空气中的氨，使浓度升高。若水样中 NH_3 浓度较高，则应以硫酸将水样酸化至 pH ＜ 2，并在低温（4℃左右）存放。

③总氮水样保存方法：应加入硫酸酸化至 pH ＜ 2，并在低温（4℃左右）存放。并在 48h 内测定完毕。

④总磷水样保存方法：用于测定总磷的水样最好取完样后立即测定，若必须存放一定时间，则应加入硫酸酸化至 pH ＜ 2，并在低温（4℃左右）存放。

⑤正磷酸盐水样保存方法：正磷酸盐水样的测定不可加酸，也不可加其他保存剂，防止其他物质转化为正磷酸盐，或正磷酸盐转化为其他形式的磷酸盐，只需存放在 4℃左右的冰箱中，24h 内进行检测。

水样保存的时间，要大体上符合以下要求：一般清洁水样保存时间不超过 72h，轻度污染水样不超过 48h，严重污染水样不超过 12h。绝大多数监测指标，在国标方法中都有存放时间的具体要求。

为了保持水质，最好在保存时间内给予适当的处理。常用的处理方法：冷藏（4℃）、控制 pH 和加化学保存剂（生物抑制剂、氧化剂或还原剂）等。

常用保存技术如表 1-5 所示。

表 1-5　水样容器选择与保存技术

项目	容器类别	保存方法	分析地点	可存放时间	建议
pH	P 或 G	—	现场	—	—
酸碱度	P 或 G	2 ～ 5℃，暗处	实验室	24h	水样充满容器
嗅	G		实验室	6h	最好现场测定
电导率	P 或 G	2 ～ 5℃冷藏	实验室	24h	最好现场测定
色度	P 或 G	2 ～ 5℃冷藏	实验室	24h	最好现场测定

项目	容器类别	保存方法	分析地点	可存放时间	建议
悬浮物	P 或 G		实验室	24h	尽快测，最好单独定容采样
DO	G（DO 瓶）	加 MnSO4-KI，现场固定，冷暗处	实验室	数小时	最好现场测定
COD	G	2 ～ 5℃冷藏	实验室	尽快	
		−20℃冷冻	实验室	1 个月	
		加硫酸 pH<2	实验室	1 周	
BOD_5	G	−20℃冷冻	实验室	尽快	
		2 ～ 5℃冷藏	实验室	1 个月	
硝酸盐氮	P 或 G	酸化，pH ≤ 2，2 ～ 5℃冷藏	实验室	24h	有些废水不能保存，应尽快分析
亚硝酸盐氮	P 或 G	2 ～ 5℃冷藏	实验室	尽快	有些废水不能保存，应尽快分析
凯氏氮	P 或 G	加硫酸 pH<2	实验室	24h	
氨氮	P 或 G	加硫酸 pH<2	实验室		

（9）水样运输

对采集的每一个水样，都应做好记录，并在采样瓶上贴好标签，运送到实验室。在运输过程中，应注意以下几点：

①要塞紧采样容器器口塞子，必要时用封口胶、石蜡封口（测油类的水样不能用石蜡封口）。

②为避免水样在运输过程中因震动、碰撞导致损失或玷污，最好将样瓶装箱，并用泡沫塑料或纸条挤紧。

③需冷藏的样品，应配备专门的隔热容器，放入制冷剂，将样品瓶置于其中。

④冬季应采取保温措施，以免冻裂样品瓶。

（七）氨氮水样的采集与保存

1．氨氮概念及测定意义

（1）含氮污染物

（2）氨氮：指以氨或铵根离子形式存在的氮元素的含量，以 N，mg/L 表示。

（3）氨氮的测定意义：判断水质符合环境质量标准的哪一类。

地表水环境质量标准规定（小于等于）：Ⅰ类 0.15，Ⅱ类 0.5，Ⅲ类 1.0，Ⅳ类 1.5，Ⅴ类 2.0mg/L。

2．断面、垂线、采样点确定

（1）断面布设代表性：对照断面；控制断面；削减断面。

（2）垂线布设：根据河流的宽度，设定垂线数目。

（3）垂线上采样点：根据河流的深度，设定采样点数目。

3. 氨氮水样采集与保存

（1）采样采集与装样容器的选择

（2）氨氮水样的保存

塑料容器或玻璃器具都行，现场加硫酸固定至 pH ＜ 2。

以 2.5L 体积为例，pH=2 时，0.7mL；pH=1 时，7mL；每 2.5L 加 1mL 即可。

二、技能准备

（一）采水器的洗涤

一般采用 2% ～ 5% 的稀硝酸处理采水器和装样容器，以去除金属离子的干扰。若有油污存在时，可采用中性洗涤剂进行洗涤，然后再采用自来水冲洗，蒸馏水荡洗 2 ～ 3 遍。携带至采样现场后，还要再用所采的水样荡洗 2 ～ 3 次。

（二）温度计准备

采用带有 1℃（或 2℃）分刻度的酒精温度计即可，水温必须在采样现场测定，以了解所采集水样的水温情况。

（三）选点，采样

按照前述要求布设采样断面，确定垂线和采样的深度位置，然后将采水器用所采水样荡洗 2 ～ 3 次，将采水器放入指定位置处，待装满后轻轻拎上来。采样时要注意采水器质地和水体底质对水样的污染，因此，当水体比较浅时，要注意采水深度的控制，当水的深度小于 1m 时，可在 1/2 水深处采样，不能让采水器碰到河底，也不能搅动水体引起底质上浮或混浊。

（四）采样现场测定水温、pH

将酒精温度计插入水中，感温 5 ～ 7min（若气温与水温的温差大，感温时间要适当长一些）后，拿出读数，精确到 0.2℃，记录下温度。在此测定温度的同时，取玻棒事先洗净，蘸取水样滴入 pH 试纸上，3s 后观察试纸颜色，与标准 pH 色板对照，估读出水样的 pH 大小（精确到 0.5 个 pH）。平行采集两桶以上的水样，每次都要测定水温和 pH，结果取平均值，填入样品采集登记表中。样品采集登记表的格式如表 1-6 所示。

表 1-6 样品采集登记表格式

采样人员 ________________ 现场描述：

____

采样地点	样品编号	采样日期	采样时间		pH 值	温度	测定项目	保护剂
			采样开始	采样结束				
备注								

采样人员：　　　　记录人员：　　　　校核人员：
年 月 日　　　　年 月 日　　　　年 月 日

（五）水样装瓶、加保存剂

装样容器选择玻璃或塑料均可，初步洗涤后进行试漏，没有试漏的不得带入现场装样。现场装样时，将采水器中的水样放入装水容器中荡洗 2 ～ 3 次，然后装取水样至满，盖上瓶塞，并贴上标签。

标签上一般注明样品名称、测试项目、采样人、采样日期等。一些不能直接在标签上标明的事项，可以另外记录在专门的本子上，如水颜色、气味、天气环境、周围环境、污染源分布等。标签的格式如表 1-7 所示。

表 1-7 现场采集样品标签样式

环监 XX 号 [2014]YY 号		
样品编号		
监测项目		
待检	在检	已检

注：XX 代表点位号，YY 代表小组号。

水样编号：XX-YY-1，XX-YY-2，XX-YY- 空白。

三、方案设计

项目 1 氨氮水样的采集与保存

1．实施目的

（1）了解环境监测的概念、内容、环境标准的分类和作用；

（2）理解水体监测的对象、方法与监测项目；

（3）理解采样器具选择、采样量的确定方法；

（4）理解采样点的布设方法；

（5）学会水质采样点的布设；

（6）学会水质采样器的使用和样品的保存方法。

2．仪器与试剂

（1）采水器：2 500mL/L 有机玻璃采水器 1 只；

（2）采样容器：500mL/L 试剂瓶 3 个；

（3）浓硫酸；

（4）广泛 pH 试纸；

（5）10mL 移液管；

（6）1℃（或 2℃）分刻度的酒精温度计。

3．采样点布设

就近选点，有桥的话就在桥的下面采样，设置一条中央垂线，采集表层水（水面下 30 ～ 50cm 处）。

4．操作步骤

（1）选择采水器、装水容器并洗净；携带水样保存剂；携带广泛 pH 试纸、温度计、移液管、洗耳球、标签、记录本。

（2）在规定的采样点和深度处，用水样将采水器和装水样容器洗涤三遍，同时测定水温、pH。

（3）采集水样、平行样和现场空白样各一个，加入保存剂使 pH 在规定范围内，做好现场描述和采样记录，贴好标签，用报纸包裹试剂瓶，将水样安全带回实验室。

5．注意事项

（1）采样的一般安全预防措施；

（2）注意水文特征的影响及描述；

（3）注意避免样品被污染；

（4）注意保持采样现场的环境卫生。

四、方案实施

本方案是本课程开设的第一个项目，所以，将环境监测相关的概念、知识、要求等，穿插进来一起进行讲授，补充了一般教材中作为绪论部分的内容，以使得对环境监测的整体概况有一个比较全面的了解与理解，为后面各项目的开设做铺垫。

方案实施中，采用了平时工作中常见的有机玻璃采水器，采集用于测定氨氮的水样，对仪器、辅助器具、试剂、人员安排等，做了具体的分工要求。

五、总结评价

（一）学生评价

（二）教师评价

附 1-1　Z-800 型氨检测仪使用方法

一、Z-800 型氨检测仪技术指标

1．测量范围：0 ～ 50ppm[①]；

2．最小读数：0.1ppm；

3．准 确 度：≤读数 2%+0.1ppm；

4．反应时间：≤读数 30s；

5．操作温度：–20 ～ 40℃；

6．警报：80db；

7．电池：9V；

8．重量：300g；

9．体积：120(L)×65(W)×2.5(H)mm

二、Z-800 型氨检测仪使用方法

1．开机：按开关（ON-OFF），出现“嘟”；

2．盖好盖子，按 YES；

3．显示 Warmup Wait 热机、等待；

4．出现“嘟”声，显示 Cap Off？按 Y，打开盖子按 YES、自调调零，等待；

5．显示读数；

6．按“PEAK”显示最大值；按“15MIN AVE”显示 15min 平均值；按“8HR AVE”显示 8h 平均值。

三、注意

1．不可以在低电压下运行，否则会影响测量的准确性；

2．更换电池后，或者长时间不开机，会有很长的热机时间，以保证测量的准确性；

3．为了保证传感器的寿命，请不要在高浓度下操作仪器。

① ppm=10^{-6}

水质物理指标的测定

（色度、温度、浊度、电导率的测定）

水体监测指标有化学型、物理型和生物型三类，物理监测指标是指水质的物理性质指标，一般包括水温、色度、浊度、残渣、透明度、电导率、臭等，是水质物理监测的常见指标。

这里只选择水温、色度、浊度、电导率等作为物理指标的测定代表，作为本次项目的任务内容。由于水的pH大小经常会影响水的温度、色度、浊度与电导率值，所以，在测定这些指标的同时，经常会附带测定水的pH值大小。

一、知识准备

（一）环境监测技术方案的设计

环境监测技术：主要由采样技术、测试技术和数据处理技术构成，其具体的监测方案也包括采样方案、测试方案和数据处理方案三个方面。

环境监测方案的制订环节大体上包括：接受任务、现场调查、收集资料、设计监测方案、采集样品、运输和保存样品、预处理样品、分析测试、数据处理、综合评价等。

（1）采样方案：包括设计网点、采样时间、采样频率、采样方法、采样器选择与处理、采样量选择、样品的现场保存处理、样品运输、样品采集登记表、样品送检表等。

（2）测试方案：包括方法选择、样品预处理方法、监测操作条件选取、制定质量保证体系、测定分析等。

（3）数据处理方案：包括数据处理方法、监测报告、综合评价等。

本项目中，将包含着上述所有方案，尤其是采样与测定方案的设计，是本项目的重点。

（二）水体污染类型

（1）化学污染型

由排入水体的有毒化学物质造成的水体污染。又可以分为无机型和有机型。

无机型主要是酸碱盐、各种形态的金属化合物以及砷化物、氰化物等。有机型主要由石油、有机农药、多氯联苯、多环芳烃、卤代烃、芳香族氨基化合物、洗涤剂、酚类、蛋白质、脂肪、碳水化合物、木质素、食物下脚料等引起的污染。

（2）物理污染型

指排入水体的有色物质、悬浮物、放射性物质、废热引起的高于常温的物质造成的污染。

（3）生物污染型

指随着生活污水、医院污水、养殖业、有机加工废料等进入水体，而引起的细菌、病毒、寄生虫等病原微生物造成的污染。

（三）水体物理监测指标

物理监测指标一般包括水温、色度、浊度、残渣、透明度、电导率、臭等，是水质物理监测的常见指标。由于溶液 pH 会影响水的温度、色度与浊度，所以经常会附带测定水的 pH 值大小。

1．水温

水的物理化学性质与水温密切相关。水中溶解性气体（如氧、二氧化碳等）的溶解度，水中生物和微生物活动，非离子氨、盐度、pH 值以及其他溶质都受水温变化的影响。

水温的测定应在现场进行，按照国标规定，常用测量温度的仪器有水温计和颠倒温度计。前者用于地表水、污水等浅层水温的测量，后者用于湖库等深层水温的测量。由于此类温度计大多数都是水银温度计，在野外读数时不容易观察识别，所以本次工作任务选用带有 1℃分刻度的酒精温度计测定水温。

2．色度

纯水为无色透明的液体。清洁水在水层浅时应为无色，深层为浅蓝绿色。天然水中存在腐殖质、泥土、浮游生物、铁和锰等金属离子，均可使水体着色。

（1）色度概念

水色是描述水的颜色深浅的指标，分为真色和表色两种，真色指去除悬浮物后水的颜色，表色是未去除悬浮物后水的颜色。水质分析中水的色度一般指真色。对于清洁的和浊度很低的水样，真色和表色几乎相同。那些不能去除水中悬浮物的水样，只能测出表色。

（2）色度测定方法

有铂钴比色法（限于带黄色调的水样）、稀释法。由于环境水体中多数含有比较多的铁离子，带黄色调的居多，所以采用铂钴比色法测定其色度的方法得到广泛使用。

（3）铂钴比色法测定色度原理

用氯铂酸钾和氯化钴配成一定颜色的标准系列，与水样一起进行主观比较（目视比色），即可确定出水样的色度。规定每升水中含有1mg的铂、0.5mg的钴所具有的颜色为色度的1度。

测定前，将水样放置澄清，或离心分离，或采用0.45μm的滤膜去除悬浮物（但不能用滤纸过滤，以防止滤纸对颜色产生吸附）。一般先配成500度的标准溶液，再配成不同色度的标准色列，然后将水样与标准色列进行比较得出。

由于该标准系列的标准溶液是带黄色调的，因此该法只能用于测定带黄色调的水样，其他色调的水样则不适用。铂钴比色法适用于较清洁的带有黄色色调的天然水和饮用水。非黄色调的水样通常采用稀释法测定，即将水样稀释至恰好看不见颜色，以稀释倍数表示其色度大小。

3. 浊度

浊度是表示水的浑浊程度的指标，是指由于水中含有泥沙、黏土、有机物、无机物、浮游生物和微生物等悬浮物质造成的颜色，浊度大的水样沉积速度慢而且很难沉积。生活中由于铁和锰的氢氧化物引起的浊度是十分有害的。根据水的不同用途，对浑浊度有不同的要求，生活饮用水的浑浊度不得超过5度；要求循环冷却水处理的补充水浑浊度在2～5度；除盐水处理的进水（原水）浑浊度应小于3度；制造人造纤维要求水的浑浊度低于0.3度。由于构成浑浊度的悬浮及胶体微粒一般是稳定的，并大都带有负电荷，所以不进行化学处理就不会沉降。在工业水处理中，主要是采用混凝、澄清和过滤的方法来降低水的浑浊度。

测定浊度的方法有分光光度法、目视比浊法、浊度计法等。

分光光度法是在适当的温度下，用硫酸肼和六次甲基四胺（乌洛托品）聚合，形成白色的高分子聚合物，以此作为浊度的标准液，再在一定的条件下与水样比较，得出水样的浊度大小。规定，1L水中含有0.5g的硫酸肼和5g的六次甲基四胺的聚合物产生的水的浊度为400度（FTU）。

目视比浊法是采样白陶土配制标准溶液系列，再与水样进行主观比较测定浊度的。规定1L水中含有1mg的白陶土产生的浊度为1度（JTU或NTU，简称TU）。GB 5750—85规定了目视比浊测定浊度可至1度，日本《上水试验法》规定用目视比浊法测10度以上的水。

浊度计法是依据浑浊液对光进行散射或透射的原理制作的。在一定条件下，将水样的散射光强度与相同条件下标准参比悬浊液的散射光强度进行对比，以得到水样的浊度，单位用NTU表示。本次工作任务选取浊度计法。无论采样哪种方法测量浊度，它们的测定结果都是相当的，即

1度=1mg/L的白陶土（SiO_2）悬浮体=1JTU=1FTU=1NTU=1TU

4．电导率

电导率是衡量物体传导电流的能力。水的电导率 k 是水的电阻率 ρ 的倒数，而水的电导值 G 是溶液电阻 R 的倒数。电导的基本单位是“西门子”（S），原来被称为姆欧；电阻的单位是欧姆（Ω）；电导率的单位为“西 / 厘米”（S/cm），表示单位长度（cm）的溶液产生的电导值（S）的大小。习惯上，第一类导体（自由电子导电，指金属、石墨、某些氧化物等）采用电阻的大小表达物体的导电能力，而第二类导体（离子导电，指电解质及其溶液）采用电导率表达其导电能力。

测量电解质溶液导电行为的装置称为电导池，它由两块相互平行的金属薄片构成，这两块金属薄片也称为极板。假设两块平行极板之间的有效距离是 L（米，m），相对有效面积为 A（平方米，m^2），则它们之间具有如下的关系：

$R=\rho\times(L/A)$，亦即 $1/G=(1/k)\times(L/A)$

由于（L/A）表示的是测定用的两块平行极板之间的有效距离 L 除以其相对有效面积 A，显然，它是一个常数，我们将其称之为电导池常数，以 θ 表示，则有 $1/G=(1/k)\times\theta$，$k=G\times\theta$，即电导率 k 与电导 G 成正比，比例常数 θ 即是电导池常数。

电导率测量仪的测量原理，是将两块平行极板放置于被测溶液中，在极板的两端加上一定的电势差，然后测量极板间流过溶液的电流 I 大小。根据欧姆定律测出电阻 R，即可以得到电导 G，再由电导池常数 θ 即可得到溶液的电导率 k 了。

电导率的国际单位是 S/m，而常见水溶液的电导率大约在几十到几百个 μS/cm，所以日常生活中常用 μS/cm 或 mS/cm 表示溶液的电导率大小。它们之间的关系为：$1\mu S/cm=10^{-6}S/cm$，$1mS/cm=10^{-3}S/cm$。

因为电导池极板的几何形状影响电导值，所以在测量中采用单位距离的电导值大小即电导率（S/cm）来表示溶液的导电能力更合适，以补偿各种电极尺寸差异造成的差别。

溶液的电导率大小直接与溶液的浓度成正比，而且浓度越高，电导率越大。实验证明，1mg/kg $CaCO_3$=1.4μS/cm，所以，利用电导率仪可以间接得到水的总硬度值，为了近似换算方便，1μS /cm 的电导率 ≈ 0.5 mg/kg 硬度。

但是需要注意：

（1）以电导率间接测算水的硬度时，其理论误差 20 ～ 30 mg/kg；

（2）溶液的电导率大小取决于荷电粒子的运动情形，升高温度，粒子的运动加剧，会影响其导电能力。为了比较测量结果，测试温度一般定为 20℃或 25℃；

（3）采用容量分析法可以获取比较准确的水的硬度值。

实验研究也证明，水的电导率与其所含无机酸、碱、盐的量有一定关系。当它们的浓度较低时，电导率随浓度的增大而增加，因此，该指标常用于推测水中离子的总浓度或含盐量。不同类型的水有不同的电导率。一般来说，新鲜蒸馏水的电导率为 0.2 ～ 2μS/cm，但放置一段时间后因吸收了 CO_2，很快增加到 2 ～ 4μS/cm；超纯水的电导率小于 0.10μS/cm；天然水的电导率多在 50 ～ 500μS/cm，矿化水可达 500 ～ 1 000μS/cm；含酸、碱、盐的工业废水电导率往往超过 10 000μS/cm；而海水的电导率约为 30 000μS/cm。

电导池常数 θ 也称电极常数，常选用已知电导率的标准氯化钾溶液测定得出。不同浓度氯化钾溶液的电导率（25℃）列于表 2-1。

表 2-1　不同浓度氯化钾溶液的电导率（25℃）

氯化钾溶液浓度 /（mol/L）	氯化钾溶液电导率 /（μS/cm）
0.000 1	14.94
0.000 5	73.90
0.001	147.0
0.005	717.8
0.01	1 413
0.02	2 767
0.05	6 668
0.1	12 900

溶液的电导率与其温度、电极上的极化程度、电容等因素有关，仪器测定时一般都采用了补偿或消除的措施。

（四）水样采集

1. 采样前准备

（1）采样器准备

采水器有聚乙烯塑料、尼龙、有机玻璃、硬质玻璃和金属铜、铁等材质。选择采水器时，主要考虑采水器的材质不会对测定指标产生影响，这种影响可能是吸附、溶解、反应、催化等，因而要引起注意。日常工作中使用较多的是有机玻璃采水器。

采水器清洗时，一般先用自来水冲洗掉灰尘等杂物，用洗涤剂去除油污，自来水冲洗后再用 2% ～ 10% 的盐酸或硝酸洗刷，再用自来水冲洗干净备用。

（2）装样容器准备

常使用的装样容器有聚乙烯塑料容器、硬质玻璃容器等，大小规格多数是 500mL 的居多。其中，塑料容器主要用于金属或无机物的监测项目；而玻璃容器主要用于有机物和生物监测项目样品的采集使用。

除此之外，某些项目对玻璃和塑料可能会产生一定影响，可以考虑采用惰性材料作为装样容器，主要用于一些特殊的监测项目，如含氟水样、强碱性水样等，可以采用聚四氟乙烯瓶装样。

表 2-2　水样容器选择与保存技术

项目	容器类别	保存方法	分析地点	可存放时间	建议
pH	P 或 G	—	现场	—	—
酸碱度	P 或 G	2～5℃，暗处	实验室	24h	水样充满容器
嗅	G		实验室	6h	最好现场测定
电导率	P 或 G	2～5℃冷藏	实验室	24h	最好现场测定
色度	P 或 G	2～5℃冷藏	实验室	24h	最好现场测定
悬浮物	P 或 G		实验室	24h	尽快测，最好单独定容采样
DO	G（DO 瓶）	加 MnSO4-KI，现场固定，冷暗处	实验室	数小时	最好现场测定
COD	G	2～5℃冷藏	实验室	尽快	
		–20℃冷冻	实验室	1 个月	
		加硫酸 pH<2	实验室	1 周	
BOD_5	G	–20℃冷冻	实验室	尽快	
		2～5℃冷藏	实验室	1 个月	
硝酸盐氮	P 或 G	酸化，pH≤2，2～5℃冷藏	实验室	24h	有些废水不能保存，应尽快分析
亚硝酸盐氮	P 或 G	2～5℃冷藏	实验室	尽快	有些废水不能保存，应尽快分析
凯氏氮	P 或 G	加硫酸 pH<2	实验室	24h	
氨氮	P 或 G	加硫酸 pH<2	实验室		

装样容器选择，特别要注意避免容器材质溶解、吸附或者与待测物质发生反应，以保证对待测物质的含量不会造成影响。

本次项目针对本系设备的实际情况，采用有机玻璃采水器采集水样，于现场测定水温、pH，装入 500mL 的玻璃试剂瓶中，带回实验室测定水的浊度、色度与电导率。

装样容器使用前要进行洗涤，通常洗涤的程序如下：

金属类水样：自来水→洗涤剂→自来水→ 10% 的盐酸或硝酸浸泡 8h →自来水→蒸馏水；

有机物水样：自来水→洗涤剂→自来水→蒸馏水。

洗涤剂一般是中性无磷洗衣粉溶液，也可用中性洗洁精溶液代替。

（3）交通运输工具准备

最好有专用的监测船或采样船，或其他合适的船只，根据交通条件选择合适的陆上交通工具。

2．采样量确定

采样量的多少，与监测方法、水样的组成、污染物的性质、浓度高低等因素有关。按照监测项目计算后，再适当增采 20% ～ 30% 的采集量。供一般物理与化学监测用的水样 2 ～ 31 个，待测项目很多时采集 5 ～ 101 个，充分混合后分装于 1 ～ 21 个储样瓶中。采集的水样除一部分做监测，还要保存一部分备用。正常浓度水样的采集量（不包括平行样和质控样），见表 2-3。

表 2-3　单指标测定水样采集量

监测项目	水样采样量 / mL	监测项目	水样采样量 / mL	监测项目	水样采样量 / mL
悬浮物	100	氯化物	50	溴化物	100
色度	50	金属	1 000	碘化物	100
嗅	200	铬	100	氰化物	500
浊度	100	硬度	100	硫酸盐	50
pH	50	酸度、碱度	100	硫化物	250
电导率	100	溶解氧	300	COD	100
凯氏氮	500	氨氮	400	苯胺类	200
硝酸盐氮	100	BOD_5	1 000	硝基苯	100
亚硝酸盐氮	50	油	1 000	砷	100
磷酸盐	50	有机氯农药	2 000	显影剂类	100
氟化物	300	酚	1 000		

3．采样点布设

设置监测断面后，应根据水面的宽度确定断面上的采样垂线，再根据采样垂线处水深确定采样点的数目和位置。

根据河流的宽度，设定垂线数目：

表 2-4　水面宽度与垂线数目的确定

水面宽度 /m	垂线数目	说明
小于 50	1	中间
50 ～ 100	2	左右明显水流处
100 ～ 1 000	3	左右明显水流处，加中间一点
大于 1 500	5	等距离，边缘水流明显

根据垂线的深度，设定采样点数目：

表 2-5　水样深度与采样点数目的确定

水深度 /m	采样点数目	说明
小于 5	1	水面下 0.5m
5 ～ 10	2	水面下 0.5m，水底上 0.5m
10 ～ 50	3	水面下 0.5m，水底上 0.5m，加中间一点
大于 50	大于 4 点，酌情	基本等高度布点，上、下点的距离同上

4．采样方法和采样器

（1）采样方法：船只、桥梁、涉水、索道。

（2）采样器：简易采水器、单层采水器、急流采水器、双层采水器等。

5．水样保存

（1）运输中保存；

（2）实验室保存。

二、技能准备

本项目测定方法的选择，见表 2-6。

表 2-6　本项目的测定指标与选用方法

测定指标	选用方法
水温	1℃分刻度的酒精温度计
pH	广泛 pH 试纸
浊度	浊度仪法
色度	铂钴比色法
电导率	电导率测定仪法

（一）采水器洗涤

塑料与玻璃（P 或 G）容器都可以。

2% ～ 10% 的稀硝酸处理，以去除金属离子的干扰。

（二）温度计准备

（1）水温计：感温 5 ～ 7min，提出水后立即读数，平行两次以上。

（2）深水温度计：感温 5min，提出水后立即读数，平行两次以上。

（3）颠倒温度计：沉入预定深度感温 7min，提出水后立即读数。

（4）热敏电阻温度计：沉入预定深度感温 1min，提出水后立即读数，读完取出探头，用棉花擦干。

（5）酒精温度计：选择带红色酒精柱的酒精温度计，现场测定时的测定方法同项目一。

（三）选点，采样

就近原则选取取水点，面对具体环境设定点位与深度，按照规范化要求采集水样。

（四）测定水质 pH 和水温

现场采用酒精温度计测定水温。平行取样两次以上，测定两次以上的水温，取平均值，精确到 0.2℃。

现场采用广泛 pH 试纸测定水的 pH。平行取样两次以上，测定两次以上的 pH，取平均值，精确到 0.5 个 pH。

pH 测定方法：于采水器中以玻璃棒蘸取水样，点入 pH 试纸上测定，3s 后读数，与标准 pH 比色卡对照得到。

（五）比色管使用（色度测定）

比色管使用环节有：

①规格选取。常用 50mL 规格，若使用 25mL 的可以用其一般的刻度。

②管颈系线。打结方法示范。

③编号。可以省去该步操作，但要严格摆放在规定的架位上；若要编号，注意不要粘贴于显示其规格的文字上。

④洗涤。分别用自来水、蒸馏水洗涤，含有油污时还要使用洗涤剂进行清洗。

⑤试漏。装满到达刻度的自来水后，盖上瓶塞，倒立 2min 左右。

⑥拿取。注意不要污染了瓶口与瓶塞，常见拿取的两种方法示范。

⑦混匀。简单的混匀，颠倒 5 ～ 8 次即可，而彻底混匀要求颠倒混匀 15 次以上才能符合要求。由于比色管体积相对于容量瓶要小得多，所以混匀操作时，可以将比色管躺倒后在水平方向进行来回混匀。

⑧倒液。倒入比色管中时，注意保护瓶口和瓶塞不受污染。

（六）移液管使用（色度测定）

移液管使用的环节主要有：

①规格。标准系列制作中，一般选择一支能够最大限度地照顾到所有标准溶液的量取的移液管。

②洗涤。自来水、蒸馏水洗涤。

③放置。放置于移液管架，或者管尖向下竖直放置于大烧杯中，禁止直接丢在桌面上。

④控干。将移液管下部的溶液或水，在吸水纸上轻轻碰触，让管下部的溶液或水流出。

⑤拿取位置与方法。一般右手拿移液管，左手拿洗耳球。洗耳球以大拇指、食指、中指三个指头，一上二下式地拿取最好，不要满把抓。移液管拿取同于毛笔拿法，上下部位以食指提上去盖住移液管口时能够呈 90° 夹角的垂直状态。

⑥吸液润洗。为了保证移取溶液的浓度到达管中时，仍然维持其放下来的浓度与原先移取的浓度一致，而必须采取的操作。

⑦吸液操作。以中指、大拇指拿住洗耳球膨胀部位的前后两面，食指从洗耳球的上方抵住，三指均匀用力挤压洗耳球中的气体到一定程度，再将洗耳球尖嘴部位凑上移液管的顶端小口，轻轻抵住洗耳球，轻轻松开三指，慢慢吸取溶液于移液管中，到达规定的刻度以上 1 ～ 2cm 时，突然拿开洗耳球，右手食指快速向上盖上移液管的上口，轻轻提起移液管至装液容器的上口，抵住溶液上方的内壁处，同时倾斜容器，让移液管保持垂直状态，轻轻松开但不离开右手的食指，缓缓放出溶液至原先的装液容器中，注意调节移液管中溶液下降的速度，接近刻度处要缓缓盖上右手食指，至近刻度处轻轻旋转移液管，让溶液准确调节到所需刻度处。

⑧放液操作。将移液管从取液容器拿开，为了避免溶液滴落，可以横躺一定角度。移到承液容器口中，竖立移液管，让移液管下尖嘴抵住承液容器的内壁上，打开右手食指，让溶液从移液管中缓缓放下。如果移液管上有标示“快”字样，则等溶液完全放出后停留 3s 后，在承液容器内壁拖一下提起；如果移液管上有标示“吹”字样，则等溶液完全放出后停留 3s 后用洗耳球吹出最后残留在管尖里的溶液，在承液容器内壁拖一下提起；如果移液管上没有任何标示，则等溶液完全放出后停留 15s 后，在承液容器内壁拖一下提起；如果是不完全放出管中的溶液，则等溶液小心留到所示刻度后，也在承液容器内壁停留 3s 后拖一下提起移液管。

（七）目视比色方法

色度测定要求不是很高，采用目视比色法即可。目视比色的方法为：将标准系列按照色度值由小到大的次序排列，待测水样先从侧面与标准系列进行粗略比较，看标准系列中哪一只比色管溶液的颜色与水样相当；再将与待测水样颜色接近的比色管拿下来，两管均拔去塞子，在没有阳光直射的情况下，对着光亮处由上往下进行观察，仔细辨认哪一只比色管的颜色与待测水样的颜色相同或接近，相同者取其值，处于其中则取其平均值表示结果。

（八）水浊度的测定

浊度仪测定前需要采用浊度标准溶液标定，标定后才可以测定溶液的浊度。浊度仪的标定方法和使用操作步骤见本项目后面的附录。

（九）水电导率的测定

电导率测定中往往存在着一个未知的电导池常数的问题，过去一般采用标准氯化钾溶液进行标定。而现代生产的电导率仪均附有自带的电导电极，出厂时即标示出该电极的电导池常数值大小，所以测定时只需将仪器的电导池常数调整到标示值即可。电导仪的使用操作步骤见本项目后面的附录。

（十）环境监测报告的书写格式

表 2-7 环境监测报告格式一（水质）

报告编号：×××　单位　环监字 [2014] 第 001 号　第 1 页　共 2 页

样品名称		监测目的		
采样方式		样品数量		
采样日期		收样日期		
样品包装		监测日期		
样品编号				
采样时间				
样品状态				
固定情况				
监测方法 / 依据、监测人员				
项目	分析方法 / 依据	检出限	监测仪器	监测人员
评价标准				
监测结果				
监测结果评价				

表 2-8 环境监测报告格式二（水质）

报告编号：×××　单位　环监字 [2014] 第 001 号　第 2 页　共 2 页

监测结果			
采样点位及编号 / 项目		标准限值	达标情况
备注			

编制人　　　　审核人员　　　　签发人

年 月 日　　　　年 月 日　　　　年 月 日

表 2-9　水质部分物理指标测试原始记录格式

项目名称____________________样品性质____________分析项目____________

分析方法及来源____

仪器名称及编号____

分析日期________________________________温度（气温）__________℃

样品编号	水温 /℃	色度	浊度 /NTU	电导率	计算公式及备注

分析人员　　　　　　　　　　　　复核人员　　　　　　　　　　质控审核人员
年　月　日　　　　　　　　　　　年　月　日　　　　　　　　　年　月　日

表 2-10　色度分析原始记录格式（铂钴比色法）

项目名称____________________样品性质______________________

分析方法及来源______________分析日期______________________

分析条件____________________室温________℃　湿度__________%

分析编号	样品编号	取样体积 V_0/mL	稀释后体积 V_1/mL	稀释后色度 A_1/ 度	样品色度 A_0/ 度	备注

分析人员　　　　　　　　　　　　复核人员　　　　　　　　　　质控审核人员
年　月　日　　　　　　　　　　　年　月　日　　　　　　　　　年　月　日

三、方案设计

项目 2　水质物理指标的测定
（色度、温度、浊度、电导率的测定）

（一）教学目标

1．知识目标

（1）了解水质温度、色度、浊度的概念；

（2）了解水质采样点的布设原则、方法；

（3）理解常见采样器具选择、采样量的确定；

（4）理解温度、色度、浊度、电导率的测定原理及方法。

2. 能力目标

（1）学会水质采样点的布设；

（2）学会水质采样器的使用；

（3）学会比色管、移液管、水温计、浊度计、电导率仪的使用操作技能；

（4）能够制定实训方案；

（5）学会进行分析结果的数据处理与正确表示。

3. 素质目标

（1）培养学生测定温度、色度、浊度、电导率的相关知识，增强岗位认识；

（2）水温计、浊度计、电导率仪、常见玻璃仪器的实践操作能力；

（3）培养学生实事求是的工作作风，精益求精的工作精神；

（4）培养学生良好的职业情操。

（二）工作任务与相关知识

项目 2　水质物理指标的测定

（色度、温度、浊度、电导率的测定）

子项目 1　水样采集

学习目标	理解水质物理指标的测定目的和意义；理解常见的采样器具选择、采样量的确定；学会水质采样点的布设；学会水质采样器的使用
工作任务	水质物理指标测定方案的设计；采样点的布设方法；采样器具；采样量
相关知识	采样点的布设；断面、垂线、采样点；采样器具的选择；采样量的确定
拓展知识	水质的其他物理指标；采水器的选择方法；其他河流采样点的设置方法

子项目 2　现场指标温度和 pH 的测定

参考学时	1
学习目标	学会温度计的使用；学会用 pH 试纸测定 pH 的方法
工作任务	现场水温的测定和记录；现场 pH 的测定和记录；现场采样情况描述
相关知识	温度计的选用；水温的测定方法、读数要求；pH 的测定；现场情况描述
拓展知识	不同水体温度的测量方法；水样保存的目的和方法；保存剂（添加剂）的种类与要求；悬浮物测定时现场过滤

子项目 3　色度的测定

学习目标	理解色度的概念；理解铂钴比色法测定水的色度的原理与方法；学会移液管和比色管的规范化使用操作；学会目视比色方法；学会分析结果的表示
工作任务	水样的采集和过滤；标准系列的配制；目视比色
相关知识	色度的概念；色度测定方法的选择；色度标准系列的配制；目视比色
拓展知识	非黄色调水样的文字描述

子项目4 浊度的测定

学习目标	理解浊度的概念和浊度标准；学会浊度计的使用方法；学会浊度测定结果的表示
工作任务	浊度计预热；浊度计校准；浊度测量
相关知识	浊度的概念；浊度测量方法；浊度计的使用操作；浊度测量结果的表示
拓展知识	浊度的其他测量方法；浊度的测定原理与要求

子项目5 电导率的测定

学习目标	理解电导、电导率的概念和测定意义；学会电导仪的使用方法
工作任务	电导仪校准；电导与电导率测量
相关知识	电导、电导率概念；电导测量方法；电导仪使用操作；电导与电导率测定结果的表示
拓展知识	电导率的测定原理与要求

（1）基础资料的调查和收集。

（2）监测断面和采样点的设置相关知识。

（3）监测断面布设原则。

（4）采样点的设置。

（5）制订采样计划。

（三）采样

（1）采样器与装样容器的准备。

（2）采样计划制订。

（四）水质温度和 pH 的现场测定

（五）装样、贴标签与现场情况记录

（六）水色度的测定

1．色度标准溶液的配制

取 1.246g 氯铂酸钾 (K_2PtCl_6)（相当于 500mg 铂）和 1.000g 的六水合氯化钴（$CoCl_2 \cdot 6H_2O$）（相当于 250mg 钴），溶于 100mL 水中，小心加入 100mL 的盐酸（相对密度 1.19），加水定容至 1 000mL，混合均匀，得到 500 度的铂钴标准比色母液，保存在密塞玻璃瓶中，放于暗处。

2．配制色度标准色列

分别吸取 500 度的色度标准液 0.00mL、0.50mL、1.00mL、1.50mL、2.00mL、

2.50mL、3.00mL、3.50mL、4.00mL、4.50mL、5.00mL、6.00mL、7.00mL 于 50mL 比色管中，用水稀释至标线，混匀。各比色管的标准色度分别为 0 度、5 度、10 度、15 度、20 度、25 度、30 度、35 度、40 度、45 度、50 度、60 度、70 度，密塞保存。

3．取 50mL 的澄清透明的水样于 50mL 比色管中（如果水样色度过大，可以稀释适当的倍数），与标准色列比较，目视比色，记录测定结果。

（七）水的浊度的测定

利用浊度仪测定水的浊度。

（八）水的电导率的测定

利用电导率仪测定水的电导率，同时换算出电导的大小。

四、方案实施

（1）采样器具准备。
（2）断面、垂线、采样点布设。
（3）水样采集。
（4）水样温度、pH 现场测量。
（5）采样现场情况记录。
（6）水样的转移、贴标签、现场情况记录与运输。
（7）色度测定。
（8）浊度测定。
（9）电导率测定。

五、过程评价

（一）学生评价

（二）教师评价

附 2-1　常见浊度仪的使用操作

1. 接通电源，先按住“power”键，再按住“mode”键，先松开“power”键，后松开“mode”键，至出现“E1CAL”，预热 10 ～ 30min。

2. 将 1 号瓶白色三角对准仪器上的三角位置，放入测量池中，盖上盖子，按一下“zero”，至屏幕出现两个冒号。

3. 取出 1 号瓶，将 2 号瓶放入测量池中，盖上盖子，按一下“mode”键，出现“E2CAL”,按一下“zero”,至屏幕出现两个冒号。(后买的新浊度仪不需重启，其他操作差不多。)

4. 依次将 3 号、4 号瓶放入测量池中进行校验完毕。

5. 样品测定：按一下“power”键开机，将待测定样品的浊度瓶放入测量池，估测其大小，按“mode”键，选择适当的量程范围，再按“zero”键，至显示出浊度值为止。出现“+”，说明数值高于设定量程，出现“－”，说明数值低于设定量程。

6. 关机。

附 2-2　AQ3010 浊度仪的使用操作

1. 接通电源，预热。

2. 校准。

(1) 同时按住“↑”和“cal”键，至屏幕出现“cal1”，显示“800”；

(2) 将 1 号瓶“800”的标准白色三角对准仪器上的三角位置，放入测量池中，盖上盖子，按一下“enter”，至屏幕出现“cal2”，显示“100”；

(3) 将 2 号瓶“100”的标准白色三角对准仪器上的三角位置，放入测量池中，盖上盖子，按一下“enter”，至屏幕出现“cal3”，显示“20”；

(4) 将 3 号瓶“20”的标准白色三角对准仪器上的三角位置，放入测量池中，盖上盖子，按一下“enter”，至屏幕出现“cal4”，显示“cal4”；

(5) 将 4 号瓶“0.02”的标准白色三角对准仪器上的三角位置，放入测量池中，盖上盖子，按一下“enter”，至屏幕出现“Eerer4”。

3．样品测定：将装上水样的样品瓶装入空的瓶子中，保持其白色三角对准仪器上的三角位置，放入测量池中，盖上盖子，按一下“enter”，屏幕出现数值，即为水样的浊度值大小（NTU）。

4．关机。

附 2-3　DDS-307 型电导率仪的操作方法

1．连接电极接线（一定要注意卡口对准，要将仪器翻过来仔细看才能看到），将电源插座接于 220V 的电源插孔上。

2．准备溶液：取下电导电极保护套，将所要测定的溶液置于小烧杯中，浸入电导电极。

3．在仪器背部按下电源开关，预热 10 ～ 30min。

4．测定条件选择：将“电极常数”调节旋钮调到“1”；“温度”补偿调节旋钮调到“溶液温度”（常用室温温度代替）；“常数调节”旋钮调节使电极常数显示值与电极杆上所标示的常数值一致。

5．测定：先用蒸馏水清洗电极，滤纸吸干，再用被测溶液清洗一次，把电极浸入被测溶液中，用玻璃棒搅拌溶液，使溶液均匀，读出溶液的电导率值。

6．测量结束后，关机，再拔掉电源线，用蒸馏水清洗电极，然后取下电极，套上电极保护套，将仪器放在指定的地方。

溶解氧的测定

（碘量法）

一、知识准备

（一）溶解氧的概念

溶解于水中的分子态的氧，称为溶解氧（Dissolved Oxygen，DO）。

DO 与大气的温度、压力、水温、pH 及含盐量等因素有关。

大气温度的下降，或水温的升高，或水中含盐量的增加，都会导致溶解氧含量的下降。

清洁的地表水溶解氧含量接近饱和，当有大量藻类繁殖时，溶解氧可能过饱和。水体受到还原性物质污染时，溶解氧含量会迅速降低，甚至趋近于零，此时厌氧菌繁殖，导致水质恶化。

实验研究证明，水中溶解氧含量低于 4mg/L 时，许多鱼类呼吸困难，继续减少则会窒息死亡。在这种情况下，厌氧菌繁殖活跃，一些有机物的降解产物会产生腐败气味，导致水体发臭。所以，一般规定水体中的溶解氧要大于 4mg/L。在废水的生化处理过程中，溶解氧的高低也是一项重要指标。

（二）DO 的测定目的和意义

测定 DO，可以比较方便地推测水体的污染类型，可以判断还原性物质污染尤其是有机物污染的程度，判断水生生物的生长环境，为水污染治理及水体功能的把握指引方向。同时，借助于测定 DO，可以与地表水环境质量标准进行比较，以得出单指标 DO 所符合的水质类型。

表 3-1 部分指标的地表水环境质量标准限值 单位：mg/L

项目类别 \ 标准值分类		Ⅰ类	Ⅱ类	Ⅲ类	Ⅳ类	Ⅴ类
溶解氧	≥	饱和率 90%（或 7.5）	6	5	3	2
高锰酸盐指数	≤	2	4	6	10	15

项目类别 \ 标准值分类	Ⅰ类	Ⅱ类	Ⅲ类	Ⅳ类	Ⅴ类
化学需氧量（COD） ≤	15	15	20	30	40
五日生化需氧量（BOD_5） ≤	3	3	4	6	10
氨氮（NH_3） ≤	0.15	0.5	1.0	1.5	2.0
pH（量纲为一）	6～9				
铜 ≤	0.01	1.0	1.0	1.0	1.0
锌 ≤	0.05	1.0	1.0	2.0	2.0
砷 ≤	0.05	0.05	0.05	0.1	0.1
铬（六价） ≤	0.01	0.05	0.05	0.05	0.1
硝酸盐氮（NO_3^--N） ≤	集中式生活饮用水（以N计）：10				

（三）DO 的测定方法

目前，测定溶解氧的方法多数采用现场采样、室内分析的碘量法，而溶解氧电极法（GB 7489—87 1987 年 8 月 1 日实施，1987 年 3 月 14 日批准）适合于现场快速监测，其分析灵敏度与准确度不如碘量法高。

清洁的地表水直接用碘量法测定，而含有干扰物时，需要采用修正的碘量法测定。根据水中干扰物的类型，碘量法又分为叠氮化钠修正法和高锰酸钾修正法，前者适用于亚硝酸盐含量高于 0.05mg/L 的情形，后者适用于二价铁盐含量高于 1mg/L 的情形。

本项目选择碘量法测定溶解氧，该方法适用于清洁水、受污染的地表水和工业废水。

采用碘量法测定 DO 时需要注意：

（1）水样有色或含有氧化性及还原性物质、藻类、悬浮物等干扰测定时，应按规定进行校正。

（2）水样呈强酸性或强碱性时，可用氢氧化钠或硫酸调节至中性后再测定。

（3）水样中含有游离氯时，应预先滴加硫代硫酸钠去除。

（4）当亚硝酸盐含量处于 0.05～1mg/L 时，采用叠氮化钠修正法。

（5）二价铁盐含量高于 1mg/L 时，采用高锰酸钾修正法。

（四）碘量法测定溶解氧的原理

水样中加入硫酸锰和碱性碘化钾，溶解氧将二价锰氧化为四价锰，生成氢氧化物棕色沉淀。加酸后沉淀溶解，四价锰和碘离子反应，释放出与溶解氧量相当的游离碘。以淀粉为指示剂，用硫代硫酸钠滴定游离碘，即可计算出溶解氧含量。

1mol 的 O_2 相当于 2mol 的 I_2（都是从需要转移 4mol 的电子得出），又相当于

4mol 的 $Na_2S_2O_3$（也是需要转移 4mol 的电子），所以，消耗 1mol 的硫代硫酸钠，即相当于 0.25mol 的氧气，质量为 8g，而 1mol 的硫代硫酸钠，即相当于 8mg 的氧气，于是就建立了计算依据。

（五）水样的采集

（1）采样仪器

采用双层溶解氧采水器采集水样，必须没有空气，否则重采。

（2）取样方法

取样时采用隔绝空气的虹吸法，首先放出的水样弃掉，让其溢流 10s 以上。水样取好采取液体封闭法，以防空气的漏入。

（3）采样的同时，要测定 pH 及水样温度、大气压力，记录现场的采集情形、必要的气象条件等，填好水样采集登记表和有关标签。

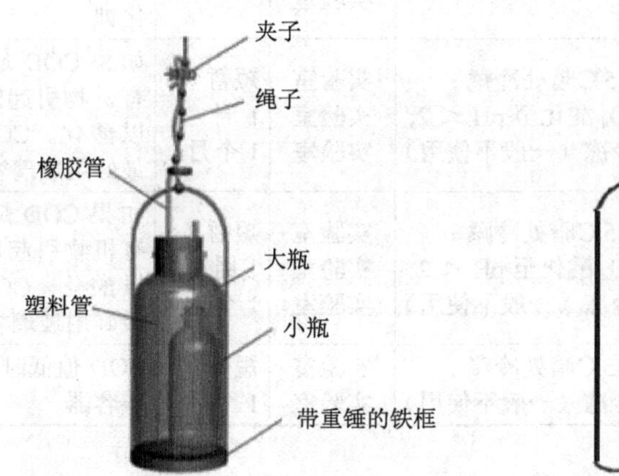

图 3-1 双层（瓶）采水器

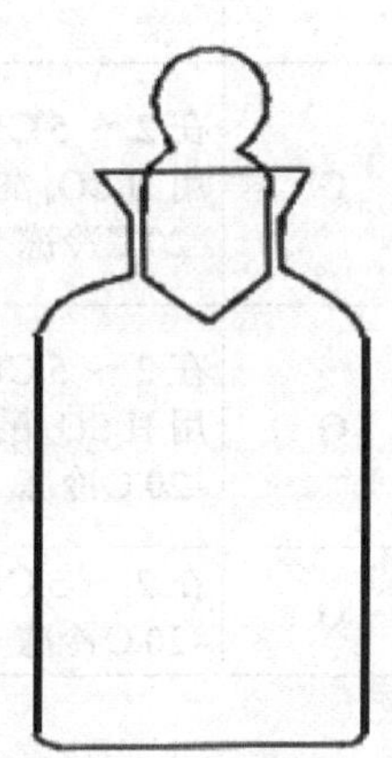

图 3-2 溶解氧瓶

（4）采样量与采集方法

表 3-2 水样采集量

监测项目	水样采集量 / mL	监测项目	水样采集量 / mL	监测项目	水样采集量 / mL
悬浮物	100	氯化物	50	溴化物	100
色度	50	金属	1 000	碘化物	100
嗅	200	铬	100	氰化物	500
浊度	100	硬度	100	硫酸盐	50
pH	50	酸度、碱度	100	硫化物	250
电导率	100	溶解氧（DO）	300	化学需氧量（COD）	100

监测项目	水样采集量/mL	监测项目	水样采集量/mL	监测项目	水样采集量/mL
凯氏氮	500	氨氮	400	苯胺类	200
硝酸盐氮	100	五日生化需氧量（BOD_5）	1 000	硝基苯	100
亚硝酸盐氮	50	油	1 000	砷	100
磷酸盐	50	有机氯农药	2 000	显影剂类	100
氟化物	300	酚	1 000		

表 3-3　采水容器与保存技术

项目	容器类别	保存方法	分析地点	可存放时间	建议
溶解氧	溶解氧瓶	现场固定氧，并存放暗处	现场、实验室	几小时	碘量法加1mL1mol/L的硫酸锰，2mL的碱性碘化钾
COD	G	在2～5℃暗处冷藏； 用 H_2SO_4 酸化至 pH ＜ 2; -20℃冷冻（一般不使用）	实验室 实验室 实验室	短暂 1周 1个月	如果COD是因为存在有机物引起的则必须加以酸化。COD值低时，最好用玻璃容器
高锰酸盐指数	G	在2～5℃暗处冷藏； 用 H_2SO_4 酸化至 pH ＜ 2; -20℃冷冻（一般不使用）	实验室 实验室 实验室	短暂 1周 1个月	如果COD是因为存在有机物引起的则必须加以酸化。COD值低时，最好用玻璃容器
BOD	G	在2～5℃暗处冷藏； -20℃冷冻（一般不使用）	实验室 实验室	短暂 1个月	BOD值低时，最好用玻璃容器

（六）现场固定

在采样现场，按照每300mL左右水样，加入1mL硫酸锰、2mL碱性碘化钾的量固定水样，盖塞后密封不留空气，带入实验室处理。为了提高测定的准确度，通常采集双份平行样进行分析，结果取其平均值。

二、技能准备

（一）采水器选择与洗涤

本次采样有机玻璃采水器采集溶解氧水样，采样时必须采满，然后通过虹吸法转入250mL的溶解氧瓶中。采水器采样前要洗涤干净，并用蒸馏水荡洗2～3遍。溶解氧瓶也要一样进行处理，用蒸馏水荡洗干净带到采样现场装样。

（二）采样方法与固定

采样时，由于溶液的温度、pH 等对溶解氧有影响，一般要在采样现场附带测定这些指标。采样时采水器必须采满，转入溶解氧瓶时的间隔时间要短，溶解氧瓶中的水样也必须采满，不留气泡。为了避免空气的额外进入，可在瓶塞周围保留溢出的水样，达到液体封闭的目的。

采样时，为了防止先行进入的水样溶解了部分溶解氧，要让水样通过虹吸法（隔绝空气状态下，依靠压力差发生的流动现象）转入溶解氧瓶中，并溢流延长 10s 以上，这样，即使有空气中的氧气进入了溶解氧瓶，但通过虹吸和水样的持续溢流，基本能够驱赶掉外来的氧气进入溶解氧瓶。

加入固定剂时，要将移液管插入液面下加液，速度要快，磨磨蹭蹭只能导致空气中的氧气的溶解度增加，引起准确度下降。

混匀操作时，颠倒瓶子进行混匀不起作用（因瓶子内部没有气泡，不能产生水样的晃动效果），可将盖上瓶塞的瓶子在竖直状态下，以画圆弧线的方式摇动，使内部高价锰的氢氧化物沉淀产生离心效应，经过一段时间的摇动后，即能达到混匀的效果。在此过程中，尽可能保留瓶塞周围的水分，不必刻意倒掉，使之至保存完毕液封仍然有效。

（三）溶解氧瓶的使用

溶解氧瓶是专门用来测定溶解氧时制作的一种玻璃瓶，通常带有一个楔形的磨口玻璃塞。楔形口是为了能够让塞子盖上去的时候，更容易除去多余的水分。为了避免空气的额外进入，最好塞子周围保留一定的水，混匀时采取竖直摇动的方法进行。

溶解氧瓶使用之前要清洗和试漏，试漏方法为：装满水，盖紧瓶塞倒立，观察是否有空气进入（漏液的同时会有空气进入），没有空气进入即可判断不漏。

（四）碘量瓶的使用

碘量瓶是带有标准磨口塞子的锥形瓶，主要作用是在有碘单质参与的反应时，可密闭瓶塞放置于暗处，避免碘的挥发升华和光化学反应，防止碘的损失，而后续操作通常需要进行滴定。碘量瓶的其他使用方法同锥形瓶。

（五）酸式滴定管准备

通常来说，酸式滴定管是用于酸性溶液进行滴定的玻璃仪器。对于氧化剂、还原剂、浓度不是很大的碱性的氧化剂或还原剂溶液，一般也装在酸式滴定管中。

酸式滴定管的准备环节有：自来水洗涤→蒸馏水洗涤→所装滴定剂润洗→装

滴定液→倾斜滴定管赶除气泡→调零→滴定之前读数。

洗涤滴定管时要具体问题具体分析。当滴定管没有明显污染时，可以直接用自来水冲洗，或用滴定管刷蘸上肥皂水或洗涤剂刷洗，不能用去污粉洗；如果滴定管油污比较严重，先采用肥皂水或洗涤剂洗，若油污还不能洗干净，则可用铬酸洗液 5 ～ 10mL 灌浸清洗。洗涤酸式滴定管时，要预先关闭旋塞，倒入洗液后，一只手拿住滴定管上端无刻度部分，另一只手拿住旋塞上部无刻度部分，边转动边将管口倾斜，使洗液流经全管内壁，然后将滴定管竖起，打开旋塞使洗液从下端放回原洗液瓶中。洗不净的灌浸时间可以长一些，甚至采用加热的洗液浸洗。

用肥皂液、洗涤剂或洗液洗涤后的滴定管都需用自来水充分洗涤，然后检查滴定管是否洗净。洗净的滴定管内壁应不挂水珠，外壁也应保持清洁。

用自来水洗涤后，应检查滴定管是否漏液。对于酸式滴定管，先关闭旋塞，装水至“0”线以上，用吸水纸吸干下方管尖的溶液，直立约 2min，仔细观察管尖处、旋塞处有无水滴渗出，然后将旋塞转 180° 后再直立 2min，观察有无水滴滴下。如发现有漏水或旋塞转动不灵活的现象，则需将旋塞拆下，重涂凡士林。

旋塞涂凡士林的方法是，把滴定管平放在桌面上，取下旋塞，将旋塞和旋塞套的水用滤纸擦干，用手指沾上少量凡士林，在旋塞孔的两边沿圆周涂上一薄层(凡士林不宜涂得太多，尤其是在孔的两边，以免堵塞小孔)。然后把旋塞插入旋塞套中，向同一方向转动旋塞，直到从外面观察时全部透明为止。如果发现旋转不灵活或出现纹路，表示涂凡士林不够；如果有凡士林从旋塞隙缝溢出或被挤入旋塞孔，表示涂凡士林太多。凡出现上述情况，都必须擦去原先的凡士林，找一根干净的细铁丝捅去塞孔中的凡士林，重新在活塞小孔两边涂抹凡士林，直至涂抹成功。涂抹后仍应检查旋塞是否漏水、是否有过多的凡士林堵塞小孔。

用自来水冲洗以后，再用纯水洗涤 3 次，每次 10mL 左右。每次加入纯水后，要边转动边将管口倾斜，使水布满全管内壁，然后将滴定管竖起，打开旋塞，使水流出一部分以冲洗滴定管的下端，关闭旋塞，将其余的水从管口倒出。最后用操作溶液（滴定液）洗涤 2 ～ 3 次，每次用量为 5 ～ 10mL，其洗法同纯水荡洗。

（六）沉淀的溶解（避光）

水中的溶解氧与硫酸锰在碱性条件下形成沉淀，但能在酸性条件下溶解。现场采集并转入溶解氧瓶中保存的水样，在密塞带回实验室后，再将移液管插入液面下，加入 1 ～ 2mL 浓硫酸，混匀，放置暗处 10min 左右，让沉淀完全溶解，并保持上层澄清。

如果加酸不足以完全溶解瓶中的沉淀（如水体的溶解氧含量高，导致沉淀多），则还需补加 0.5 ～ 1mL 的硫酸。为了达到分析的可比性，双份溶解氧瓶的水样中加入的硫酸的量要尽可能一致。至于水中存在的部分悬浮物，加酸也不能溶解的则关系不大，但在后面吸取到锥形瓶中的时候，尽可能不摇动锥形瓶而直接吸取上层清液，以避免悬浮物进入而影响滴定终点的判断。

（七）滴定及终点的判断

滴定时讲究两手配合。一般将滴定管夹在滴定管的右面，这样可以使右手摇动锥形瓶时保持较大的移动空间。

滴定管装液时，要把滴定剂转移到小烧杯中进行，小烧杯要事先进行洗涤和润洗 2 ～ 3 次。禁止直接从试剂瓶或容量瓶中倒入滴定管中。溶液加到“0”刻度线以上约 3cm 处时，倾斜滴定管进行排除管尖气体的操作，然后加液到“0”刻度线上方约 0.5cm 处，等待 30s 后再调节刻度到 0.00 处。

滴定操作时，左手拇指在前，食指、中指在后，三指指肚平行，相对按住活塞，无名指和小指略向手心弯曲，拇指、食指、中指微微向内用力，扣除活塞以免活塞松动，在向内微微用力的同时，三指配合，轻轻转动活塞，整个意念放在关闭活塞上。

滴定的速度既不能过快，也不能过慢，快时不成线，慢时不断滴，满足整个滴定时程控制在 3 ～ 5min 范围内比较适宜。锥形瓶摇动不能过快，以免溶液滴落到瓶外，也不能摇动过慢，造成滴定终点不能及时呈现。滴定中不能漏液，否则就是滴定失败。凡是管尖外的溶液，都应计入滴定消耗的体积内。

溶解氧测定时消耗的滴定剂一般很少（几毫升而已），所以滴定的速度要尽可能慢一些，以防止滴过。为了避免指示剂淀粉对碘的过度吸附，一定要在滴定到溶液呈现出淡蓝色后才能加淀粉，否则，将会严重影响终点的判断（蓝色褪掉后过一会儿又会产生，而且会反复出现这种现象，导致终点不易把握）。

加入指示剂后，一定要小心滴定。所谓滴定终点，一般是指不超过 1 滴滴定剂而引起的前后颜色变化，即在蓝色的情况下加入不到 1 滴硫代硫酸钠，颜色立刻褪去才是终点。超过 1 滴引起颜色变化的，很可能是终点误差。

滴定管读数时，通常拿下来进行，即用右手拿住滴定管液面上部处，让其自然下垂，滴定管刻度高度提到与两眼平视，保持下凹液面与刻度相切读数。那些滴定管倾斜、手握液面部位、刻度与视线不能保持水平的操作，都会造成读数误差。如果挟持在滴定管夹上的滴定管，其读数刻度部位与操作人员站立时的视线基本处于水平状态，也可在挟持状态下进行读数。

滴定管的初读数最好调节在 0.00mL（或接近 0.00mL 以下的任一刻度），平行样的每个样品的滴定都从上端 0.00mL 开始（即每次滴定都要回 0），以消除因上下刻度不匀所造成的读数误差。

（八）数据处理

溶解氧测定实在碱性条件下固定，酸性条件下溶解后进行滴定的。在此过程中，水中溶解氧量转化为相当的游离碘，然后以淀粉为指示剂，用硫代硫酸钠滴定游离碘。由于 1mol 的 O_2 相当于 2mol 的 I_2，相当于 4mol 的 $Na_2S_2O_3$，所以，消耗 1mol 的硫代硫酸钠，即相当于 0.25mol 的氧气，质量为 8g，1mmol 的硫代硫酸钠，即相当于 8mg 的氧气，所以计算公式为：

$$DO（O_2，mg/L）= 8\,000CV/V_0 = 80CV$$

式中，C 为消耗的标准硫代硫酸钠溶液的浓度（mol/L），V 为消耗的标准硫代硫酸钠溶液的体积（mL），V_0 为所取水样的体积（mL，本次为 100mL）。若标准硫代硫酸钠溶液的浓度为 0.025 00mol/L，则

$$DO（O_2，mg/L）=2V$$

三、方案设计

项目 3　溶解氧的测定（碘量法）

（一）实施目的

1．知识目标

（1）了解溶解氧的定义，测试目的；

（2）掌握不同情况下溶解氧的采样方法，学会使用双层采样器；

（3）了解现场固定溶解氧的目的，学会溶解氧的固定方法；

（4）掌握碘量法测定溶解氧的基本原理、方法；

（5）了解在测定过程中消除干扰的方法；

（6）进一步巩固比色管、移液管、滴定管的使用操作。

2．能力目标

（1）通过查阅资料、分组讨论，独立制订测试方案；

（2）学会溶解氧的样品采集方法；

（3）学会溶解氧的现场固定方法；

（4）进一步巩固溶液配制、滴定操作技能；

（5）能根据样品中存在的不同干扰物质，选择合适的修正方法；

（6）能正确处理分析结果。

3．素质目标

（1）培养学生实事求是的工作作风，精益求精的工作精神；

（2）培养学生独立分析问题、解决问题的能力；

（3）培养学生岗位职业技能和职业道德。

（二）工作任务与相关知识

项目 3　溶解氧的测定

参考学时	5
学习目标	理解溶解氧的概念和测定目的与意义；理解采样器具的选择和采样量的确定；学会溶解氧水样的采集方法；学会水样的固定方法；理解碘量法测定溶解氧的原理；学会有关标准溶液的标定方法；学会溶解氧的测定方法；学会分析结果的表示
工作任务	溶解氧的测定方案的设计；水样的采集；水样的现场固定；现场水温的测量；硫代硫酸钠溶液的配制和标定；结果的表示
相关知识	溶解氧的概念及其与环境的关系；溶解氧的测定方法；溶解氧测定水样的取样与固定；现场指标的测量；溶液的配制和标定；移液管和滴定管的规范化操作；终点的判断；分析结果的计算和表示；环境质量评价
拓展知识	溶解氧测定仪的使用操作；校正的碘量法测定溶解氧的使用条件

（三）测定原理

水样中加入硫酸锰和碱性碘化钾，溶解氧将二价锰氧化为四价锰，生成氢氧化物棕色沉淀。加酸后沉淀溶解，四价锰和碘离子反应，释放出与溶解氧量相当的游离碘。以淀粉为指示剂，用硫代硫酸钠滴定游离碘，即可计算出溶解氧含量。

（四）仪器与试剂

（1）仪器：酸式滴定管、溶解氧瓶、锥形瓶、移液管、洗耳球、铁架台。

（2）试剂配制：硫酸锰、碱性碘化钾、浓硫酸、淀粉溶液、标准硫代硫酸钠溶液。

（五）测定步骤

1．采样器具准备

2．采样与固定（人员分工）

3．仪器准备与试剂配制

4．操作步骤

（1）采样采集满后，首先在采样现场测定水的pH和水温，然后采用虹吸法放水至溶解氧瓶。先放去管中部分积留水，然后以导液管插入250mL溶解氧瓶底部，缓缓放水，溢流10s后拿出。

（2）将移液管插入液面下加入硫酸锰1mL，碱性碘化钾2mL，盖塞，混匀。

（3）回到实验室后，再将移液管插入液面下，加入1.5mL浓硫酸，混匀，放置暗处10min左右。

（4）用移液管吸取水样100mL，以硫代硫酸钠溶液滴定至淡黄色，再加入1mL淀粉溶液指示剂，继续滴定至蓝色刚好消失。记下滴定剂用量。

(5)平行滴定 2 ~ 4 次，以平均值计算 DO 含量。

(六)数据处理

$$DO（O_2,\ mg/L）= 80CV$$

表 3-4 溶解氧测定数据记录

平行测定次数 / 次	1	2	3	4
初读数 /mL				
终读数 /mL				
硫代硫酸钠消耗体积 /mL				
滴定体积极差 /mL				
硫代硫酸钠标准浓度 /（mol/L）				
溶解氧含量（O_2）/（mg/L）				
溶解氧含量平均值（O_2）/（mg/L）				

四、方案实施

本项目采取教学场所附近的河水样，于现场加入固定剂进行固定，然后带回实验室溶解沉淀，以碘量法测定。

整个过程包含的环节有采水器洗涤准备，溶解氧瓶洗涤准备，采样点布设，采样，随测温度、pH 值，虹吸法将水样转移入溶解氧瓶，隔绝空气加固定剂，带回实验室，加酸溶解沉淀，暗处静置 10min，吸取水样 100mL 放入锥形瓶，滴定管选择、清洗、试漏、润洗、装液、赶除滴定管下面的气泡，调节“0”刻度，滴定，淡蓝色后加入淀粉指示剂，滴定到蓝色恰好褪去，终点读数，数据列表，计算，过程评价等。上述操作的每个环节，都有可能对结果准确度产生影响，都要小心操作。

对于滴定管的选取，一般来说，对于酸性滴定液、氧化剂滴定液及还原剂滴定液，通常选择酸式滴定管；而碱性滴定液通常选择碱式滴定管。

但是，硫代硫酸钠既是碱性的滴定液，又是还原剂的滴定液，此时滴定管的选取可以采取这样的原则，即当硫代硫酸钠的浓度在 0.1mol/L 以下时，选择酸式滴定管，在 0.1mol/L 以上时，则选择碱式滴定管。使用酸式滴定管装硫代硫酸钠溶液进行滴定的，滴定完毕要尽快将管中溶液倒出，并清洗干净。

五、过程评价

(一)学生评价

(二)教师评价

项目4 氨氮的测定

（纳氏试剂分光光度法）

一、知识准备

（一）水样的采集和保存

1．断面布设

设置监测断面时，除了在代表性上必须满足要求外，还需要考虑一些基本原则。

（1）代表性

在该点可获得特定的条件或参数，用以表征或近似表征水体质量或条件。水质样品的代表性说的都是指少量的样点监测，其分析结果要能够代表总体的水质情况，因此在样点布设、采样器的选择、容器处理、采样、现场保存、实验室分析等一系列环节上，均要有质量保证的意识，使分析结果和当初的样品含量误差达到最小。

（2）基本原则

布设采样点时，要重点注意以下基本原则：

①样点要设置在主要居民区和工业区的河流上、下游；

②湖泊、水库、河口的主要出、入口处；

③河流驻留、河口、湖泊和水库的代表性位置或功能区位置；

④主要用水地区，如公用给水取水处、商业性捕鱼水域和娱乐水域；

⑤重要支流汇入主流、河口或沿海水域的汇合口。

⑥河流入口、出口、功能区边缘的连接处等地方，都要布设断面。

布设水质采样点时，还要注意避开死水区、回水区、排污口处；尽量选择顺直河段、河床稳定、水流平稳、水面宽阔、无急流、无浅滩处。

（3）三断面布设（常用）

对于流动的水体（河流），一般推荐使用三断面布设法。即对照断面、控制断面、削减断面。

①对照断面（清洁断面）

反映河流进入监测河段前水体的水质情况，一般设在排污口的上游，没有受到本地区废水污染影响的地方。处于潮汐期间的河流，采样时还要注意退潮导致本地区污水造成的影响，遇此情况时，对照断面的布设位置可以在其更远的上游布设才行。

②控制断面（污染断面）

反映特定污染源对水体的影响，为评价该排污口所在河段的污染状况而设置的断面。控制断面一般设在排污区下游 500 ～ 1 000m 处，其特征是污染物与河水基本混合均匀的地方。

对于特殊要求的地方也需设置控制断面，包括风景游览区如漓江，地方病发病区如洞庭湖区，严重水土流失区及地球化学异常区等地方。

③削减断面（自净断面）

反映水体的自净情况，一般设在城市或工业区最后一个排污口的下游，特征是污染物在河水中的浓度出现明显下降的地方，通常在排污口下游 1 500m 以外的河段。

（4）**背景断面**

对于很长的河流，如全国的七大水系（珠江、长江、黄河、淮河、辽河、海河、松花江），还需要设定背景断面，特征是远离人类活动影响的地方，以反映河流水质的原始状态的情况。

（5）**断面的设置数量**

应考虑水环境质量状况的实际需要，力求以最少的断面、垂线和监测点，取得代表性最好的监测数据。

2. 垂线布设

根据河流的宽度，设定垂线数目。

表 4-1　水面宽度与垂线数目的确定

水面宽度 /m	垂线数目	说明
小于 50	1	中间
50 ～ 100	2	左右明显水流处
100 ～ 1 000	3	左右明显水流处，加中间一点
大于 1 500	5	等距离，边缘水流明显

3. 采样点布设

垂线上的采样点按照水深度大小设置。

表 4-2　垂线上采样点的确定

水深度 /m	采样点数目	说明
小于 5	1	水面下 0.5m
5 ～ 10	2	水面下 0.5m，水底上 0.5m
10 ～ 50	3	水面下 0.5m，水底上 0.5m，加中间一点
大于 50	大于 4 点，酌情	基本等高度布点，上、下点的距离同上

4. 采样器具的选择准备

(1) 简易采水器

可以采用广口瓶自制。方法是找一只 500mL 的广口瓶，选取一只能够密塞的橡皮塞，瓶子下方系一个铅锤，上方绑一个细绳，塞子上加一个穿绳的螺钉，上方的绳子上做上颜色刻度标记。

(2) 单层采水器

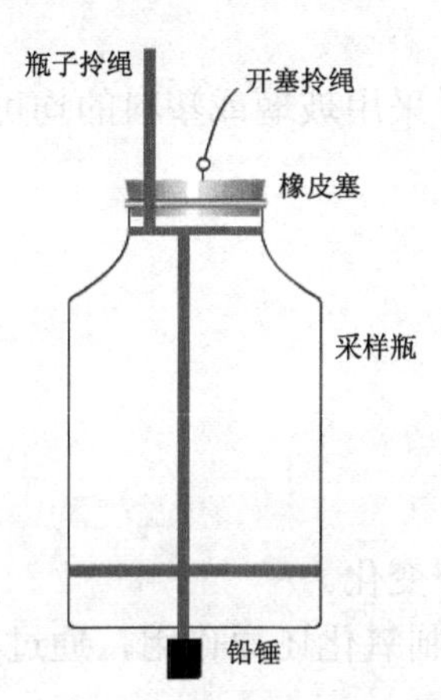

图 4-1 简易采水器

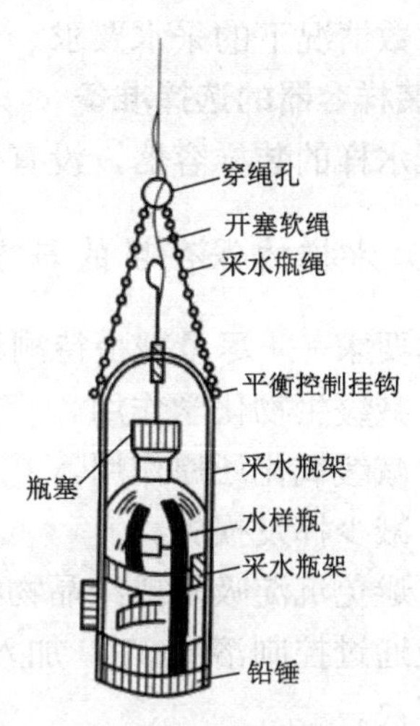

图 4-2 单层采水器

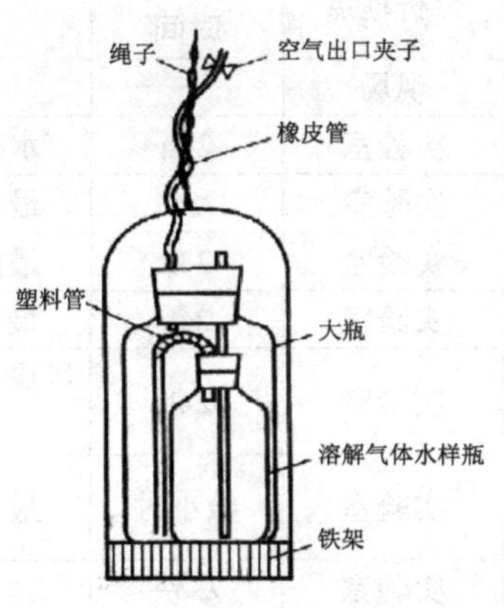

图 4-3 双层采水器

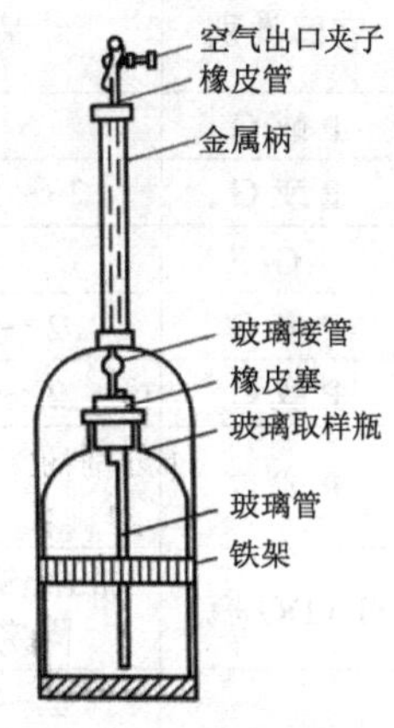

图 4-4 急流采水器

(3) 双层采水器（溶解气体采水器）

一般用于溶解氧水样的取样，采取大、小瓶子内外套接的方式进行。取样时，水样首先进入内部小瓶中，然后再流到大瓶里，原先进来的水样有可能和瓶中的空气混合导致溶解氧变异，却在后来的水样的置换下得到更新，取样结果更能够代表真实情况。

(4) 急流采水器

其特点是采水器的上方有一根较长的金属柄，在水流比较急的情况下可以用手按住手柄，在规定的采样点采样，以满足布点的可比性要求。

前一项目中介绍的有机玻璃采水器，是目前各监测单位常用的采水器，可以满足大多数情况下的采水要求。

5. 装样容器的选择准备

氨氮水样的装样容器，没有什么特殊要求，采用玻璃或塑料的均可。

（二）水样的保存目的与方法

基本要求——尽量减少待测组分变化。

（1）减缓生物化学作用。

（2）减缓氧化还原作用。

（3）减少挥发损失。

（4）避免沉淀吸附或结晶物析出引起的组分变化。

一般通过控制溶液 pH，加入化学试剂，抑制氧化还原作用，通过冷藏和冷冻等手段解决。

表 4-3 水样容器选择与保存技术

项目	容器类别	保存方法	分析地点	可存放时间	建议
pH	P 或 G	—	现场	—	—
酸碱度	P 或 G	2 ~ 5℃，暗处	实验室	24h	水样充满容器
嗅	G		实验室	6h	最好现场测定
电导率	P 或 G	2 ~ 5℃冷藏	实验室	24h	最好现场测定
色度	P 或 G	2 ~ 5℃冷藏	实验室	24h	最好现场测定
悬浮物	P 或 G		实验室	24h	尽快测，最好单独定容采样
DO	G（DO 瓶）	加 $MnSO_4$-KI，现场固定，冷暗处	实验室	数小时	最好现场测定
COD	G	2 ~ 5℃冷藏	实验室	尽快	
		–20℃冷冻	实验室	1 个月	
		加硫酸，pH<2	实验室	1 周	
BOD_5	G	–20℃冷冻	实验室	尽快	
		2 ~ 5℃冷藏	实验室	1 个月	

项目	容器类别	保存方法	分析地点	可存放时间	建议
硝酸盐氮	P 或 G	酸化，pH ≤ 2，2 ~ 5℃冷藏	实验室	24h	有些废水不能保存，应尽快分析
亚硝酸盐氮	P 或 G	2 ~ 5℃冷藏	实验室	尽快	有些废水不能保存，应尽快分析
凯氏氮	P 或 G	加硫酸，pH<2	实验室	24h	
氨氮	P 或 G	加硫酸，pH<2	实验室		

（三）水样的预处理

1. 水样预处理的目的

（1）破坏有机物，溶解悬浮性固体，将各种价态的欲测元素氧化成单一高价态；

（2）分离干扰物质；

（3）富集待测物质。

2. 水样预处理的方法

（1）*湿式消解法和干灰化法法（无机物质使用）*

湿式消解法：硝酸消解法、硝酸—高氯酸消解法、硝酸—硫酸消解法、碱分解法等。

干灰化法：马弗炉中高温分解法，不适用于测水样中易挥发组分砷、汞、镉、硒、锡等。

（2）*富集与分离（无机、有机物质均可采用）*

1）汽提法和顶空法

挥发性有机物（VOCs）和挥发性无机物（VICs），例如测汞，通惰性气体；水样中氯代烃用气吹出。

2）蒸馏法

污染组分沸点不同时达到分离的目的，同时也达到消解和富集的目的。例如测水样中挥发酚、氰化物、氟化物、氨氮等。

3）萃取法

①溶剂萃取法：物质在互不相溶的两种溶剂中分配系数不同，达到分离和富集的目的。挥发酚、六六六、DDT、油类等，用有机溶剂萃取；如水样中的石油类和动植物油类，用四氯化碳萃取。

无机物质：被测成分被其他物质干扰，要达到分离的目的；但有机溶剂只萃取水相中非离子状态物质（主要是有机物），无机物不能直接被萃取。

为了使无机金属离子也能够被萃取，经常采用的方法是加入有机螯合剂，构成螯合物萃取体系，就能够被有机萃取剂萃取了。

例如用分光光度法测水中的镉、铅、锌等，加入双硫腙，与上述金属离子生成难溶于水的螯合物，然后用三氯甲烷或四氯化碳萃取。

②固相萃取法：萃取剂是固体，水样中被测组分与共存组分在固相萃取剂上作用力强弱不同，使之彼此分离。

4）吸附法原理

多孔性的固体吸附剂吸附水样中各种组分，再用合适的溶剂或吹气的方法解吸被测组分，达到分离和富集的目的。如活性炭作吸附剂，富集水样中的金属离子。

5）离子交换法原理

利用离子交换剂与溶液中的离子发生交换反应进行分离的方法。

两种类型：阳离子交换树脂和阴离子交换树脂。

如何作用：浸泡（活化）、交换、再生。

6）共沉淀法

溶液中一种难溶化合物在形成沉淀过程中，将共存的某些痕量组分一起载带沉淀出来的现象。

（3）氨氮测定样品的预处理

采用硫酸锌和氢氧化钠溶液絮凝法，可以除去悬浮物、颜色及部分金属离子对测定干扰的影响。

取 100mL 水样，加入 1.0mL10% 硫酸锌，用 0.1 ～ 0.2mL25% 的氢氧化钠溶液调节 pH 为 10.5，混匀，放置 10min 后用中速滤纸过滤，接取中间液 50mL 供测定用。

（四）水中含氮污染物

包括无机氮和有机氮，是水体产生富营养化的主要原因。有“三氮”、凯氏氮、总氮。

1．“三氮”（氨氮、亚硝酸盐氮、硝酸盐氮）

氨氮、亚硝酸盐氮、硝酸盐氮：指以（氨或铵根离子、亚硝酸根离子、硝酸根离子）形式存在的氮元素的含量。

2．凯氏氮

指以凯氏法测得的氮元素含量。包括氨氮和在此条件下能够被转化为铵盐而测得的有机氮化合物。

凯氏法：在凯氏烧瓶中加入浓硫酸进行消解，以硫酸铜或硫酸汞作为催化剂，有机物中的氨基氮、游离氨、铵盐全部转化为硫酸氢铵后测得的氨氮含量。

有机氮 = 凯氏氮－氨氮

3．总氮

为分别测得的有机氮和无机氮化合物之和。

4. 总氮和凯氏氮的关系

总氮由凯氏氮、硝态氮、亚硝态氮组成（甚至有不能被凯氏法转化为氨氮的有机氮）。

凯氏氮由能被凯氏法转化为氨氮的有机氮，与本身就是氨氮这两类物质组成。

（五）测定方法与原理

1. 测定方法

氨氮的测定方法有多种，如纳氏试剂分光光度法、气相分子吸收法、苯酚－次氯酸盐比色法、电极法等。其中纳氏试剂分光光度法具有操作简便、灵敏等特点，是目前广泛采用的一种分析方法。

2. 测定原理

在水样中加入碘化钾和碘化汞的强碱性溶液(纳氏试剂)，与氨反应生成黄棕色胶态化合物，此颜色在较宽的波长范围内具有强烈吸收。通常于410～425nm波长处测定吸光度，求出水样中氨氮含量。

选择标准曲线法进行，该法的测定下限为0.025mg/L，测定上限为1 mg/L，适用于各种水样中氨氮的测定。

二、技能准备

（一）试剂的称量和配制

配制标准溶液的试剂，必须采用优级纯级别的基准试剂，经准确称量后按规定的方法配制。其他试剂配制标准溶液时，通常采取分析纯级别的试剂，先配制一定浓度后再标定出准确的浓度。标准溶液如果需要稀释，必须准确量取（精确到0.01mL）一定的体积，再稀释到规定的体积。

标准溶液的配制一般可采用两种方法：

（1）直接配制法

准确称取一定量的基准物质，溶解后定量转移到容量瓶中，稀释至一定体积，根据称取物质的质量和容量瓶的体积即可计算出该标准溶液的浓度。该方法的优点是简便，一经配好即可使用，但必须用基准物质配制。

（2）间接标定法

许多物质由于性质不稳定或组成不固定等因素，其标准溶液不能采用直接法配制，对这类物质只能采用间接法，即粗略地称取一定量物质或量取一定量体积的溶液，配制成接近所需浓度的溶液，然后用基准物质或另一种标准溶液来测定。

（二）溶液的稀释及容量瓶的使用

溶液稀释过程中的操作环节主要有：容量瓶和移液管规格选择、仪器洗涤、容量瓶试漏、移液管润洗、移液管尖溶液的处理、吸液、移液管外溶液的处理、调节液面、放液（承液）、加水稀释、初混、定容、混匀、放气、充分混匀、贴标签等。按照规范化操作要求进行操作。

移液管使用时，要注意以下几点：

（1）量取绝对体积的溶液时，优先选择胖肚移液管；

（2）比色分析配制标准溶液系列时，通常只使用能够兼顾绝大多数标准溶液系列体积的一只移液管，以使得溶液的体积误差具有可比性；

(3)吸液前，管尖内的残留液必须控干；吸液时，移液管尖插入液面下2～3cm，并随着液面的下降而逐渐下降；不能过浅产生吸空，也不能太深导致管尖触底；吸液的体积不要超过满刻度上方3cm；调节溶液前，要用滤纸或吸水纸先将管尖外的溶液吸干；调节溶液时，要将管尖垂直抵住容器的内壁，也可抵住另一干净烧杯的内壁调节溶液，达到一次调节成功；放液时，仍要将管尖抵住承液容器磨口下方的内壁垂直放液；

（4）移液管每次取液时，原则上都必须吸到满刻度处放出，尤其是标准系列的配制，或是移取后进行浓度准确稀释的溶液；

（5）读数时看的都是下凹液面的刻度与水平线相切，可找出远处与眼睛同高度处的物件做参照物进行水平校正；

（6）取液与放液，都要将管下尖抵住容器内壁；完全放出停留15s（带“快”的，3s；有“吹”的，3s后吹出最后一滴），放完拿开时，都要有一个拖的动作；

（7）容量瓶加水至近刻度处要等待30s后，才可以继续加水至刻度；加水时还要注意洗瓶或胶头滴管的管尖对容量瓶内颈部的玷污情形；

（8）容量瓶充分混匀的次数是颠倒混匀15次以上，混匀操作的中间要开一次塞，以防瓶内压力过高而将瓶塞冲出。混匀操作时，以右手大拇指和中指、无名指相对，拿住瓶颈部位，右手食指盖住瓶塞，同时以左右的五指张开，托住容量瓶的底部，两手协同操作，完成容量瓶的颠倒混匀操作。为了提高混匀效率，可以每次在容量瓶倒置（此时左手在上、右手在下）、瓶内气泡上升的过程中，左手抓住容量瓶的底部，水平方向快速摇动瓶底两圈，如此重复操作15次以上。摇动的中间要至少开塞一次，以放去内部可能存在的高压气体。

（9）充分混匀后一定要及时盖塞，每次取液前要做摇匀的动作，取完后仍要及时盖塞。一般来说，取用1～2次的溶液时，可以在容量瓶中直接进行相应的操作，而多次吸取溶液时则不被允许重复操作。所以，容量瓶不能直接用来吸取溶液配制标准系列，而是要将溶液转移到烧杯中才可以进行相应的操作。当然，烧杯要经历洗涤、润洗后才能转移。类似地，在原液中的吸液操作，也同样要遵守相同的规定。

（三）比色管与比色皿的使用

比色管的操作环节主要有：规格选择、洗涤；试漏；编号；系线；承液、稀释、混匀、放气、充分混匀、拿取时防沾污。

比色管使用时，一定要注意不能沾污。拿取时通常有两种方法。

（1）左手掌心朝上，反手以食指、中指夹住瓶塞拿开，然后再以食指、大拇指正手拿住比色管的管颈部位；

（2）以食指、大拇指正手夹住瓶塞，再让食指、大拇指空当处正手套住瓶颈，以食指、大拇指的中间部位拿住比色管的管颈部位。

在比色管未系线的情况下，也可以用半握拳的方式，以左掌下部握取瓶塞拿开，然后以食指、大拇指拿住比色管的管颈部位。

比色皿使用时，主要有这样几个环节：规格选取（目前普遍使用的是1cm，使用时间长了以后，每次使用前还需要装蒸馏水再次选取，满足规格一致，即吸光度差在0.005以下）、浸洗、吸光度校正（规格差比较大的时候需要校正）。比色皿使用时主要注意以下几点：

（1）手拿磨砂面，保护透光面；

（2）装液体积在2/3～4/5倍的高度，以3/4高度为宜；

（3）装液之前要润洗，外部溶液要吸干；

（4）倒出溶液时从角部倒出，用完要及时洗涤；

（5）禁止装浓酸、浓碱、浓盐、强氧化剂、强还原剂的溶液；

（6）禁止用铬酸溶液浸泡和洗涤，禁止用有机溶剂长时间浸泡。

（四）最大吸收波长的扫描与确定

分光光度测定的依据是朗伯-比尔定律，但只有在最大吸收波长处，此定律才成立。新购买的或刚经过年检过的仪器，可以直接将刻度盘调节到指定的波长刻度即可，而不必扫描最大吸收波长。使用久了的仪器，由于波长刻度盘的机械滑动或松动等因素影响，常常会出现表观波长和实际波长不一致的情形，这时每次测定之前都必须要进行波长扫描，以得出最大吸收波长。方法是：取一只比色皿，装上有色溶液（标准系列中接近中间浓度的溶液），在有效波长范围内先消除全程的负吸光度（出现负值时即按下100%进行调节），然后装上有色溶液，在吸光度的读数状态下，由小到大改变波长进行扫描，如果出现吸光度上升然后又下降的，则小心地恢复到刚才的最大吸光度值处，此时波长刻度盘对应的波长，即为该性质溶液呈现的最大吸光波长。一旦找到最大吸收波长，仪器的波长调节盘就不要再移动了，记下表观吸光度的大小（nm）。

（五）比色皿的选取与校正

刚买的比色皿，由于没有任何着色引起的色差，一般的误差很小，可以不必进行校正，使用时间久了的比色皿，通常会产生比较大的误差。如果舍不得丢弃，则可以采用选取校正的方法提高分析的准确度。比色皿选取包括“4 选 2”和“2 选 1”，前者解决哪两只用于实际测定用，后者解决哪只比色皿做参比的问题。

（1）4 选 2：任选 4 只比色皿，洗净后各装入 3/4 体积的蒸馏水，用吸水纸吸干周围水分，放入比色皿盒中，以靠近身边的第 1 只比色皿调节透光率为 100%，改变功能键至吸光度，分别读出 4 只比色皿在装入蒸馏水时的吸光度大小。将测定数据填入表格中，通过吸光度数据，找出上述比色皿中相互偏差最小的 2 只比色皿（满足吸收值差值最小，最好相同），即为我们实际要使用的比色皿。

（2）2 选 1：选中的 2 只比色皿中，谁的吸光度小，谁就放入靠身边第一格，作为参比使用，如果吸光度不再是 0，则重新定义为 0，另一只装上有色溶液，放入靠身边的第二格，并以蒸馏水为参比，测定其吸光度值。

校正比色皿的方法很简单，那就是原先高了的吸光度，在后面具体测定中加以扣除，而原先低了的吸光度，要在后面测定中补上去。

（六）采样点的布设与样品的采集

按规定布设采样点采集样品。

（七）样品的预处理与过滤操作

采用硫酸锌和氢氧化钠溶液絮凝法，可以除去悬浮物、颜色及部分金属离子对测定干扰的影响。絮凝后采用中速滤纸过滤，接取中间液 50mL 供测定用。

（八）回归方程的求算及绘制标准曲线

一般标准曲线的取点不得少于 7 点（含参比点），过少则会影响线性关系以及定量的准确度。标准曲线方程一般通过回归得出，计算得到的回归方程需要经过相关系数检验和截距检验，确定没有显著性差异后才可以正式使用。

回归方程的求算可参考后面的分析质量部分的内容。在 Excel 表格中可以快速地得出回归方程，其方法是：将横坐标、纵坐标的数值分行输入到 Excel 中（默认上为 *x*、下为 *y*，或左为 *x*、右为 *y*），用鼠标选中 *x*、*y* 两列数值，单击图表图案（选择你所需要的图表类型）—标准类型—*xy* 散点图—完成，此时 Excel 中会出现图表，鼠标放在图表中的点上—出现数字后右击—添加趋势线—选项“显示公式、显示

R 平方值”一确定。可用鼠标拉开回归方程到右面的空白处，可以直接打印出来。如果不打印，则根据回归方程画曲线也是唯一的，一般采取两点法画线。

在后面求算样品溶液含量的时候，可以采用回归方程代入法得出结果，数值唯一，达到在数据处理上分析误差最小的效果。

绘制标准曲线时还必须注意以下几点：

（1）横坐标表示被测量，纵坐标表示指示量；

（2）对坐标作合理的分度，使直线的倾角接近于 45°；

（3）坐标上能读出的有效数字的位数，与仪器的实际测量精度一致，如准确量取体积精确到小数点后 2 位，准确读取的吸光度精确到小数点后 3 位；

（4）标明图名称、坐标箭头、名称、符号、单位、测量点坐标的标示等。

三、方案设计

项目 4　氨氮的测定（纳氏试剂分光光度法）

（一）教学目标

1．知识目标

（1）了解含氮化合物的不同形态及相互间的转化关系；

（2）了解氨氮的概念及测试水样中氨氮的意义；

（3）了解分析测试过程中所用无氨水的制备方法；

（4）掌握水样的预处理方法；

（5）了解常用的氨氮测试方法及适用范围；

（6）掌握纳氏试剂分光光度法测试原理、测试方法；

（7）进一步巩固 7200 型分光光度计的使用方法。

2．能力目标

（1）能正确地进行水样的采集，选择合适的水样保存方法；

（2）能根据不同水样的特点，选择合适的预处理方法；

（3）能熟练使用 7200 型分光光度计；

（4）能绘制并正确使用工作曲线，进行工作曲线的线性回归；

（5）能应用吸光光度法的原理对样品进行定量分析；

（6）能对实验数据进行正确的分析和处理，准确地表述分析结果。

3．素质目标

（1）培养学生测定水样中氨氮的相关知识，增强岗位认识；

（2）培养学生严谨求学的工作态度和探究精神；

（3）培养学生研究性学习的能力；

（4）培养学生团队合作的精神。

（二）工作任务与相关知识

项目 4　氨氮的测定（纳氏试剂分光光度法）

参考学时	5
学习目标	理解氨氮的概念和测定方法；理解采样器具的选择和采样量的确定；学会水样的采集和固定方法；学会水样的预处理方法；理解纳氏试剂分光光度法测定氨氮的原理；学会有关溶液的配制与稀释；学会纳氏试剂分光光度法测定氨氮的方法；学会分析结果的表示
工作任务	纳氏试剂分光光度法测定氨氮的方案设计；水样的采集；水样的现场固定；现场情况描述；标准系列的配制；比色皿的选取和校正；分光光度测定；结果的计算与表示
相关知识	氨氮的概念及其与环境的关系；纳氏试剂分光光度法的原理；水样的采集与固定；现场情况描述；溶液的配制和稀释；移液管和比色管的规范化操作；比色皿的选取和校正；吸光度的测量与记录（数据列表）；分析结果的计算和表示；环境质量评价
拓展知识	氨氮的其他测量方法；水样的预处理

（三）实施目的

氨氮以游离氨和铵盐的形式存在于水体中，当 pH 值偏高时，游离氨比例较高；当 pH 值偏低时，铵盐比例较高。氨氮的污染源主要有生活污水中含氮有机物分解产物、工业废水如焦化废水、氨化肥厂污水等和农业排水。

测定水中各种形态的氮化合物，有助于评价水体被污染和自净状况，即通过测定，观察水体中的氨氮是否超过水环境质量标准。氨氮是水质监测的必测项目之一。

本次的工作任务，采用纳氏试剂分光光度法测定水样中氨氮的含量。

一般是现场采样后，再回到实验室分析测定。

（四）实施原理

在水样中加入碘化钾和碘化汞的强碱性溶液（纳氏试剂），与氨反应生成黄棕色胶态化合物，此颜色在较宽的波长范围内具有强烈吸收。通常于 410 ～ 425nm 波长处测定吸光度，求出水样中氨氮含量。

（五）仪器与试剂

仪器：50mL 比色管，10mL 移液管，比色管架，7200 型分光光度计，1cm 比色皿，420nm 波长。

主要试剂：氨氮标准溶液（10.0mg/L）、酒石酸钾钠溶液、纳氏试剂。

氨氮测定中的配制试剂用水，均应为无氨水。可选用下列方法之一进行制备。

（1）蒸馏法：每升蒸馏水中加 0.1mL 硫酸，在全玻璃蒸馏器中重蒸馏，弃去 50mL 初馏液，接取其余馏出液于具塞磨口的玻璃瓶中，密塞保存。

（2）离子交换法：使蒸馏水通过强酸性阳离子交换树脂柱。

（六）操作步骤

1．溶液的配制

（1）吸收液：称取 20g 硼酸溶于水，稀释至 1L；或使用 0.01mol/L 硫酸溶液。

（2）纳氏试剂：称取 20g 碘化钾溶于约 25mL 水中，边搅拌边分次少量加入氯化汞（$HgCl_2$）结晶粉末（约 10g），至出现朱红色沉淀不易溶解时，改为滴加饱和氯化汞溶液，并充分搅拌，当出现微量朱红色沉淀不再溶解时，停止滴加氯化汞溶液。

另称取 60g 氢氧化钾溶于水，并稀释至 250mL，冷却至室温后，将上述溶液徐徐注入氢氧化钾溶液中，用水稀释至 400mL，混匀。静置过夜，将上清液移入聚乙烯瓶中，密塞保存。

（3）25% 的氢氧化钠溶液：称取 16g 氢氧化钠溶于 50mL 水中，充分冷却至室温。

（4）酒石酸钾钠溶液：称取 50g 酒石酸钾钠（$KNaC_4H_4O_6 \cdot 4H_2O$）溶于 100mL 水中，加热煮沸以除去氨，放冷，定容至 100mL。

（5）铵标准储备液：称取 3.819g 经 100℃干燥过的氯化铵（NH_4Cl）溶于水中，移入 1 000mL 容量瓶中，稀释至标线。此溶液每毫升含 1.00mg 氨氮。

（6）铵标准使用液：移取 5.00mL 铵标准储备液于 500mL 容量瓶中，用水稀释至标线。此溶液每毫升含 0.010mg 氨氮。

（7）10% 硫酸锌。

2．水样的预处理

100mL 水样，1.0mL10% 硫酸锌，0.1 ～ 0.2mL25% 氢氧化钠，调 pH=10.5，混匀，放置 10min，过滤，接取中间液 50mL。

3．配制标准色列

分别吸取氨氮标准溶液 0.00mL，0.50mL，1.00mL，2.00mL，3.00mL，5.00mL，7.00mL，10.00mL 于 50mL 比色管中，加水至 50mL。

4．显色

于各管中加入 1mL 酒石酸钾钠溶液，混匀，再加 1.5mL 纳氏试剂，摇匀，放置 10min 后分光光度测定。

5．测定

波长 420nm，试剂空白参比，1cm 比色皿。

（七）数据处理

1. 求回归方程及相关系数

2. 求水样中氨氮的含量

3. 测定结果评价

表 4-4　部分指标的地表水环境质量标准限值　单位：mg/L

项目类别 \ 标准值分类		Ⅰ类	Ⅱ类	Ⅲ类	Ⅳ类	Ⅴ类
溶解氧	≥	饱和率 90%（或 7.5）	6	5	3	2
高锰酸盐指数	≤	2	4	6	10	15
化学需氧量（COD）	≤	15	15	20	30	40
五日生化需氧量（BOD_5）	≤	3	3	4	6	10
氨氮（NH_3）	≤	0.15	0.5	1.0	1.5	2.0
pH（量纲为一）		6～9				
铜	≤	0.01	1.0	1.0	1.0	1.0
锌	≤	0.05	1.0	1.0	2.0	2.0
砷	≤	0.05	0.05	0.05	0.1	0.1
铬（六价）	≤	0.01	0.05	0.05	0.05	0.1
硝酸盐氮（NO_3^--N）	≤	集中式生活饮用水（以 N 计）：10				

四、方案实施

本项目采用纳氏试剂分光光度法测定水中氨氮，但是纳氏试剂有剧毒，使用时必须特别小心，以防入口。如不小心溅到皮肤上，必须要赶快用大量的自来水冲洗，以防侵入皮肤产生急性中毒反应。

采用 7200 型分光光度计进行分光光度测定时，一般的测定步骤为：

（1）将仪器连接上 220V 的交流电，打开电源开关，预热 5～10min。

（2）调零：将黑色比色皿放入靠近身边的第一格，在“T”状态下，按下 0% 按钮，使其透光率为 0。

（3）选取比色皿：取两只比色皿，同时装上蒸馏水，放入靠近身边的第二格和第三格中，以第二只比色皿调节透光率 100%，再读取第三只比色皿的透光率。哪只比色皿的透光率大，就选择哪只比色皿作为参比的比色皿。

（4）将选择作为参比的比色皿装上参比溶液，放入靠近身边的第二格中，重新调节透光率 100%，同时将第三只比色皿装上待测溶液，然后拉出一格到光路通过第三只比色皿，将 Mode 功能键调节到“A”，读取吸光度值。连续测定的溶液浓度相差较大时，必须用待测溶液润洗 2～3 次方可测定其吸光度。

（5）每次测完都要及时关闭箱盖，注意推拉比色皿拉杆时力度要轻，不能使比色皿内装溶液溅泼出来。等到全部测定完毕时，要及时做好卫生清扫工作，填写仪器使用记录单。

五、过程评价

（一）学生评价

（二）教师评价

项目5 硝酸盐氮的测定

（酚二磺酸分光光度法或离子色谱法）

一、知识准备

进入水体中的氮主要有无机氮和有机氮之分。无机氮包括氨态氮（简称氨氮）和硝态氮。氨氮包括游离氨态氮（NH_3-N）和铵盐态氮（NH_4^+-N）；硝态氮包括硝酸盐氮（NO_3^--N）和亚硝酸盐氮（NO_2^--N）。有机氮主要有尿素、氨基酸、蛋白质、核酸、尿酸、脂肪胺、有机碱、氨基糖等含氮有机物。可溶性有机氮主要以尿素和蛋白质形式存在，它可以通过氨化等作用转换为氨氮。

水体中的含氮化合物很多，比较受到重视的有硝酸盐氮、亚硝酸盐氮、氨氮、有机氮、凯氏氮等。

（一）硝酸盐氮的含义

水中硝酸盐氮是在有氧环境下，各种形态的含氮化合物中最稳定的氮化合物，也是含氮有机化合物经无机化作用最终阶段的分解产物。

摄入硝酸盐后，经肠道中微生物作用转化为亚硝酸盐而出现毒性作用。

（二）硝酸盐氮的来源和危害

水源中的硝酸盐的来源，主要有生活污水和工业废水；施肥后的径流和渗透；大气中的硝酸盐沉降；土壤中有机物的生物降解等，另一部分来自于地下水中固有的成分。硝酸盐在水中溶解度高，稳定性好，难以形成共沉淀或吸附。因此，传统简单的水处理技术，如石灰软化、过滤等工艺，难以除去水中的硝酸盐。目前，从水中去除硝酸盐的方法主要有化学脱氮、催化脱氮、反渗透、电渗析、离子交换、生物脱氮等。

硝酸盐在人体内的危害极大，由于硝酸盐能够在胃肠道细菌作用下，还原成亚硝酸盐，后者可与血红蛋白结合形成高铁红血蛋白造成缺氧，饮用含量高的亚硝酸盐的水，可引起身体不适严重者甚至死亡。婴儿特别是3个月以内的婴儿对硝酸盐特别敏感，易患高铁血红蛋白症。当血中10%左右的血红蛋白转变为高铁血红蛋白时，婴儿即可出现紫绀等缺氧症状。此外，亚硝酸盐还可与仲胺等形成亚硝胺，后者与食道癌的发病有关。

测定水体中的硝酸盐氮，有助于把握水中硝酸盐含量的大致污染程度，给含氮废水或被含氮废水污染的水体的治理，提供一些必要的依据。在集中式生活饮用水标准中，均要求硝酸盐氮的含量小于等于 10mg/L（以 NO_3^--N 的含量计）。

表 5-1 《地表水环境质量标准》（GB 3838—2002） 单位：mg/L

类别	Ⅰ类	Ⅱ类	Ⅲ类	Ⅳ类	Ⅴ类
硝酸盐氮标准值 ≤	10 以下	10	20	20	25
集中式生活饮用水标准					
硝酸盐氮（NO_3^--N）≤	集中式生活饮用水（以 N 计）：10				

（三）硝酸盐氮的测定方法

硝酸盐氮的测定方法很多，有酚二磺酸分光光度法、紫外分光光度法、镉柱还原法、戴氏合金还原法、离子选择性电极法、离子色谱法等。除了酚二磺酸分光光度法测定硝酸盐氮以外的其他方法，可以参见相关参考书进行自学。

本项目选择酚二磺酸分光光度法测定水体的硝酸盐氮，其方法来源：《水质　硝酸盐氮的测定　酚二磺酸分光光度法》（GB/T 7480—1987），最低检出限为 0.02mg/L（NO_3^--N）。

表 5-2 集中式生活饮用水地表水源地补充项目分析方法

序号	项 目	分析方法	最低检出限 / (mg/L)	方法来源
1	硫酸盐	重量法	10	GB 11899—89
		火焰原子吸收分光光度法	0.4	GB 13196—91
		铬酸钡光度法	8	1）
		离子色谱法	0.09	HJ/T 84—2001
2	氯化物	硝酸银滴定法	10	GB 11896—89
		硝酸汞滴定法	2.5	1）
		离子色谱法	0.02	HJ/T 84—2001
3	硝酸盐	酚二磺酸分光光度	0.02	GB/T 7480—87
		紫外分光光度法	0.08	1）
		离子色谱法	0.08	HJ/T 84—2001
4	铁	火焰原子吸收分光光度法	0.03	GB 11911—89
		邻菲啰啉分光光度法	0.03	1）

序号	项 目	分析方法	最低检出限/(mg/L)	方法来源
5	锰	火焰原子吸收分光光度法	0.01	GB 11911—89
		甲醛肟光度法	0.01	1）
		高碘酸钾分光光度法	0.02	GB 11906—89

注：暂采用下列分析方法，待国家方法标准发布后，执行国家标准。

1）水和废水监测分析方法．第3版．北京：中国环境科学出版社，1989。

酚二磺酸分光光度法测定水体的硝酸盐氮的方法，适用于饮用水、地下水和清洁地面水中硝酸盐氮的测定。

（四）测定原理

硝酸盐在无水情况下，与酚二磺酸发生反应，生成硝基二磺酸酚，在碱性溶液中，进一步生成黄色化合物，其颜色深浅，与水中的硝酸盐氮含量成正比，在410nm波长处有最大吸收，可在一定条件下进行分光光度测定。

二、技能准备

（一）试剂的称量和溶液的配制

称量试剂所用天平，视称量精确度要求确定。有效数字在3位以上的标准溶液，必须选择万分之一（称量的精确度达到0.000 1g）的分析天平进行称量；而一般试剂，则选用架盘天平称量即可，这种天平的精度一般在百分之一（称量的精确度达到0.01g）以内。

溶液配制所需要的量，本着节约、不影响测定准确度要求的原则确定。一般要按照实际需用量及容量仪器的规格大小进行选择，在保证精确度符合要求、称量与配制又方便实用的前提下，选择合适的体积量为宜。

溶液稀释时，尽可能选择量取的体积符合移液管完全放出的量为好，这样可以减少体积量放的误差。

（二）移液管、比色管的使用

（1）移液管使用注意以下几点：

①量取绝对体积的溶液时，优先选择胖肚移液管；

②比色过程中，量取标准溶液系列时，通常只使用一只移液管（以保证全程量液的精度相同，最终达到每只管子测定的误差相同，具有可比性）；

③每次取液必须吸到满刻度处放出；

④读下凹液面的刻度（水平方向，投影高度）；

⑤取液与放液时，都要将管下尖抵住容器内壁；完全放出溶液时，放液结束后，要抵住承液容器液面以上的内壁停留15s；带“快”的，停留3s；有“吹”字的，在放液结束停留3s后吹出最后一滴试液。

（2）比色管使用注意以下环节：

洗涤；试漏；编号；系线；防沾污（注意手的拿法）。

（3）洗耳球使用时，要用大拇指、食指、中指从三个方向上一起用力，以防洗耳球的下端在挤压与吸液过程中发生位移。

（三）7200型分光光度计的使用操作

（1）开机预热15～30min。

（2）使用仪器配置的黑比色皿放入比色槽靠身边的第一格，在透光率挡位上，调T=0%，然后随机选取一只比色皿，装入待测有色溶液（通常选取标准系列中间偏上浓度的溶液），旋转波长调节盘，进行最大吸收波长的扫描。

（3）随机取4只比色皿，分别装入蒸馏水，选择相互之间吸光度差值最小的比色皿2只，再将此2只比色皿中吸收值最小的作为参比，放入身边的第一格，重新调节吸光度0（透光率T=100%）。另一只比色皿则作为测试皿使用。

若2只比色皿之间的蒸馏水空白值不是相差很大，不必扣除空白值。否则就要在装上蒸馏水的情况下，测定比色皿的本底空白，在装入待测溶液后，再将此空白值扣除掉。

（4）测定其他溶液（含待测溶液）的吸光度。

（5）测定完毕，填写仪器使用记录本，整理仪器归位。

（四）标准曲线法测定硝酸盐氮

一般首选标准曲线法进行分析。即：配制一系列浓度不同的标准溶液，在相同的条件下与待测溶液进行相同的显色、比色，由测定结果进行数据列表，计算标准系列的回归方程和相关系数。再将待测试液的吸光度代入回归方程，求算出样品硝酸盐氮的含量大小。

绘制标准曲线时，要注意以下几点：

（1）横坐标表示被测量，纵坐标表示指示量；

（2）对坐标作合理的分度，使直线的倾角接近于45°；

（3）坐标上能读出的有效数字的位数和仪器的实际测量精度一致（如溶液体积精确到小数点后2位，吸光度精确到小数点后3位）；

（4）标明坐标箭头、名称、符号、单位、测量点坐标、虚垂线、实垂线等，画完后，还需要在图的下方，注明标准曲线图的名称等。

三、方案设计

项目 5　硝酸盐氮的测定
（酚二磺酸分光光度法或离子色谱法）

（一）实施目的

1．知识目标

（1）了解含氮化合物的不同形态及相互间的转化关系；

（2）了解“三氮”的概念及测试水样中硝酸盐氮的意义；

（3）掌握水样的预处理方法；

（4）了解常用的硝酸盐氮测试方法及适用范围；

（5）掌握酚二磺酸分光光度法（或离子色谱法）的测试原理、测试方法；

（6）进一步巩固 7200 型分光光度计的使用方法（或理解离子色谱法分析原理与方法）。

2．能力目标

（1）能正确地进行水样的采集，选择合适的水样保存方法；

（2）能根据不同水样的特点，选择合适的预处理方法；

（3）能熟练使用 7200 型分光光度计（学会离子色谱仪的使用）；

（4）能绘制并正确使用工作曲线，进行工作曲线的线性回归；

（5）能应用分光光度法的原理（离子色谱仪）对样品进行定量分析；

（6）能对实验数据进行正确的分析和处理，准确地表述分析结果。

3．素质目标

（1）培养学生测定水样中硝酸盐氮的相关知识，增强岗位认识；

（2）培养学生严谨求学的工作态度和探究精神；

（3）培养学生研究性学习的能力；

（4）培养学生团队合作的精神。

（二）工作任务与相关知识

项目 5　硝酸盐氮的测定（酚二磺酸分光光度法或离子色谱法）

参考学时	5
学习目标	理解硝酸盐氮的概念和测定方法；理解采样器具的选择和采样量的确定；学会水样的采集和固定方法；学会水样的预处理方法；理解酚二磺酸分光光度法测定硝酸盐氮的原理；学会有关溶液的配制与稀释；学会酚二磺酸分光光度法测定硝酸盐氮的方法；学会分析结果的表示

参考学时	5
工作任务	酚二磺酸分光光度法测定硝酸盐氮的方案设计；水样的采集；水样的现场固定； 现场情况描述；标准系列的配制；比色皿的选取和校正；分光光度测定；结果的计算与表示
相关知识	硝酸盐氮的概念及其与环境的关系；酚二磺酸分光光度法的原理；水样的采集与固定；现场情况描述；溶液的配制和稀释；移液管和比色管的规范化操作；比色皿的选取和校正；吸光度的测量与记录（数据列表）； 分析结果的计算和表示；环境质量评价
拓展知识	硝酸盐氮的其他测量方法；水样的预处理

（三）测定原理

硝酸盐在无水情况下，与酚二磺酸发生反应，生成硝基二磺酸酚，在碱性溶液中，进一步生成黄色化合物，其颜色深浅，与水中的硝酸盐氮含量成正比，在410nm 波长处有最大吸收，可在一定条件下进行分光光度测定。

（四）仪器与试剂

1．仪器

7200 型分光光度计，50mL 比色管，1cm 比色皿，0.45μm 滤膜，具塞量筒，慢速滤纸，蒸发皿，玻璃棒等。

2．试剂

本方法所用试剂除另有说明外，均为分析纯试剂，实验中所用水，均为蒸馏水或同等纯度的水。

（1）硫酸：ρ=1.84g/mL。

（2）发烟硫酸（$H_2SO_4 \cdot SO_3$）：含 13% 三氧化硫（SO_3）。

注：①发烟硫酸在室温较低时凝固，取用时，可先在 40 ～ 50℃隔水浴中加温使熔化，不能将盛装发烟硫酸的玻璃瓶直接置入水浴中，以免瓶裂引起危险；②发烟硫酸中含三氧化硫（SO_3）浓度超过 13% 时，可用硫酸按计算量进行稀释。

（3）酚二磺酸 [$C_6H_3(OH)(SO_3H)_2$]：称取 25g 苯酚置于 500mL 锥形瓶中，加150mL 硫酸使之溶解，再加 75mL 发烟硫酸，充分混合，瓶口插一小漏斗，置瓶于沸水浴中加热 2h，得淡棕色稠液，贮于棕色瓶中，密塞保存。

注：①当苯酚色泽变深时，应进行蒸馏精制；②无发烟硫酸试也可用硫酸代替，但应增加在沸水中加热时间至 6h，制得的试剂尤应注意防止吸收空气中的水分，以免因硫酸浓度的降低，影响硝基化反应的进行，使测定结果偏低。

（4）氨水 (NH_3-H_2O)：ρ=0.90g/mL。

（5）硝酸盐氮标准溶液：C_N=100mg/L。

将 0.721 8g 经 105 ～ 110℃干燥 2h 的硝酸钾（KNO_3）溶于水中，移入 1 000mL 容量瓶，用水稀释至标线，混匀。加 2mL 氯仿作保存剂，至少可稳定 6 个月。每毫升本标准溶液含 0.10mg 硝酸盐氮（100.0mg/L）。

（6）硝酸盐氮标准溶液：C（NO_3^--N）=10.0mg/L。

吸取 50.0mL 硝酸盐氮标准溶液，置蒸发皿内，加氢氧化钠溶液使调至 pH=8，在水浴上蒸发至干。加 2mL 酚二磺酸试剂，用玻璃棒研磨蒸发皿内壁，使残渣与试剂充分接触，放置片刻，重复研磨一次，放置 10min，加入少量水，定量移入 500mL 容量瓶中，加水至标线，混匀。本标准溶液每毫升含 0.010mg 硝酸盐氮。贮于棕色瓶中，此溶液至少稳定 6 个月。

注：本标准溶液应同时制备两份，如发现浓度存在差异时，应重新吸取硝酸盐氮标准溶液进行制备。

（7）硫酸银溶液：称取 4.397g 硫酸银 (Ag_2SO_4) 溶于水，稀释至 1 000mL。1.00mL 此溶液可去除 1.00mg 氯离子（Cl^-）。

（8）硫酸溶液：0.5mol/L。

（9）氢氧化钠溶液：0.1mol /L。

（10）EDTA 二钠溶液：称取 50gEDTA 二钠盐的二水化合物（$C_{10}H_{14}N_2O_3Na_2 \cdot 2H_2O$），溶于 20mL 水中，使调成糊状，加入 60mL 氨水充分混合，使之溶解。

（11）氢氧化铝悬浮液：称取 125g 硫酸铝钾 ($KAl(SO_4)_2 \cdot 12H_2O$) 或硫酸铝铵 ($NH_4Al(SO_4)_2 \cdot 12H_2O$) 溶于 1L 水中，加热到 60℃，在不断搅拌下徐徐加入 55mL 氨水，使生成氢氧化铝沉淀，充分搅拌后静置，弃去上清液。反复用水洗涤沉淀，至倾出液无氯离子和铵盐。最后加入 300mL 水使成悬浮液。使用前振摇均匀。

（12）高锰酸钾溶液：3.16g/L。

（五）操作步骤

1．水样的预处理

（1）水样要经 0.45μm 滤膜过滤后测定。

（2）试份体积的选择：最大试份体积为 50mL，可测定硝酸盐氮浓度至 2.0mg/L。

（3）空白试验：取 50mL 水，以与试份测定完全相同的步骤、试剂和用量进行平行操作。

2．干扰的排除

（1）带色物质：取 100mL 试样移入 100mL 具塞量筒中，加 2 mL 氢氧化铝悬浮液，密塞充分振摇，静置数分钟澄清后，过滤，弃去最初滤液的 20mL。

（2）氯离子：取 100 mL 试样移入 100mL 具塞量筒中，根据已测定的氯离子含量，加入相当量的硫酸银溶液，充分混合，在暗处放置30min，使氯化银沉淀凝聚，然后用慢速滤纸过滤，弃去最初滤液20mL。

注：①如不能获得澄清滤液，可将已加过硫酸银溶液后的试样在近80℃的水浴中加热，并用力振摇，使沉淀充分凝聚，冷却后再进行过滤。②如同时需去除带色物质，则可在加入硫酸银溶液并混匀后，再加入2mL氢氧化铝悬浮液，充分振摇，放置片刻待沉淀后，过滤。③亚硝酸盐：当亚硝酸盐氮含量超过0.2mg/L时，可取100mL试样，加入1mL硫酸溶液，混匀后，滴加高锰酸钾溶液，至淡红色保持15min不褪为止，使亚硝酸盐氧化为硝酸盐，最后从硝酸盐氮测定结果中减去亚硝酸盐氮量。

3．测定

（1）蒸发：取50.0 mL试份放入蒸发皿中，用pH试纸检查，必要时用硫酸溶液或氢氧化钠溶液调节至微碱性（pH=8），置水浴上蒸发至干。

（2）硝化反应：加1.0mL酚二磺酸试剂，用玻璃棒研磨，使试剂与蒸发皿内残渣充分接触，放置片刻，再研磨一次，放置10min，加入约10mL水。

（3）显色：在搅拌下加入3～4 mL氨水，使溶液呈现最深的颜色。如有沉淀产生，过滤；或滴加EDTA二钠溶液，并搅拌至沉淀溶解。将溶液移入比色管中，用水稀释至标线，混匀。

（4）分光光度测定：于410 nm波长，选用合适光程长的比色皿，以水为参比，测量溶液的吸光度。

4．校准曲线测定

（1）校准系列的制备：用分度吸管向一组10支50mL比色管中，加入硝酸盐氮标准溶液，所加体积见表5-3，加水至约40mL，加3mL氨水使成碱性，再加水至标线，混匀。按进行分光光度测定。所用比色皿的光程长也如表5-3所示。

表5-3　校准系列中所用标准溶液体积

标准溶液（3.6）体积/mL	硝酸盐氮含量/mg	比色皿光程长/mm
0	0	10、30
0.10	0.001	30
0.30	0.003	30
0.50	0.005	30
0.70	0.007	30
1.00	0.010	10、30
3.00	0.030	10
5.00	0.050	10
7.00	0.070	10
10.00	0.10	10

（2）校准曲线的绘制：由除零管外的其他校准系列测得的吸光度值减去零管的吸光度值，分别绘制不同比色皿光程长的吸光度对硝酸盐氮含量（mg）的校准曲线。

仪器设备的操作规程见 7200 型分光光度计操作、维护规程。

5．分析质量控制要求

（1）最低检出限：采用光程为 30mm 的比色皿，试份体积为 50mL 时，最低检出限浓度为 0.02mg/L，测定范围为 0.02 ～ 2.0mg/L。

（2）工作曲线的截距、相关系数：工作曲线的截距应在 ±0.005 之间，相关系数应大于 0.999。

（3）每批样品的质控要求

①标准点及相对偏差的要求：按方法规定要求每次绘制校准曲线；当校准曲线的斜率较为稳定，这时可使用原校准曲线，但在使用时须测定两个标准点（以测定上限浓度的 0.3 倍和 0.8 倍各一份为宜）和零浓度点，当两个标准点与原校准曲线相应点的相对偏差 <5% 时，原校准曲线可以使用。

②平行样及加标：每批样品随机抽取不少于 10% 的现场平行样和不少于 10% 的实验室平行样；每批样品随机抽取不少于 10% 的样品做加标回收。

表 5-4　质量控制样品精密度与准确度指标

	饮用水、地表水允许差范围		废水平行样、加标回收率质控要求		
浓度范围 /（mg/L）	＜ 0.5	≥ 0.5	≤ 0.5	0.5 ～ 4	＞ 4
绝对允许差 /（mg/L）	0.1				
相对允许差 /%		20	≤ 30	≤ 25	≤ 20
加标回收率 /%			85 ～ 115	90 ～ 110	90 ～ 110

四、方案实施

进行本方案实施过程中，要注意以下事项：

（1）水样采回后应立即进行分析，必要时保存于 4℃下，但不得超过 24h。

（2）水中氯化物、亚硝酸盐 、铵盐、有机物和碳酸盐会产生干扰，应作适当的处理予以消除。

（3）若水样吸光度值超过校准曲线范围，可将显色溶液用水进行适量稀释，然后再测量吸光度，计算时乘以稀释倍数。

（4）安全：实验分析时注意酸、碱和气、水、电的安全使用，使用氨水时必须在通风良好的通风橱内进行。

五、过程评价

（一）学生评价

（二）教师评价

项目6 水中总磷测定

（钼锑抗比色法）

一、知识准备

（一）采样点的布设

有关采样点的布设原则、方法，可参照前面的相关项目，本次的采样点，设置在教学区附近，利用河中的桥中央，其下设置一条中间垂线，样点在水面下0.5m处，不设其他断面。本次设定的采样点，只是作为一种教学训练的采样点，没有具体的实际意义。也可以利用附近监测部门的常用采样点进行采样。

（二）采用前的准备

（1）采水器选择与清洗。

选择单层采水器，有机玻璃质地，2.5L容量，随配温度计。拎绳上事先做好深度标记，如每隔10～20cm做一道红色标记杠。

采水器都要在实验室采用自来水洗涤，再用蒸馏水荡洗，然后带到采用现场，用所采的水样荡洗2～3次。

（2）装水器具选择和清洗。

按照装水器具的要求，必须选择硼硅玻璃瓶（BG），以防止软质玻璃吸附、溶解与被腐蚀等的影响。本项目由于采水后很快就会测定，放置的时间极短，故暂时以普通玻璃瓶代替也行。如果采样量比较大，也可以直接装在塑料桶里，加入保存剂后带回实验室立即测定。

采水器和装水的玻璃容器，一般都需要经过自来水洗涤，蒸馏水洗涤2～3次处理，装水容器在采样现场，还需要用所装水样荡洗2～3次。

装水完毕，立即加入固定剂进行保存。也可直接在塑料桶中加入保存剂进行保存。

（3）其他附件：温度计、pH试纸、记录单、记录笔等，必须携带齐全，以免达到现场后无法采样。

（4）采样用的交通工具准备和检查。

（5）带齐与保存样品有关的试剂及器具，如浓硫酸、移液管、洗耳球、试剂瓶、标签纸、记录本、采样记录表格、盛装篮子之类的工具等。

（6）在实验室就要进行必要的人员分工，免得现场出现慌乱现象。

（三）样品采集与固定

（1）采水器的拎绳，要套在手上，以防止采水时脱落水中。于采样现场，用所装水样进行润洗采水器 2 ～ 3 次，倒出时不要倾倒在采样点，要注意不影响所采水样的水质，不能对所采水样产生干扰。

（2）采样：轻轻将采水器放入水中，至水面下 50cm 处，静止装水满后，轻轻提出水面，转移入 500mL 的试剂瓶中。

（3）采样的同时，测定水质温度、pH。这些指标都必须在现场测定。

（4）现场固定：用硫酸酸化至 pH ＜ 2，盖塞，密封。

相关计算：以 2.5L 的水样计，应加入浓硫酸在 0.7 ～ 7mL，可以达到 pH 在 1 ～ 2。

（5）现场记录：填写样品采集登记表，送样表，同时做好现场情况描述，以进行环评时解释某些可疑之处用。达到实验室后要填写接样表等表格。

（四）样品的运输

试剂工作中，样品如果采用汽车运输，一定要保证装样品的瓶子不会破碎与溢漏。若是放在拎篮里拎，可以用废旧报纸将瓶子之间隔开。

（五）水样的预处理

（1）总磷来源与危害

氮磷是水体富营养化的重要指标。天然水中的磷以各种形式存在，如正磷酸盐、过磷酸盐、偏磷酸盐、聚合磷酸盐（多磷酸盐）等，其中对于一般的测定方法而言，正磷酸盐是分析方法的可测态。因而对总磷的测定都需要进行适当的预处理。

水中磷的含量通常不会很高，但是容易引起富营养化。据研究，水体中的磷达到 0.2mg/L 以上，即可产生富营养化，导致藻类繁殖过度，水体发绿或发红，透明度降低，影响水生生物的生存环境，并且有碍观瞻。

水中磷的污染主要来自化肥、冶炼、合成洗涤剂等行业以及生活污水的大量排放。

（2）水样预处理目的

溶解固体悬浮物，将待测物质转化为可测态；对于低含量的组分，进行适当的富集；对于干扰组分，干扰严重时实行分离。

（3）总磷水样预处理

由于可测态为正磷酸盐，所以必将样品中的各种聚合态、缩合态等，通过预处理转化为正磷酸盐，以利于分析测定。在水样消解的同时，往往要同时做空白试验，即将蒸馏水代替样品，与样品同时进行。

①过硫酸钾消解法

本次选择此法。于水样中加入过硫酸钾（$K_2S_2O_8$）加热消解，放置入高压蒸汽消毒器中进行。压力为 0.107 8MPa，温度为 120℃，消解 30min 后停止消解，待压力表回零后，去除放冷。

消解液装在比色管中，为了防止发生爆裂，往往要用一块布和线，将比色管扎紧，放在大烧杯中加热。

②硝酸—硫酸消解法

常用（5+2）的比例消解，综合利用了低沸点与高沸点，使得试液可以在一个比较宽的温度范围内消解，比较彻底。注意先加硝酸，后加硫酸，以防止水样中的有机物发生碳化。

③硝酸—高氯酸消解法

适用于含有机物较多的水样。先加硝酸，待大多数有机物被硝酸作用完毕后，再补加高氯酸进行比较彻底的消解。

（六）总磷的测定方法

钼酸铵分光光度法测定水质总磷（Water Quality-Determination of Total Phosphorus-Ammonium Molybdate Spectrophotometric Method），为国标方法，代号为 GB 11893—89，1990 年 7 月 1 日实施。

总磷包括溶解的、颗粒的、有机的和无机的。本标准适用于地面水、污水和工业废水。总磷的测定方法采用钼酸铵分光光度法，本次选择钼酸铵作为显色剂，酒石酸锑钾作为干扰抑制剂，生成磷钼杂多酸，在被抗坏血酸还原，形成蓝色络合物，又叫钼锑抗比色法。

本标准规定了用过硫酸钾（或硝酸—高氯酸）为氧化剂，将未经过滤的水样消解，用钼酸铵分光光度法测定总磷的方法。

钼锑抗比色法测定水中总磷的原理是：在中性条件下，过硫酸钾将水样直接消解，水样的磷全部氧化为正磷酸盐。然后在酸性介质中，正磷酸盐与钼酸铵反应，在酒石酸锑钾存在下生成磷钼杂多酸，立即又被抗坏血酸还原，形成蓝色络合物，颜色深浅与总磷含量呈正比，可以在一定条件下进行比色测定。

取 25mL 试料，本标准的最低检出浓度为 0.01mg/L，测定上限为 0.6mg/L。在酸性条件下，砷、铬、硫干扰测定，可以采用酒石酸锑钾消除。

二、技能准备

1．采样点设置

选择教学区附近的桥、有栏杆的河岸，或监测站常用的采水点处，以达到既安全又方便操作的目的。

2．采样器与装样容器准备

最好采用硼硅玻璃容器装样。含量低时，不要用塑料瓶装样，采用玻璃瓶好。本次选择有机玻璃采水器，附带有酒精温度计，2.5L 规格的比较好，也可选择 5L 的。

3．水温与 pH 测定

现场读取水温和水质的 pH 值，以做参考。

4．水样现场固定

加入硫酸保存至 pH ＜ 2。可以计算出：pH=2，加入硫酸 1.5mL；pH=1，加入硫酸 15mL。

因此，可于 2.5L 的水样中加入浓硫酸 2mL，酸化至溶液的 pH ＜ 2。若采用 5L 采水器采样，则加入硫酸 5mL 比较适宜。

5．样品采集登记表填写

按照规定的表格格式，填写相关表格；同时，将现场的具体情况做一详细的描述，给后面的水质评价作参考；水样瓶应贴上标签，填写采样点编号、采样日期和时间、测定项目等；水样送到实验室后，同样也要填写接样表。

6．样品运输

注意不要打碎或碰碎水样瓶，可用旧报纸将瓶子之间相互隔开。

7．样品预处理

预处理通常会碰到一些强酸或强碱，要注意做好安全防护。有些样品的预处理还要使用混合酸，如硝酸—硫酸，硝酸—高氯酸，在这些混合酸的使用中，都要注意先加硝酸，等大量有机物被作用完毕，再添加硫酸和高氯酸，否则，要么容易碳化，要么容易产生易爆物（如高氯酸酯类），所以一定要严格遵守操作步骤，不要随意地擅自变动。

8．不锈钢手提式压力蒸汽灭菌器使用

这是一种用于高于常压条件下的高温消解锅，消解时内部的水在电热作用下处于沸腾状态，蒸汽温度高于 100℃，蒸汽压力也高于外界大气压，这使得那些不容易被消解的组分，可以在较短的时间内消解完毕。不锈钢手提式压力蒸汽灭菌器的使用步骤如下：

（1）加水：于灭菌器内的灭菌桶外加清水至电热管之上（大约 3L 水），连续使用时，必须及时补充水量。

（2）水样处理：将要消解的水样装在 50mL 的比色管中，密塞，比色管上方

塞子处用毛巾围住以线扎紧，以防止高温高压蹦出，然后放入灭菌桶中。

（3）密封：将灭菌桶放入灭菌器内，并将上盖盖上，放汽软管插入灭菌桶半圆槽内。在对齐上下槽后，对称将蝶形螺母旋紧，达到密封要求（使用中如有漏气情况继续旋紧螺母即可消除）。

（4）加热：通电加热后，先将放气阀搭子放在垂直放气位置，让灭菌器冷空气溢出，当有蒸汽喷出时，再将放气阀搭子复位。当灭菌压力达到所需范围时，开始按不同物品计算灭菌时间。压力过高时，可用坩埚钳拧开搭子放气。

（5）出锅：加热结束后将灭菌器内蒸汽放气阀排尽，当压力表复位到零 1 ～ 2min 后，再将盖子打开，取出样品。

注意事项：

（1）每次消毒前注意水位，避免电热管空烧损坏。

（2）经常检查压力表，当压力表指针不能复位，读数不准时应切断热源，及时修理或更换压力表。

（3）灭菌器工作时，工作人员勿离开现场。

图 6-1 不锈钢手提式压力蒸汽灭菌器

9．试剂预算、称量与配制

按照够用节约的原则，用多少配多少。注意标准溶液的试剂称量准确度要求，注意稀释溶液时量取溶液体积的精确度要求。参见项目 4。

10．移液管与比色管使用

按照使用环节和操作要求进行。参见项目 4。

11．7200 型分光光度计使用

按照使用环节和操作要求进行。参见项目 4。

12．回归方程及结果求算

仍然采用 Excel 表计算回归方程和相关系数，结果以代入法求算，换算为水中总磷的含量。参见项目 4。

13. 作图

按照作图要求进行。参见项目 4。

三、方案设计

项目 6　水中总磷测定（钼锑抗分光光度法）

（一）教学目标

1. 知识目标

（1）了解水中污染物的存在形态，分布特征与危害性；

（2）理解水质样品采样点的布设原则、方法，采样器具、采样量；

（3）理解钼锑抗比色法测定水中总磷的原理及方法；

（4）了解标准曲线法的制作方法、特点。

2. 能力目标

（1）学会水质采样点的布设；

（2）学会水质采样器的使用；

（3）比色管、移液管、7200 型分光光度计的使用操作技能；

（4）实训方案的确定；

（5）理解比色管、移液管、7200 型分光光度计的使用；

（6）标准曲线的绘制；

（7）分析结果的数据处理与表示。

3. 素质目标

（1）培养学生测定水中总磷的相关知识，增强岗位认识；

（2）水质采样器、分光光度计、常见玻璃仪器的实践操作能力；

（3）培养学生实事求是的工作作风，精益求精的工作精神；

（4）培养学生良好的职业情操。

（二）工作任务与相关知识

项目 6　水中总磷测定（钼锑抗分光光度法）

参考学时	5
学习目标	理解总磷的概念和测定方法；理解磷的来源和危害；了解总磷的测定目的和意义；理解采样器具的选择和采样量的确定；学会水样的采集和固定方法；学会水样的预处理方法；理解钼锑抗比色法测定水中总磷的原理；学会有关溶液的配制与稀释；学会钼锑抗比色法测定水中总磷的方法；学会分析结果的表示
工作任务	钼锑抗比色法测定水中总磷的方案设计；水样的采集；水样的现场固定；现场情况描述；标准系列的配制；比色皿的选取和校正；分光光度测定；结果的计算与表示

参考学时	5
相关知识	总磷的概念及其与环境的关系；钼锑抗比色法测定水中总磷的原理；水样的采集与固定；现场情况描述；溶液的配制和稀释；移液管和比色管的规范化操作；比色皿的选取和校正；吸光度的测量与记录（数据列表）；分析结果的计算和表示；环境质量评价
拓展知识	水体营养指标的测定方法；可溶性磷与不溶性磷；水华的形成机理

（三）实施目的

掌握水中总磷的测定原理与方法，学会水样的预处理方法，学会手提式高压蒸汽压力锅的使用方法。进一步巩固回归方程的计算和使用，学会分析结果的数据处理方法。

（四）测定原理

总磷的测定是在中性条件下，过硫酸钾将水样直接消解，水样的磷全部氧化为正磷酸盐。然后在酸性介质中，正磷酸盐与钼酸铵反应，在酒石酸锑钾存在下生成磷钼杂多酸，立即又被抗坏血酸还原，形成蓝色络合物，颜色深浅与总磷含量呈正比，可以在一定条件下进行比色测定。

（五）仪器与试剂

1．仪器

比色管、移液管、烧杯、锥形漏斗、7200 型分光光度计、1cm 比色皿。

2．试剂

（1）硫酸；

（2）过硫酸钾；

（3）磷酸盐标准溶液：母液 50.0mg/L，临用时稀释 10 倍，成为 5.00mg/L 的标准使用液；

（4）钼酸铵溶液（内含酒石酸锑钾）；

（5）抗坏血酸溶液。

（六）操作步骤

1．样品采集与固定

采样的同时测定水温与 pH，并进行现场固定，记录现场有关情况。

最好采用硼硅玻璃容器装样。含量低时，不要用塑料瓶装样，采用玻璃瓶好。

固定：于 5L 的水样中加入浓硫酸 5mL，酸化至溶液的 pH ＜ 2（pH=2，1.5mL；pH=1，15mL）。采样 2.5L 时，加硫酸 2mL 即可。

2．样品消解

吸取水样 25mL 于 50mL 的比色管中，加入 4mL 的过硫酸钾，将塞子盖紧后，用布与线扎紧，放入高压蒸汽灭菌锅中加热消解 30min，至压力回零后取出放冷。再用水补足至 25mL 标线，备用。

3．空白样品消解

按样品测定方法进行空白试验，用水代替样品，并加入与测定时相同体积的试剂。

4．绘制标准曲线

准确吸取 5.00mg/L 的标准溶液 0.00mL，0.50mL，1.00mL，3.00mL，5.00mL，10.0mL，15.0mL 于 50mL 的比色管中，加水至 25mL 标线，读取吸光度。

5．显色

分别向消解液及标准系列溶液中加入 1mL 抗坏血酸，混匀，30s 后加入 2mL 钼酸铵（内含酒石酸锑钾）溶液，充分摇匀。

6．测定吸光度

在 700nm 的波长下，1cm 的比色皿，以水做参比，测定吸光度。

7．计算方程和水样测定结果

以扣除空白试验的吸光度后的吸光度为因变量，磷质量（μg）为自变量，求出回归方程和相关系数。

将样品测定的吸光度也减去空白试验值，代入回归方程，得出水样中磷的质量 m（μg），再根据水样体积 V（mL），计算出水样中磷的浓度 C（mg/L）。

可溶性磷酸盐（P，mg/L）= 测得磷量（mg）/ 水样体积（mL）

即：

$$C = m/V \quad (\text{mg/L})$$

8．作图

在坐标纸上画出标准曲线草图，同时将测量点点在图中。

四、方案实施

本方案实施中，关键在总磷的预处理上，这是误差来源最大的环节，一定要注意时间、批次处理的可比性，否则会严重影响测定结果。

标准曲线的制作中，要注意仪器的规范化使用操作，不按照规范化要求进行的实验操作，等于做无用功，还会强化了自己的错误认识。

表 6-1　部分指标的地表水环境质量标准限值　　　　单位：mg/L

项目类别 \ 标准值分类		Ⅰ类	Ⅱ类	Ⅲ类	Ⅳ类	Ⅴ类
溶解氧	≥	饱和率 90%（或 7.5）	6	5	3	2
高锰酸盐指数	≤	2	4	6	10	15
化学需氧量	≤	15	15	20	30	40
五日生化需氧量	≤	3	3	4	6	10
氨氮	≤	0.15	0.5	1.0	1.5	2.0
pH（量纲为一）		6～9				
铜	≤	0.01	1.0	1.0	1.0	1.0
锌	≤	0.05	1.0	1.0	2.0	2.0
砷	≤	0.05	0.05	0.05	0.1	0.1
总磷（以 P 计）	≤	0.02（湖库 0.01）	0.1（湖库 0.025）	0.2（湖库 0.05）	0.3（湖库 0.1）	0.4（湖库 0.2）
铬（六价）	≤	0.01	0.05	0.05	0.05	0.1
硝酸盐氮	≤	集中式生活饮用水（以 N 计）：10				

五、过程评价

（一）学生评价

（二）教师评价

项目7 高锰酸盐指数的测定

（高锰酸钾氧化法）

一、知识准备

（一）高锰酸盐指数的概念及测定意义

高锰酸盐指数是指在一定条件下，以高锰酸钾（$KMnO_4$）为氧化剂，处理水样时所消耗的高锰酸钾的量。以氧的毫克/升（O_2，mg/L）表示。

高锰酸盐指数在以往的水质监测分析中，也有被称为化学需氧量的高锰酸钾法。但是，由于这种方法在规定条件下，水中有机物只能部分被氧化，并不是理论上的需氧量，也不是反映水体中总有机物含量的尺度，因此，用高锰酸盐指数（Water Quality-Determination of Permanganate Index）这一术语作为水质的一项指标，以有别于重铬酸钾法的化学需氧量，更符合客观实际。

以高锰酸钾溶液为氧化剂测得的化学耗氧量，以前称为锰法化学耗氧量（COD_{Mn}）。我国新的环境水质标准中，已把该值改称高锰酸盐指数，而仅将酸性重铬酸钾法测得的值称为化学需氧量。

ISO建议，高锰酸钾法仅限于测定地表水、饮用水和生活污水，不适用于工业废水。通过测定观察高锰酸盐指数符合地表水环境质量标准的第几类。

表7-1　地表水环境质量标准限值（GB 3838—2002）　　单位：mg/L

项目类别 \ 标准值分类		Ⅰ类	Ⅱ类	Ⅲ类	Ⅳ类	Ⅴ类
溶解氧	≥					
高锰酸盐指数	≤	2	4	6	10	15
化学需氧量（COD）	≤	15	15	20	30	40
五日生化需氧量（BOD_5）	≤					
硝酸盐氮（NO_3^--N）	≤					
氨氮（NH_3）	≤	0.15	0.5	1.0	1.5	2.0
pH		6～9				
铜	≤	0.01	1.0	1.0	1.0	1.0

项目类别＼标准值分类		Ⅰ类	Ⅱ类	Ⅲ类	Ⅳ类	Ⅴ类
锌	≤	0.05	1.0	1.0	2.0	2.0
砷	≤	0.05	0.05	0.05	0.1	0.1
铬（六价）	≤	0.01	0.05	0.05	0.05	0.1
亚硝酸盐氮（NO_2^--N）	≤	集中式生活饮用水（以 N 计）：10				

（二）测定方法的选择

高锰酸盐指数采用国家标准分析方法(GB 11892—89，1990 年 7 月 1 日实施)。本标准参照采用国际标准 ISO 8467—1986《水质—高锰酸盐指数的测定》。

本标准规定了测定水中高锰酸盐指数的方法。本标准适用于饮用水、水源水和地面水的测定，测定范围为 0.5 ～ 4.5mg/L。对污染较重的水，可少取水样，经适当稀释后测定。

本标准不适用于测定工业废水中有机污染的负荷量，如需测定，可用重铬酸钾法测定化学需氧量。

按测定溶液的介质不同，分为酸性高锰酸钾法和碱性高锰酸钾法。因为在碱性条件下高锰酸钾的氧化能力比酸性条件下稍弱，此时不能氧化水中的氯离子，故碱性高锰酸钾法常用于测定含氯离子浓度较高的水样。

酸性高锰酸钾法适用于氯离子含量不超过 300mg/L 的水样。当高锰酸盐指数超过 5mg/L 时，应少取水样并经稀释后再测定。

本次项目采用酸性高锰酸钾法测定河水中的高锰酸盐指数。

（三）酸性高锰酸钾法测定高锰酸盐指数的原理

取一定量的水样，在酸性条件下，用已知且过量的高锰酸钾将水样中的还原性物质(有机物和无机物)氧化，反应剩余的 $KMnO_4$ 加入体积准确而过量的草酸钠予以还原。过量的草酸钠再以 $KMnO_4$ 标准溶液回滴，其反应式如下：

$$2KMnO_4 + 5Na_2C_2O_4 + 8H_2SO_4 = 10CO_2\uparrow + K_2SO_4 + 2MnSO_4 + 5Na_2SO_4 + 8H_2O$$

离子方程式为：$2MnO_4^- + 5C_2O_4^{2-} + 16H^+ = 10CO_2\uparrow + 2Mn^{2+} + 8H_2O$

根据草酸钠和高锰酸钾溶液的加入浓度与体积，即可以计算出水样的高锰酸盐指数。

$$I=（n_{\frac{1}{2}Na_2C_2O_4} - n_{\frac{1}{5}KMnO_4}）\times 8\,000（mg）/ 水样的体积（L）$$

此法的最低检出限为 0.5mg/L，测定上限为 4.5mg/L。

（四）样品的采集与保存

样品采集后，在采用现场用玻璃瓶分装（同 COD 水样的保存方法），做一些必要处理，带回实验室。

（1）样品保存的目的：防止水中的还原性物质含量发生变化，因这里可能会有微生物参与作用，还有水中的溶解氧作用等。

（2）高锰酸盐指数水样的保存方法主要有 3 种：

①2 ～ 5℃下保存，短暂时间（一般不得超过 2 天）。

② 用硫酸酸化，可保存 1 周；

③–20℃冷冻，可保存一个月（很少使用）。

一般是采样后立即在采样现场加入浓硫酸酸化，使样品 pH=1 ～ 2，然后带回实验室内尽快分析。

加入浓硫酸的体积 V，可根据溶液中氢离子物质的量不变（mmol 数相同）进行恒算：

pH=2：$18\times2\times V=2\,500\times0.01$，$V=0.7$mL；

pH=1：$18\times2\times V=2\,500\times0.1$，$V=7$mL；

故加入的浓硫酸体积在 0.7 ～ 7mL。

（五）样品测定注意事项

（1）保持水浴锅里的水处于沸腾状态；

（2）保持锥形瓶里的溶液处于全部浸没状态；

（3）必须在水浴沸腾后开始计时，持续 30min，时间要准确，误差不要超过 2min；

（4）保持每个样品加入酸的量一致，否则数据没有可比性；

（5）实验用水最好是不含还原性物质的水，可通过二次蒸馏获得；

（6）水样如果稀释，必须同时增做空白试验。

二、技能准备

（一）样品的采集与保存

采集教学区附近表层水样（水面下 0.5m），现场加浓硫酸至 pH ＜ 2（2.5L 中加入浓硫酸 0.7 ～ 7mL，建议本次加 2mL）。

（二）水浴锅的使用

温度设定 100℃，装水的量以能够放入锥形瓶淹没溶液表面以上 1 ～ 2cm 的高度为限。

（三）滴定管的使用环节

选取，检查活塞灵活性，洗涤，试漏，自来水洗涤，蒸馏水荡洗，所装溶液润洗，装液，排出管下尖嘴中气泡，调零，滴定前读数。

滴定操作中必须按照操作要求进行滴定，边滴边摇，严禁只滴不摇，滴加高锰酸钾溶液时，随着反应的进行，还原性物质逐渐被作用完毕，当高锰酸钾溶液的红色褪得越来越慢时，意味着终点即将到达。注意我们所说的终点，是指加入 0.5 ～ 1 滴滴定剂引起溶液颜色的变化为度。

（四）数据处理与结果表示

数据处理要按照有效数字的运算法则进行计算与修约。

高锰酸盐指数以 O_2，mg/L 表示。分析结果通常保留到小数点后 2 位为宜。

（五）数据记录表格设计

记录项目＼序号		1	2	3
水样测定 V_1	$V(KMnO_4)$ 初 /mL			
	$V(KMnO_4)$ 终 /mL			
	$V(KMnO_4)$ 消耗 /mL			
高锰酸钾溶液浓度的标定 V_0	$V(KMnO_4)$ 初 /mL			
	$V(KMnO_4)$ 终 /mL			
	$V(KMnO_4)$ 消耗 /mL			
体积极差 /mL				
高锰酸钾校正系数 K=10.00/V				
不稀释水样的高锰酸盐指数（O_2，mg/L） $[(10+V_1)K-10]\times M\times 8\times 1\ 000/100$				
不稀释水样的高锰酸盐指数平均值（O_2，mg/L）				
稀释水样的高锰酸盐指数（O_2，mg/L） $\{[(10+V_1)K-10]-[(10+V_0)K-10]f\}\times M\times 8\times 1\ 000/100$				
稀释水样的高锰酸盐指数平均值（O_2，mg/L）				

三、方案设计

项目 7 高锰酸盐指数的测定（高锰酸钾氧化法）

（一）教学目标

1．知识目标

（1）了解高锰酸盐指数的概念及测定意义；
（2）理解高锰酸钾溶液的配制与标定计算方法；
（3）理解水样的采集及保存方法；
（4）了解高锰酸盐指数的测定方法的选择依据；
（5）理解高锰酸盐指数的测定原理、测定方法；
（6）进一步巩固棕色酸式滴定管的使用方法。

2．能力目标

（1）能正确地进行水样的采集，选择合适的水样保存方法；
（2）能根据水样中干扰物质的浓度，选择合适的测定方法；
（3）能熟练地配制、稀释与标定高锰酸钾溶液；
（4）能熟练地控制滴定终点；
（5）能对实验数据进行正确的分析和处理，准确表述分析结果。

3．素质目标

（1）培养学生测定高锰酸盐指数的相关知识，增强岗位认识；
（2）培养学生探究性学习的能力；
（3）培养学生独立分析问题、解决问题的能力。

（二）工作任务与相关知识

项目 7 高锰酸盐指数的测定（高锰酸钾氧化法）

参考学时	5
学习目标	理解高锰酸盐指数的概念和测定方法；了解高锰酸盐指数与 COD 的区别和联系；了解高锰酸盐指数的测定目的和意义；理解采样器具的选择和采样量的确定；学会水样的采集和固定方法；学会有关溶液的配制、稀释与标定；学会高锰酸盐指数的测定方法；学会棕色滴定管的使用；学会分析结果的计算与表示
工作任务	高锰酸盐指数测定方案设计；水样的采集；水样的现场固定；现场情况描述；标准溶液的配制、稀释、标定；棕色酸式滴定管的操作规程；空白试验；结果的计算与表示
相关知识	高锰酸盐指数的概念及其与环境的关系；高锰酸盐指数的测定原理；水样的采集与固定；现场情况描述；溶液的配制、稀释与标定；棕色酸式滴定管的操作规程；空白试验；结果的计算与表示；环境质量评价
拓展知识	还原性物质污染的指标；酸性与碱性高锰酸钾法的区别；有机污染物指标

（三）实验目的

理解高锰酸盐指数的概念和测定原理；了解测定目的和意义；学会高锰酸盐指数的测定方法；熟悉测定全部过程；进一步掌握滴定管的使用操作；学会分析结果的数据处理与结果表示；体验岗位工作的方式方法。

（四）分析原理

在酸性条件下，用已知且过量的高锰酸钾将水样中的还原性物质（有机物和无机物）氧化，反应剩余的 $KMnO_4$ 加入体积准确而过量的草酸钠予以还原。过量的草酸钠再以 $KMnO_4$ 标准溶液回滴，根据草酸钠和高锰酸钾溶液的加入浓度与体积，即可以计算出水样的高锰酸盐指数。

（五）仪器与试剂

1．仪器

移液管，锥形瓶，酸式滴定管，水浴装置。

注：新的玻璃器皿必须用酸性高锰酸钾溶液清洗干净。

2．试剂

不含还原性物质的水，浓硫酸，（1+3）硫酸溶液，500g/L 氢氧化钠溶液，0.010 0mo1/L 草酸钠标准溶液，0.01mo1/L 高锰酸钾标准溶液。

（六）操作步骤

1．高锰酸钾标准滴定溶液 $C(1/5KMnO_4)$=0.1mol/L 标定

称取 0.25g 于 105℃电烘箱中干燥至恒重的工作基准试剂草酸钠，溶于 100mL 硫酸溶液（8+92）中，用配制好的高锰酸钾溶液滴定，近终点时加热至约 65℃，继续滴定至溶液呈粉红色，并保持 30s。同时做空白试验。

高锰酸钾标准滴定溶液的浓度 $[C(1/5KMnO_4)]$，数值以摩尔每升（moL/L）表示，按下式计算：

$$C_{\frac{1}{5}KMnO_4}=\frac{m}{(V_1-V_2)M_{\frac{1}{2}Na_2C_2O_4}}\times 1\,000$$

式中，m——草酸钠质量的准确数值，g；

V_1——高锰酸钾体积的数值，mL；

V_2——空白试验高锰酸钾体积的数值，mL；

M——草酸钠摩尔质量，$M_{\frac{1}{2}Na_2C_2O_4}$ =66.999 g/moL。

2. 高锰酸盐指数（酸性法）测定

（1）草酸钠标准溶液配制

草酸钠标准贮备液（$1/2Na_2C_2O_4$=0.100 0mol/L）：称取 0.670 5g 在 105 ～ 110℃烘干 1h 并冷却的优级纯草酸于 100mL 烧杯中，溶于水，定容于 100mL 容量瓶。

草酸标准使用液（$1/2Na_2C_2O_4$=0.010 0mol/L）：吸取 10.00mL 上述草酸钠溶液移入 100mL 容量瓶中，用水稀释至标线。

（2）样品测定

①用 100mL 移液管移取 100mL 混匀水样（如高锰酸盐指数高于 10mg/L，则酌情少取，并用水稀释至 100mL）于 250mL 锥形瓶中。

②加入 5mL（1+3）硫酸，混匀。

③用滴定管加入 10.00mL 0.01mol/L 高锰酸钾溶液，摇匀，立即放入沸水浴中加热 30min（从水浴重新沸腾起计时）。沸水浴液面应高于反应溶液的液面。

④取下锥形瓶，趁热用 10mL 移液管加入 10.00mL 0.010 0mol/L 草酸钠标准溶液，摇匀。立即用 0.01mol/L 高锰酸钾溶液滴定至显微红色，记录高锰酸钾溶液消耗量 V_1。

（3）高锰酸钾溶液浓度标定

将上述已滴定完毕的溶液加热至约 70℃，用移液管准确加入 10.00mL 草酸钠标准溶液（0.010 0mol/L），再用 0.01mol/L 高锰酸钾溶液滴定至显微红色。记录高锰酸钾溶液的消耗量，按下式求得高锰酸钾溶液校正系数（K）。

$$K=10.00/V$$

式中，V——高锰酸钾溶液消耗量，mL。

若水样经稀释时，应同时另取 100mL 水，同水样操作步骤进行空白试验。

对给定水样同时测定三份平行。

（4）结果计算

水样不经稀释时，高锰酸盐指数（O_2，mg/L）

$$I=[(10+V_1)K-10]\times M\times 8\times 1\,000\ /\ 100$$

式中，V_1——滴定水样时，高锰酸钾溶液的消耗量，mL；

K——校正系数；

M——草酸钠溶液浓度，mol/L；

8——氧（1/2 O）摩尔质量。

稀释水样的高锰酸盐指数（O_2，mg/L）

$$I=\{[(10+V_1)K-10]-[(10+V_0)K-10]f\}\times M\times 8\times 1\,000/100$$

式中，V_0——空白蒸馏水滴定时，消耗的高锰酸钾溶液的体积，mL；

f——蒸馏水早水样中所占比例。

（七）环境质量评价

根据高锰酸盐指数的测定结果，判断符合地表水哪一类标准。

四、方案实施

本方案的实施环节主要有：

（1）采水器准备与水样采集。
（2）水样现场保存。
（3）仪器选择与洗涤。
（4）溶液配制及标准溶液标定。
（5）水样水浴加热。
（6）水样滴定。
（7）校正系数测定。
（8）结果计算与换算。
（9）环境质量评价。

五、过程评价

（一）学生评价

（二）教师评价

项目8 化学需氧量的测定

（重铬酸钾法）

一、知识准备

（一）COD的概念及测定意义

COD是Chemical Oxygen Demand的缩写，即第一个英文字母的组合，翻译过来就是化学需氧量。化学需氧量是指在一定条件下，用强氧化剂氧化水中还原性物质所消耗的氧化剂的量。常用的化学需氧量（即COD_{Cr}），是指在强酸并加热的条件下，用重铬酸钾作为氧化剂处理水样时所消耗氧化剂的量，以O_2，mg/L来表示。

在酸性重铬酸钾条件下，芳烃及吡啶难以被氧化，其氧化率较低。在硫酸银催化作用下，直链脂肪族化合物可有效地被氧化。

化学需氧量反映了水中受还原性物质污染的程度。水中还原性物质包括有机物、亚硝酸盐、亚铁盐、硫化物等。地表水被有机物污染是很普遍的，因此，化学需氧量也作为有机物相对含量的指标之一，但只能反映在该条件下能被重铬酸钾氧化的有机物污染，不能反映多环芳烃、吡啶及多氯联苯（PCB）等的污染状况。

表8-1　地表水环境质量标准中对COD的浓度限值　　单位：mg/L

浓度限值	Ⅰ类	Ⅱ类	Ⅲ类	Ⅳ类	Ⅴ类
COD_{Cr}≤	15	15	20	30	40

测定水体的COD，就是判断水质符合水环境质量状况的哪一级标准，为水体功能提供指导性依据。

（二）化学需氧量测定方法

COD_{Cr}是我国实施排放总量控制的指标之一。COD_{Cr}数值越小，说明水被污染得越轻。水样的化学需氧量值的大小，可由加入的氧化剂的种类及浓度，反应溶液的酸度、反应温度和时间，以及催化剂的有无而获得不同结果。因此，化学需氧量是一个条件性指标，必须严格按操作步骤进行。

国际规定的化学需氧量测定方法是重铬酸钾法，我国也采用这种测定方法(GB 11914—89,1990年7月1日实施)。本标准规定了水中化学需氧量的测定方法，适用于各种类型的含COD值大于30mg/L的水样，对未经稀释的水样的测定上限为700mg/L。本标准不适用于含氯化物浓度大于1 000mg/L（稀释后）的含盐水。

化学需氧量除了用重铬酸钾氧化法外，也有用高锰酸钾氧化法，这两种方法都代表了COD的大小，分别用COD_{Cr}和COD_{Mn}表示。目前将采用高锰酸钾作为氧化剂测得的化学需氧量COD_{Mn}，称为高锰酸盐指数。

本项目选择重铬酸钾氧化法测定COD，以得出“五一”河水的水环境质量的COD指标。下次项目是高锰酸盐指数的测定，将采用高锰酸钾氧化法测定COD指标。

（三）重铬酸钾氧化法测定化学需氧量的方法适用范围

（1）用0.25mol/L浓度的重铬酸钾溶液可测定大于50mg/L的COD值，未经稀释水样的测定上限是700mg/L。

（2）用0.025mol/L浓度的重铬酸钾溶液可测定5～50mg/L的COD值，但低于10mg/L时测量准确度较差。

（3）干扰及消除

① 氯离子能与硫酸银作用产生沉淀，影响催化效果，故在回流前向水样中加入硫酸汞，使成为络合物（$HgCl_4^{2-}$）以消除干扰。

高锰酸钾法和重铬酸钾法都是在酸性溶液中滴定，为什么重铬酸钾法可用HCl和稀H_2SO_4作介质，而高锰酸钾法只能用稀H_2SO_4？查标准电极电位表可以看出，$\varphi^0_{MnO_4^-/Mn^{2+}}=1.51V$；$\varphi^0_{Cl_2/Cl^-}=1.36V$；$\varphi^0_{Cr_2O_7^{2-}/Cr^{3+}}=1.33V$，所以从氧化性强度上可以看出，高锰酸根离子＞氯气＞重铬酸根离子，故重铬酸根离子不能氧化氯离子，而高锰酸钾能够与氯离子发生氧化还原反应，导致溶液中的氯离子被氧化干扰测定。故高锰酸钾法只能用稀H_2SO_4调节酸性，而重铬酸钾法可用HCl和稀H_2SO_4作为介质来调节酸性。

当溶液中氯离子的浓度过高，将会改变原有的电极电位值，导致氯离子被氧化。实践证明，氯离子含量高于1 000mg/L的样品，会发生这种干扰作用，遇此情况时，应先将溶液作定量稀释，使氯离子含量降至1 000mg/L以下再进行测定。

② 本方法是在银盐催化剂的存在下，实现氧化还原反应的，反应中，直链脂肪族化合物可完全被氧化，而芳香族有机物却不易被氧化，吡啶不被氧化，挥发性直链脂肪族化合物、苯等有机物存在于蒸气相，不能与氧化剂液体接触，氧化不明显。

硫酸—硫酸银（H_2SO_4—Ag_2SO_4）体系的催化作用机理是：过渡金属元素银

的原子核外存在空轨道，可接受孤电子对，以降低整个反应体系的能量，故能够起催化作用。这里的催化作用，是在酸性条件下能够大大减少该过程氧化还原反应的活化能，加快化学反应速度，节省反应时间。

③ 试样中的有机氮通常转化为铵离子，铵离子不被重铬酸盐氧化。

（四）重铬酸钾法测定化学需氧量的原理

在水样中加入已知过量的重铬酸钾溶液，并在强酸介质下以银盐作催化剂，经沸腾回流后，以试亚铁灵为指示剂，用硫酸亚铁铵滴定水样中未被还原的重铬酸钾，由消耗的硫酸亚铁铵的量，换算成消耗氧的质量浓度。以（O_2，mg/L）表示。

酸性重铬酸钾氧化性很强，可氧化大部分有机物。氯离子含量高于 1 000mg/L 的样品应先做定量稀释，然后再进行测定。

（五）水样的采集和固定

（1）断面、垂线、采样点的设置。

（2）采样器与装样容器的处理：自来水、蒸馏水洗涤。

（3）样品的采集与固定：所采水样荡洗 2 ～ 3 遍，现场加硫酸至 pH ＜ 2。

（4）现场填表与记录：做好采样记录，贴上水样标签。

（六）水样的运输和保存

1．保存目的与方法

基本要求——尽量减少待测组分变化，为什么要保存是基于四个原因：

减缓生物化学作用；减缓氧化还原作用；减少组分的挥发损失；避免沉淀吸附或结晶物析出，引起组分发生变化。

常见水样的保存方法，一般通过控制溶液 pH，加入化学试剂，抑制氧化还原作用，冷藏和冷冻等手段解决。

（1）控制溶液的 pH 值

调节 pH 值，测定金属离子的水样常用 HNO_3 酸化至 pH 为 1 ～ 2，既可防止重金属离子水解沉淀，又可避免金属被器壁吸附；

测定氰化物或挥发性酚的水样加入 NaOH 调至 pH 为 12 时，使之生成稳定的酚盐等。

（2）加入化学试剂保存法

①加入生物抑制剂。$HgCl_2$ 可抑制生物氧化还原作用；

用 H_3PO_4 调至 pH 为 4 时，加入适量 $CuSO_4$，即可抑制苯酚菌的分解活动。

②加入氧化剂或还原剂。测定汞的水样需加入 HNO_3（至 pH ＜ 1）和 $K_2Cr_2O_7$

（0.05%），使汞保持高价态；

测定硫化物的水样，加入抗坏血酸，可以防止硫化物被氧化；

测定溶解氧的水样则需加入少量硫酸锰和碘化钾固定溶解氧，以避免其发生还原等。

（3）冷藏或冷冻

作用是抑制微生物活动，减缓物理挥发和化学反应速度。

2．COD 样品的保存措施

① 2 ～ 5℃下保存，不得超过 2 天；

② 用硫酸酸化至 pH ＜ 2，可保存 1 周；

③ –20℃冷冻，可保存一个月。

3．运输注意事项

不漏撒，不碎裂，保持相对的封闭体系。

4．填表

水样送到监测室时，需要和收样人履行相关手续，填写采样登记表和送检表。

（七）水样的预处理

水中含有较高浓度的氯离子（1 000mg/L 以上）时，加入硫酸汞络合：0.4g 的硫酸汞能够络合 40mg 的氯离子。如取 20mL 水样，最高允许氯离子的浓度值为 2 000mg/L。内河水中，由于氯离子含量比较低，可以不加硫酸汞。

对于水样中 COD 值小于 50mg/L 时，用 0.025mol/L 的重铬酸钾标准溶液，回滴的硫酸亚铁铵溶液的浓度也使用原来的 1/10，即 0.01mol/L。

（八）回流装置的使用

1．回流目的

在强酸性、催化剂、高温度下，将还原性物质氧化彻底，还能够防止发生挥发损失。

2．回流装置

由电炉、磨口锥形瓶、铁架台、冷凝管、冷凝管夹子、十字夹、胶皮水管、小漏斗等组成。

3．装配要求与方法

自下而上，从左向右，保持乳胶管远离电炉加热丝。

装配冷凝管夹子时要注意有一定方向要求，即十字夹的卡口优先朝上、朝自己，螺丝优先在右边。冷凝管夹也要螺丝优先在右边。

冷却水管可以串联使用，但最多 4 个，以防止冷却效果不佳。

（九）回滴技术应用（返滴定法）

1．滴定管使用环节

自来水洗涤、试漏、蒸馏水洗涤、所装溶液润洗、装液、放气、粗调零、滴定前读数、滴定（双手配合，边滴边摇，眼睛看锥形瓶中的溶液，附带看滴定管溶液面）、终点控制（只能在一滴之内发生颜色突变）、读数、记录。

2．指示剂的终点颜色与判断

试亚铁灵，即邻二氮杂菲 - 亚铁，一种氧化还原指示剂，其氧化态为蓝色，而还原态为红色，用硫酸亚铁滴定时，终点为还原态颜色。

表 8-2　试亚铁灵的变色机理

物质	氧化态颜色	还原态颜色
试亚铁灵	浅蓝色	红色
滴定液	重铬酸根离子——橙黄色	三价铬离子——绿色

在滴定重铬酸根离子的溶液中，由于滴定前为重铬酸钾颜色黄色和试亚铁灵浅蓝色的混合色为黄色，而滴定后生成的三价铬为绿色，故中间有一混合色为蓝绿色，因而呈现为：从黄色到蓝绿色再到红褐色为终点。

3．数据列表

内容		1	2
硫酸亚铁铵标定	重铬酸钾浓度 /（mol/L）	0.250 0	0.250 0
	重铬酸钾体积 /mL	10.00	10.00
	硫酸亚铁铵初读数 /mL		
	硫酸亚铁铵终读数 /mL		
	硫酸亚铁铵消耗体积 V_1 /mL		
	硫酸亚铁铵浓度计算公式 /（mol/L）：$C = 0.250\,0 \times 10.00 / V$		
	硫酸亚铁铵浓度 /（mol/L）		
	硫酸亚铁铵浓度平均值 /（mol/L）		
空白滴定	水样中加入重铬酸钾体积 /mL	10.00	10.00
	硫酸亚铁铵初读数 /mL		
	硫酸亚铁铵终读数 /mL		
	硫酸亚铁铵消耗体积 V_0 /mL		
水样滴定	水样中加入重铬酸钾体积 /mL		
	硫酸亚铁铵初读数 /mL		
	硫酸亚铁铵终读数 /mL		
	硫酸亚铁铵消耗体积 /mL		

内容		1	2
测定结果	COD 计算公式：$COD_{Cr}(O_2, mg/L)=\frac{(V_0-V_1)C\times 8\times 1\,000}{V}$		
	COD 浓度（O_2，mg/L）		
	COD 浓度（O_2，mg/L）平均值		

4．滴定结果计算

$$COD_{Cr}(O_2, mg/L)=\frac{(V_0-V_1)C\times 8\times 1\,000}{V}$$

式中，C——硫酸亚铁铵标准溶液的浓度，mol/L；

V_0——滴定空白时硫酸亚铁铵标准溶液的用量，mL；

V_1——滴定水样时硫酸亚铁铵标准溶液的用量，mL；

V——水样的体积，mL；

8 000——（1/4 O_2）的摩尔质量以 mg/L 为单位的换算值。

二、技能准备

（一）测定方法确定

采用国标方法——重铬酸钾氧化法测定（GB 11914—89，1990 年 7 月 1 日实施）。操作中，要严格按照标准方法规定的方法进行操作，否则结果将会造成很大的误差。

（二）水样采集与处理

按照前述方法采样和处理。注意水样回流的操作条件要严格保持一致，如溶液的体积要准确，酸度一致，回流时间一致，反应温度一致等。

（三）硫酸亚铁铵溶液的标定

事先配制约 0.25mol/L 的 $\frac{1}{2}$ Fe^{2+} 离子溶液，临用前用重铬酸钾标准溶液（浓度为 0.250 0mol/L）标定。在此标定过程中，准确吸取 10.00mL 的重铬酸钾标准溶液于 500mL 锥形瓶中，加水稀释到 110mL 左右，缓缓加入 30mL 浓硫酸，混匀。冷却后加入 3 滴试亚铁灵指示液（约 0.15mL），用硫酸亚铁铵溶液滴定，终点由黄色经蓝绿色至红褐色即为终点，记录消耗的硫酸亚铁铵溶液消耗的体积 V。计算公式为：$C_{硫酸亚铁铵}=2.5/V$。

（四）回流装置装配

自下而上，从左向右，保持乳胶管远离电炉加热丝。十字夹的卡口优先朝上、朝自己，螺丝优先在右边。冷凝管夹也要螺丝优先在右边。

冷却水管可以串联使用，但最多 4 个，以防止冷却效果不佳。

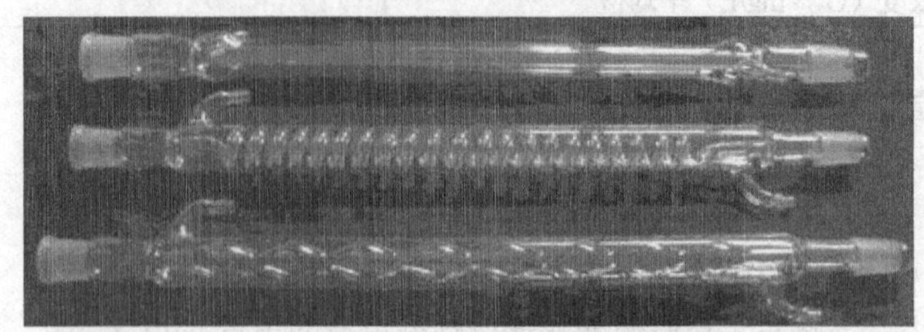

图 8-1　冷凝管（自上而下分别为直形、螺旋形、球形）

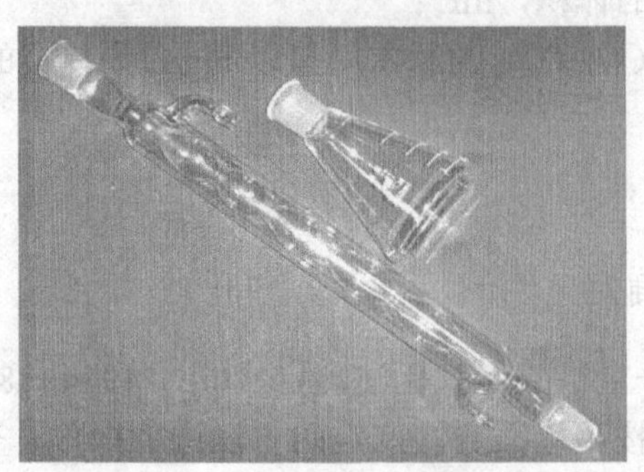

图 8-2　COD 测定常用仪器

回流中，注意水的进水口永远在下方，出水口则永远在上方，水流不能太大，否则可能导致乳胶管爆脱。为了防止瓶中水样的爆沸，常需加入几粒沸珠（陶瓷片、玻璃珠、沸石等）。乳胶管不能碰触电炉，可以挂在十字架或冷凝管夹上，以躲开电炉热源的影响。

（五）滴定操作

按照滴定管的使用方法，进行规范化的操作。注意操作的环节要尽可能全面，训练时做到认真、仔细、投入，讲究两手的协调配合，工作态度要一丝不苟。

三、方案设计

项目 8 化学需氧量的测定（重铬酸钾法）

（一）教学目标

1．知识目标

（1）了解化学需氧量的概念及测定意义；

（2）了解化学需氧量与环境的关系；

（3）理解水样的采集及保存方法；

（4）理解化学需氧量标准溶液的计算与配制方法；

（5）理解化学需氧量的测定原理、测定方法；

（6）学会加热回流及冷凝管的使用方法。

2．能力目标

（1）能正确地进行水样的采集，选择合适的水样保存方法；

（2）能根据已学知识，选择水样的合适的稀释倍数；

（3）能熟练地配制、稀释重铬酸钾溶液；

（4）能熟练地操作滴定管，准确控制滴定终点；

（5）能对实验数据进行正确的分析和处理，准确表述分析结果。

3．素质目标

（1）培养学生测定化学需氧量的相关知识，增强岗位认识；

（2）培养学生探究性学习的能力；

（3）培养学生独立分析问题、解决问题的能力。

（二）工作任务与相关知识

项目 8 化学需氧量（COD）的测定（重铬酸钾法）

参考学时	5
学习目标	理解化学需氧量的概念和测定方法；了解化学需氧量与高锰酸盐指数的区别和联系；了解化学需氧量的测定目的和意义；理解采样器具的选择和采样量的确定；学会水样的采集和固定方法；学会有关溶液的配制、稀释；学会化学需氧量的测定方法；巩固滴定管的使用操作；学会分析结果的计算与表示
工作任务	化学需氧量测定方案设计；水样的采集；水样的现场固定；现场情况描述；标准溶液的配制、稀释；酸式滴定管的操作规程；空白试验；结果的计算与表示
相关知识	化学需氧量的概念及其与环境的关系；化学需氧量的测定原理；水样的采集与固定；现场情况描述；溶液的配制、稀释；酸式滴定管的操作规程；空白试验；结果的计算与表示；环境质量评价
拓展知识	还原性物质污染的指标；有机污染物指标。COD、TOC、高锰酸盐指数的关系

（三）回流

1. 回流装置的装配

自下而上，从左向右，保持乳胶管远离电炉加热丝。

装配冷凝管夹子时要注意有一定方向要求，即十字夹的卡口优先朝上、朝自己，螺丝优先在右边。冷凝管夹也要螺丝优先在右边。

冷却水管可以串联使用，但最多 4 个，以防止冷却效果不佳。

2. 氧化加热回流

取 20.00mL 混合均匀的水样（或适量水样稀释至 20.00mL），置 250mL 磨口的回流锥形瓶中，准确加入 10.00mL 重铬酸钾标准溶液及数粒洗净的玻璃珠或沸石，连接磨口回流冷凝管，从冷凝管上口慢慢地加入 30mL 硫酸—硫酸银溶液，轻轻摇动锥形瓶使溶液混匀，加热回流 2h（自开始沸腾时计时）。

3. 冷凝管的洗涤与溶液酸度控制

冷却后，用 90mL 水从上部慢慢冲洗冷凝管壁，取下锥形瓶。溶液总体积不得少于 140mL，否则因酸度太大，滴定终点不明显。

（四）滴定操作

溶液再度冷却后，加 3 滴试亚铁灵指示液，用硫酸亚铁按标准溶液滴定，溶液的颜色由黄色经蓝绿色至红褐色即为终点，记录硫酸亚铁铵标准溶液的用量。

（五）空白试验测定

测定水样的同时，以 20.00mL 重蒸馏水，按同样操作步骤作空白试验。记录滴定空白时硫酸亚铁铵标准溶液的用量。

（六）数据处理

$$\mathrm{COD_{Cr}}(\mathrm{O_2}, \mathrm{mg/L}) = \frac{(V_0 - V_1)C \times 8 \times 1\,000}{V}$$

式中，C——硫酸亚铁铵标准溶液的浓度，mol/L；

V_1——滴定空白时硫酸亚铁铵标准溶液的用量，mL；

V_2——滴定水样时硫酸亚铁铵标准溶液的用量，mL；

V_0——水样的体积，mL；

8 000——（1/4 O_2）的摩尔质量以 mg/L 为单位的换算值。

（七）注意事项

（1）使用 0.4g 硫酸汞络合氯离子的最高量可达 40mg，如取用 20.00mL 水样，即最高可络合 2 000g/L 氯离子浓度的水样。若氯离子浓度较低，也可少加硫酸汞，使保持硫酸汞：氯离子 =10 ： 1（质量分数）。若出现少量氯化汞沉淀，并不影响测定。

（2）对于化学需氧量小于 50mg/L 的水样，应改用 0.025 0 mol/L 重铬酸钾标准溶液，回滴时用 0.01mol/L 硫酸亚铁铵标准溶液。

（3）水样加热回流后，溶液中重铬酸钾剩余量应为加入量的 1/5 ～ 4/5 为宜。

（4）用邻苯二钾酸氢钾标准溶液检查试剂的质量和操作技术时，由于每克邻苯二钾酸氢钾的理论 COD_{Cr} 为 1.176g，所以溶解 0.425 1g 邻苯二钾酸氢钾（$HOOCC_6H_4COOK$）于重蒸馏水中，转入 1 000mL 容量瓶，用重蒸馏水稀释至标线，使之成为 500mg/L 的 COD_{Cr} 标准溶液，用时新配。

（5）COD_{Cr} 的测定结果应保留三位有效数字。

（6）每次实验时应对硫酸亚铁铵标准液进行标定，室温较高时尤其注意其浓度变化。

四、方案实施

重铬酸钾法测定 COD 中，需要用到回流装置，装置的装配是技能的一个重点。再就是回流条件控制、滴定技术要求等，对分析结果的准确度会产生很大影响，必须认真小心操作。

五、总结与评价

（一）学生评价

（二）教师评价

水质生化需氧量的测定

（碘量法或仪器测定法）

一、知识准备

（一）BOD 的概念及测定意义

水中有机物在好氧微生物化学氧化作用下，所消耗的溶解氧的量，称为生物化学需氧量，以氧的毫克每升表示。水样中的硫化物、亚铁等还原性物质也会同时被氧化。

生化需氧量又称生化耗氧量，英文 Biochemical Oxygen Demand，缩写 BOD，是表示水中有机物等需氧污染物质含量的一个综合指标，它说明水中有机物出于微生物的生化作用进行氧化分解，使之无机化或气体化时所消耗水中溶解氧的总数量。其值越高，说明水中有机污染物质越多，污染也就越严重。加以悬浮或溶解状态存在于生活污水和制糖、食品、造纸、纤维等工业废水中的碳氢化合物、蛋白质、油脂、木质素等均为有机污染物，可经好气菌的生物化学作用而分解，由于在分解过程中消耗氧气，故亦称需氧污染物质。若这类污染物质排入水体过多，将造成水中溶解氧缺乏，同时，有机物又通过水中厌氧菌的分解引起腐败现象，产生甲烷、硫化氢、硫醇和氨等恶臭气体，使水体变质发臭。

有机物的生物氧化条件：好氧微生物的存在、足够的溶解氧、能够被微生物利用的营养物质。这种生物氧化分为两个过程：含碳物质的氧化（二氧化碳和水）。两个阶段几乎同时进行，但消化时间需要 5 ～ 7 天甚至 10 天才显著进行。生化需氧量的测定值与时间、温度、压力等因素密切相关，国内外广泛采用五日培养法，温度为 20℃，也称五日生化需氧量，即 BOD_5 或 BOD_5^{20}。

BOD_5 数值的大小，可以反证水体的自净速度，这个数值大，说明氧化速度快，在水体复氧速率比较快的情况下，水体更容易自净，但是如果水体的复氧能力不好，则会引起水体处于厌氧状态，导致厌氧菌繁殖，水体发黑、发臭。

所以，BOD 是表示水中有机物等需氧污染物质含量的一个综合指标；而前述的 COD 反映有机污染相对含量指标之一，它与高锰酸盐指数一起，均反映了水中还原性物质污染程度的指标；TOC 则表示了水中有机物总量的综合指标。

污水中各种有机物得到完全氧化分解的时间，总共约需 100 天，为了缩短检测时间，一般生化需氧量以被检验的水样在 20℃下，5 天内的耗氧量为代表，称为五日生化需氧量，简称 BOD_5，对生活污水来说，它约等于完全氧化分解耗氧量的 70%。

一般清净河流的五日生化需氧量不超过 2mg/L，若高于 10mg/L，就会散发出恶臭味。工业、农业、水产用水等要求生化需氧量应小于 5mg/L，而生活饮用水应小于 1mg/L。

我国污水综合排放标准规定，在工厂排出口，废水的生化需氧量二级标准的最高允许浓度为 60mg/L，地面水的生化需氧量不得超过 4mg/L。城镇污水处理厂的一级 A 标准为 10mg/L；一级 B 标准为 20mg/ L；二级标准为 30mg/ L，三级标准为 60mg/L。

在地表水环境质量标准中，五日生化需氧量的限值见表 9-1，因此通过测定值与环境质量标准相比，观察符合水质属于哪一类。

表 9-1　地表水环境质量标准限值（GB 3838—2002）　　单位：mg/L

项目 \ 分类 标准值		Ⅰ类	Ⅱ类	Ⅲ类	Ⅳ类	Ⅴ类
水温 /℃		人为造成的环境水温变化应限制在：周平均最大温升≤ 1，周平均最大温降≤ 2				
pH 值（量纲为一）		6 ～ 9				
溶解氧	≥	饱和率 90%(或 7.5)	6	5	3	2
高锰酸盐指数（COD_{Mn}）	≤	2	4	6	10	15
化学需氧量（COD_{Cr}）	≤	15	15	20	30	40
五日生化需氧量（BOD_5）	≤	3	3	4	6	10

（二）BOD 的测定方法与原理

BOD 的测定实质就是测定溶解氧。因此，对于污染较轻的水样，取两份试样，一份当时测定溶解氧，另一份于 20℃培养 5 天，再次测定溶解氧，两次测定值的差，即为五日生化需氧量（BOD_5）。

BOD 的测定方法主要有两种：①碘量法（GB 7489—87，1987 年 3 月 14 日批准，1987 年 8 月 1 日实施）；②溶解氧电极法（GB 11913—89）。

本次测定 BOD 采用的方法为碘量法，由于时间上的冲突，培养时间改为 7 天，培养温度 20℃。

碘量法测定 BOD 的原理同测定溶解氧：于一定体积的水样中加入硫酸锰和碱性碘化钾（固定），此时溶解氧转化为锰的高价氢氧化物沉淀，加酸溶解沉淀，在有碘离子存在的情况下，即析出与溶解氧量相当的游离碘，以硫代硫酸钠滴定游离碘，根据消耗的硫代硫酸钠溶液的体积，即可计算出溶解氧的含量。而两次不同时间的测定差值，即为BOD值。

清洁的地表水直接用碘量法测定，而含有干扰物时，需要采用修正法测定。碘量法根据水中干扰物的类型，又分为叠氮化钠修正法和高锰酸钾修正法，前者适用于亚硝酸盐含量高于0.05mg/L的情形，后者适用于二价铁盐含量高于1mg/L的情形。此方法适用于清洁水、受污染的地表水和工业废水。

测定时要注意：

（1）水样有色或含有氧化性及还原性物质、藻类、悬浮物等干扰测定时，应进行校正。

（2）水样呈强酸性或强碱性，可用氢氧化钠或硫酸调节中性后再测定；

（3）水样中含有游离氯时，应预先滴加硫代硫酸钠去除；

（4）当亚硝酸盐含量处于0.05～1mg/L时，采用叠氮化钠修正法；

（5）二价铁盐含量高于1mg/L时，采用高锰酸钾修正法。

水样中加入硫酸锰和碱性碘化钾，溶解氧将二价锰氧化为四价锰，生成氢氧化物棕色沉淀。加酸后沉淀溶解，四价锰和碘离子反应，释放出与溶解氧量相当的游离碘。以淀粉为指示剂，用硫代硫酸钠滴定游离碘，即可计算出溶解氧含量。

（三）水样的稀释与接种

（1）水样稀释依据

当水样中耗氧物质很多时，可能会导致采样当天测定的DO为零，或者是当水样中的生物化学氧化速度很快时，可能会导致培养5天后的溶解氧含量为零，同样会导致测定失败，为此需要将水样进行稀释。稀释水样的水也称稀释水。

（2）水样接种依据

当5天后的溶解氧含量几乎不变时，可能会有两种情形：没有有机物或没有微生物。没有有机物的可能性很小，没有微生物的可能性却很大，因此必须给水样进行接种。

在水样中引入微生物的稀释水也称接种稀释水。接种稀释水中不允许存在有毒物和一些影响生物生长的物质。通常采用蒸馏水外加营养盐类的物质如钙镁铁盐（氯化钙、氯化铁、硫酸镁等），再用磷酸盐缓冲溶液调节pH至中性。

接种液可以任选下列一种方法获得：

① 城市污水；

② 表层土壤浸出液；

③ 含有城市污水的河水；

④ 污水处理厂出水；

⑤ 花园土浸出水。

（3）接种细菌驯化的依据

如果待测定BOD的水样中含有能够导致菌种死亡的有毒物质存在，则即使接种了，也会导致进入的微生物再次死亡，在此情形下，就必须要对即将引入的微生物菌种进行驯化。

驯化细菌的方式一般是通过渐次加入有毒废水，逐渐让接种微生物适应生存环境，待完全适应后，即达到了驯化要求。

（4）接种稀释水

含有能够在废水（或受严重污染的水体）中正常生长的微生物接种至水样中的方法是：分取适量水样，加入稀释水中，混匀，待微生物完全适应其生长环境，即符合接种要求。

水样稀释倍数，可按照如下方式确定：

① 清洁的地表水，无须稀释；

② 工业废水，根据COD或高锰酸盐指数的范围确定稀释倍数。

表9-2　根据化学需氧量范围确定稀释倍数

稀释依据		稀释倍数		
化学需氧量	乘积系数	0.25	0.15	0.075
	稀释倍数	0.25C	0.15C	0.075C

表9-3　根据高锰酸盐指数范围确定稀释倍数

高锰酸盐指数含量范围 C	小于5	5 ~ 10	10 ~ 20	大于20
乘积系数	—	0.2，0.3	0.4，0.6	0.5，0.7，1.0
稀释倍数	—	0.2C，0.3C	0.4C，0.6C	0.5C，0.7C，1.0C

本次实验分析的地表水为西边学田河水，COD值在40～60，以平均值50计，稀释的倍数大概为12、8、4倍。最好是能够做三个稀释比进行测定。如果历次测定中，已经积累了丰富的稀释经验，可以按照其稀释经验进行确定水样的稀释倍数。

（四）水样的采集与现场固定

（1）采样仪器：采用双层溶解氧采水器采集水样，必须采满，采水瓶内部没有空气，否则应重采。

（2）取样方法：取样时采用隔绝空气的虹吸法，首先放出的水样弃掉，让其溢流10s以上。水样取好采取液体封闭法，以防空气的漏入。

（3）采用的同时，要测定pH及水样温度、大气压力，记录现场的采集情形、必要的气象条件等，填好水样采集登记表、有关标签，做好相关的现场记录。

（4）水样的固定

按照每 250mL 水样的量，加入 1mL 硫酸锰、2mL 碱性碘化钾以固定水样中的溶解氧，瓶塞与瓶颈部间以少量的水密封，保证外部空气不能进入，内部不留空气，然后带入实验室处理。

测定生物化学需氧量的方法有手持式溶解氧测定仪法、BOD Trak ™ 仪器测定法，以及采用化学的测定方法——碘量法。

（五）手持式溶解氧测定仪（电极法）测定 DO 的原理与仪器操作

1. 原理

测定 BOD 的实质是测定溶解氧，因此如果可能的话，可以采用溶解氧电极法（GB 11913—89）测定。当然，采用此种方法测定溶解氧时，必须要保持足够的水样量，最好在 5L 以上才好。

手持式溶解氧测定仪是基于极谱分析的原理设置的，YSI-550A 型和 YSA-55 型溶解氧测定仪的测定原理一样。

该仪器的组成中，由外部测量电极（黄金阴极）和内部电极（金属铂阳极）组成，由于水中的溶解氧能够通过一种具有选择性的特殊的透气膜，当其进入黄金阴极表面时即发生还原，但是由于还原反应的电流很大，导致电极表面的还原反应速度很快，又由于控制了电解电极电位大小，保持了只允许溶解氧能够在电极表面发生还原反应，这样，电极上产生的还原电流就要受电极表面氧气的浓度大小控制，如果电极表面氧气的浓度大则还原电流大，否则，浓度小则还原电流小，这种受氧气扩散速度决定的还原电流的大小，在一定条件下就和水中氧气的含量（溶解氧含量）产生正比关系，由此可将还原电流的大小直接刻画溶解氧含量，实现溶解氧浓度的直读。

2. YSI 550A 型手持式溶解氧测量仪的使用操作

（1）电解液的配制

将仪器所附的电解液瓶取出，加入适量的去离子水，拧紧瓶盖振摇，使其中的 Na_2SO_4 和 KCl 溶解。

（2）装电解液

打开电解液瓶上盖，向一未使用的电极的盖式膜中注入电解液，至少达到 1/2 满。

（3）电极膜的安装

用去离子水彻底冲洗电极头，然后将电极头笔直地插入已经装入电解液的盖式膜中，适度旋紧螺帽。

（4）仪器的校正

在确认仪器校准室内海绵是湿润的前提下，把仪器探头插入校准室内；

按下 ON/OFF 键，打开仪器电源开关，等待溶解氧和温度读数达到稳定（大约 15min）；

同时按下上、下箭头键，进入校准菜单。

在湿度中校准和 O_2，mg/L 中校准，可以同时按下箭头和 MODE 键进行切换，一般在湿度中校准比较方便，在此条件下，湿度为 100%。

若在 O_2，mg/L 中校准，必须要事先查询在该温度下的水中饱和溶解氧值；确信 DO 读数已经稳定，按下 ENTER 键，仪器左下方显示 CAL，校准值显示在右下方，这是当前的湿度或溶解氧（还没有校准时的读数），通过调节上、下箭头，可进行盐度校准，规定淡水的盐度值为 0。按 ENTER 键，仪器返回到正常操作状态。

一旦校准完毕，就只有 MODE、LIGHT、ON/OFF 键保持操作功能。可以按 MODE 键切换溶解氧读数的 mg/L 模式，或 % 空气饱和模式。

如果在昏暗的地方测量，可以按下 LIGHT 键，打开 LCD 背光。

测量完毕，及时用去离子水清洗电极头，然后按下 ON/OFF 键，关闭仪器电源开关。

（5）将电极浸入待测溶液中，测定溶解氧的大小

让电极浸入水中，在移动过程中达到读数基本稳定不变后，直接读出水中的溶解氧值。

（六）BOD Trak ™ II 仪器的测定原理与操作

（1）原理（类似于呼吸作用）

在 20℃下，首先让水样保持充足的氧气浓度，然后密闭 BODTrak ™ II 系统装置，经历一段时间（如 5、7、10 天），此时水中微生物和水中的有机物发生生化反应，水体氧气会逐渐被消耗，造成内外压力差，氧气消耗量越大，内外压力差越大，因而内外压力差与 BOD_5 成正比关系，由此可以测定 BOD_5。

（2）测定条件

呼吸仪生化需氧量 (BOD) 是在可控环境 20℃ (68°F) 条件下执行的一项测试。

测试周期可以是 5、7 或 10 天，可能在分析或协议上执行。BOD 测试可测量水样品中氧化有机物菌落所耗的氧量。该测试用于测量污水处理厂的废物排放，以及检测污水的处理效率。

BOD 测试结果有助于找到常规摄氧量方式。这样操作者就可以估算装置的运行效率并找到正确的处理步骤。

（3）作为另一种稀释方法的 BODTrak ™ II 具有如下优势

① 准备样品的时间最短。

② 减少测试的时间总数。

③ BODTrak ™ II 方法可在 2 ～ 3 天内给出结果，可与稀释倍数方法 (BOD_5) 媲美。

④ 无须执行校准和溶解氧测量。

⑤BODTrak ™ II 测试易于监测。

⑥ 不断搅拌样品并在自然条件下保存。这使得 BODTrak ™ II 结果与在自然环境下的状态相类似。稀释方法不再为样品提供多余氧气。这就提高了氧耗尽的可能性，并可能延缓生化反应的发生。

由于仪器会连续显示 BOD 结果，因此可随时对 BOD 进行监测读数。在 LCD 上，会以图形形式显示密闭 BODTrak ™ II 系统中的压力变化，以毫克 / 升 (mg/L) 为单位。系统在所选时间段内提供了 360 个统一数据点。

（4）误差消除

BODTrak ™ II 系统会不断消除系统中的二氧化碳，以使得监测的压力差与所耗氧气的数量成正比。

对样品加热使其达到试验温度时，放气可能会导致出现负偏差。BODTrak ™ II 会对这种情况进行调整。直至温度达到平衡点，BODTrak ™ II 才开始执行测试。

（5）向样品中输入氧气

样品中的细菌会消耗氧气，同时消耗样品采集瓶中的有机物。样品瓶中样品上方的空气中含 21% 的氧气，可对细菌消耗的氧气进行补给。在测试时间段内，搅拌棒会不断混合各样品瓶内的样品。这就可以将空气中的氧气带到样品中，有助于模拟自然条件。

（6）压力传感器功能

BODTrak ™ II 为密封，以防止测试瓶内外部大气压变化。压力传感器会监测样品采集瓶内的气压。氧气被消耗时，样品瓶内的压力会导致空间下降。压降与 BOD 直接关联。

（7）消除二氧化碳

样品中有微生物氧化有机物存在时，会生成二氧化碳。必须将二氧化碳从系统中消除，这样才不会对测量产生干扰。在消除二氧化碳前，请在各样品采集瓶的密封杯中放入氢氧化钾颗粒。

二、技能准备

本次采用碘量法测定 BOD，测定时间周期为 7 天，故实为 BOD_7。

技能方面有：

1. 采样点与采样器具选择

按照如上的要求，选取采水器，并在现场做好相关辅助项目的测定。

2. 样品采集与固定

按照 DO 的测定要求，做好现场样品的虹吸转移与固定。

3．移液管使用

注意移液管的使用环节和注意事项。

注意抵住内壁以及水平读数要求。

4．滴定管使用

注意滴定管的使用环节和注意事项。

注意滴定速度一定要慢，讲究两手的相互配合。

严禁只滴不摇，严禁成串滴入滴定剂。

5．终点判断

加入淀粉指示剂时，必须保证在溶液中碘的含量很少时才能加入，否则将会导致高浓度的碘与淀粉作用，出现终点总是反复出现的现象。

终点前后的颜色变化，只在一滴滴定剂以内；超过一滴以上滴定剂引起的溶液颜色变化，不能算作滴定终点，而是可能产生了严重误差。

6．恒温控制装置操作

恒温箱的使用，一般按照仪器使用说明书操作。温度一般调节在20℃。装培养水样的溶解氧瓶，要贴上标签，写上编号、日期、姓名等。

7．数据结果计算

测定数据要填入事先所列的表格中。表格要事先设计好。

三、方案设计

项目9 水质生化需氧量的测定（碘量法或仪器测定法）

（一）实施目的

1．知识目标

（1）了解生化需氧量的概念及测定意义；

（2）了解生化需氧量与环境的关系；

（3）理解水样的采集及保存方法；

（4）理解标准溶液的配制方法；

（5）理解生化需氧量的测定原理、测定方法。

2．能力目标

（1）能正确地进行水样的采集，选择合适的水样保存方法；

（2）能根据已学知识，选择合适的采水器和转移溶液的方法；

（3）能熟练地配制、稀释和标定硫代硫酸钠标准溶液；

（4）能熟练地操作恒温箱和BOD测定仪；

（5）学会数据的处理方法。

3．素质目标

（1）培养学生测定生化需氧量的相关知识，增强岗位认识；

（2）培养学生探究性学习的能力；

（3）培养学生独立分析问题、解决问题的能力。

（二）工作任务与相关知识

项目 9　水质生化需氧量的测定（碘量法或仪器测定法）

参考学时	5
学习目标	理解生化需氧量的概念和测定方法；了解生化需氧量与环境的关系；了解生化需氧量的测定目的和意义；理解采样器具的选择和采样量的确定；学会水样的采集和固定方法；学会有关溶液的配制、稀释与标定方法；学会生化需氧量的测定方法；理解接种与稀释的原理；巩固滴定管的使用操作；学会分析结果的计算与表示
工作任务	生化需氧量测定方案设计；水样的采集；水样的现场固定；现场情况描述；标准溶液的配制、稀释与标定；酸式滴定管的操作规程；恒温培养箱的使用；稀释倍数的确定；结果的计算与表示
相关知识	化学需氧量的概念及其与环境的关系；化学需氧量的测定原理；水样的采集与固定；现场情况描述；溶液的配制、稀释；酸式滴定管的操作规程；空白试验；结果的计算与表示；环境质量评价
拓展知识	碘量法测定 BOD；校正的碘量法

本次测定采用碘量法（GB 7489—87，1987 年 3 月 14 日批准，1987 年 8 月 1 日实施），测定时间为 7 天，培养温度为 20℃。

（三）器具准备

溶解氧采水器（双层采水器）、温度、pH 试、玻璃装样瓶。

（四）采样与固定

水面下 0.5m 深度，隔绝空气采样，采满，不留有任何气泡。

（五）仪器与试剂

1．仪器

酸式滴定、溶解氧、锥形、移液、洗耳、铁架台。

2．试剂

硫酸锰、碱性碘化钾、浓硫酸、淀粉溶液、标准硫代硫酸钠溶液。

（六）操作步骤

1. 采样采集满后，采用虹吸法放水。先放去部分积留水，然后以导液管插入250mL溶解氧瓶底部，缓缓放水，溢流10s后拿出。

2. 将移液管插入液面下加入硫酸锰1mL，碱性碘化钾2mL，混匀。

3. 回到实验室后，再将移液管插入液面下，加入1.5mL浓硫酸，混匀，放置暗处10min左右。

4. 用移液管吸取水样100mL，以硫代硫酸钠溶液滴定至淡黄色，再加入1mL淀粉溶液指示剂，继续滴定至蓝色刚好消失。记下用量。

5. 平行滴定两次，以平均值计算DO含量。

6. 7天以后，再次按照此次溶解氧测定方法相同的步骤，进行样品的固定、溶解、取样滴定，计算出溶解氧的含量大小。

两次测定的溶解氧差，即为BOD_7的值。

（七）数据处理

DO（O_2，mg/L）$= C\times V\times 8\times 1\,000/100 = 80CV$

BOD（O_2，mg/L）$= DO_{采样当天} - DO_{20℃，7天以后}$

四、方案实施

（1）采用采集满后，采用虹吸法放水。先放去部分积留水，然后以导液管插入250mL溶解氧瓶底部，缓缓放水，溢流10s后拿出。

（2）将移液管插入液面下加入硫酸锰1mL，碱性碘化钾2mL，混匀。

（3）回到实验室后，再将移液管插入液面下，加入1.5mL浓硫酸，混匀，放置暗处10min左右。

（4）用移液管吸取水样100mL，以硫代硫酸钠溶液滴定至淡黄色，再加入1mL淀粉溶液指示剂，继续滴定至蓝色刚好消失。记下用量。

（5）平行滴定两次，以平均值计算DO含量。

（6）数据处理。

DO（O_2，mg/L）$=80CV$

BOD（O_2，mg/L）$= DO_{采样当天} - DO_{20℃，7天以后}$

五、过程评价

（一）学生评价

（二）教师评价

附 9-1　BODTrak 测定仪的结构与使用

1. 组件列表

对照下面列表检查包装中的各个组件。如有组件缺失或损坏，请向厂商咨询。

BODTrak ™ II 仪器电源线，115 V 和 230 V；

一根 UL/CSA 标准 115 VAC 电源线，带 NEMA 5-15P 型插头；

一根 230 VAC 欧规电源线，带欧式插头电源，在 115 ～ 230 V 自动切换；

6 只密封杯；6 只 BODTrak ™ II 琥珀色样品采集瓶；

6 根 BODTrak ™ II 磁性搅拌棒；刮铲；

一包营养缓冲液；一罐氢氧化钾颗粒。

DOC022. 80. 90072

BODTrak™ II

用户手册
2008年8月，
第一版

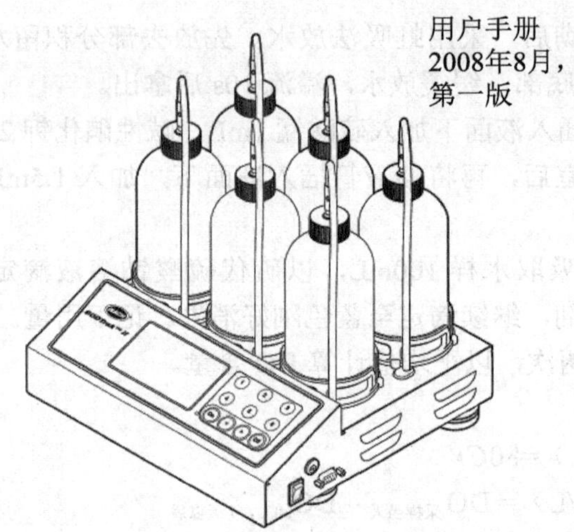

美国哈希公司，2008年。保留所有权利。印刷地：中国

2. 工作原理

呼吸仪生化需氧量（BOD）是在可控环境 20℃（68 ℉）条件下执行的一项测试。测试周期可以是 5 天、7 天或 10 天，可能在分析或协议上执行。BOD 测试可

测量水样品中氧化有机物菌落所耗的氧量。该测试用于测量污水处理厂的废物排放，以及检测污水的处理效率。

BOD 测试结果有助于找到常规摄氧量方式。这样操作者就可以估算装置的运行效率并找到正确的处理步骤。

3．常规信息

作为另一种稀释方法的 BODTrak ™ II 具有如下优势：

准备样品的时间最短。减少测试的时间总数。

BODTrak ™ II 方法可在 2 ～ 3 天内给出结果，可与稀释倍数方法（BOD_5）媲美。无须执行校准和溶解氧测量。BODTrak ™ II 测试易于监测。

不断搅拌样品并在自然条件下保存。这使得 BODTrak ™ II 结果与在自然环境下的状态相类似。稀释方法不再为样品提供多余氧气。这就提高了氧耗尽的可能性，并可能延缓生化反应的发生。

由于仪器会连续显示 BOD 结果，因此可随时对 BOD 进行监测。在 LCD 上，会以图形形式显示密闭 BODTrak ™ II 系统中的压力变化，以毫克 / 升（mg/L）为单位。系统在所选时间段内提供了 360 个统一数据点。

BODTrak ™ II 系统会不断消除系统中的二氧化碳，以使得监测的压力差与所耗氧气的数量成正比。

对样品加热使其达到试验温度时，放气可能会导致出现负偏差。BODTrak ™ II 会对这种情况进行调整。直至温度达到平衡点，BODTrak ™ II 才开始执行测试。

（1）向样品中输入氧气

样品中的细菌会消耗氧气，同时消耗样品采集瓶中的有机物。样品瓶中样品上方的空气中含 21% 的氧气，可对细菌消耗的氧气进行补给。在测试时间段内，搅拌棒会不断混合各样品瓶内的样品。这就可以将空气中的氧气带到样品中，有助于模拟自然条件。

（2）压力传感器功能

BODTrak ™ II 为密封，以防止测试瓶内外部大气压变化。压力传感器会监测样品采集瓶内的气压。氧气被消耗时，样品瓶内的压力会导致空间下降。压降与 BOD 直接关联。

（3）消除二氧化碳

样品中有微生物氧化有机物存在时，会生成二氧化碳。必须将二氧化碳从系统中消除，这样才不会对测量产生干扰。在消除二氧化碳前，请在各样品采集瓶的密封杯中放入氢氧化钾颗粒。

4．电气安装

电源适配器用于为 IEC 通用连接器提供交流电源（图 1）。电源开关用于切换仪器电源。

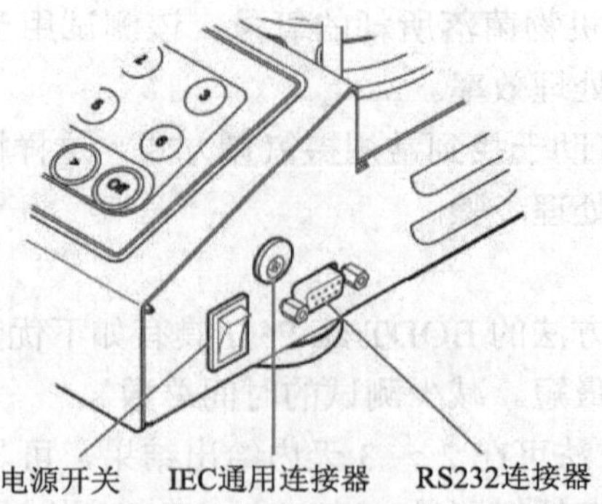

图 1 外部连接

5. 操作程序

（1）操作控制

BODTrak ™ II 操作人员控制请见图 2。

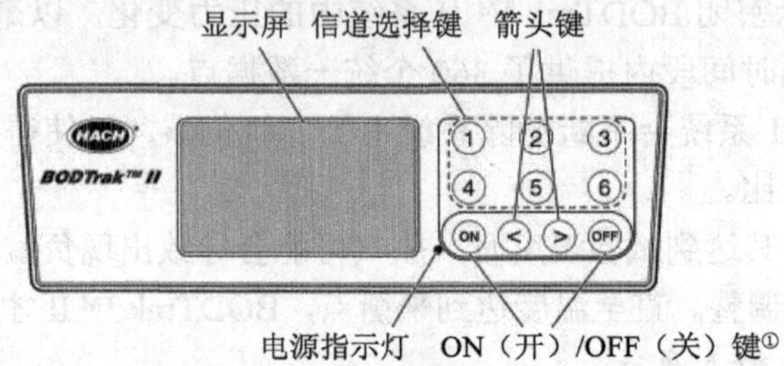

图 2 操作控制

注：① ON（开）/OFF（关）键启动和停止测试。它们不控制仪器通电或断电。

① 信道选择键

按相关信道选择键，以显示 6 只样品瓶中相应瓶的数据。

信道选择键也用于在仪器设置菜单中选择要编辑的参数（表 1）。

表 1 信道键设置参数

信道	参数
1	年（0—99）
2	月（1—12）
3	日（1—31）
4	小时（0—24）
5	分钟（0—59）
6	测试时间长度（5 天、7 天或 10 天）

② 箭头键

显示屏显示图表，竖轴为 BOD 值，横轴为天数。按左右箭头键沿 BOD 曲线移动光标，以显示所选数据点的近似坐标（时间、BOD）。

显示屏右下方显示数据点的时间间隔和 BOD 值。光标在信道显示屏上自动定位于最近采集的数据点。

同时按住两个箭头键，进入仪器设置菜单。箭头键还用来更改时间、日期、测试时间长度和范围。

③ ON（开）键

在信道显示屏上按 ON（开）键，进入范围选择菜单。然后按住 ON（开）键开始测试所选信道。

④ OFF（关）键

当测试处于 DELAY（延迟）或 RUN（运行）模式时，按住 OFF（关）键手动结束测试。仪器将显示 END（结束）。OFF（关）键也可用于退出仪器设置菜单或范围选择菜单。退出前将保存所有更改。

（2）样品瓶连接

每只样品瓶位置 / 信道都配有一根合适的管子，标有号码，带塑料管套。样品瓶位置标号为 1 ～ 6，1 号位于基座后方左下角。使用信道选择键作为向导。

（3）设置时钟

设置时钟前所有信道必须显示为 END（结束）或 CLEAR（清除）。同时按住两个箭头键，直至显示仪器设置菜单。按适当的信道键选择要调整的时钟参数（表1）。使用箭头键编辑所选参数。以相同的方法调整各个参数。所有时间调整完毕后，按 OFF（关）键保存，并返回数据显示屏。

（4）RS232 接口

所有 RS232 连接通过串行 I/O 端口完成（图 1）。将计算机接口线的 9 引脚 D 接头连接至仪器的串行 I/O 端口。将接口线另一端连接至计算机串行 I/O 端口（COM 1 或 COM 2）。

BODTrak ™ II 仪器就具备了数据通讯设备（DCE）的功能。BODTrak ™ II 运行时波特率为 9 600，8 个数据位，无奇偶校验，一个停止位。如果仪器不能以 9 600 波特率连续接收数据，则计算机或打印机接收的数据不完整。

注：为满足射频发射要求，必须使用指定电缆或同等屏蔽电缆。

（5）下载测试结果

将测试结果传输至 PC：

① 选择 PROGRAMS（程序）、ACCESSORIES（配件）、COMMUNICATIONS（通讯）、HYPERTERMINAL（超级终端）。

② 在“连接描述”窗口中键入接头名称，并选择一个代表图标。单击 OK（确

定）。

③ 在“连接到窗口”中，使用下拉菜单选择与 BODTrak ™ II 仪器连接的 COM 口。单击 OK（确定）。

④ 配置 COM 端口属性：

BPS = 9 600，数据位 = 8，奇偶校验 = 无，停止位 = 1，流量控制 = 无。

⑤单击 OK（确定）。此时将显示连接指示器。

⑥选择 TRANSFER（传输）、CAPTURE TEXT（捕获文本）。

⑦在“捕获文本”窗口中，单击 BROWSE（浏览），选择指定的保存位置。给文件命名，并单击 SAVE（保存）。

⑧在“捕获文本”窗口中，单击 START（开始）。

⑨ BODTrak ™ II 接通电源。按相应的信道键，下载数据。

⑩在“超级终端”窗口下键入 GA，然后按 ENTER（输入）。屏幕停止添加新数据时传输完成。

⑪ 选择 TRANSFER（传输）、CAPTURE TEXT（捕获文本）、STOP（停止）。

⑫ 选择 CALL（呼叫）、DISCONNECT（断开）。此时将显示已断开连接的指示器。

⑬ 选择 FILE（文件）、EXIT（退出），结束超级终端会话。

⑭ 单击 YES（是）保存会话和所有仪器 / 端口配置设置。

（6）导入数据

从捕获的文本文件中导入数据：

①打开新的或已存在的电子表格。选择 DATA（数据）、IMPORT EXTERNAL DATA（导入外部数据）、IMPORT DATA（导入数据）。

②选择在超级终端中捕获的文本文件。单击 IMPORT（导入）。

③在“文本导入”向导中，选择 Delimited（分隔）文件类型和电子表格中的起始行，然后选择 Windows（ANSI）作为文件来源。单击 NEXT（下一步）。

④检查空格分隔符，将一连串分隔符视为一个复选框。单击 NEXT（下一步）。

⑤选择“常规”作为列数据格式，然后单击 FINISH（完成）。

⑥在“导入数据”窗口中，选择退出电子表格。选择起始单元格，然后单击 OK（确定）。数据将显示在电子表格中。

⑦选择 File（文件）、Save As（另存为），以保存电子表格。

与超级终端或 BODTrak ™ II 相连时，无法编辑或格式化电子表格数据。

（7）数据格式

将结果数组下载到超级终端时，将连续发送所有测试数据。无法停止或暂停数据流。

表 1 说明了下载数据的信道编号、开始日期、开始时间以及格式。后面是

BOD 值，以 mg/L 为单位。本示例只显示至多 360 个等距离数据点中第一个数据点。每行以回车键和换行键结束。出现“测试运行结束”和美元符号 ($) 消息时，数据流结束。

如测试开始时出现一小段 BOD 负值，请参见故障排除。

1 号信道 BOD 日志

状态：结束

全标度：700 mg/L

测试时间长度：7 天

开始日期：2008/3/3

时间：13:04

天数，读数（mg/L）

0.00, 0

0.05, 10

0.11, 12

0.16, 12

0.22, 14

0.27, 14

0.33, 12

0.38, 8

0.44, 10

0.50, 12

0.55, 12

0.61, 14

—

—

—

测试运行结束

$

（8）打印测试结果

BODTrak ™ II 与可选配件西铁城 PD-24 打印机兼容。使用打印机配备的适配器将打印机电缆连接至 BODTrak ™ II 的串行接口。确保打印机接口设置正确。

BODTrak ™ II 仪器接通电源。在测试过程中任意时间按住相应的信道编号，持续约 5s。这会将测试结果从 BODTrak ™ II 导入打印机。仪器将发送一份图形表和截取数据流（127 个数据点）的副本。

项目10 水中砷的测定

（AFS-920 型原子荧光光度计法）

一、知识准备

1．原子荧光法测定砷的原理和方法

（1）砷的来源和危害

地表水中的砷污染，主要来源于含砷矿石及制革、燃料工业和农药废水。

砷对人的毒性很大。特别是三价砷、五价砷化合物随饮水进入人体后，易为肠胃黏膜吸收而进入血液，扩散到所有的器官与组织中，并积聚起来。砷盐中，以三价砷的毒性作用最大，当饮水中砷的浓度为 0.3 ～ 1mg/L 长期进入人体内时，可引起人体慢性中毒。

元素砷毒性极低，而砷的化合物均有剧毒，三价砷化合物比其他砷化合物毒性更强。砷化合物容易在人体内积累，造成急性或慢性中毒。砷污染主要来源于采矿、冶金、化工、化学制药、农药生产、玻璃、制革等工业废水。

测定水中砷的方法有新银盐分光光度法、二乙氨基二硫代甲酸银分光光度法、原子吸收分光光度法、原子荧光法、ICP-AES 法。

表 10-1 地表水环境质量（砷）标准限值 单位：mg/L

分类	砷标准值
Ⅰ	≤ 0.05
Ⅱ	≤ 0.05
Ⅲ	≤ 0.05
Ⅳ	≤ 0.1
Ⅴ	≤ 0.1

（2）砷的测定方法

砷的测定方法有：二乙基二硫代氨基甲酸银比色法、砷斑法，后者是半定量的方法；再就是采用原子荧光法进行测定。本项目选择原子荧光法。

（3）荧光分析法

荧光是物质通过光的激发后产生的光强，是吸收辐射以后的再发射，也称为光致发光现象。

①荧光分析法

是利用物质的荧光光谱特性进行分析的方法。

②原子荧光分析

又称原子荧光光谱分析（AFS），是通过测量被测元素的基态原子蒸气在辐射能激发下产生的荧光强度进行定量分析的方法。

③原子荧光的产生

气态自由原子吸收光源的特征辐射后，原子的外层电子跃迁到较高能级，然后又跃迁返回基态或较低能级态，同时发射出与原激发光波长相同或不同的发射光，即原子荧光。原子荧光是光致发光，也是二次发光。

（4）原子荧光法测定砷的原理

原子荧光法测定砷，处于痕量级以下的分析范围，一般可达 ng/L 数量级以下，因此对于那些含量更低的物质的测定而言，可以不必浓缩即可进行正常测定，而且测定误差也比较小。原子荧光法广泛应用于冶金、地质、石化、环保、农业、医学等各个领域。目前主要用于测定砷、汞、镉、锑、铋、锌、锡等元素。

原子荧光法测定砷的原理：将待测试样在一定条件下经硼氢化钠还原为砷化氢，由载气（氩气）带入石英原子化器，在氩—氢火焰中，燃烧受热分解为原子态砷。在砷空心阴极灯照射下，基态砷原子被激发至高能态，在去活化回到基态时，发射出特征波长的荧光（阶跃线荧光），在一定的浓度范围内，其荧光强度与砷含量成正比，可与标准系列比较定量。

（5）原子荧光的类型

共振荧光、非共振荧光与敏化荧光三种类型。

1）共振荧光（即 Ee=Ef）

气态原子吸收共振线被激发后，再发射与原吸收线波长相同的荧光即是共振荧光。

2）非共振荧光（Ee $\neq$ Ef）

当荧光与激发光的波长不相同时，产生非共振荧光。

非共振荧光又分为斯托克斯荧光和反斯托克斯荧光两类。

① Stokes 荧光

（i）直跃线荧光（直线荧光）

激发态原子跃迁回至高于基态的亚稳态时所发射的荧光称为直跃线荧光。

由于荧光的能级间隔小于激发线的能级间隔，所以荧光的波长大于激发线的波长。

如果荧光线激发能大于荧光能，即荧光线的波长大于激发线的波长称为 Stokes 荧光；反之，称为 anti-Stokes 荧光。直跃线荧光为 Stokes 荧光。

（ii）阶跃线荧光（阶梯荧光）

阶跃线荧光也是 Stokes 荧光。

通常存在两种情况：被光照激发的原子，以非辐射形式去激发返回到较低能级，再以发射形式返回基态而发射的荧光；被光照激发的原子回到能级较高的亚稳基态，而非原先最低能级的基态。

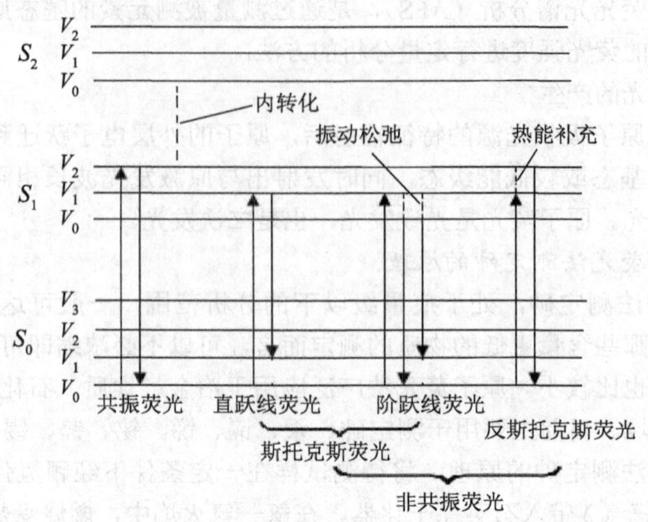

图 10-1 原子荧光类型

同一亚层之间的能量损失，称为“振动松弛”，用“VR”表示，VR 存在的机会最大；而电子亚层与另一亚层之间的能量损失，称为内能转化，简称“内转化”或“内转”，用“IC”表示。IC 存在的机会最小。

②反斯托克斯荧光（Anti-Stokes）

当自由原子跃迁至某一能级，其获得能量的一部分由光源激发，另一部分是热能，然后返回低能级所发射的荧光为 Anti-Stokes 荧光。

反斯托克斯荧光是一种能量增加的荧光，比较少见。

3）敏化荧光 [物质 1 受激发，E1e → E2f（物质 2）]

受光激发的原子 A 与另一种原子 B 碰撞时，把激发能传递给另一种原子 B 使其激发，后者再以发射形式去激发而发射荧光即为敏化荧光。B 是一种强荧光物质，或更容易产生荧光。

火焰原子化器中观察不到敏化荧光，因原子密度低。而在非火焰原子化器中原子密度高，容易发生。

实际测定中，不希望敏化荧光的存在，这是一种干扰光。

2．量子化效率、荧光猝灭与元素灵敏线

（1）量子化效率 φ

发射光子数与吸收光子数之比，称为量子化效率。

由于荧光产生中大多存在能量损失，故 φ 一般小于1。

大体上，共振 φ=1；敏化荧光，φ=？，说不清。

非共振荧光：φStokes＜1；φAnti-Stokes＞1。

（2）荧光猝灭

受激原子和其他粒子碰撞，把一部分能量变成热运动与其他形式的能量，因而发生无辐射的去激发过程，这种现象称为荧光猝灭。此时 φ=0，带来误差！

荧光猝灭会使荧光的量子化效率降低，荧光强度减弱。许多元素在烃类火焰中（粒子密度高）要比用氩稀释的氢—氧火焰中荧光猝灭大得多，因此火焰原子化的原子荧光分析尽量不用烃类火焰，而用氩稀释的氢—氧火焰。

（3）元素灵敏线

光源一般是无极放电灯和空心阴极灯，空心阴极灯居多。

原子发射光谱线很复杂，同一元素由于激光能、跃迁概率等各方面的原因，其强度是不同的，灵敏度不一样。

元素的灵敏线是指一些激发电位低、强度大的谱线。当元素含量很小，最后仍然观察到的少数几条谱线，称为元素的最后线。最后线一般是最灵敏线。光谱定性分析就是根据灵敏线或最后线来判断元素的存在，可作为定性检出的依据之一。实际工作中，灵敏线就是分析线。

3. 原子荧光光度计（分析仪、光谱仪）

原子荧光光谱仪或原子荧光光度计，由光源（空心阴极灯）、原子化系统（化学法）及分光、检测与记录系统等组成。

特点：①必须在入射光的侧面测量光强；②后面也不需要三极管解码器转化为吸光度（只是测量光强度，因此不需要三极管转化为吸光度）。

（1）激发光源——空心阴极灯

作用是提供激发待测元素原子的辐射能。可以是连续光源，也可以是锐线光源。

常用光源有：空心阴极灯、无极放电灯、金属蒸气放电灯，电感耦合等离子体、氙弧灯和二极管激光等。

（2）原子化器——电热源居多

原子化器是提供待测原子蒸气的装置，主要可分为火焰原子化器和电热原子化器两大类，如火焰原子化器，高频电感耦合等离子焰（ICP）石墨炉、汞及可形成氢化物元素原子化器等。

（3）分光系统——单色器

光谱简单，谱线少，无须高分辨能力的单色器，甚至不用单色器。

（4）检测系统——光电倍增管

（5）记录显示系统——信号无须解码

光电转换所得的电信号经过放大器放大后显示出来。

多数仪器采用计算机来处理数据。

目前，大多数原子荧光光度计是使用改装的原子吸收—火焰发射分光计，由于原子吸收、原子发射和原子荧光光度计的相似性，只要将商品分光光度计稍加改装，就可供原子荧光测量用。

4. 分析方法——标准曲线法

（1）分析方法

在一定实验条件下，当原子浓度十分稀薄并且激发光源的强度一定时，待测元素的基态原子蒸气被光源激发产生的荧光强度 F，与溶液中待测元素的浓度 C 成正比，即符合公式：$F=KC$（K 为比例常数）。此式即为原子荧光定量分析的基本关系式。

原子荧光分析的定量测量，一般采用标准曲线法和标准加入法，标准曲线法最为常用。即配制一系列标准溶液测量其相对荧光强度，以相对荧光强度为纵坐标，以浓度为横坐标绘制标准曲线，即作 $F—C$ 标准曲线，然后在相同的条件下，测量试液的相对荧光强度，在标准曲线上查得试液的浓度。

（2）干扰

原子荧光光谱法与原子吸收光谱法中所遇到的干扰类型相同，大小相近。即同样也存在着化学干扰、物理干扰、光谱干扰等。物理干扰主要是基体组成的不一致造成的基体干扰。

（3）应用

原子荧光光谱法作为一种新的痕量分析方法，已广泛应用于冶金、地质、石化、环保、农业、医学等各个领域。例如润滑油中的银、铜、铁和镁；铜中痕量的锌；土壤中的钙、铜、镁、锰、钾、锌和金属铝。近些年来，随着激光技术的发展，各种激光光源应用于原子荧光光谱分析中，进一步提高了原子荧光分析法的灵敏度，降低了元素的检出限。

二、技能准备

1. 标准溶液的配制

试剂纯度为优级纯或分析纯，测定用水为去离子水或同等纯度的水。

（1）浓硝酸（优级纯）。

（2）还原剂：氢氧化钠（0.5%）—硼氢化钠（1.0%）（先溶解氢氧化钠）。注意硼氢化钠有极强的腐蚀性，不要碰到身体上。

（3）载流：3% ～ 5% 盐酸，5% 硫脲～ 5% 抗坏血酸溶液。

（4）砷标准使用溶液：0.1μg/mL 的砷标准溶液。

2. 水样采集、保存及预处理

最好使用玻璃或聚乙烯塑料的采水容器采集水样；

布设的采样点应该规范化，在代表性上尽可能符合要求；

水样的保存：于采样现场加入浓硫酸至 pH ＜ 2 即可。以 2.5L 采水器为例，约加入 2mL 的浓硫酸，可以符合要求。注意，如果没有硫酸时，可以用盐酸代替，但是绝不能用硝酸代替。

采取此方法保存的水样，在室温下能放置一个月。

3．标准溶液的配制

吸取标准溶液 5mL，向其中加入 2.5mL 浓盐酸，加入 10mL 硫脲 + 抗坏血酸溶液，用去离子水定容到 50.0mL，配成浓度为 10.00μg/L 的标准溶液（HCl 5%）。

标准空白溶液直接由载流来代替做标准空白，上机作标准曲线。

4．AFS-920 原子荧光光度计操作规程

（1）开机步骤

①打开氩气减压阀。

②合上蠕动泵的压轴，打开电脑，待电脑显示桌面状态后打开仪器。

③双击电脑桌面图标“Afs-9X 系列”进入操作系统。

④点击“检测”，仪器进行自检。待自检通过后，点击“点火”。

⑤依次点击元素表、仪器条件、标准系列设置、样品参数进行测量条件设定。

⑥点击“测量窗口”进行测定。测定时可以随时通过“样品参数”添加或删除样品。

（2）关机步骤

①测定完毕后用蒸馏水冲洗管路至少 10min。

②关闭仪器和电脑。

③将蠕动泵的压轴打开，关闭氩气减压阀。

（3）注意事项

①用蒸馏水冲洗管路时，保证冲洗时间 10min 以上，并同时需载气、还原剂注射泵都充满蒸馏水，再停止。

②如样品反应剧烈，反应液接近或超过气液分离器的载气入口高度，需立即按“急停”按钮，防止溶液冲到原子化器以致烧断炉丝或损坏石英炉芯。提示：如需更换元素灯，请联系负责老师，请勿自己更换。

（4）数据处理

5．北京吉天公司原子荧光 900 系列仪器操作规程

（1）打开氩气瓶，次级压力调到 0.2 ～ 0.3。

（2）依次打开计算机、仪器主机、顺序注射和自动进样器的电源开关。

（3）打开仪器上盖，检查元素灯是否被点亮，若不亮，用点火器激发。

（4）双机软件图标，进入仪器操作软件。

（5）进入软件后，出现自检测窗口，单击全部“全部自检”测按钮，显示正常后单击“关闭”。

（6）单击“元素表”，出现元素表窗口。关闭不使用的元素灯，单击确定。

（7）出现文件名输入窗口，输入文件名，单击打开。

（8）单击“仪器条件”，在窗口内选择仪器条件，单击“确定”。

（9）单击“测量条件”，输入标准系列各点浓度值，单击“确定”。

（10）单击“自动进样”，选择标准和样品的码放位置，单击“确定”。

（11）单击“样品参数”，分别输入样品名称、样品形态、重量体积比，选择样品结果单位，单击“确定”。

（12）单击“测量”，进入测量窗口。测量之前应预热 30min。注意：预热时，仪器应空启动。

（13）将样品码放好，将泵的压块压上。依次测量标准空白、标准系列和未知样品。在“报告”窗口中查看或打印结果。

（14）用蒸馏水清洗进样系统并排空，将泵的压块放松。

（15）退出软件，关闭电源，关闭氩气瓶。

6．900 系列使用注意事项

（1）测量前一定要先开氩气。

（2）仪器预热时一定要空启动，否则起不到预热作用。

（3）仪器运行时不能进行其他的电脑操作。

（4）更换元素灯时一定要关闭主机电源。

（5）注射器和连接头应定期检查并拧紧，以免漏液，造成测量不稳。

（6）膜分离器长时间使用后，透气性变差，可能造成灵敏度下降，可将膜分离器拆下晾干后再用。铅、镉等元素的测量可用水封代替膜分离器，以避免污染膜分离器。

（7）测量过程中注意观察一级气液分离器中不能有积液，否则会影响测量精度。

（8）标准系列和还原剂应现用现配，标准储备液应定期更换。

（9）不能进高浓度样品，否则会污染进样系统。砷的最高浓度应小于 100μg/L，汞的最高浓度应小于 10μg/L。

（10）仪器所用的器皿应专用且无污染，所用的试剂纯度应符合要求。一般来说，空白值高主要是由于器皿污染或试剂纯度不够造成的。

（11）测量结束后，一定要用蒸馏水清洗进样系统并排空。

（12）仪器每周应至少开机一次，这有利于仪器的保养。

（13）仪器应配备 1 000W 以上的精密稳压电源。

（14）实验室的温度应在 15 ～ 30℃。实验室应清洁无污染，否则会对测量产生影响，特别是测汞。

7．水样的采集、保存以及样品的预处理

采取水样的容器可以为玻璃或聚乙烯塑料，采样点处于水体符合要求的部位。保存方法没有特殊要求，在室温下能够放置一个月。

三、方案设计

项目10　水中砷的测定（AFS-920型原子荧光光度计法）

（一）实施目的

1．知识目标

（1）了解水中污染物的存在形态，分布特征与危害性；

（2）掌握水质样品采样点的布设原则、方法，采样器具、采样量；

（3）掌握水样的保存与预处理；

（4）掌握空原子荧光光度法测定水中砷的测定原理及方法；

（5）了解砷标准溶液的配制；

（6）掌握AFS-920双道原子荧光光度计的使用。

2．能力目标

（1）学会水质样品采样点的布设；

（2）学会水质样品的预处理；

（3）学会AFS-920双道原子荧光光度计的使用；

（4）实训方案的确定；

（5）分析结果的数据处理与表示。

3．素质目标

（1）培养学生测定水中砷的相关知识，增强岗位认识；

（2）原子荧光光度计、常见玻璃仪器的实践操作能力；

（3）培养学生实事求是的工作作风，精益求精的工作精神；

（4）培养学生良好的职业情操。

（二）工作任务与相关知识

项目10　水中砷的测定（AFS-920型原子荧光光度计法）

参考学时	5
学习目标	学会水中砷的测定（原子荧光分光光度法）方案的确定；了解水中污染物的存在形态，分布特征与危害性；学会水质样品采样点的布设方法；会正确选择采样器具、采样量；学会水样的保存与预处理方法；了解砷标准溶液的配制；学会AFS-920双道原子荧光光度计的使用；学会分析结果的数据处理与表示

参考学时	5
工作任务	水中砷的测定（原子荧光分光光度法）方案设计；水样的采集；水样的现场固定；现场情况描述；药品的称量和标准溶液的配制、稀释；水样的预处理；AFS-920 双道原子荧光光度计的使用；测定结果的计算与表示
相关知识	水中砷与环境的关系；原子荧光分光光度法测定水中砷的原理；水样的采集与固定；水样的预处理；溶液的配制、稀释；AFS-920 双道原子荧光光度计的使用；测定结果的计算与表示；环境质量评价
拓展知识	分光光度法测定水中砷的方法与原理；砷测定水样的预处理

（三）实训原理

在酸性条件下，三价砷与硼氢化钠反应生成砷化氢，由载气(氩气)带入石英原子化器，在氩—氢火焰中，燃烧受热分解为原子态砷。在特制砷空心阴极灯的照射下，基态砷原子被激发至高能态，在去活化回到基态时，发射出特征波长的荧光，在一定的浓度范围内，其荧光强度与砷含量成正比，与标准系列比较定量。

（四）仪器与试剂

1．仪器

50mL 具塞比色管；北京吉天 AFS-920 原子荧光光度计、电热板。

2．试剂

试剂纯度为优级纯或分析纯；

测定用水为去离子水或同等纯度的水。

浓盐酸（优级纯）；

还原剂：氢氧化钠（0.5%）—硼氢化钠（1.0%）；

载流：3% ～ 5% 盐酸，5% 硫脲—5% 抗坏血酸溶液；

砷标准储备液：0.10μg/mL；

砷标准使用液：0.010μg/mL。

（五）实验条件

1．负高压

实验表明负高压为 270 ～ 300V 时，可满足实验需要。

2．灯电流

灯电流 40 ～ 60 mA 为宜。

3．炉高

8.0 ～ 10mm 时，荧光强度值较好。

4．载气、屏蔽气

选择载气 400 ～ 600 mL/min；屏蔽气 800 ～ 1 100 mL/min。

（六）操作步骤

1．标准溶液的配制

取 0.10μg/mL 砷标准溶液 5mL，向其中加入 2.5mL 浓硝酸优级纯，然后加入 10mL 硫脲 + 抗坏血酸溶液，用去离子水定容到 50.0mL，配成浓度为 0.010μg/mL（10.0μg/L）的标准使用液。标准空白溶液直接由载流来代替做标准空白，上机作标准曲线。

2．水样测试

取经过处理后的一定体积的水样适量，向其中加入 2.5mL 浓硝酸优级纯，然后加入 10mL5% 硫脲 +5% 抗坏血酸溶液，用去离子水定容到 50.0mL，上机测试。

（七）数据处理

（1）计算标准曲线的回归方程与相关系数。
（2）作图。
（3）求算样品中砷的含量，并对照地表水环境质量标准，进行单因子评价。

四、方案实施

1．标准溶液的配制

取 0.10μg/mL 砷标准溶液 5mL，向其中加入 2.5mL 浓硝酸优级纯，然后加入 10mL 硫脲 + 抗坏血酸溶液，用去离子水定容到 50.0mL，配成浓度为 0.010μg/mL（10.0μg/L）的标准使用液。标准空白溶液直接由载流来代替做标准空白，上机作标准曲线。

2．水样测试

取经过处理后的一定体积的水样适量，向其中加入 2.5mL 浓硝酸优级纯，然后加入 10mL 5% 硫脲 +5% 抗坏血酸溶液，用去离子水定容到 50.0mL，上机测试。

3．数据处理

计算标准曲线的回归方程与相关系数；作图。

五、过程评价

（一）学生评价

（二）教师评价

项目11 水中重金属铜（锌）的测定

（Varian240FS 石墨炉原子吸收法）

一、知识准备

1. 水中铜的危害及来源

水中的铜，一般来源于电镀、冶炼、五金、石油化工和化学工业等企业排放的废水。

铜是人体必需的微量元素，成人每日需要量平均为20mg左右，但必须是渐次的吸收，一下子吸收高浓度的铜，会引起急性中毒症状。实验研究结果证明，当水体中的铜达到0.01mg/L时，能杀死许多水体中的微生物，抑制水体的生物自净作用。由于铜在水体中容易发生水解而形成沉淀，所以地表水中的含铜量一般比较低，就目前的研究来看，在整个世界范围内，淡水中的含铜量为2.4～15μg/L，地下水中的含铜量为2.5～11μg/L，而海水中的平均含铜量约为0.25μg/L。

铜的危害主要是游离的离子态铜引起，当水体的pH较低时，往往能够引起底泥中的结合态铜产生活化游离，导致环境发生危害。

研究发现，铜对鱼类的起始毒性浓度为0.002mg/L，但一般认为水体含铜0.01mg/L对鱼类仍是安全的。

铜对水生生物的毒性与存在于水中的形态有关，游离铜离子的毒性比络合态铜要大得多。灌溉水中，对水稻的临界危害浓度为0.6mg/L。

在我国古代，国人使用铜器皿的很多，由于那时的科技程度不高，洗涤剂的去污效果远远没有今天这样有效，所以，水中或食物中游离态铜的浓度一般都很低，即使器皿表面遭致铜绿的污染，也不容易被洗下来，所以一般不会产生急性伤害影响，要是放在今天就不一样了。

2. 铜的常见测定方法

铜的常见测定方法有二乙氨基二硫代甲酸钠萃取光度法（《水和废水监测分析方法》（第四版），p.351）、火焰原子吸收法、吡咯烷二硫代氨基甲酸铵—甲基异丁酮（APDC—MIBK）萃取火焰原子吸收法、在线富集流动注射—火焰原子吸收法、石墨炉原子吸收分析法、阳极溶出伏安法、示波极谱法、电感耦合等离子体原子发射光谱分析法（ICP-AES）等。

其中，二乙氨基二硫代甲酸钠萃取光度法（《水和废水监测分析方法》（第四版），p.351）、火焰原子吸收法、阳极溶出伏安法、示波极谱法等，适用于浓度比较高的情形，而对于低含量的铜，需要通过富集后才能测出。

原子吸收光谱仪可测定多种元素，火焰原子吸收光谱法可测到 10^{-9}g/mL 数量级，石墨炉原子吸收法可测到 10^{-13}g/mL 数量级。其氢化物发生器可对 8 种挥发性元素汞、砷、铅、硒、锡、碲、锑、锗等进行微痕量测定。

水质铜、锌、铅、镉的测定，原子吸收分光光度法（GB 7475—87），于 1987 年 3 月 14 日批准，1987 年 8 月 1 日实施。

本标准规定了测定水中铜、锌、铅、镉的原子吸收分光光度法。本标准分为两部分，第一部分为直接法，适用于测定地下水、地面水和废水中的铜、锌、铅、镉；第二部分为螯合萃取法，适用于测定地下水和清洁地面水中低浓度的铜、铅、镉。

因原子吸收光谱仪的灵敏、准确、简便等特点，现已广泛用于冶金、地质、采矿、石油、轻工、农业、医药、卫生、食品及环境监测等方面的常量及微痕量元素分析。

目前，国内冶金、铸造、机械等行业的用户为分析金属材料中除碳硫以外的微量元素成分时，常选用原子吸收光谱仪。原子吸收光谱仪是国内一款新型的多元素分析仪，可检测普碳钢、低合金钢、高合金钢、生铸铁、球铁、合金铸铁等多种材料中的锰、铜、镍、铬、钼、稀土、镁、钛、锌、铝、铁等多种元素。品牌电脑微机控制，全中文菜单式操作，打印机直接打印结果。

本次选择石墨炉原子吸收分光光度法测定水中的铜。

3．石墨炉原子吸收法

将待测试样放在石墨管中，通过电热高温作用，使待测元素形成自由的基态原子蒸气，通过测定待测元素的基态原子蒸气对共振线的吸收作用，求出待测元素含量的分析方法，称为石墨炉原子吸收法。

表 11-1　分析线波长及适用浓度范围

元素	分析线 /nm	适用浓度范围 /（μg/L）
镉（Cd）	228.8	0.1 ～ 2
铜（Cu）	324.7	1 ～ 50
铅（Pb）	283.3	1 ～ 5

4．石墨炉结构与原子化机理

（1）*石墨炉结构*

石墨炉结构的主要由石墨管、石英窗、电源接线、氩气、冷却水、螺丝螺帽等组成，如图 11-1 所示。

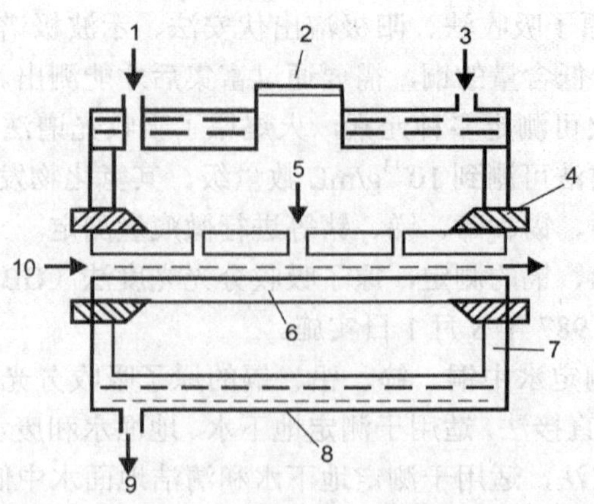

1. 保护气入口； 2. 进样窗； 3. 冷却水进口； 4. 电极； 5. 进样孔；
6. 石墨管； 7. 绝缘体； 8. 金属夹套； 9. 冷却水出口； 10. 光路

图 11-1 石墨原子化器示意

石墨炉原子化器通常是用一个长 30 ～ 60 mm、外径 8 ～ 9 mm、内径 4 ～ 6 mm 的石墨管制成（如图 11-1 所示），管上留有直径为 1 ～ 2 mm 的小孔（有三孔和单孔两种），以供注射试样和通惰性气体用。石墨管的两端有可使光束通过的石英玻璃窗，以及连接石墨管的金属电极。当在石墨管两端通电后，石墨管迅速发热，导致注入的试样产生蒸发、挥发和原子化。为了保护管体，管外设计有水冷外套。管上小孔通入的惰性气体如 N_2、Ar 等，可使已形成的基态原子和石墨管本身不被氧化。

（2）*石墨炉原子化机理*

石墨炉原子化的过程比较复杂，大体经历了电加热、挥发、蒸发、灰化、离解、原子化、激发等一系列的过程。从大的方面讲，石墨炉原子化过程可分为干燥、灰化、原子化、净化 4 个步骤，如图 11-2 所示。其实，真正意义上说，“净化”过程不是原子化的过程，而是一次原子化结束后的“做卫生大扫除”的过程。

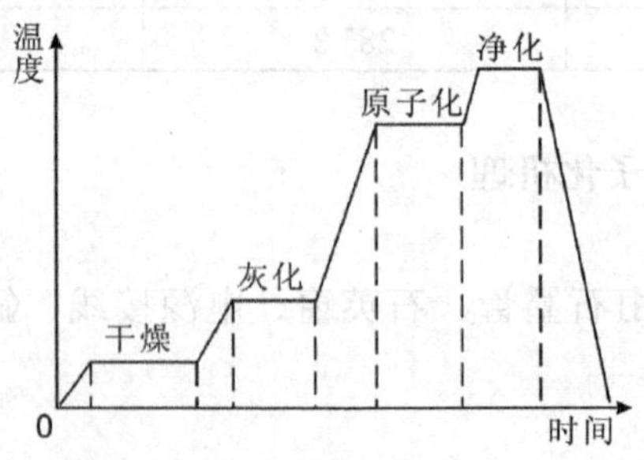

图 11-2 石墨炉程序升温示意

石墨炉原子化中，干燥的目的是在低温下蒸发除去试样的溶剂，其控制的温度稍高于溶剂的沸点；灰化的作用是在较高的温度（350 ～ 1 200℃）下进一步除去有机物或低沸点无机物，以减少基体组分对被测元素的干扰；原子化过程是在原子化温度下，将被测化合物离解为气态原子，实现原子化，以进行对吸收光的吸收程度的测定。

净化过程是等待测金属元素测定完成后，将石墨炉加热到比原子化时更高的温度，以进行石墨炉的净化。净化的作用是除去石墨管中残留的分析物，消除由此产生的记忆效应。

所谓记忆效应是指上次测定的试样残留物对下次测定所产生的影响，例如上次测锌时没有将锌清除干净，有残余的锌留在石墨炉内，下次测定时，这部分锌就会对后面待测元素的测定产生干扰。因此每一个试样测定结束后，都要高温灼烧石墨管，让上次分析样品的残留物，在高温挥发中得到净化。

5．石墨炉原子吸收法测定水中铜的原理

水样将消解转化为溶液，注入石墨管，用电加热方式使石墨炉升温，样品蒸发离解形成的原子蒸气对光源发射的共振线产生吸收，将测定的样品吸光度和标准溶液的吸光度进行比较，确定样品中铜的含量。

6．石墨炉的使用保护

（1）惰性气体保护。为防止石墨管发生氧化作用，必须严格控制氧气等氧化剂存在的影响，为此，通过不断通入惰性气体的方法进行保护。常用的惰性气体有氩气、氮气等。

（2）冷却水保护。由于石墨炉在高温下进行原子化，温度变化幅度很大，为了抑制温度变化造成的石墨管断裂的后果，为此引入冷却水进行保护。

（3）及时清理残留物。如前所述，分析样品的残渣会造成记忆效应，因此通过高温电弧激发，达到清扫残留物的效果。

二、技能准备

1．水样的采集、保存及预处理方法

含铜的水样的采水容器和装水容器没有特殊要求。

选取符合要求的采样断面和垂线以及采样点，采集一定量的地表水样。

在采样现场，采样硝酸进行保存，加入硝酸至 pH < 2。

以采集 2.5L 水样为例：$2\,500 \times 10^{-2} = 15.6 \times x$，$x = 1.6$，所以加入硝酸的体积在 1.6 ～ 16mL 为宜。

样品采集后，带回实验室，此水样可以保存 1 个月。

测定总铜含量的水样的预处理方法：采用硝酸或硝酸—硫酸法进行消解，将待测铜元素全部转化为铜离子溶液。

2．石墨炉原子吸收分光光度计的使用

仪器操作步骤：

（1）打开冷却水系统，水温22°左右；

（2）打开氩气气瓶，出口压力调节至140～200kPa；

（3）打开通风系统、主机及石墨炉电源；

（4）开计算机，进入操作系统；

（5）SpectrAA软件，进入仪器页面，单击"工作表格"，新建工作方法；

（6）按"添加方法"，选择要分析的元素；

（7）按"编辑方法"，进行进样模式、测量模式、光学参数、石墨炉升温方式、进样器等相关参数的设置；

（8）按"选择"，选定要分析的样品标签；

（9）按"优化"，进行元素灯的优化及进样器位置的优化；

（10）按"开始"，进行标样及样品的分析。

（11）实验结束后，关机顺序依次为：氩气、冷却水、退软件、主机及石墨炉电源、计算机、通风系统。

3．仪器工作参数

表11-2　石墨炉原子吸收分析仪器工作参数参考值

工作参数	元素		
	Cd	Pb	Cu
光源	空心阴极灯	空心阴极灯	空心阴极灯
灯电流 /mA	7.5	7.5	7.0
波长 /nm	228.8	283.3	324.7
通带宽度 /nm	1.3	1.3	1.3
干燥	80～100℃ /5s	80～180℃ /5s	80～180℃ /5s
灰化	450～500℃ /5s	700～750℃ /5s	450～500℃ /5s
原子化	2 500℃ /5s	2 500℃ /5s	2 500℃ /5s
清除	2 600℃ /5s	2 700℃ /5s	2 700℃ /5s
Ar 气流量 /（mL/min）	200	200	200
进样体积 /μL	20	20	20

4．测定结果的数据处理

（1）测定结果数据列表（火焰法，标准溶液浓度：50.00mg/L）

标准系列编号	0	1	2	3	4	5	1#
标准溶液体积 /mL	0.00	0.25	0.50	1.50	2.50	5.00	
铜含量 /μg							
吸光度							

（2）以 0.2% 的 HNO_3 水溶液调零，并将（0，0）点一起计入，计算回归方程和相关系数。

（3）将样品测定吸光度，代入回归方程，得出铜的绝对含量，再依据水样体积，折算为水样中总铜的浓度（Cu，mg/L）。

三、方案设计

项目 11　水中重金属铜（锌）的测定
（Varian240FS 石墨炉原子吸收法）

（一）教学目标

1．知识目标

（1）了解铅的危害及测定水样中铅的意义；

（2）掌握水样的采集及保存方法；

（3）学会常用的水样消解的方法，能根据不同水样的特点选择合适的消解方法；

（4）了解常用的铅的测试方法及适用范围，学会根据实际情况选择合适的分析测试方法；

（5）学会石墨炉原子吸收分光光度计的使用方法；

（6）掌握石墨炉原子吸收分光光度法测试原理、测试方法。

2．能力目标

（1）能正确地进行水样的采集，选择合适的水样保存方法；

（2）能根据水样的特点选择合适的消解方法；

（3）能在教师的指导下，使用石墨炉原子吸收分光光度计；

（4）能对实验数据进行正确的分析和处理，准确地表述分析结果。

3．素质目标

（1）培养学生的岗位职业能力；

（2）培养学生探究性学习的能力；

（3）培养学生独立分析问题、解决问题的能力。

（二）工作任务与相关知识

项目 11　水中重金属铜（锌）的测定
（Varian240FS 石墨炉原子吸收法）

参考学时	5
学习目标	了解铜、锌的危害及测定意义；学会水样的采集及保存方法；学会常用的水样消解的方法；了解常用的测试方法及适用范围；学会根据实际情况选择合适的分析测试方法；学会石墨炉原子吸收分光光度计的使用方法；理解石墨炉原子吸收分光光度法测试原理、测试方法；能在教师的指导下，使用石墨炉原子吸收分光光度计；能对实验数据进行正确的分析和处理，准确地表述分析结果
工作任务	水中铜、锌的测定（石墨炉原子吸收法）方案设计；水样的采集、现场固定；现场情况描述；药品的称量和标准溶液的配制、稀释；水样的预处理；石墨炉原子吸收分光光度计的使用；测定结果的计算与表示
相关知识	水中铜、锌与环境的关系；石墨炉原子吸收法测定水中铜、锌的原理；水样的采集与固定；水样的预处理；溶液的配制、稀释；石墨炉原子吸收分光光度计的使用；测定结果的计算与表示；环境质量评价
拓展知识	水中其他金属污染物对环境的危害作用；水中其他金属污染物的测定方法与原理；水中金属污染物水样的预处理

（三）实训目的

了解石墨炉原子吸收分光光度分析的概念；理解基本原理；理解 Varian240FS 石墨炉原子吸收分光光度计的组成与结构；了解操作条件的选取方法；学会使用方法；学会分析结果的数据处理和结果的表示。

（四）仪器与试剂

Varian AA240FS 型原子吸收分光光度计；铜标准贮备液（1 000ppm）；HNO_3；去离子水。

（五）操作步骤

1．样品采集与保存

2．水样消解

硝酸消解法：取水样 50.0mL 水样于烧杯中，加入硝酸 5mL，在电热板上加热消解，蒸发至试液清澈透明，呈淡色或无色，否则，应补加硝酸继续消解，当液体蒸发至近干时，取下烧杯，稍冷后加 0.2% 的硝酸溶解残渣，如有沉淀应过滤，滤液用 0.2% 的硝酸定容到 50mL。

3．校准曲线绘制

（1）测定铜

①石墨炉法：配制浓度为25μg/L 的铜标准溶液（母液），利用仪器的自动配制功能分别稀释成浓度为5μg/L、10μg/L、15μg/L、20μg/L、25μg/L 的铜标准溶液，测定其吸光度，扣除试剂空白后作标准曲线；

②火焰法：配制浓度为50.00mg/L 的铜标准溶液（母液），分别吸取0.00mg/L、0.25mg/L、0.50mg/L、1.50mg/L、2.50mg/L、5.00mL 的铜标准溶液，用0.2% 的稀硝酸稀释至50mL 刻度，测定其吸光度，以0 浓度的酸化蒸馏水作标准曲线。

（2）测定锌

①石墨炉法：配制浓度为25μg/L 的铜标准溶液（母液），利用仪器的自动配制功能分别稀释成浓度为5μg/L、10μg/L、15μg/L、20μg/L、25μg/L 的铜标准溶液，测定其吸光度，扣除试剂空白后作标准曲线；

②火焰法：配制浓度为10.00mg/L 的铜标准溶液（母液），分别吸取0.00mL、0.05mL、0.10mL、0.30mL、0.50mL、1.00mL 的铜标准溶液，用0.2% 的稀硝酸稀释至50mL 刻度，测定其吸光度，以0 浓度的酸化蒸馏水作标准曲线。

4．水样经消解后测定其吸光度

硝酸消解法：取水样50.0mL 于烧杯中，加入硝酸5mL，在电热板上加热消解，蒸发至试液清澈透明，呈淡色或无色，否则，应补加硝酸继续消解，当液体蒸发至近干时，取下烧杯，稍冷后加0.2% 的硝酸溶解残渣，如有沉淀应过滤，滤液用0.2% 的硝酸定容到50mL。

（六）数据处理

1．数据记录

（1）测定结果数据列表（火焰法，标准溶液浓度：50.00mg/L）

标准系列编号	0	1	2	3	4	5	1#
标准溶液体积 /mL	0.00	0.25	0.50	1.50	2.50	5.00	
铜含量 /μg							
吸光度							

（2）以0.2% 的 HNO_3 水溶液调零，并将（0，0）点一起计入，计算回归方程和相关系数。

2．绘制工作曲线

3．求待测水样中铜的含量

将样品测定吸光度，代入回归方程，得出铜的绝对含量，再依据水样体积，折算为水样中总铜的浓度（Cu，mg/L）。

四、方案实施

本方案的实施环节主要有如下几个部分：

（1）水样采集。

（2）水样固定（保存）。

（3）水样中总铜测定的消解与定容。

（4）标准系列配制。

（5）原子吸收分光光度测定。

（6）结果与数据处理。

（7）水样测定结果评价。

五、过程评价

（一）学生评价

（二）教师评价

附 11-1　AA320 型原子吸收分光光度计操作步骤

1．打开主机电源开关，如果仪器内有上次残存的气体压力，则等其放空回到零。然后再打开空气压缩机电源开关，待空气压力达到 3 个大气压。注意，压缩机开机前，内存气体压力不在零位时，不得开机，以免损坏压缩机。

2．更换空心阴极灯（测定什么元素，就要安装什么元素的空心阴极灯），开启灯电源开关，调节灯电流至 2/3 倍的最高工作电流处，预热。

3．调节助燃气流量在 5.5L/min 以上，不足时可以打开辅助气活塞开关补足。

4．打开电脑，点出 AAA98 软件界面，选择测定元素，确定。

5．拉出波长控制旋钮，向上或向下扫描，初步设定波长等于待测元素共振线的波长。

6．点击软件上的第二个菜单，观察仪器信号强度（样品光与参比光）。

7．仪器上，“阻尼”选择 1，“扩展”不动，“狭缝”选择 4 挡或者 3 挡，“方式”打“调整”，“信号”打“连续”。

8．调节光量筛板闸门，同时调节“增益”旋钮，使得样品光与参比光强度几乎相同，并处于标尺满刻度的 75% 左右。

9．调节波长达到最佳（逆向观察再顺向观察，使软件上样品光束的信号达到最大）。

10．将专用对光板安放于燃烧器狭缝上，调节燃烧器的角度和前后位置，使灯发出的共振线始终通过燃烧器狭缝的中心，调节燃烧器使光线离喷口的距离为 1cm 左右，同时，调节灯位置（角度和方向），使软件上样品光束的信号达到最大，并时常调节测量光和参比光几乎相同。

11．软件上设定测定条件，测量次数为 2，选中浓度，并给定一个浓度单位（随便给个单位，只需记住自己标准曲线横坐标的实际单位即可），将测定标准系列的浓度（或标准系列的体积，或标准系列的绝对含量等）由小到大的顺序，输入标准系列的对话框中，确定。

12．软件上“方式”打“吸光度”，“信号”打“积分”。

13．打开乙炔钢瓶气开关阀（针形阀，总压力表显示出瓶内气体的总压大小，逆时针为开），打开压力调节阀（稳压阀或输出压力控制阀，顺时针旋紧为开），调节压力为 0.05 个大气压（atm）。在电子点火器打开听到“啪啪”的声音后，打开仪器主机上的燃气开关，使燃气燃烧，待火焰稳定后，调至适当的火焰颜色（一价、二价金属离子测定，通常用氧化性的蓝色火焰）。

14. 用标准系列中零浓度的溶液进行仪器置零，置零次数不限。然后按浓度由小到大的顺序测定标准系列的吸光度。标准系列测定完毕，会跳出一个对话框“标定结束，是否修改”，点击“否”。然后测定样品溶液的吸光度。

15. 测定结束，关闭燃气乙炔钢气瓶总阀（顺时针旋紧为关），待仪器自动熄火并确认残存燃气压力为零后，关闭钢气瓶的压力调节阀（逆时针旋松为关）。

16. 关闭空气压缩机电源开关，将增益旋钮逆时针旋小，灯电流逆时针旋小，关闭灯电流开关，将“方式”打“调整”，“信号”打“连续”。

17. 待仪器内残存气体压力为零后，关闭主机电源开关。

大气中二氧化硫的测定

（甲醛吸收—副玫瑰苯胺比色法）

一、知识准备

大气是指地球周围所有空气的总和，其厚度为 1 000 ～ 1 400km。世界气象组织按大气温度的垂直分布，将大气分为对流层、平流层、中间层、热成层、逸散层，其中对人类及生物的生存环境起着重要影响的是近地面约 10km 的对流层，人们常称这一层气体为空气层。可见，空气的范围比大气小，但空气的质量占大气质量的 95% 左右。在环境污染领域中，经常将“大气”与“空气”作为同义词使用。

稳定的大气具有基本固定的组成，清洁干燥的大气，主要组分的质量分数为：氮占比 78.06%、氧占比 20.95%、氩占比 0.93%，这三种气体的总和占大气总质量的 99.94%，其余还有十多种气体的质量总和不足 0.1%。干燥的空气中不包括水蒸气，而实际上水蒸气在空气中占有比较大的比例，其浓度随着地理位置和气候条件的变化，在 0 ～ 0.46% 的范围波动。

随着科技的发展和人类生活水平的提高，越来越多的污染物被排放到了大气中，如烟尘、粉尘、二氧化硫、氮氧化物、一氧化碳、碳氢化合物等，当其浓度超过了环境所能允许的极限时，就会改变大气的正常组成，破坏自然的物理、化学和生态平衡关系，影响人们的生产、生活和健康环境，这就是大气污染。

大气中二氧化硫的污染非常普遍，是目前环境监测中的主要污染指标之一。在环境监测中，二氧化硫、氮氧化物、TSP、硫酸盐化速率、灰尘自然沉降量等，是当前环境监测中的比测项目；而一氧化碳、可吸入性颗粒物、光化学氧化剂、氟化物、铅、汞、苯并 [*a*] 芘、总烃及非甲烷烃等，属于选测项目。

本项目要求采用甲醛吸收—副玫瑰苯胺比色法测定大气的二氧化硫。

环境空气功能区质量要求

污染物项目		平均时间	浓度限值		浓度单位
			一级标准	二级标准	
基本项目	二氧化硫（SO_2）	年平均	20	60	μg/m^3（标准状态）
		24h 平均	50	150	
		1h 平均	150	500	

污染物项目		平均时间	浓度限值		浓度单位
			一级标准	二级标准	
基本项目	二氧化氮（NO_2）	年平均	40	40	μg/m^3（标准状态）
		24h 平均	80	80	
		1h 平均	200	200	
	一氧化碳（CO）	24h 平均	4	4	mg/m^3（标准状态）
		1h 平均	10	10	
	臭氧（O_3）	日最大 8h 平均	100	160	
		1h 平均	160	200	
	颗粒物（≤ 10μm）	年平均	40	70	μg/m^3（标准状态）
		24h 平均	50	150	
	颗粒物（≤ 2.5μm）	年平均	15	35	
		24h 平均	35	75	

注：一类区适用一级浓度限值，二类区适用二级浓度限值。

（一）大气中二氧化硫的来源、存在形态及危害

1. 大气中二氧化硫的来源

大气中的二氧化硫来源于各种矿物燃料的燃烧、含硫矿物的冶炼以及硫酸等化工产品生产过程中排放的废气等。

2. 大气中二氧化硫的存在形态

（1）按污染物的存在形态分

①分子态污染物

如 SO_2、NO_x、CO、O_3、苯系物、各种烃及其衍生物等。

②粒子态污染物

如各种颗粒状物质，包括粉尘、降尘、飘尘、液溶胶、气溶胶、固溶胶、霾（多种粒子的混合体）等。粒径多数在 0.01 ～ 100μm。

粒径在 100μm 以下的粒子，称为总悬浮颗粒物（TSP）。

大于 10μm 的称为降尘；小于 10μm 称为可吸入性颗粒物，符号 IP，也叫 PM_{10}；粒径小于 2.5μm 的，称作 $PM_{2.5}$。

可吸入性颗粒物也称气溶胶，可以长期飘浮在空中，因此也叫飘尘。

通常所说的烟（粒径在 0.01 ～ 1μm）、雾（粒径在 10μm 以下）、灰尘就是以飘尘的形式存在于环境中。

（2）按污染物的来源分

①一次污染物

指由各种污染源直接排放到大气中的污染物，如 SO_2、NO_x、CO、HCl、烃类，

以及直接排放到大气中的各种颗粒物质等。

②二次污染物

进入大气中的一次污染物，与大气成分发生作用，或相互之间发生作用，生成新的污染物，如过氧乙酰硝酸酯、醛类、臭氧、硫酸盐、硝酸盐等，其毒性通常要比一次污染物的毒性大，对环境的伤害影响更为剧烈。

3．大气中二氧化硫的危害

呼吸道疾病。

（二）采样点的布设

1．布设原则

（1）采样点应设在整个监测区域的高、中、低三种不同污染物浓度的地方；

（2）在污染源比较集中、主导风向比较明显的情况下，应将污染源的下风向作为主要监测范围，布设较多采样点，上风向布设少量点作为对照；

（3）工业较密集的城区和工矿区，人口密度及污染物超标地区，要适当增设采样点；城市郊区和农村，人口密度小及污染物浓度低的地区，可酌情少设采样点；

（4）采样点周围开阔，采样口水平线与周围建筑物高度夹角不大于30°。测点周围无局部污染源，并应避开树木及吸附能力较强的建筑物。交通密集区的采样点应设在距人行道边缘至少1.5m远处；

（5）各采样点的设置条件要尽可能一致或标准化，使获得的监测数据具有可比性；

（6）采样高度根据监测目的而定，研究大气污染对人体的危害，应将采样器或测定仪器设置于常人呼吸带高度，即采样口应在离地面1.5～2m处；研究大气污染对植物或器物的影响，采样口高度应与植物或器物高度相近；连续采样例行监测采样口高度应距地面3～15m；若置于屋顶采样，采样口应与基础面有1.5m以上的相对高度，以减小扬尘的影响。特殊地形地区可视实际情况选择采样高度。

2．布设方法

（1）功能区布点法

多用于区域性常规监测。当地区的功能分区明显的情况下，可将监测区域，划分为不同的功能分区，如工业区、商业区、居民区、游览区、交通枢纽区、清洁区等，每区布设一定的有代表性的采样点。

功能分区布点法需要的监测点一般会大大减少，对于节省人力、物力、财力，提高工作效率等具有很大作用。各功能分区的布点数不要求平均分配，而是要充分考虑布点原则，具体问题具体分析。

（2）几何图形布点法

①网格布点法。

②同心圆布点法。

③扇形布点法。

以上几种采样布点方法，可以单独使用，也可以综合使用，目的就是要求有代表性地反映污染物浓度，为大气监测提供可靠的样品。

④平行线布点法：适用于交通污染监测。下风向可以增加平行线。

（三）采样方法

1．直接采样法

主要仪器有注射器、塑料袋、采气管、真空瓶（罐）等。

图 12-1　注射器采样器

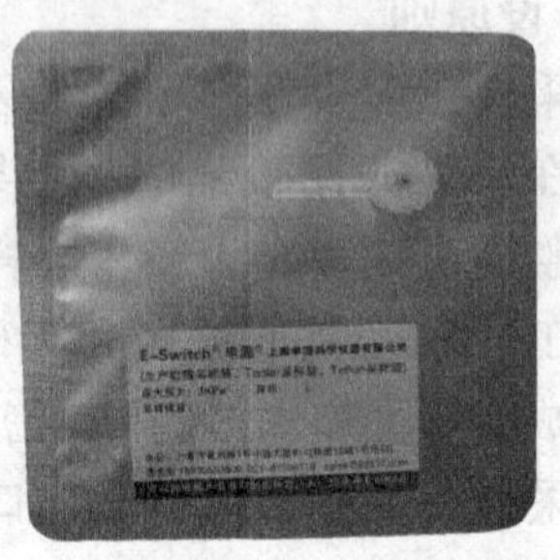

图 12-2　铝箔采样袋

图 12-3　采气管

图 12-4　真空采样罐

2．富集采样法

有溶液吸收法、低温冷凝法、固体阻留法、自然积集法等。

本次选择溶液吸收法。

溶液吸收法是采集大气中污染物常见的方法，不仅可以采集气体、蒸气态物质，也可以采集某些气溶胶态的污染物。溶液吸收法采样时，用抽气装置将欲测空气以恒定流量抽入装有吸收液的吸收管，让待测物在吸收液中发生溶解，然后测定吸收液中待测物质的含量，再根据抽气时间计算出采样体积，由此即可求出待测物质在空气中的含量。

吸收液的吸收效率主要取决于吸收反应速度、样气气泡与吸收液的接触面积、气泡上升时与吸收液的接触时间。

吸收速度是关键。必须根据被吸收污染物的性质选择好吸收液。

吸收液的选择原则是：与被测物质的化学反应要快或对被测物质的溶解度要大；吸收后有足够的稳定时间；吸收后有利于下一步分析；吸收液的毒性小，成本低且尽可能回收利用。

至于接触面积和时间，可以从吸收管的设计上考虑，如多孔玻板吸收管就是考虑了气泡很小，使得气泡的总表面积增大；而吸收管内部所装溶液，要满足一定的高度，就是为了增加接触时间。

（四）采样仪器

1．气态污染物采样仪器

含量比较高的气态污染物，可以采用直接法；含量比较低的污染物，必须使用富集采样法采集（大气采样器、各种吸收管等）。

2．颗粒物采样器

包括采样夹（配滤膜）、集尘器、集尘缸等。溶液吸收法中，如果采用冲击式吸收管作为收集器，则可以用于颗粒物样品的采集。

图 12-5 列出了大气采样时常见的一些吸收管，其中，气泡吸收管只适合于采集气体、蒸气样品，冲击式吸收管只适合于采集粒子态污染物样品，而多孔玻板吸收管或玻璃筛板吸收瓶既可以采集气体、蒸气，又可以采集气溶胶类等粒子态的污染物样品。

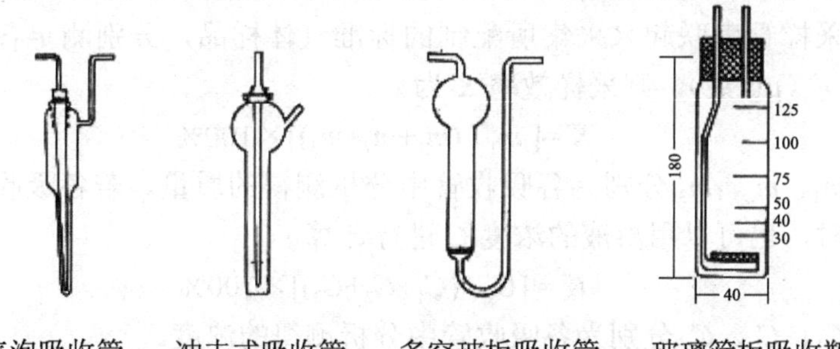

图 12-5　各种采样用吸收管示意

（五）采样效率及评价方法

1．采样效率

指在规定的采样条件下，所采集污染物的量占其总量的百分比，也就是对某污染物采集的百分率。对于溶液吸收法而言，主要指污染物被吸收液吸收的效率，而对颗粒状污染物而言，则是指颗粒物被滤膜阻留收集的百分率。但是，由于实际测定过程中测定结果总是会存在着误差，因此，采样效率应该还包括分析方法的误差在内，是一个集采样效率、分析误差于一体的综合指标。

2．评价方法

采样效率的评价方法随测定对象而不同，不同污染物由于在富集过程中的影响因素不同，采样效率会有一些差别。通常要求采样效率在 90% 以上，否则可能会产生很大的采样误差。对于同一污染物，即使采样效率很高，如达到 95% 以上，也应要求在样品采集中维持相对不变的采样效率，否则不同地点采样的分析结果就没有可比性。

（1）气态和蒸气态物质：有绝对比较法和相对比较法两种

①绝对比较法

精确配制已知浓度为 C_0 的标准气体，用分析方法指定的采样方法采集该标准气体样品，由分析结果测得值 C_1，除以该样气的标准 C_0 值，即为该气体的采样效率 K。

$$K=(C_1/C_0)\times 100\%$$

这种评价方法虽然比较理想，但是要配制准确浓度的标准气比较困难，而且会存在标准气在所装容器中产生吸附导致浓度改变，因此评价结果是否准确仍然值得怀疑。所以，这种评价方法在实际工作中一般很少使用。

②相对比较法

配制一个浓度恒定但不一定已知却处于分析方法线性范围内标准气体样品，用 2 ～ 3 个采样管串联起来采集所配制的标准气体样品，分别测定各采样管中污染物的含量 m（μg 数），则采样效率 K 为：

$$K=[m_1/(m_1+m_2+m_3)]\times 100\%$$

式中，m_1、m_2、m_3 分别为各吸收管中分析测得的质量。若各吸收管测定溶液的体积相同时，也可以用溶液的浓度 C 进行计算：

$$K=[C_1/(C_1+C_2+C_3)]\times 100\%$$

式中，C_1、C_2、C_3 分别为各吸收管中分析测得的浓度。

（2）颗粒物质：颗粒数比较法和质量比较法

颗粒物的采样效率，质量比较法通常指采集到空气中的颗粒物质量，占空气中总颗粒物质量的百分比。若颗粒物的大小近似相同，则也可用颗粒物的数量比值来表示，即采集到空气中的颗粒物数量，占空气中总颗粒物数量的百分比，这就是颗粒物比较法。采样时，使用一个灵敏度很高的计数器测量进入滤膜前后空气中颗粒物的数量，则采样效率K为：

颗粒数比较法：$K=[(n_1-n_2)/n_1]\times100\%$

质量比较法：$K=(m_1/m_2)\times100\%$

式中，n_1、n_2分别指空气进入滤膜前、后的颗粒数，个；m_1、m_2分别指采集到的颗粒物的质量和颗粒物的总质量，μg。

（六）采样记录

采样现场的环境地理位置、环境特征、附近污染源分布、人口分布、地理功能、气象情况、离高大建筑物的距离等，最好都能够作一详尽的记载，以利于环评时使用。

（七）污染物浓度的表示方法及气体体积换算

1. 污染物浓度的表示方法

大气污染物的浓度表示方法有质量浓度和体积分数两种，根据污染物的存在状态选用。

（1）质量浓度

质量浓度是指单位体积的空气中含污染物的质量，无论对于气体还是颗粒物污染物，质量浓度都可以使用，常用mg/m^3或$\mu g/m^3$表示。

（2）体积分数

体积分数是指单位体积空气中含污染物气体或蒸气的体积，常用mL/m^3或$\mu L/m^3$表示。显然这种表示方法只适用于气态或蒸气态物质，它不受空气温度和压力的变化而变化。

两种浓度的表示方法，可按下式进行换算：

$$\varphi=22.4\rho/M$$

式中，φ——标准状态下气体的体积分数，mL/m^3；

22.4——标准状态下气体的摩尔体积；

ρ——气体的质量浓度，mg/m^3；

M——气体的摩尔质量，g/mol。

2. 气体体积换算

在上述的浓度表示中，通常气体的体积都要换算为标准状态下的体积，必须通过气态方程进行换算。换算公式如下：

$$V_0=(V_t\times273\times P)/[(273+t)\times101.325]$$

式中：V_0——标准状态下的采样体积，L或m^3；

V_t——现场状况下的采样体积，L或m^3；

P——采样时的大气压力，kPa；

t——现场状况下的温度，℃。

美国、日本和世界卫生组织在全球环境监测系统中的大气污染物浓度，采用的是参比状态（25℃，101.325kPa）下的浓度，使用时要加以注意。

（八）大气中 SO_2 测定方法的选择

大气中 SO_2 测定方法有多种：

（1）HJ/T 56—2000，固定污染源排气中二氧化硫的测定—碘量法，实施日期：2001 年 3 月 1 日；

（2）HJ/T 57—2000，固定污染源排气中二氧化硫的测定—定电位电解法，实施日期：2001 年 3 月 1 日；

（3）GB/T 15262—94，环境空气二氧化硫的测定—甲醛吸收—副玫瑰苯胺分光光度法，实施日期：1995 年 6 月 1 日；

（4）GB 8970—88，空气质量二氧化硫的测定—四氯汞盐—盐酸副玫瑰苯胺比色法，实施日期：1988 年 8 月 1 日。

本次选择第三种国标方法：GB/T 15262—94，环境空气二氧化硫的测定，甲醛吸收—副玫瑰苯胺分光光度法。

二、技能准备

1. 采样点的布设

理想的采样点应该不受周围环境的影响，尤其是高度夹角要小，$tg\alpha < 1/2$。

即使是实验楼前的空地上，也不符合采样点的设定要求，尤其是建筑物高度与地面的夹角过大。若要布设得远，则电源线又不够长。

2. 采样仪器的使用

KB-6120 型综合大气采样器的使用操作。

按照仪器使用说明书进行操作。

3. 采样记录

天气条件，周围建筑物概况（可以配以一定的插图表示），污染源分布情况等。

4. 标准溶液的配制与标定

硫代硫酸钠、二氧化硫溶液要临用现标。

5. 分光光度计的使用

包括：开机预热、黑比色皿调零、最大波长扫描确定、比色皿选取、测定、数据列表、测定完毕仪器整理、填写仪器使用记录等环节。

6. 回归方程的求算与标准曲线的制作

标准系列测定完毕，采用 Excel 表计算回归方程，将样品的测定吸光度代入回归方程，计算出样品中的 SO_2 含量（μg）。

7．结果的换算与表示

将采样体积换算到标准状况下的体积数，再根据 SO_2 的质量数 m（μg）和标准状态下的采样体积 V（L），求出空气样品中 SO_2 的浓度。

$$C_{SO_2} = m\text{（μg）} / V\text{（L）}$$

如此即求得样品中 SO_2 的浓度数（SO_2，mg/m^3）。

三、方案设计

项目 12　大气中二氧化硫的测定
（甲醛吸收—副玫瑰苯胺比色法）

（一）教学目标

1．知识目标

（1）了解空气中污染物的存在形态，分布特征与危害性；
（2）掌握空气采样点的布设原则、方法，采样器具、采样量；
（3）了解提高采样效率的方法；
（4）掌握空气中二氧化硫的测定原理及方法；
（5）了解标准曲线法的制作方法、特点；
（6）掌握比色管、移液管、7200 型分光光度计的使用。

2．能力目标

（1）学会空气采样点的布设；
（2）学会大气采样器的使用；
（3）学会溶液吸收法采集空气样品时吸收管的选择方法；
（4）比色管、移液管、大气采样器、分光光度计的使用操作技能；
（5）实训方案的确定；
（6）标准曲线的绘制；
（7）分析结果的数据处理与表示。

3．素质目标

（1）培养学生测定空气中二氧化硫的相关知识，增强岗位认识；
（2）大气采样器、分光光度计、常见玻璃仪器的实践操作能力；
（3）培养实事求是的工作作风，精益求精的工作精神；
（4）培养良好的职业情操。

（二）工作任务与相关知识

项目 12　大气中二氧化硫的测定
（甲醛吸收—副玫瑰苯胺比色法）

参考学时	5
学习目标	了解空气中污染物的存在形态，分布特征与危害性；理解空气采样点的布设原则、方法，采样器具、采样量；了解提高采样效率的方法；学会大气采样点的布设；学会大气采样器的使用；学会溶液吸收法采集空气样品时吸收管的选择方法；理解空气中二氧化硫的测定原理及方法；学会标准曲线法的制作方法；学会比色管、移液管、7200 型分光光度计的使用；学会分析结果的数据处理与表示
工作任务	大气中二氧化硫测定（甲醛吸收—副玫瑰苯胺比色法）实训方案设计；采样点的布设；吸收管的选择；吸收液的填装；大气采样器与吸收管的连接；大气采样条件的设置；吸收液的取出；标准曲线的制作与分光光度测定；回归方程的求算；标准曲线的绘制；测定结果的计算与表示
相关知识	大气中二氧化硫测定（甲醛吸收—副玫瑰苯胺比色法）实训方案设计；采样点的布设；吸收管的选择；吸收液的填装；大气采样器与吸收管的连接；大气采样条件的设置；吸收液的取出；标准曲线的制作与分光光度测定；回归方程的求算；标准曲线的绘制；测定结果的计算与表示；环境质量评价
拓展知识	大气中其他气态污染物的测定方法及原理；大气中粒子态污染物的测定方法与原理；烟道气体的测定方法

（三）实验目的

了解大气中二氧化硫的来源及危害；熟悉大气采样点的布设原则、采样方法及采样效率的评价方法；掌握甲醛吸收—副玫瑰苯胺比色法测定二氧化硫的原理和方法，学会大气采样器的使用；掌握测定结果的数据处理、大气污染物浓度的表示方法。

（四）分析原理

大气中的二氧化硫被甲醛溶液吸收后，生成羟甲基磺酸，在碱性条件下释放出二氧化硫，再与副玫瑰苯胺作用，生成紫红色的络合物，颜色深浅与大气中二氧化硫的浓度成正比，可在一定条件下比色测定。

（五）仪器与试剂

大气采样器、分光光度计、相关玻璃仪器、甲醛缓冲吸收液、二氧化硫标准溶液、PRA 溶液等。

（六）操作步骤

1．采样

短时间采样，用内装 5mL 或 10mL 吸收液的 U 形多孔玻板吸收管，以

0.4 ～ 0.6L/min 流量，采样时间 40 ～ 60min。采样时吸收液温度应保持在 23 ～ 29℃。采样体积最好不要少于 25L，否则可能产生较大的计算误差。

2．标准曲线的绘制

取 14 支 10mL 具塞比色管，分成 A、B 两组，每组各 7 支，分别对应编号，A 组按如表所示。

亚硫酸钠标准系列

管号	0	1	2	3	4	5	6	1#
标准使用液体积 /mL	0.00	0.50	1.00	2.00	5.00	8.00	10.00	
吸收液体积 /mL	10.00	9.50	9.00	8.00	5.00	2.00	0.00	10.00
二氧化硫量 /μg	0.00	0.50	1.00	2.00	5.00	8.00	10.00	

B 组各管加入 0.05％盐酸副玫瑰苯胺使用液 1.00mL。A 组各管分别加入 0.60％氨磺酸钠溶液 0.50mL 和 1.5mol/L 氢氧化钠溶液 0.50mL，混匀，再逐管倒入对应的盛有 PRA 使用溶液的 B 管中，立即混匀，放入恒温水浴中显色。显色温度与室温之差应不超过 3℃。可根据不同季节的室温选择显色温度和时间。

3．样品测定

在 $\lambda = 577$nm 处，用 1cm 比色皿，以水为参比，测定吸光度。

4．数据处理与环境质量评价

以吸光度为纵坐标，吸光度对应于二氧化硫的含量 (μg) 为横坐标，计算回归方程。再将样品测得的吸光度代入回归方程，得出其中的二氧化硫的含量 (μg)，根据采气体积，进一步换算为标准状态下的二氧化硫的浓度 (mg/m^3 或 $\mu g/m^3$)。

四、方案实施

（1）布设采样点。

（2）样品采集（灌装 10mL 吸收液、设定采样仪器条件、采样）。

（3）样品转移（取出吸收液、定容、显色）。

（4）标准系列测定。

（5）标准曲线制作。

（6）样品测定。

（7）结果计算与表示。

五、过程评价

（一）学生评价

（二）教师评价

附 12-1　KB-6120 型综合大气采样器的使用（采集气体）

1．用移液管准确吸取规定体积的吸收液，从棕色多孔玻板吸收管大球端装入，然后用乳胶管连接吸收管大球端，再连接到缓冲瓶和采样泵上（注意大气采样器是个抽气装置，要串联缓冲瓶后连接到大气采样器上）。

2．将采样器携带到合适的采样地点，装上采样支架（采样支架事先在室内试装一下，吻合好的再带到采样点处），接上电源线，按下电源开关（背面左下方），预热 5 ～ 10min。

3．设定测定条件

（1）长按“暂停 / 取消”3s，“A 采样”和“b 采样”的灯同时熄灭；按下“△+”或“△-”键，使红点跳在“延迟时间”，若同时按下“查询位选”和“△+”，显示“A”时为大流量的 TSP 采样；若同时按下“查询位选”和“△-”，显示“b”时为小流量的吸收管采样。本仪器可以同时采集大流量测定 TSP 和小流量测定气态污染物。

（2）按下“设置”键，再按“查询位选”改变光标位置，调节“△+”或“△-”，进行时间、流量、采用时间等参数值的设定。注意：每项设定完毕，都必须按下“设置”键保存，然后才能进行下一项设置。一般只需要设置“采样流量”与“采样时间”即可。

（3）条件设定完毕，按下“启动”键，仪器即自动开始采样，至设定时间到达后，仪器又自动停止采样。

4．该仪器的流量乘以设定采样时间，得出的体积为标准状态下的体积，因此不必经气态方程进行标准状态体积的换算。

5．取出吸收液时，用洗耳球从大球端将吸收液从小管端吹出，边吹边缓缓倾斜吸收管，直至吸收液全部被吹出，然后根据实验要求做进一步处理。

6．吸收管使用完毕，要及时清洗干净，晾干，以备下次使用。

7．大气采样器使用完毕，要及时整理归位，擦干净仪器表面灰尘等，同时确认附件齐全与否，确认无误后放入仪器柜中。

项目13 大气中总悬浮颗粒物的测定

（恒温恒湿称重法）

一、知识准备

（一）总悬浮颗粒物（TSP）的概念

大气中的总悬浮颗粒物是指能够悬浮在空气中，空气动力学当量直径为100μm以下的颗粒物，以TSP表示。

根据颗粒物的粒径大小，又将粒径小于10μm的粒子态污染物叫PM_{10}，属于可吸入性颗粒状污染物，过去也用IP表示（Inhalable Particles）；粒径大于10μm的粒子态污染物叫降尘；粒径小于2.5μm的粒子态污染物，叫$PM_{2.5}$，是当前大气环境质量监视监测的重点，是空气质量指数（AQI）的重要计算依据之一。

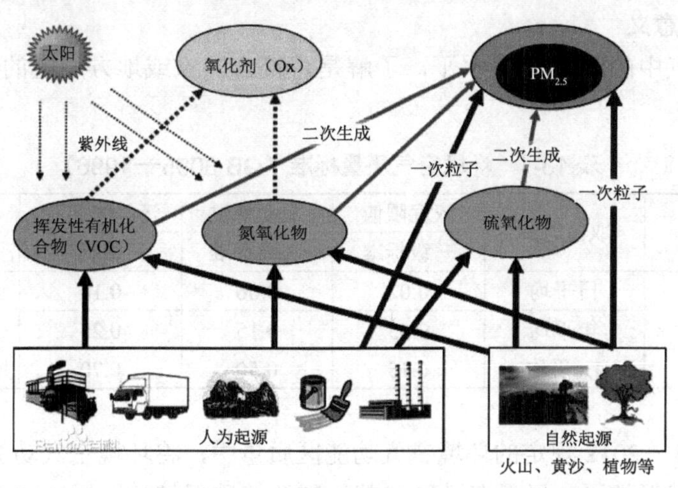

图13-1 日本学者研究的悬浮颗粒物（SPM）的形成途径

（二）TSP的来源和危害

大气中的颗粒状污染物，主要来源于地面扬尘、矿物燃料燃烧、沙漠化引起的风沙、交通污染源、建筑施工尘埃等方面。

TSP由于能够比较长时间地悬浮在空气中，产生的危害时间相当长，能够长期地影响人的呼吸道，引起尘埃病，而含硅酸盐的石棉粉尘还能够引起石棉肺，导致矽肺病。不仅如此，在TSP尘埃中，还存在大量的重金属，随呼吸道进入肺部以后，可以发生溶解，被肺部吸收进入血液而引起中枢神经中毒等疾病。

（三）TSP 的测定目的和意义

1．测定目的

（1）了解空气中污染物的存在形态，分布特征与危害性；
（2）理解空气采样点的布设原则、方法，采样器具、采样量；
（3）了解提高采样效率的方法；
（4）学会大气采样点的布设；
（5）学会大气采样器的使用；
（6）学会TSP空气样品的采集方法；
（7）理解TSP的测定原理及方法；
（8）学会采样滤膜的安装与取出方法；
（9）学会样品的称量方法；
（10）学会分析结果的数据处理与表示。

2．测定意义

了解大气中的TSP含量水平，了解是否符合国家或地方规定的气体污染物排放标准。

表13-1　环境空气质量标准（GB 3095—1996）

污染物名称	取值时间	浓度限值	浓度单位	污染物名称	浓度单位
		一级标准	二级标准	三级标准	
	日平均	0.02	0.06	0.10	
	年平均	0.05	0.15	0.25	
	1h平均	0.15	0.50	0.70	

GB 3095—2012规定的环境空气功能区质量中，将环境空气功能区分为两类：一类区为自然保护区、风景名胜区和其他需要特殊保护的区域；二类区为居住区、商业交通居民混合区、文化区、工业区和农村地区。一类区适用一级浓度限值，二类区适用二级浓度限值。此标准日2016年1月1日起实行。

表 13-2 环境空气功能区基本项目的空气质量要求

污染物项目		平均时间	浓度限值		浓度单位
			一级标准	二级标准	
基本项目	二氧化硫（SO_2）	年平均	20	60	μg/m^3（标准状态）
		24h 平均	50	150	
		1h 平均	150	500	
	二氧化氮（NO_2）	年平均	40	40	
		24h 平均	80	80	
		1h 平均	200	200	
	一氧化碳（CO）	24h 平均	4	4	mg/m^3（标准状态）
		1h 平均	10	10	
	臭氧（O_3）	日最大 8h 平均	100	160	μg/m^3（标准状态）
		1h 平均	160	200	
	颗粒物（≤ 10μm）	年平均	40	70	
		24h 平均	50	150	
	颗粒物（≤ 2.5μm）	年平均	15	35	
		24h 平均	35	75	

表 13-3 环境空气功能区其他项目的空气质量要求

污染物项目		平均时间	浓度限值		浓度单位
			一级标准	二级标准	
其他项目	总悬浮颗粒物（TSP）	年平均	80	200	μg/m^3（标准状态）
		24h 平均	120	300	
	氮氧化物（NO_x）	年平均	50	50	
		24h 平均	100	100	
		1h 平均	250	250	
	铅（Pb）	年平均	0.5	0.5	
		季平均	1	1	
	苯并 [*a*] 芘（BaP）	年平均	0.001	0.001	
		24h 平均	0.002 5	0.002 5	

（四）空气污染监测方案的制订

1．监测目的

通过对环境空气中主要污染物质进行定期或连续地监测，判断空气质量是否符合《环境空气质量标准》或环境规划目标的要求，为空气质量状况评价提供依据。

为研究空气质量的变化规律和发展趋势、开展空气污染的预测预报以及研究污染物迁移转化情况提供基础资料。

为政府环保部门执行环境保护法规、开展空气质量管理及修订空气质量标准提供依据和基础资料。

2．调研及资料收集

（1）污染源分布及排放情况；

（2）气象资料；

（3）地形资料；

（4）土地利用和功能分区情况；

（5）人口分布及人群健康情况。

3．空气污染常规监测项目

表 13-4　空气污染常规监测项目

类别	必测项目	按地方情况增加的必测项目	选测项目
空气污染物监测	TSP、SO_2、NO_x、硫酸盐化速率、灰尘自然沉降量	CO、总氧化剂、总烃、PM_{10}、F_2、HF、BaP、Pb、H_2S、光化学氧化剂	CS_2、Cl_2、氯化氢、硫酸雾、HCN、NH_3、Hg、Be、铬酸雾、非甲烷烃、芳香烃、苯乙烯、酚、甲醛、甲基对硫磷、异氰酸甲酯等
空气降水监测	pH、电导率	K^+、Na^+、Ca^{2+}、Mg^{2+}、NH_4^+、SO_4^{2-}、NO_3^-、Cl^-	

4．监测站（点）的布设

（1）布设采样站（点）的原则和要求

①采样点应设在整个监测区域高、中、低三种不同污染物浓度地方；

②在污染源比较集中、主导风向比较明显的情况下，应将污染源下风向作为主要监测范围，布设较多采样点，上风向布设少量点作为对照；

③工业较密集的城区和工矿区，人口密度及污染物超标地区，要适当增设采样点；城市郊区和农村，人口密度小及污染物浓度低的地区，可酌情少设采样点；

④采样点周围开阔，采样口水平线与周围建筑物高度夹角不大于 30°。测点周围无局部污染源，并应避开树木及吸附能力较强的建筑物。交通密集区的采样点应设在距人行道边缘至少 1.5m 远处；

⑤各采样点的设置条件要尽可能一致或标准化，使获得的监测数据具有可比性；

⑥采样高度根据监测目的而定，研究大气污染对人体的危害，应将采样器或测定仪器设置于常人呼吸带高度，即采样口应在离地面 1.5 ~ 2m 处；研究大气污

染对植物或器物的影响，采样口高度应与植物或器物高度相近。

连续采样例行监测采样口高度应距地面 3 ～ 15m；若置于屋顶采样，采样口应与基础面有 1.5m 以上的相对高度，以减小扬尘的影响。特殊地形地区可视实际情况选择采样高度。

（2）采样站（点）数目的确定

表 13-5　我国空气环境污染例行监测采样点设置数目

市区人口 / 万人	SO_2、NO_x、TSP	灰尘自然沉降量	硫酸盐化速率
<50	3	≥ 3	≥ 6
50 ～ 100	4	4 ～ 8	6 ～ 12
100 ～ 200	5	8 ～ 11	12 ～ 18
200 ～ 400	6	12 ～ 20	18 ～ 30
>400	7	20 ～ 30	30 ～ 40

表 13-6　WHO 推荐的城市空气自动监测站（点）数目

市区人口 / 万人	可吸入颗粒物	SO_2	NO_x	氧化剂	CO	风向、风速
≤ 100	2	2	1	1	1	1
100 ～ 400	5	5	2	2	2	2
400 ～ 800	8	8	4	3	4	2
>800	10	10	5	4	5	3

5．采样点布设方法

（1）功能区布点法；

（2）网格布点法；

（3）同心圆布点法；

（4）扇形布点法。

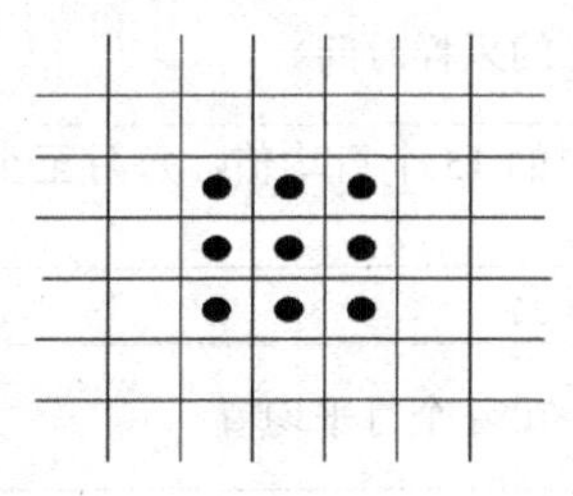

网格布点法

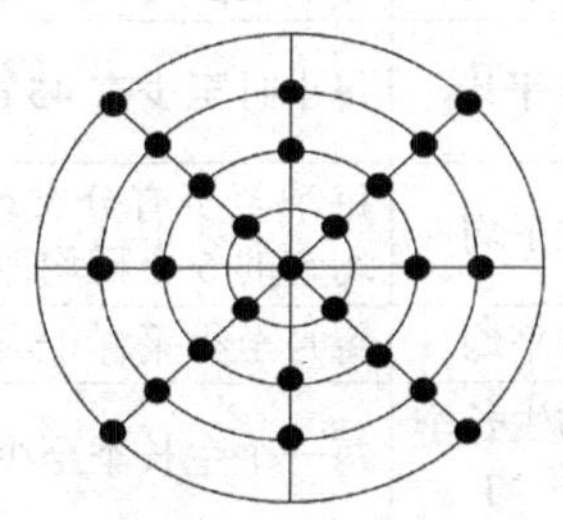

同心圆布点法

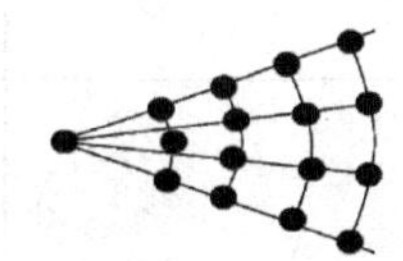

扇形布点法

图 13-2　高烟囱排放污染物最大地面浓度

表 13-7　出现位置与气象条件的关系

大气稳定度	最大浓度出现位置（相当于烟囱高度的倍数）
不稳定	5 ～ 10
中性	20 左右
稳定	40 以上

6．采样时间

表 13-8　国家环保局颁布的城镇空气质量采样频率和时间

监测项目	采样时间和频率
二氧化硫	隔日采样，每天连续采样 24h±0.5 h，每月 14 ～ 16 d，每年 12 个月
二氧化氮（或氮氧化物）	同二氧化硫
总悬浮颗粒物	隔双日采样，每天连续采样 24h±0.5 h，每月 5 ～ 6 d，每年 12 个月
灰尘自然沉降量	每月采样 30±2 d，每年 12 个月
硫酸盐化速率	每月采样 30±2 d，每年 12 个月

表 13-9　污染物监测数据统计有效性的规定

污染物	取值时间	数据有效性规定
SO_2、NO_x、NO_2	年平均	每年至少有分布均匀的 144 个日均值，每月至少有分布均匀的 12 个日均值
TSP、PM_{10}、Pb	年平均	每年至少有分布均匀的 60 个日均值，每月至少有分布均匀的 5 个日均值
SO_2、NO_x、NO_2、CO	日平均	每日至少有 18 h 的采样时间
TSP、PM_{10}、BaP、Pb	日平均	每日至少有 12 h 的采样时间
SO_2、NO_x、NO_2、CO、O_3	1h 平均	每小时至少有 45 min 的采样时间
Pb	季平均	每季至少有分布均匀的 15 个日均值，每月至少有分布均匀的 5 个日均值
F	月平均	每月至少采样 15 d 以上
	植物生长季平均	每一个生长季至少有 70% 个月平均值
	日平均	每日至少有 12 h 的采样时间
	1h 平均	每小时至少有 45 min 的采样时间

（五）飘尘颗粒物质的测定

1．重量法测定 PM_{10}

根据采样流量不同，分为大流量采样重量法和小流量采样重量法。

大流量法使用带有 10μm 以上颗粒物切割器（惯性切割器、重力切割器）的大流量采样器采样，由此采集到 PM_{10}。

首先使一定体积的大气通过采样器，将粒径大于 10μm 的颗粒物分离出去，小于 10μm 的颗粒物被收集在预先恒重的滤膜上，根据采样前后滤膜重量之差及采样体积，即可计算出飘尘的浓度。用该法还能进行有机物、金属离子和无机盐的分析。

注意：

①使用时，应定期清扫切割器内的颗粒物；

②采样时必须将采样头及入口各部件旋紧，以免空气从旁侧进入采样器造成测定误差。

小流量法使用小流量采样器，如我国推荐使用 13L/min。使一定体积的空气通过具有分离和捕集装置的采样器，首先将粒径大于 10μm 的颗粒物阻留在入口挡板内，飘尘则通过入口挡板被捕集在预先恒重的滤膜上，根据采样前后的滤膜重量之差及采样体积计算飘尘的浓度。

用此法还可作飘尘中有害物质成分的单项测定。

2．压电晶体振荡法测定 PM_{10}

这种方法以石英谐振器为测定飘尘的传感器，通过测量采样后两石英谐振器频率之差（Δf），即可得知飘尘浓度。当用标准飘尘浓度气样校准仪器后，即可在显示屏幕上直接显示被测气样的飘尘浓度。

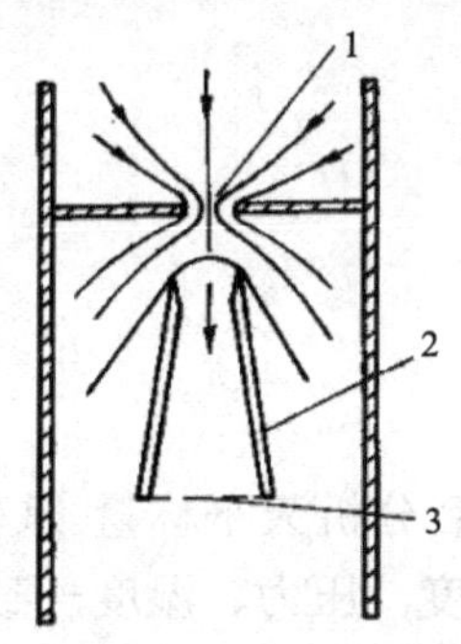

1. 空气喷孔；2. 收集器；3. 滤膜

向心式分尘器原理示意

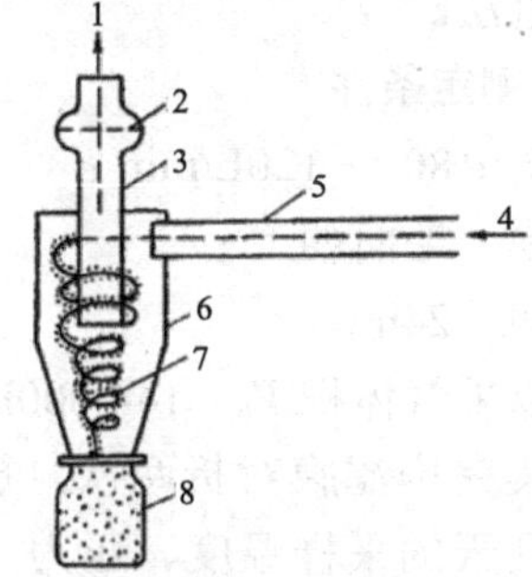

1. 空气出口；2. 滤膜；3. 气体排出管；4. 空气入口；5. 气体导管；6. 圆筒体；7. 旋转气流轨线；8. 大颗粒收集器

旋风分尘器原理示意

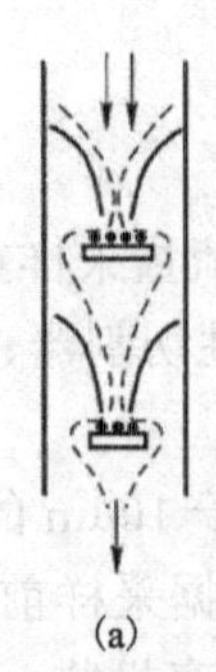

(a) 撞击捕集原理

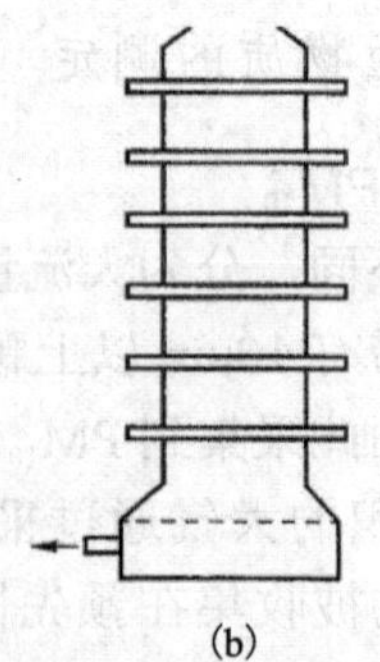

(b) 六级撞击式采样器

撞击式分尘器示意

图 13-3 颗粒物切割器的分尘原理

3. β 射线吸收法测定 PM_{10}

该测量方法的原理：将 β 射线通过特定物质后，其强度衰减程度与所透过的物质质量有关，而与物质的物理性质、化学性质无关。通过测清洁滤带（未采尘）和采尘滤带（已采尘）对 β 射线吸收程度的差异来测定采尘量。

（六）TSP 的测定

1. 测定原理

将一定体积的空气，通过特殊的滤膜进行过滤，TSP 就被特制的滤膜阻留下来，在规定的条件下，称量采样前后的滤膜质量，就可以得到 TSP 的质量，再除以采样体积，就能够得到大气中 TSP 的浓度。

2. 测定方法

称重法。

3. 测定条件

流量：80 ～ 120L/min；

滤膜：毛面朝上；

时间：24h；

所以采气体积 V_0：144 000L，即 144m^3。

采集完毕滤膜对折两次，放干燥器中，24h 平衡后分析天平称量。（特别地，若连续几天的采样温度、压力、湿度等与称量时的温度、压力、湿度一致时，则可以直接称量，而不必干燥平衡。）

计算公式：$C = m/V =（m - m_0）\times 10^6/V$

式中，C——TSP 浓度，mg/m^3；

m——样品 + 滤膜的质量，g；

m_0——空白滤膜的质量，g；

（m、m_0 都放到第二天称量，称量 m_0 时要同时称量 5 ～ 10 片空白滤膜，求出单张滤膜的平均质量。）

V_0——标准状态下的采气体积，L，本仪器已经折算好，即：

$$V_0=Q\text{（L/min）}\times t\text{（min）（L）}$$

二、技能准备

1. 滤膜采样夹的安装

毛面朝上，夹紧。

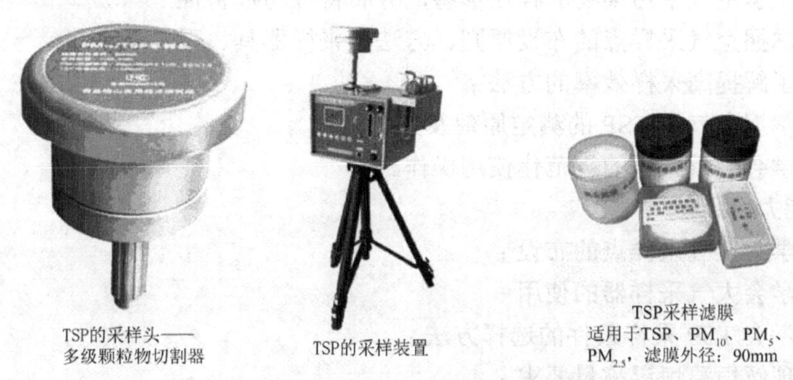

TSP的采样头——多级颗粒物切割器　TSP的采样装置　TSP采样滤膜 适用于TSP、PM_{10}、PM_5、$PM_{2.5}$，滤膜外径：90mm

图 13-4　大气颗粒物采样装置

2. 采样点的设定

同大气采样点的设定。

3. 采样条件的设定

正规要求：以 80 ～ 120L/min 流量，采样 24h，得到 144m³ 的大气样品。本次限于课堂时间，设定以 100L/min 流量，采样 60min，最终得到 6m³ 的大气样品。

4. 大气采样器的操作

按照仪器操作说明书操作。

5. 滤膜的取出

采完后毛面往里对折，不让颗粒物抖搂出来。

6. 恒温恒湿平衡

可放在干燥器中平衡一昼夜，然后称量。

7. 滤膜称量

精确到小数点后 4 位，g。

8. 空白值的扣除

取 5 ～ 10 张空白滤膜，也放在干燥器中干燥一昼夜称量，计算平均值。

9．数据处理与评价

浓度计算 $C=(m_{样}-m_{空白平均})/V_{标准状态}$ mg/m^3（标准状态）

三、方案设计

项目13　大气中总悬浮颗粒物的测定

（恒温恒湿称重法）

（一）教学目标

1．知识目标

（1）了解空气中污染物的存在形态，分布特征与危害性；

（2）掌握空气采样点的布设原则、方法，采样器具、采样量；

（3）了解提高采样效率的方法；

（4）掌握空气中 TSP 的测定原理及方法；

（5）学会分析天平的规范化使用操作。

2．能力目标

（1）学会空气采样点的布设；

（2）学会大气采样器的使用；

（3）学会 TSP 采样条件的选择方法；

（4）理解恒温恒湿称量要求；

（5）学会实训方案的确定；

（6）学会分析结果的数据处理与表示。

3．素质目标

（1）培养学生测定空气中 TSP 的相关知识，增强岗位认识；

（2）大气采样器、分析天平的实践操作能力；

（3）培养实事求是的工作作风，精益求精的工作精神；

（4）培养良好的职业情操。

（二）工作任务与相关知识

项目13　大气中总悬浮颗粒物的测定

（恒温恒湿称重法）

参考学时	5
学习目标	了解空气中污染物的存在形态，分布特征与危害性；理解空气采样点的布设原则、方法，采样器具、采样量；了解提高采样效率的方法；学会大气采样点的布设；学会大气采样器的使用；学会 TSP 空气样品的采集方法；理解 TSP 的测定原理及方法；理解 TSP 空白及样品的测定称量要求；学会采样滤膜的安装与取出方法；学会样品的称量方法；学会分析结果的数据处理与表示

参考学时	5
工作任务	大气中总悬浮颗粒物（TSP）的测定（称重法）实训方案设计；采样点的布设；大气总悬浮颗粒物采样条件的选择与设置；采样滤膜的安装与取出；样品的恒温恒湿称量方法；测定结果的计算与表示
相关知识	大气中总悬浮颗粒物（TSP）的测定（称重法）实训方案设计；TSP 采样时采样点的布设要求与方法；大气总悬浮颗粒物采样条件的选择与设置；采样滤膜的安装与取出；样品的恒温恒湿称量方法；测定结果的计算与表示；环境质量评价
拓展知识	大气中其他气态污染物的测定方法及原理；大气中粒子态污染物的测定方法与原理；烟道气体的测定方法

（三）测定仪器

KB-6B6120 大气采样器，专用 TSP 采样分割器，专用 TSP 采样滤膜。

1．滤膜安装

用镊子小心取下滤膜，平放到采样夹上，拧紧螺丝。

2．采样点设定

符合要求的地方。尤其是周围没有高大建筑物，满足水平仰度角 30° 以下；避开局部污染源；采用口距离基础地面 1.5m 的高度。

3．采样器使用操作

按照仪器说明书进行操作。

4．采样

（1）采样条件的设定。

流量：100L/min；

采样时间：1h，得到 $6m^3$ 的大气样品。

（2）采集完后，用镊子小心取下滤膜，向内对折后，放入干燥器中干燥 24h 后称量。

（3）与此同时，将 5 ～ 10 张空白滤膜，用白纸夹住，携带到采样现场，在确保没有灰尘沾污的情况下，也和采样滤膜一样，同时平衡 3h。

（4）采样完毕采样滤膜及空白滤膜一同带回实验室，放入干燥器中干燥 24h。

（5）记下采样时的温度、湿度、大气压力等数据。

5．滤膜称量

平衡 24h 后，取出采样滤膜和空白滤膜，分别放到分析天平上称量质量，计算出空白滤膜的平均质量。

6．空白值的扣除

7．数据处理与评价

浓度计算：TSP，mg/m^3（标）

$$C=（m_{样}-m_{空白平均}）/V_0（标准状态）$$

四、方案实施

本方案的实施主要环节有：

（1）滤膜采样夹的安装。

（2）采样点与采样条件的设定。

（3）现场情况描述。

（4）滤膜采样滤膜的收取。

（5）恒温恒湿平衡与滤膜称量。

（6）数据处理与评价。

五、过程评价

（一）学生评价

（二）教师评价

附 13-1　KB-6120 型综合大气采样器的使用操作（采集 TSP）

1．用镊子将 TSP 采样专用滤膜，按照仪器要求安装在 TSP 切割器中，拧紧螺丝，接上电源线；

2．按下电源开关（背面左下方），预热 10min 左右；

3．设定测定条件：长按“暂停 / 取消”3s，“A 采样”和“b 采样”的灯同时熄灭，此时可以改变当前时间、采样时间、间隔时间、采样流量等参数值；

4．将红点移动到“延迟时间”，同时按下“查询位选”和“△+”，显示“A”，为大流量的 TSP 采样；同时按下“查询位选”和“△−”，显示“b”，为小流量的吸收管采样。

设置采样条件的过程中，按“查询位选”键，可以改变相应的数值，按下“查询位选”，可以改变光标的位置。每项设定完毕，都必须按下“设置”键保存，然后才能进行下一项设置。一般只需要设置“采样时间”、“间隔时间”、“采样次数”与“采样流量”即可。

5．条件设定完毕，按下“启动”键，仪器即自动开始采样，至设定时间到达后，仪器又自动停止采样。

6．此仪器的流量乘以设定的采样时间，即为标准状态下的采样体积，因此，采样体积不必经气态方程换算。

项目14 土壤中重金属含量的测定

——土壤样品的采集和制备

一、知识准备

（一）土壤污染源与土壤污染

土壤是组成地壳的岩石经过大自然长期风化形成的产物，是环境的重要组成部分，是人类生存的基础和重要的活动场所。人类活动所产生的污染物质，通过各种途径进入土壤，当其数量超过了土壤的环境容量，导致土壤的组成、性质、性状、功能等发生变化，产生一系列的危害现象，这就是土壤污染。

这些危害症状有：酸化板结、重金属超标、农药超标，土壤沙漠化、农作物不能正常生长，产量降低，农作物质量下降等。

土壤污染源分为两种，即天然污染源和人为污染源。

天然污染源也称自然污染源，是由自然矿床中某些元素和化合物的富集，超出了一般土壤含量时，造成的地区性土壤污染；某些气象因素也能造成土壤淹没、冲刷流失、风化腐蚀等；地震能够造成土地沉降、冒沙；火山爆发时，会产生火山熔岩、火山灰以及热污染。

我们一般研究的土壤污染，是人为污染造成的，是由工业废水灌溉和固体废弃物、化肥、农药、牲畜排泄物的排放，以及大气沉降物、核试验、大气中的颗粒物等形成的，是土壤污染的主要来源。大致成分可以分为有机污染物、重金属、放射性元素以及病原微生物等。

土壤的有机污染物主要是化学农药，包括有机磷、有机氯、氨基甲酸酯类、苯氧羧酸类、苯酰胺类等；还包括石油、多环芳烃、多氯联苯、甲烷、有害微生物等。

土壤重金属有 Hg、Cd、Cu、Zn、Cr、Pb、As、Ni、Co、Se 等。重金属不能被微生物分解与降解，而且能够形成生物富集，因而几乎可以长期地保持在土壤中，一旦 pH 合适，便形成了活性的金属离子而产生危害。

土壤中的放射性元素主要来源于大气层核试验的沉降物、原子能利用中排出的各种废气、污水和废渣。其成分主要有 Zr、Cs、U 等。

土壤中的病原微生物有各种病原菌和病毒，如肠道细菌、寄生虫、霍乱病毒、破伤风杆菌、结核杆菌等，主要来源于人畜粪便及用于灌溉的污水，特别是医院污水。

土壤污染一般具有污染比较隐蔽、一旦污染很难修复、后果难以预测、判定污染程度比较复杂等特点。

（二）土壤的组成

土壤的组成大致分为四个部分，即土壤矿物质、土壤有机质、土壤空气，以及土壤水。

土壤矿物质占土壤固体组成的 90% 以上，土壤有机质占土壤固体总质量的 1% ～ 10%，可耕性土壤中，约占 5%，且绝大部分在土壤表层。通常说的土壤液相，是指土壤水分及水中不溶物。土壤中有无数个小孔充满着空气，即土壤气相，所以说，土壤具有疏松的结构。

从土壤的化学组成上看，土壤中含有的常量元素，包括 C、H、Si、N、S、P、K、Al、Fe、Ca、Mg 等；含有的微量元素为 B、Cl、Cu、Mn、Mo、Na、Zn 等。

（三）污染土壤采样点的布设

（1）对角线布点法：适用于面积小、地势平坦、受污水灌溉的田块。

（2）梅花形布点法：适用于面积小、地势平坦、土壤污染比较均匀的田块。

（3）棋盘式布点法：适用于中等面积、地势平坦、地形开阔，但土壤污染较不均匀田块。

（4）蛇形布点法：面积较大、地势不太平坦、土壤不均匀的田块。

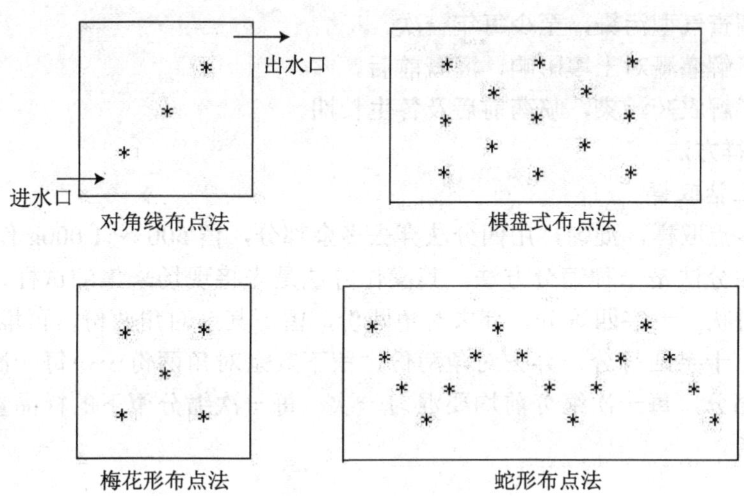

图 14-1　土壤采样点布设示意

（四）土壤样品的采集

1．采样器具

一般离不了锹、管、铁锹、铲等。对于较硬的土壤，经常选择管式取土器采样，以提高采样工效。

此外，为了布点的合理性，经常要带上丈量的布尺以及装样的袋子，与其他用品采集不同的是，必须要准备袋子内外各一的两套标签，还有就是临时性堆土的塑料盘或磁盘。

2．采样深度

（1）一般了解土壤污染状况，0 ～ 15cm 或 0 ～ 20cm 表土（耕层土）；

（2）了解土壤污染程度，按土壤剖面层分层取样。

分析目的不同，采集土样的部位有差别。

最常见的是耕作层多点混合样和剖面柱状混合样的采集。

耕作层多点混合样的采集是为了分析植物生长期内土壤耕层中养分的动态变化和供求状况，从而取 0 ～ 20cm 的样品，设置 5 ～ 20 个点，用 S 形或梅花形在肥力均一的同类地点取样。剖面柱状混合样多是为了研究土壤剖面特征，可以通过测定剖面各层的理化性质，作为土壤分类的依据，也可以作为果树等深根系作物施肥的参考依据。

3．采样时间

（1）了解土壤污染状况，随时采集。

（2）土壤对植物生长的影响，不同生长期及收获期采集土样和植物。

（3）调查气型污染，至少每年一次。

（4）了解灌溉对土壤影响，灌溉前后。

（5）了解农药污染，喷药前后及各生长期。

4．采样方法

（1）土钻取样

土钻多点取样，混匀，用四分法弃去多余部分，留 500 ～ 1 000g 作分析用。

所谓四分法是一种缩分方法。其操作方法是先将现场采集的试样，堆成圆锥形，压成饼状，十字四等分，弃去对角两份，留下其余对角两份，再堆成圆锥形，压成饼状，十字四等分，弃去对角两份，留下其余对角两份……每一次完整操作称作一次缩分，每一次缩分前均要混匀一次，每一次缩分留下的样品量，大约是原来的一半。

图 14-2　四分法缩分示意

本次采样即选择现场缩分的方法，在规定的田块里采样，根据地形地貌，选择合适的布点方法。采样点确定后，采用管式土壤采样器，采集土壤样品，每个点采集的量不少于 1kg 干样。

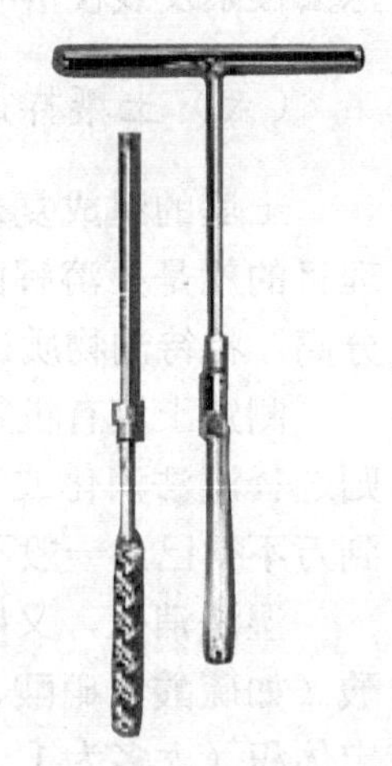

图 14-3　土壤采样器

（2）挖坑取样

①耕层混合样：选取肥力均一的地块（可大可小），按 S 形布点，每点先用锹挖 20cm，弃去，然后沿坑纵向取一薄层，多点混合到一起；

②剖面样：需先挖剖面，规格为 1m×1m×1.5m，观察剖面形态要素后，根据剖面层次，每层从上到下削出一个土样，然后全部取下装入袋中。

有时，同时在剖面上用环刀取原状土样，每层 3 ～ 4 点重复，带回实验室测定其容重、田间持水量及饱和含水量，计算孔隙度，评价其肥力性能。

剖面样经常用于了解土壤污染随高度的垂直分布。

上述两种样品采集后，必须同时写两个标签，装样袋内外各一个标签，注明地点、层次厚度、天气、时间、采集人等。

5. 取样量

一般每个采样点取土 1kg（干松的土样），现场多点混合后采用四分法缩分，最后留取 1kg，装入布袋，贴上标签（内外各一），带回实验室处理。

6. 采样注意事项

（1）采样点不能选在沟边、田边、路边或肥堆边。

（2）现场缩分后装入布袋或塑料袋时，一定要贴上两只标签，并记录采样地点、深度、日期、采集人等。

（3）采集水分含量高的湿土样时，可以酌情多取一些土样，也在现场缩分后，装入塑料袋中，带回实验室尽快分析。

（五）土壤样品的制备

（1）风干：阴凉通风处，经常翻动，剔除异物，轻轻拍碎。

（2）磨碎：先过筛 20 目的尼龙筛。

（3）过筛：再经过多次磨碎，直至全部通过 100 目的尼龙筛。

样品采集后，摊开于一塑料纸（盘）上，或堆置于木板、塑料磁盘、报纸上，拣去根系及残枝落叶，避免暴晒，干燥后再次进行四分法缩分。

（六）土壤样品的预处理

土壤的组成复杂，分析重金属时难免存在许多干扰。所以，土壤样品的预处理目的就是要溶解固体物质，将待测重金属离子全部转入溶液，同时将干扰物质分离，将待测物质进行适当的富集，以满足仪器分析的灵敏度。

测定土壤有机物含量时，选择溶剂提取的方式进行处理，而测定金属离子时，则选择湿法消化或干法灰化。由于后者一般会伴随待测成分的挥发损失，因此不到万不得已，一般不用。

湿法消化，又叫湿法消解，或湿法氧化，是将突然样品与一种或两种以上的酸（如硫酸、硝酸、高氯酸、盐酸、磷酸等）共同加热，直至溶液体积缩小到一定体积（大多为 1 ～ 3mL），使有机物分解成二氧化碳和水除去。

为了加快氧化速度，有时还加入一些氧化剂，如高锰酸钾、过氧化氢、过硫酸钾、五氧化二钒等，有时还加入一些催化剂，以加快化学反应的速度。

常见的消解方法有王水（硝酸—盐酸）消解、硝酸—硫酸消化、硝酸—高氯酸消化、硫酸—磷酸消化、硫酸—高锰酸钾消化等。

（七）土壤重金属的测定方法

当待测重金属元素的含量比较高时，可以选择采用滴定分析技术，当待测重金属元素的含量比较低时，一般选择可见光分光光度法（即比色法）、火焰原子吸收分光光度法、石墨炉原子吸收分光光度法、原子荧光法、离子选择性电极分析法、库仑滴定法、极谱分析法等进行分析测定。

二、技能准备

1. 采样器具的准备

采样器具一般使用管式取土器，还有剔土的不锈钢钢筋条。一般要在实验室洗涤干净，晾干后带到采样现场。

2. 采样

根据田块面积、土壤污染是否均匀，选择合适的布点方法，然后进行采集土壤样品。各点取土1kg，于现场摊在塑料薄膜上，剔除异物，进行缩分操作。留下1kg样品，装入塑料袋或布袋中，贴上标签，带回实验室处理。

3．制备土壤样品

将所采土壤样品，摊在塑料纸上，放置于阴凉通风处，避免阳光直射，小心研碎，不时翻动，至土样干燥发白。

然后研磨土样，首先过筛20目，再次进行多次研磨，直至全部通过100目的尼龙筛，将土壤样品，装入广口瓶中，贴上标签，待测定。

三、方案设计

项目14　土壤中重金属含量的测定
——土壤样品的采集和制备

（一）实施目标

1．知识目标

（1）了解土壤的组成、性状、本底值；
（2）了解土壤污染物的来源、土壤污染；
（3）理解土壤采样点的布设方法；
（4）理解采样时间、采用深度、采样方法的确定；
（5）了解土壤制备的目的、方法；
（6）了解土壤样品的采集工具；
（7）了解土壤样品的制备工具；
（8）了解土壤样品的预处理方法；
（9）学会土壤样品的采集和制备的实验设计。

2．能力目标

（1）学会采样点的布设方法；
（2）能够使用采集工具采集符合要求的土壤样品；
（3）能够使用制备工具制备土壤样品；
（4）会填写土壤采集登记表；
（5）会填写土壤样品送检表。

3．素质目标

（1）培养理论联系实际的实践操作能力；
（2）培养学生实事求是的工作作风和精益求精的工作精神；
（3）培养学生良好的职业情操。

（二）工作任务与相关知识

项目 14　土壤中重金属含量的测定

——土壤样品的采集和制备

参考学时	5
学习目标	了解土壤的组成、性状、本底值；了解土壤污染物的来源、土壤污染；理解土壤采样点的布设方法；理解采用时间、采用深度、采样方法的确定；了解土壤制备的目的、方法；了解土壤样品的采集工具；了解土壤样品的制备工具；了解土壤样品的预处理方法；学会土壤样品的采集和制备的实验设计。学会采样点的布设方法；能够使用采集工具采集符合要求的土壤样品；能够使用制备工具制备土壤样品；会填写土壤采集登记表；会填写土壤样品送检表
工作任务	重金属测定土壤样品的采集和制备实训方案设计；采样点的布设；采样工具和采样量的确定；采样方法选择；样品的现场缩分；样品中杂质的剔除；样品的运输和保存；样品的风干；样品的磨碎；样品的过筛；样品的装瓶；标签的书写
相关知识	重金属测定土壤样品的采集和制备实训方案设计；采样点的布设；采样工具；采样量；采样方法；缩分；杂质剔除；样品的运输和保存；样品的风干、磨碎、过筛；样品的装瓶；标签的书写
拓展知识	土壤中其他污染物的测定；土壤样品的预处理；土壤样品各种污染物的测定方法

（三）基础资料收集与采样点设置

详细了解一下采样地点的污染历史、污染情形、污染源分布、人口密度与分布、农作物生长态势、大气环境质量及其主要大气污染源、农药施放历史情形、地方病发生史等。

污染土壤采样点的设置，主要有下列几种方法：

（1）对角线布点法：适用于面积小、地势平坦、受污水灌溉的田块。

（2）梅花形布点法：适用于面积小、地势平坦、土壤污染比较均匀的田块。

（3）棋盘式布点法：适用于中等面积、地势平坦、地形开阔，但土壤污染较不均匀田块。

（4）蛇形布点法：面积较大、地势不太平坦、土壤不均匀的田块。

（四）样品采集

1．采样器具

锹、管、铁锹、铲等。

丈量的布尺，装样的袋子，标签，塑料纸（盘或磁盘）。

2．采样深度

一般了解土壤污染状况，0 ～ 15cm 或 0 ～ 20cm 表土（耕层土）。

了解土壤污染程度，按土壤剖面层分层取样。

3．采样时间

了解土壤污染状况，随时采集。

土壤对植物生长的影响，不同生长期及收获期采集土样和植物。

调查气型污染，至少每年一次。

了解灌溉对土壤影响，灌溉前后。

了解农药污染，喷药前后及各生长期。

4．采样方法

（1）采样筒取样。

（2）土钻取样。

（3）挖坑取样。

5．取样量

一般每个采样点取土 1kg（干松的土样），现场多点混合后采用四分法缩分，最后留取 1kg，装入布袋，贴上标签（内外各一），带回实验室处理。

6．采样注意事项

（1）采样点不能选在沟边、田边、路边或肥堆边。

（2）现场缩分后装入布袋或塑料袋时，一定要贴上两只标签，并记录采样地点、深度、日期、采集人等。

（3）采集水分含量高的湿土样时，可以酌情多取一些土样，也在现场缩分后，装入塑料袋中，带回实验室尽快分析。

（五）样品制备

（1）风干：阴凉通风处，经常翻动，剔除异物，轻轻拍碎。

（2）磨碎：先过筛 20 目的尼龙筛。

（3）过筛：再经过多次磨碎，直至全部通过 100 目的尼龙筛。

四、方案实施

（1）在规定的采样田块里，根据地形地貌，选择合适的布点方法。

（2）采样点确定后，采样管式采样器，采集土壤样品，每个点采集的不少于 1kg。

（3）样品采集后堆置于一平地上，或堆置于木板、塑料纸、报纸上，进行四分法缩分。

（4）缩分剩留 1kg 左右的样品，带回实验室，放置于塑料纸或相对干净的报纸上风干。

（5）将风干的样品装于广口试剂瓶中。

五、过程评价

（一）学生评价

（二）教师评价

蔬菜样品中农药残留量的测定

（仪器仿真——气相色谱法）

一、知识准备

（一）蔬菜样品中农药残留的来源和危害

蔬菜是人们餐桌上不可缺少的部分，但是，农药残留量的多少，是人们关注的重点。由于农药的大量的非正常使用，导致蔬菜中往往呈现出超标的农药残留，对人们的身体健康造成许多威胁。

蔬菜中农药的来源主要是通过表面吸附与吸收形成农药污染的。表面吸附如：喷洒到蔬菜上的粉剂、水剂以及施入土壤的毒土等，会降落到蔬菜叶片上，并最终被叶片吸附，并逐渐被叶片吸收。而吸收体现在人为施放的各种农药，可经过蔬菜各器官吸收而进入蔬菜体内，如喷施农药被蔬菜叶面吸收，进入土壤及土壤水中的农药会被蔬菜的根系吸收等。

图 15-1　蔬菜中农药残留污染的来源

根据农药致死中量（LD50）的多少可将农药的毒性分为剧毒、高毒、中毒、低毒、微毒几个档次。

（1）剧毒农药。致死中量为 1 ～ 50mg/kg 体重。如久效磷、磷胺、甲胺磷、苏化 203、3911 等；

（2）高毒农药。致死中量为 51 ～ 100 mg/kg 体重。如呋喃丹、氟乙酰胺、氰化物、401、磷化锌、磷化铝、砒霜等；

（3）中毒农药。致死中量为 101 ～ 500mg/kg 体重。如乐果、叶蝉散、速灭威、敌克松、402、菊酯类农药等；

（4）低毒农药。致死中量为 501 ～ 5 000 mg/kg 体重。如敌百虫、杀虫双、马拉硫磷、辛硫磷、乙酰甲胺磷、二甲四氯、丁草胺、草甘膦、托布津、氟乐灵、苯达松、阿特拉津等；

（5）微毒农药。致死中量为 5 000mg/kg 体重以上。如多菌灵、百菌清、乙膦铝、代森锌、灭菌丹、西玛津等。

因此，在购买农药防治花卉的病、虫、鼠、草害时，一定要事先了解所购农药毒性的大小，按照农药使用说明书的要求使用。

（二）污染物在植物体内分布、迁移规律

污染物在植物体内分布具有一定的选择性。脂溶性或内吸传导性农药，可渗入叶面蜡质层或组织内部，被吸收、疏导而分布到植株的汁液中。这些农药在外界条件和体内酶的作用下，逐渐降解、消失，但性质稳定的农药直至蔬菜收获时，仍会有一定的残留，这就使得上桌入口的蔬菜存在一定的危害性的风险。实验证明，植物体内的农药残留量的下降速度，与残留时间呈现指数关系。

实验结果表明，土壤或水体中的污染物，主要通过植物的根系吸收进入植物体内，其吸收量与污染物的浓度、土壤类型、植物种类、气候条件、地下水位的高低等元素有很大关系。污染物浓度高的，吸收得就多，砂质壤土中的吸收效率要大于其他类型土壤中的吸收效率，块根类植物比茎叶类植物的吸收效率要高，水生作物比陆生作物的吸收效率要高。

污染物进入植物体内，在植物各部位的分布和积累情况，与吸收途径、植物品种、污染物的性质及其作用时间等元素有关。

实验研究结果表明，污染物在植物体内的分布一般规律为：根＞茎＞叶＞穗＞壳＞种子，当然，普遍规律的情况下也存在着不符合上述情况的现象，如萝卜中的含镉量是茎＞叶＞根；莴苣中是根＞叶＞茎。

从空气中吸收的污染物质，一般都是叶部的残留量最大。表 15-1 列出了某个氟污染区域部分蔬菜不同部位中的含氟量。

品种	叶片	根	茎	果实
番茄	149	32.0	19.5	2.5
茄子	107	31.0	9.0	3.8
黄瓜	110	50.0	—	3.6
菠菜	57.0	18.7	7.3	—

表 15-1　某氟污染区域部分蔬菜不同部位中的含氟量　单位：μg/g

资料来源：奚旦立，孙裕生．环境监测．第四版．325 页。

植物体内污染物的残留情况与污染物性质及残留部位有关。

表 15-2　不同农药在水果中的残留情况　单位：μg/g

农药	品种	果皮中残留比例 /%	果肉中残留比例 /%	农药	品种	果皮中残留比例 /%	果肉中残留比例 /%
p,p'-DDT	苹果	97	3	异狄氏剂	柿子	96	4
西维因	苹果	22	78	杀螟松	葡萄	98	2
敌菌丹	苹果	97	3	乐果	橘子	85	15
倍硫磷	桃	70	30				

资料来源：奚旦立，孙裕生．环境监测．第四版．325 页。

除了西维因在果肉中占比比较高外，其他农药都是大部分残留在果皮中，果肉中的份额都很小。

（三）采样点的布设

蔬菜样品采集时，需要注意样品的代表性、典型性与适时性。

代表性指采集的少量采样点采集的少量样品，要能够代表一定区域范围的总体情况特征。所以，采样点的数目、位置要合适，不能选在田埂、水沟、肥堆边，要远离局部污染源。

典型性指的是采样部位要与监测目的吻合，且不能将各部位的样品随意自由混合，采样量要适宜。

适时性指的是采样时间要与蔬菜的采集周期与生长期联系起来，选在蔬菜的收获期采集，是最适宜的采样时间。但是，选择肥料施放前、后与农药施放前、后适时安排采样，可以考察施肥与施药对蔬菜残留影响的情形。

具体布设采样点时，可以借鉴土壤样点的布设方法进行设点。实际工作中主要采用以下两种布点法：

1. 梅花形布点法

当采样田块比较小，且接近于正方形时可以考虑选择该法。方法是将田块划出两个对角线，在其交点及各等分点上可以设点采样。该法的采样点数在 5 ～ 10

点为宜。

2．棋盘形布点法

当采样田块的面积比较大，长与宽的比例在 3 ：2 以上时可以考虑采取这种方法设点采样。该法的采样点数通常在 10 点以上。

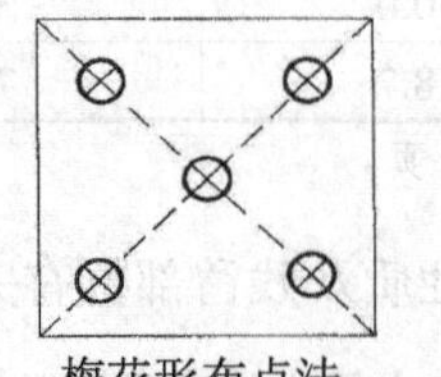

梅花形布点法

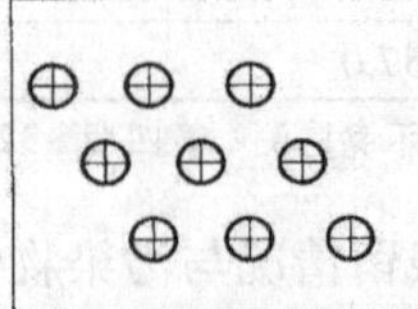

交叉间隔布点法

图 15-2　植物样品采样点的布设

在农作物样品及蔬菜样品的采集中，经常还可以参照土壤样品采集的布点方法进行布点，而且植物样品采集往往和土壤样品采集同时进行，以考察土壤污染与植物污染的相关性程度。

蔬菜样品也可以到居民区菜市场采集，采集时采取抽样的方式进行。

图 15-3　分析人员在菜市场抽取蔬菜样品

（四）气相色谱分离原理与测定方法

目前测定蔬菜农药残留量选择的分析方法，大多是气液色谱分离分析的方法。对于菊酯类农药，一般选择 ECD 进行检测；对于有机磷农药，一般选择 FPD 进行检测；对于有机氮类的农药，则可以选择 NPD 进行检测。

气液色谱的分离原理是：气液色谱中的固定相，是在化学惰性的固体微粒（此固体是用来支持固定液的，称为担体）表面，涂上一层高沸点有机化合物的液膜。这种高沸点有机化合物称为固定液。在气—液色谱柱内，被测物质中各组分的分离是基于各组分在固定液中溶解度的不同。当载气携带被测物质进入色谱柱和固定液接触时，气相中的被测组分就溶解到固定液中去。载气连续进入色谱柱，溶解在固定液中的被测组分就会从固定液中挥发到气相中去。随着载气的流动，挥发到气相中的被测组分分子又会溶解在前面的固定液中。这样反复多次溶解、挥发、再溶解、再挥发，由于各组分在固定液中溶解能力不同，溶解度大的组分就较难挥发，停留在柱中的时间长些，往前移动得就慢些。而溶解度小的组分，往前移动得快些，停留在柱中的时间就短些。经过一定时间后，各组分就彼此分离而先后流出色谱柱。

分离了的组分在检测器的检测下，产生与含量相当的信号强度，仪器的记录仪便得到了色谱图。图中的色谱峰面积大小，与组分的含量成正比关系，由此实现定量分析。分析方法方面主要有外标法、外标标准曲线法、内标法和内标标准曲线法。尤其以外标法使用得较多，但要事先测出它们的相对校正因子。

（五）气相色谱仿真实验

（1）开机，打开电脑，点击“大型分析仪器仿真操作”软件。

（2）运行软件，启动培训单元。

（3）操作步骤：“开机”→“方法编辑”→“进样”→“数据采集”→“数据分析”。

（4）编辑方法中编辑相关参数：

①设置载气类型、进样口温度和分流比三个参数；

②设置载气平均速度参数；

③设置载气初始温度和柱箱升温过程。

（5）看进样动画及进样分析。

（6）进样，出图谱。

（7）观看操作过程中软件的自动评分。

二、技能准备

（一）样品的采集和制备

1．采样方法

在每个采样小区内的采样点上分别采集 5 ～ 10 处植株的适当部位（根、茎、叶、果实等），组成混合样；注意采集样品的量要能满足分析需要的量，一般经制备后，至少有 20 ～ 50g 的干重样品为宜。

新鲜样品可按照 80% ～ 90% 的含水量进行折算，得出新鲜样品的采样量。

2．样品的制备

（1）鲜样的制备：测定植物内容易挥发、转化或降解的污染物质、营养成分，以及多汁的瓜、果、蔬菜样品，应制备成新鲜样品。

样品洗净→晾干或拭干→捣碎机捣碎制浆→研磨

（2）干样的制备：风干、烘干→磨碎→过筛→保存

（二）蔬菜样品中农药的提取、分离和浓缩

（1）提取方法有：振荡浸取法、组织捣碎提取法、脂肪提取器提取、直接球磨提取法等。

（2）分离方法有：液 - 液萃取法、蒸馏法、层析法、磺化法和皂化法、汽提法和液上空间法、低温冷冻法等。

（3）浓缩方法有：蒸馏法或减压蒸馏法、K-D 浓缩器法、蒸发法等。

（三）层析分离

表 15-3　硅酸镁—乙醚—石油醚层析体系分离农药

吸附剂	淋洗溶液	能分离出来的农药
硅酸镁	6% 乙醚—石油醚	艾氏剂、六六六各种异构体、p,p'-DDT、p,p'-DDT、p,p'-DDD、p,p'-DDE、七氯、多氯联苯等
硅酸镁	15% 乙醚—石油醚	狄氏剂、异狄氏剂、地亚农、杀螟硫磷、对硫磷、苯硫磷等
硅酸镁	50% 乙醚—石油醚	强碱农药、马拉硫磷等

（四）分析结果表示方法

常以干重为基础表示（mg/kg，或 μg/g），但含水量高的蔬菜、水果等，以鲜重表示计算结果为好。

三、方案设计

项目 15　蔬菜样品中农药残留量的测定（仪器仿真——气相色谱法）

（一）教学目标

1．知识目标

（1）理解污染物在植物体内分布规律；

（2）理解污染物在植物体内的转移和积累；

（3）理解植物样品的采集原则；

（4）理解样品的制备；

（5）理解测定方法、测定仪器。

2．能力目标

（1）学会植物样品的采集方法；

(2）学会样品的制备方法；

(3）学会 Agilent-6890 气相色谱仿真实验操作；

(4）学会测定方案设计；

(5）学会分析结果的数据处理。

3．素质目标

(1）培养实践操作能力；

(2）培养实事求是的工作作风，精益求精的工作精神；

(3）培养良好的职业情操。

（二）工作任务与相关知识

项目 15　蔬菜样品中农药残留量的测定

（仪器仿真——气相色谱法）

参考学时	5
学习目标	理解污染物在植物体内分布规律；理解污染物在植物体内的转移和积累；理解植物样品的采集原则；理解样品的制备；理解测定方法、测定仪器。学会植物样品的采集方法；学会样品的制备方法；学会 Agilent-6890 气相色谱仿真实验操作；学会测定方案设计；学会分析结果的数据处理
工作任务	蔬菜样品中农药残留量的测定（仪器仿真气相色谱法）实训方案设计；采样点的布设；采样工具和采样量的确定；采样方法选择；样品的现场缩分；样品的运输和保存；装瓶与标签的书写；样品的切碎和浸提；提取液的预处理；仪器的开机预热；测定条件的选择；进样；分析操作；结果记录与数据的呈报；环境质量评价
相关知识	实训方案设计；采样点布设；采样工具；采样量；采样方法；缩分；样品的运输和保存；标签；切碎和浸提；提取液预处理；仪器开机预热；测定条件选择；进样；分析操作；结果记录与数据的呈报；环境质量评价
拓展知识	污染物在生物体内的分布规律；污染物在生物体内的降解；采样点的布设；采样方法；采样量；样品的运输和保存；匀浆；提取和分离；测定方法的选择；分析结果的表示

（三）实训目的

(1）了解重要的基本概念；

(2）理解气相色谱的分离原理；

(3）理解气相色谱检测原理；

(4）了解 Agilent-6890N 型气相色谱仪的结构；

(5）了解操作条件的选取方法；

(6）了解固定相的选择原则与方法；

(7）了解操作程序；

（8）认识 Agilent-6890N 型气相色谱仪的结构；

（9）会配制和稀释标准浓度的溶液；

（10）会根据分析对象选择适当的固定相；

（11）会选择合适的操作条件；

（12）会进行试样处理和分析；

（13）会进行数据处理和计算；

（14）会进行仪器仿真操作。

（四）分析原理

蔬菜样品中的甲氰菊酯用有机溶剂提取，经液液分配及层析净化除去干扰物质，用电子捕获检测器检测，根据色谱峰的保留时间定性，外标法定量。

（五）仪器与试剂

石油醚、苯、丙酮、乙酸乙酯、无水硫酸钠，弗罗里硅土；

气相色谱仪附电子捕获检测器（ECD）、电动振荡器、组织捣碎机、旋转蒸发仪、布氏漏斗抽滤瓶、分液漏斗和层析柱甲氰菊酯（5.0mg/L）标准溶液。

（六）操作步骤

1．采样

2．农药的提取

称取 20g 蔬菜试样，置于组织捣碎机杯中，加入 30mL 丙酮和 30mL 石油醚，于捣碎机上捣碎 2min，捣碎液经抽滤，滤液移入 250mL 分液漏斗中，加入 100mL 20g/L 的硫酸钠水溶液，充分摇匀，静置分层。

将下层溶液转移到另一 250 mL 分液漏斗中，用 20mL 石油醚萃取，合并三次萃取的石油醚层，经无水硫酸钠层，于旋转蒸发仪上浓缩至 10mL。

3．净化

首先是层析柱的制备：玻璃层析柱中先加入 1cm 的高无水硫酸钠，再加入 5g 5% 水脱活弗罗里硅土，最后加入 1cm 高无水硫酸钠，轻轻敲实，用 20mL 石油醚淋洗净化住，弃去淋洗液，柱面要留有少量液体。

准确吸取试样提取液 2mL，加入已淋洗过的净化柱中，用 100mL 石油醚和乙酸乙酯（95+5）洗脱，收集洗脱液与蒸馏瓶中，与旋转蒸发仪上浓缩近干，用少量石油醚多次溶解残渣于刻度离心管中，最终定容至 1.0mL，供气相色谱分析。

4．上机进行仪器仿真操作（安捷伦 6890 型气相色谱分析）

（1）开机，打开电脑，点击“大型分析仪器仿真操作”软件。

（2）运行软件，启动培训单元。

（3）操作步骤："开机"→"方法编辑"→"进样"→"数据采集"→"数据分析"。

（4）编辑方法中编辑相关参数：

①设置载气类型、进样口温度和分流比三个参数；

②设置载气平均速度参数；

③设置载气初始温度和柱箱升温过程。

（5）看进样动画及进样分析。

（6）出图谱。

（7）观看操作过程中软件的自动评分。

四、方案实施

本方案的实施步骤主要有：

（1）采样点的布设。

（2）蔬菜样品的采集。

（3）样品中农药的提取与净化。

（4）气相色谱仪仿真测定。

五、过程评价

（一）学生评价

出勤出力者，给基本分 30 分，占比 30%；教师打分比例占比 80%。

（二）教师评价

依据软件自动评分标准进行打分，出现 5 次以上（含 5 次）的叉（包括未完成操作出现的圆点）时，即可判定为不及格。

出现打叉次数	0	1	2	3	4	≥ 5
评分	100	90	80	70	60	50

若以等级表示，则：

分数	90 ~ 10	80 ~ 89	70 ~ 79	60 ~ 69	50 ~ 59	< 50
等级	优	良	中	及格	不及格	不合格

附 15-1　气相色谱仿真测定软件的操作使用

（安捷伦 6890 型气相色谱试验仿真操作手册）

1. 实验概述

气相色谱法的基本原理是利用混合物中各组分在流动相和固定相中具有不同的溶解和解析能力，或不同的吸附和脱附能力。当两相做相对运动时，样品各组分在两相中受上述各种作用力的反复作用，从而使混合物中的组分得到分离。色谱广泛用于物质的分离，分析、浓缩、回收、纯化和置备。

实验分为教学模式和考核模式两种情况，在教学模式下显示全部的帮助信息，在考核模式下则把帮助信息隐藏掉。

2. 实验装置

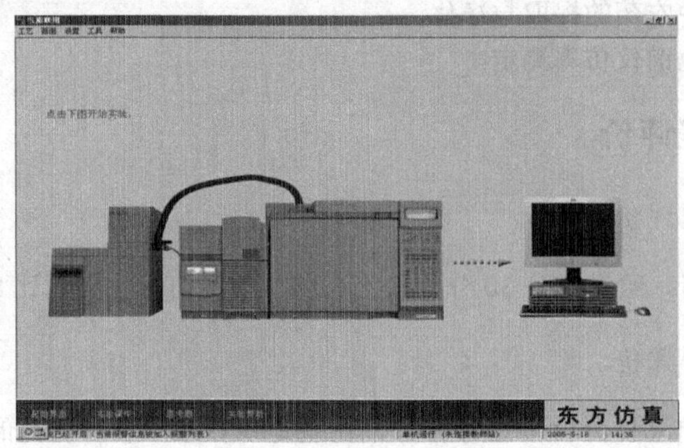

6890 气相色谱仪，第四代模块化十三路 EPC 控制，数字化设定所有气路参数，流量和压力精确稳定，压力精度 0.01 磅力 / 英寸 ^{2}①，保留时间和峰面积高度重复。

通过精确 EPC 气路控制，快速柱箱升温速率，超速 FID、NPD 和 ECD 响应，高速数据采集处理系统，可得到与原谱图分离度相同而速度可快 2 ～ 10 倍的结果。

柱箱温度稳定性：0.02%；载气流速稳定性：0.31%。

ECD 检测器检测限：6.31×10^{-15}g/mL。

FPD 检测限：3.40×10^{-13}g/s；基线漂移：满刻度的 3%/h。

① 1 磅力 / 英寸 $^{2}\approx$ 6.894 76 kPa

3. 实验操作

（1）启动 Ad500u.exe，在培训项目页选择要进行培训的项目，点击左上方的启动培训单元按钮。本实验是把不同的样品设成不同的培训项目。每个项目又分为“练习模式”和“考试模式”，在考试模式下，无任何提示信息；在练习模式下，有评分帮助和提示信息。如下图：

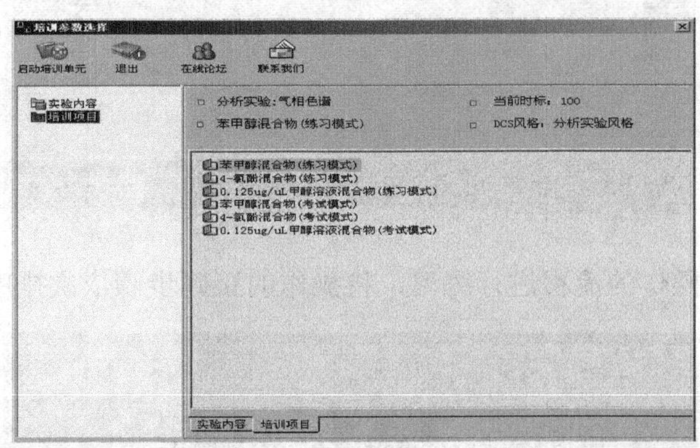

（2）进入初始界面。在单机版里，初始界面上有整套气相色谱设备的简要示意图，点击设备进入下一步操作。

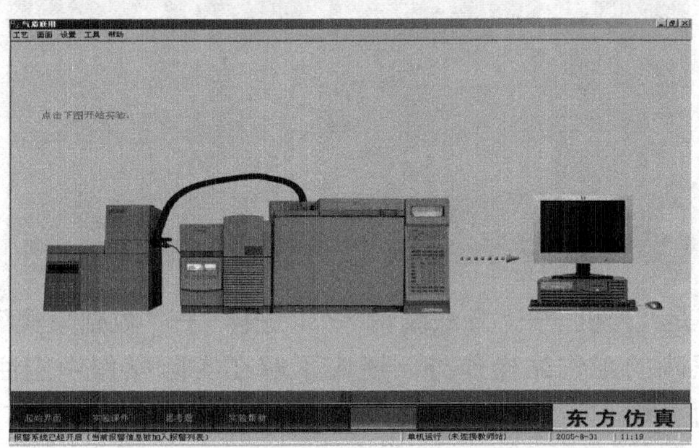

（3）首先进入一个实验原理分析的简图，此界面为实验的主界面，通过此界面，可进入到试验各个主要步骤里。点击实验前的准备，进行实验前的实验预习操作。

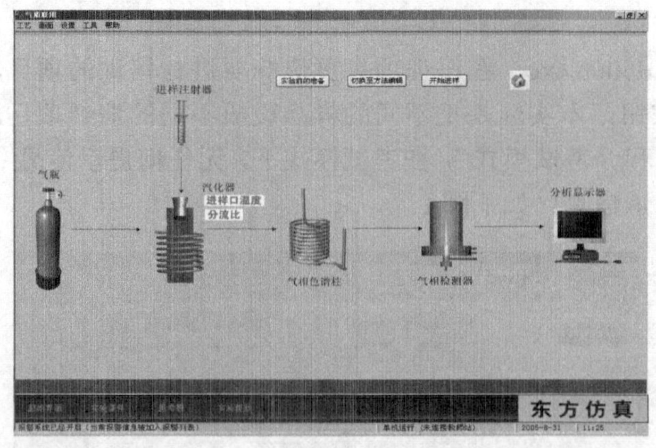

（4）实验对操作的流程进行练习，将操作的正确步骤依次排序后点击确认。

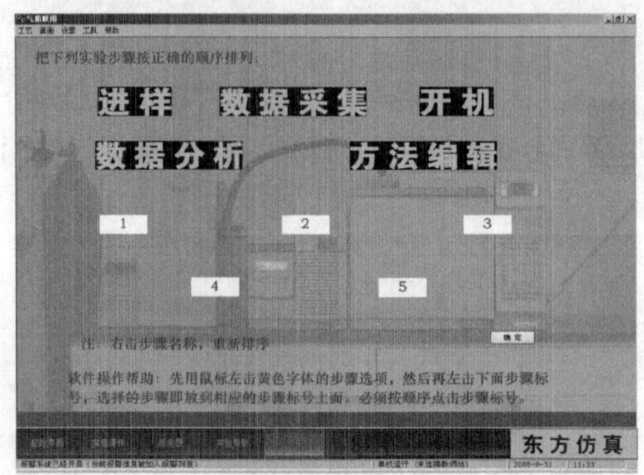

正确的顺序是“开机”—“方法编辑”—“进样”—“数据采集”—“数据分析”。

除了熟悉正确的工作站操作外，还应了解在实际操作中应注意的准备工作，如样品和试剂的选择，要掌握色谱试剂的选择，在不同的条件下选择不同档次的试剂，如“分析纯”“色谱纯”等，试剂的选用关系到实验的成败。

（5）进入开机步骤的介绍。让学生了解气相色谱的开机准备过程及相关化学站的使用，可以点击“Top view 窗口”和“Instrument Control 仪器控制窗口”进入两个分支介绍，也可点击右上角图标返回主界面。

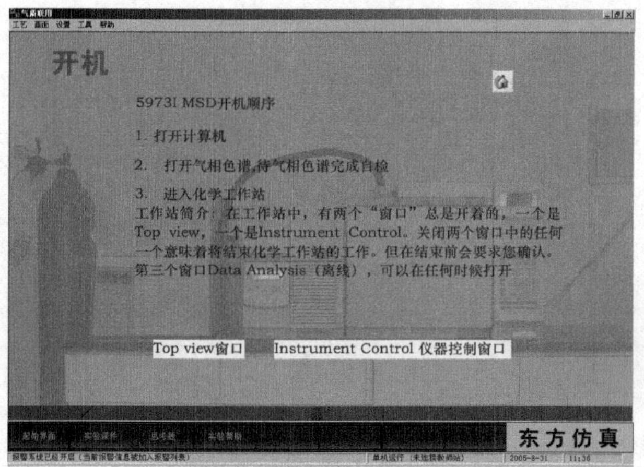

开机之前一般要检查气路的气密性，尤其是在使用易燃气体做载气的情况下，检查完气密性后先通气后开机，注意钢瓶输出压比柱前压要高 0.05MPa。

开机后要检查检测器及恒温室的稳定性，确保实验在可靠的环境下进行可以提高实验的再现性。

点击“Top view 窗口”按钮，进入 Top view 界面；点击“Instrument Control 仪器控制窗口”，进入仪器控制窗口。这里是对平台与其他分析联用时的接口算法，用于数据库的查找和检测，常用与气质联用时。

如下两副图。

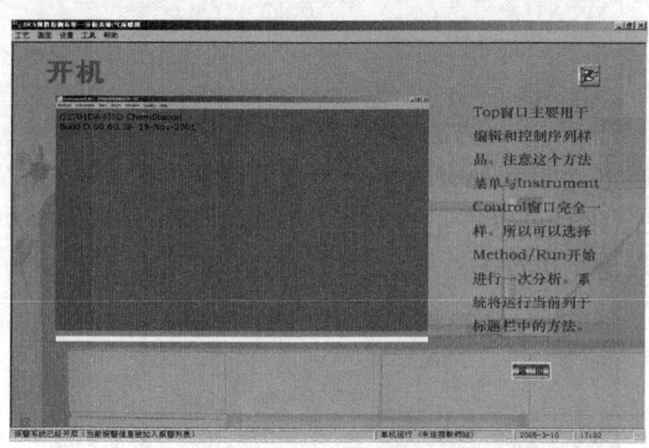

Top view

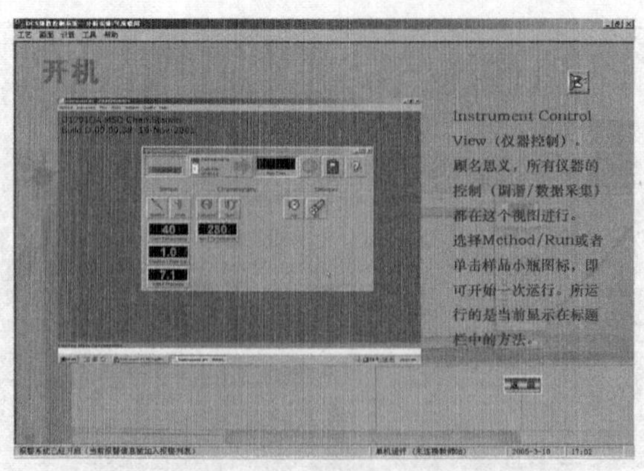

Instrument Control 仪器控制窗口

（6）点击上图的“返回”按钮，返回上级界面。点击右上角图标返回实验主界面。在此我们返回实验的主界面。

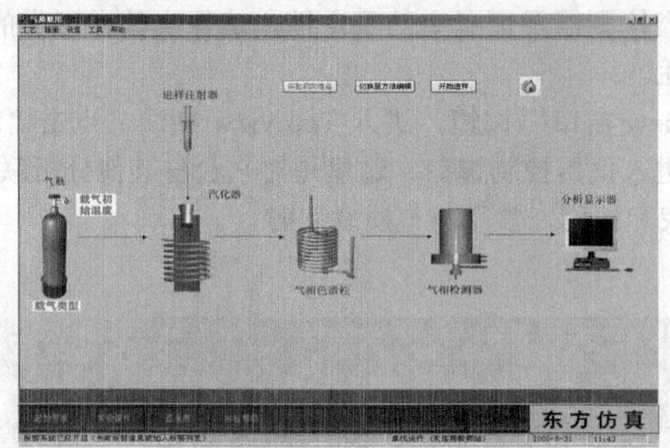

（7）主界面的各个设备如有与实验参数关联的情况，可以在鼠标移动到它的热区时显示出来，此时可以点击参数进入设置页面，设置参数以红色突出显示，输入数字后按回车键，再点击右上角图标回主界面。

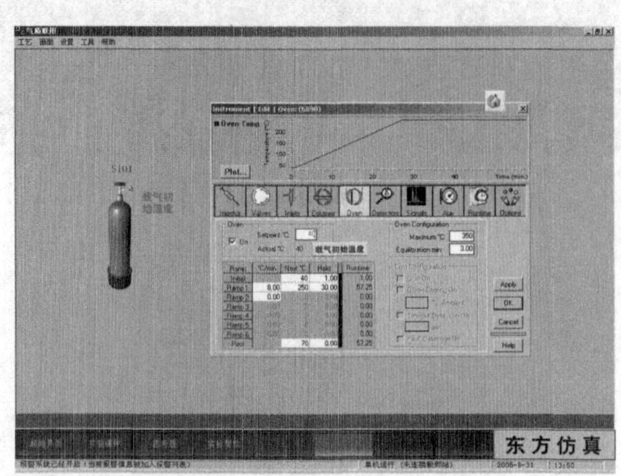

（8）按照上图进行的步骤可以将所有参数进行设置，回到主页面后也可点“切换至方法编辑”进行部分参数设定。

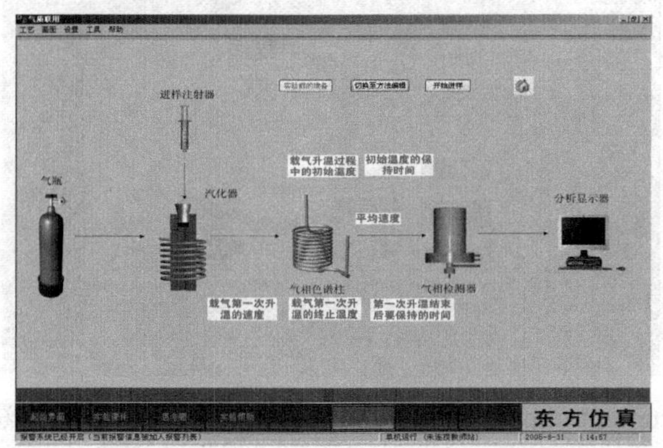

实验参数的设定是气相色谱实验中重要的环节，在实验预习时就应当了解和掌握，每次实验前应了解实验需要设置的参数，并掌握了解不同参数的设置对实验结果的影响，便于在重复实验和分析结果时得到客观的答案。

（9）点击主界面的“方法编辑”进入方法编辑界面。

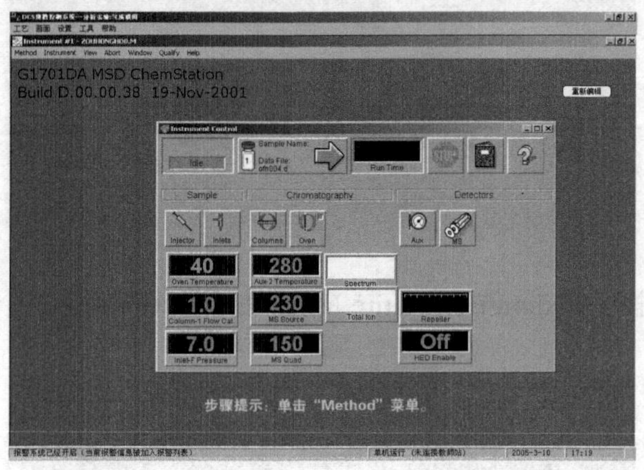

（10）单击 Method 菜单。

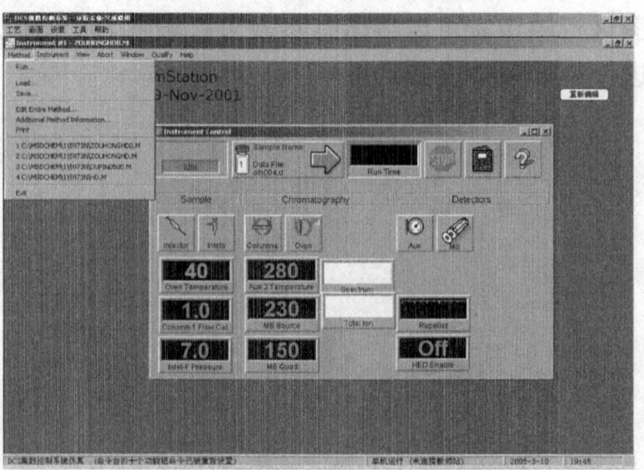

（11）在 Instrument control 窗口的标题栏中应显示当前的方法“*.M”。如果没有，从 Method 菜单中选 Load…。单击“*.M”并单击 OK。

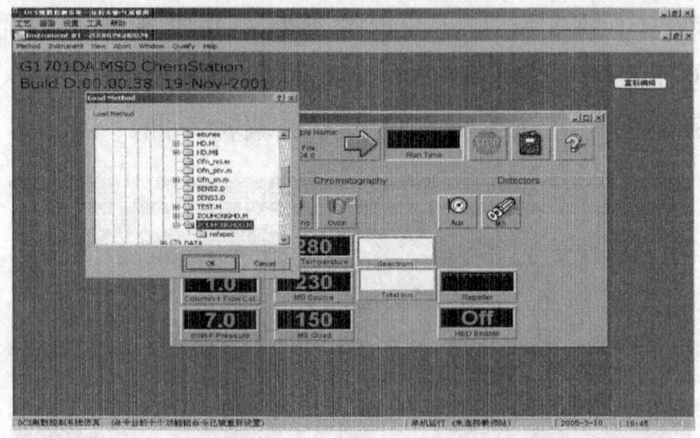

（12）点击进入 Method/Edit Entire Method…窗口。确认三个选项都选定，然后单击 OK。

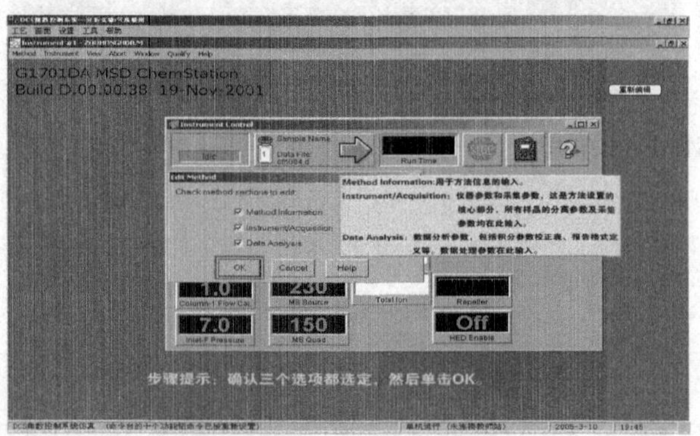

（13）确认 Data Acquisition（数据采集）和 Data Analysis（数据分析）已被选定。单击 OK。

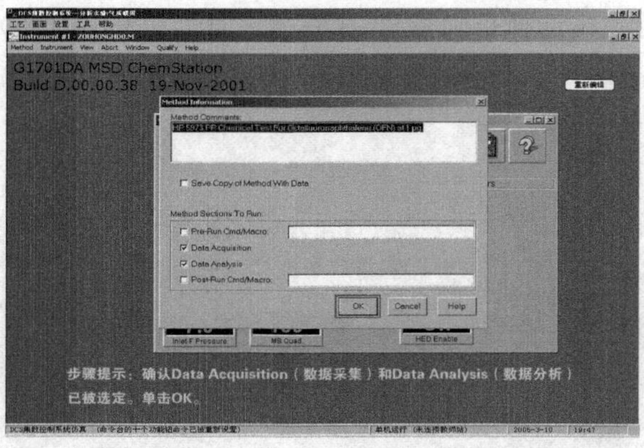

（14）选择 Manul 作为进样源（本实验采用手动进样，如果有自动进样器的话，选择 GC ALS）。确认 Use MS 已被选定。单击 OK。

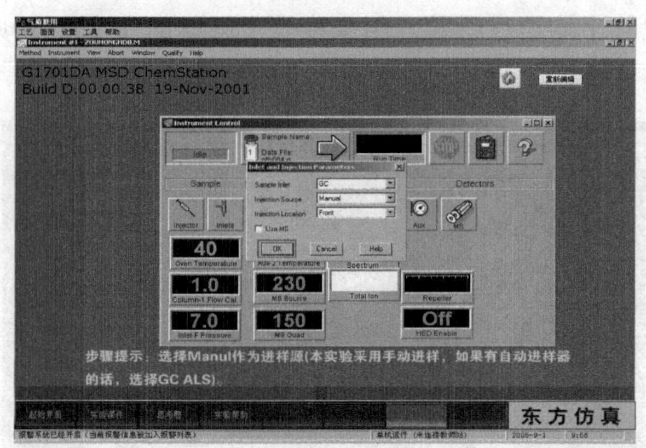

（15）出现 Instrument Edit Inlets（仪器编辑入口），单击 Options（选项）图标，确认压力单位为 psi。

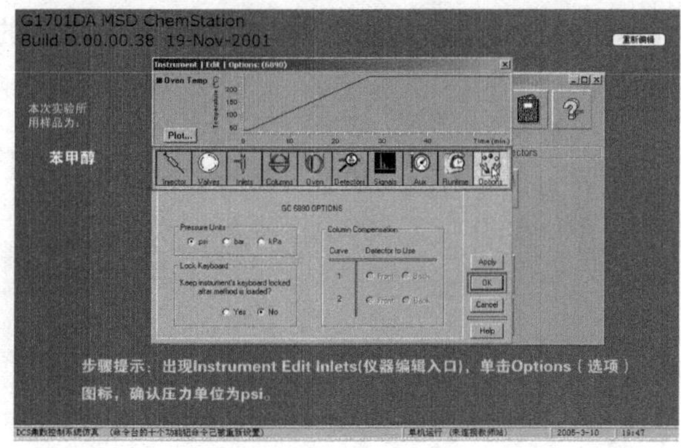

（16）设置载气类型、进样口温度和分流比三个参数。用鼠标点击闪动的文字，

出现选项，用鼠标点击选择正确答案。（答案：氦气；250；100）

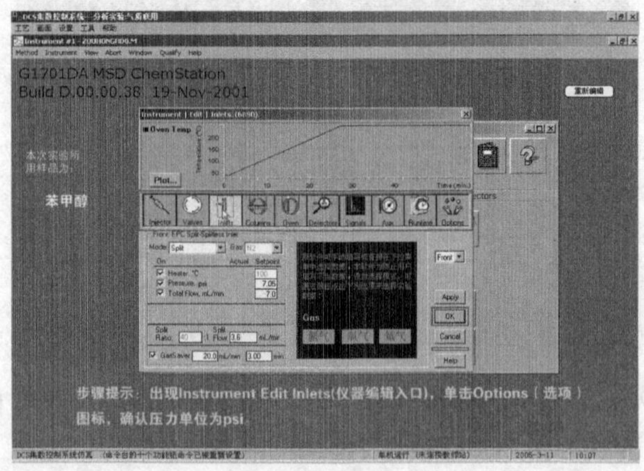

（17）设置载气平均速度参数。用鼠标点击闪动的文字，出现选项，用鼠标点击选择正确答案。（答案：42）

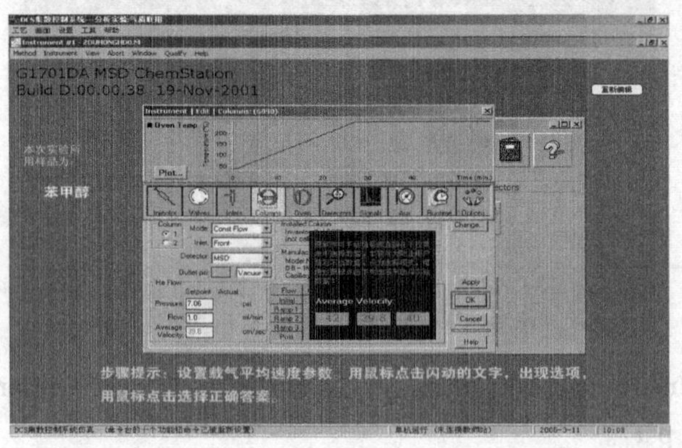

（18）设置载气初始温度和柱箱升温过程。用鼠标点击闪动的文字，出现选项，用鼠标点击选择正确答案。

（答案：　　40；

/　　40；　　5.00

10.00；　200；　　0　）

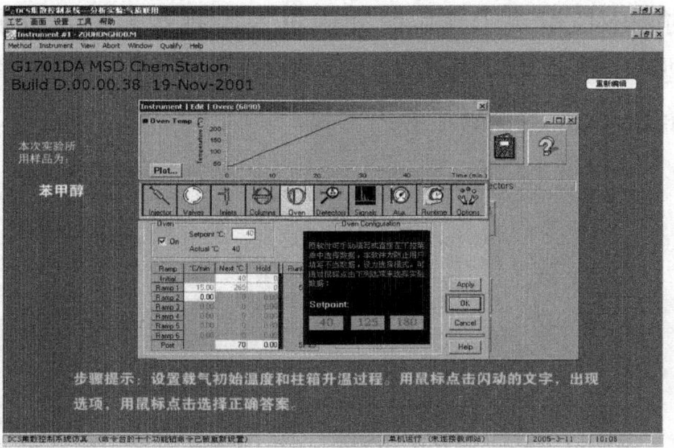

（19）单击 OK 按钮完成设置。

（20）此窗口因为没有选择 Show 选项，所以其他参数不可用。单击 OK。

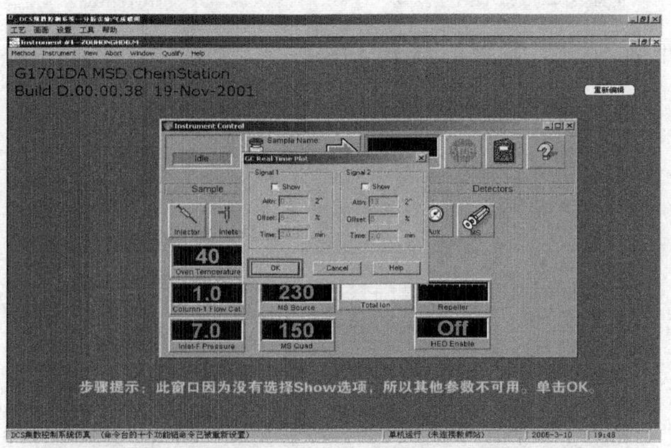

（21）选择检测器，实验不同要求不同的检测器，点击 OK。

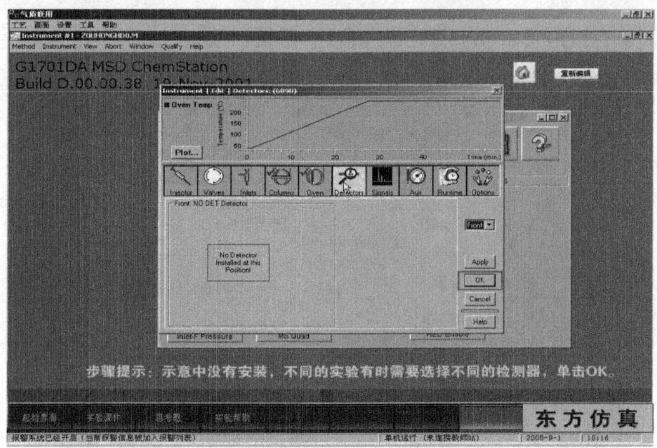

检测器可以分为浓度型和质量型，浓度型检测器的响应取决于组分浓度的瞬

间变化，质量型的响应值取决于单位时间内进入检测器的组分质量，热导（浓度型）、电子捕获（浓度型）、氢火焰（质量型）是检测器中运用最广泛的三个检测器。

（22）只选择 Percent Report。单击 OK。

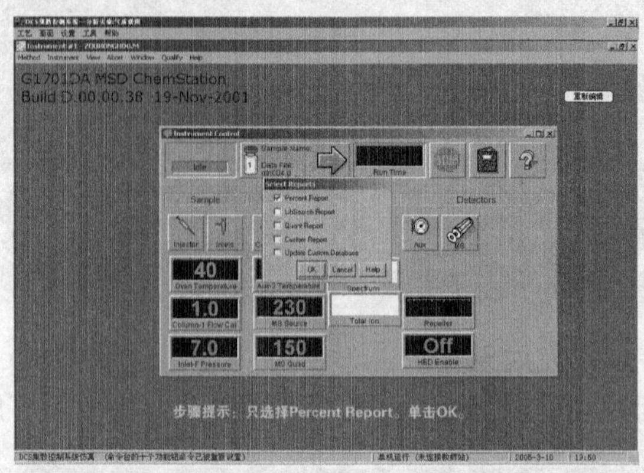

（23）设定屏幕为输出装置。单击 OK。

（24）提醒您保存方法。完成它并单击 OK。返回到主界面。

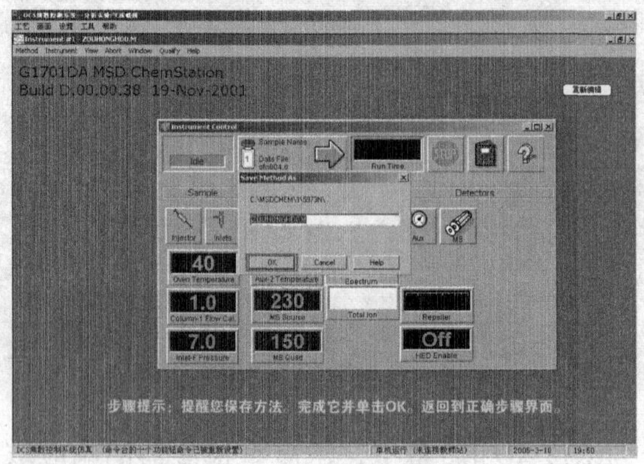

（25）点击“开始进样”按钮，进入进样步骤界面。

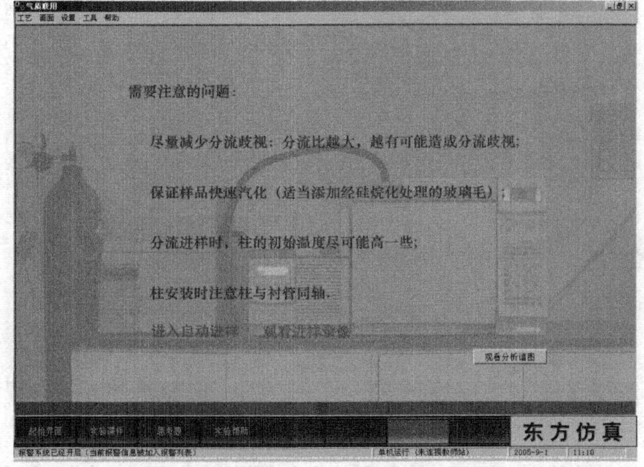

（26）点击红色字“观看进样录像”，演示进样过程。

（27）点击界面上的“进入自动进样”，进入自动进样界面。

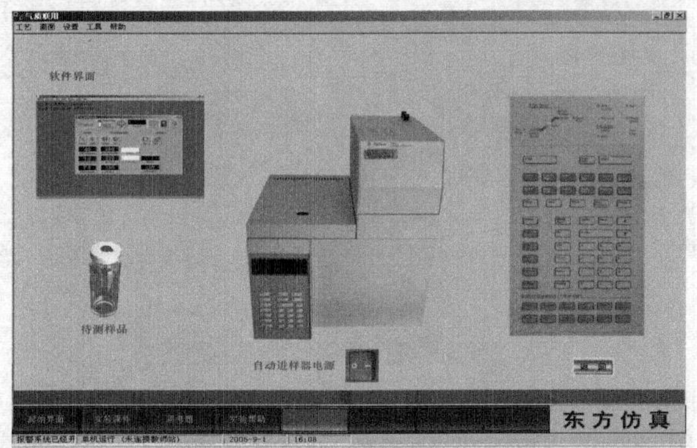

（28）打开进样器的盖子，放入样品。

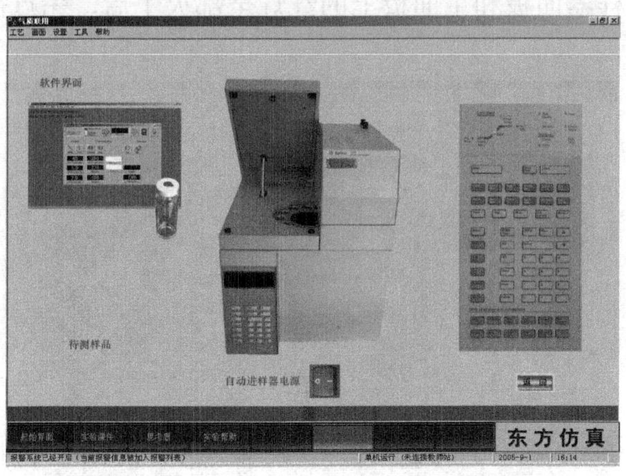

（29）放下进样器的盖子，打开自动进样器开关。

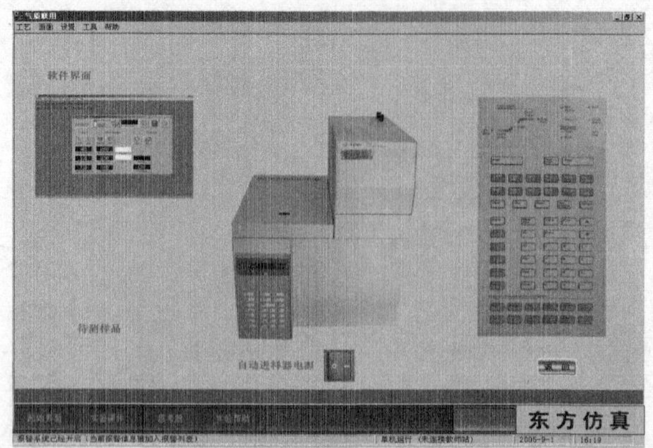

（30）点击右侧图片，出现放大的键盘图标，点击被红色框住的按钮“prep Run”按钮，或者点击左侧软件界面上的蓝色箭头，红灯亮起，进入预运行状态。

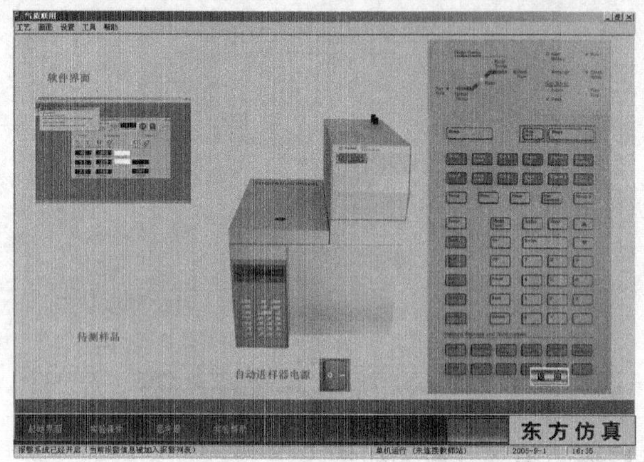

（31）等待进样器面板和主面板上的红灯全部灭了后，先点击进样器面板上的“start”按钮。

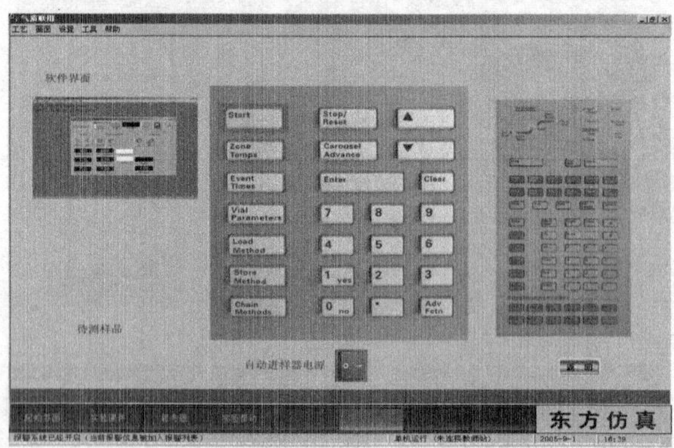

（32）然后再点击主面板上的“Run”按钮。

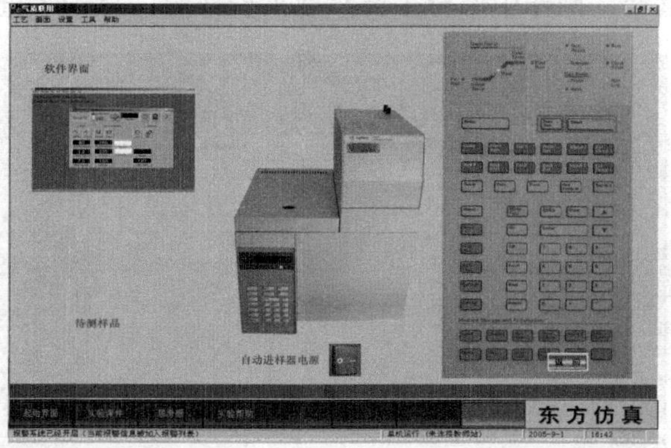

自动进样步骤操作完毕，点击“返回”，返回到进样界面。

（33）点击“查看谱图”进入实验结果显示界面。

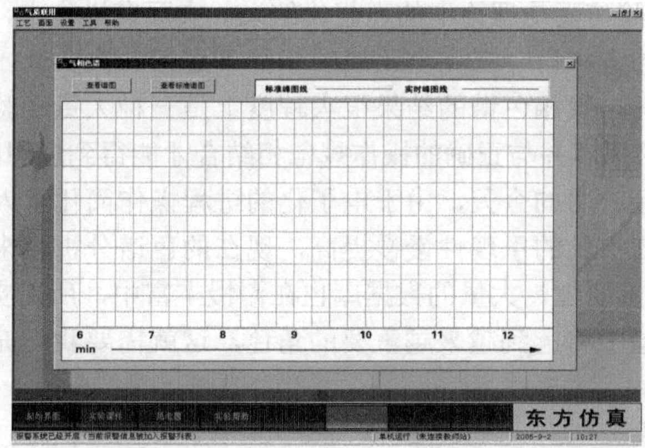

（34）点击“查看谱图”，可以看到自己的实验操作结果，以蓝色线峰图表示。

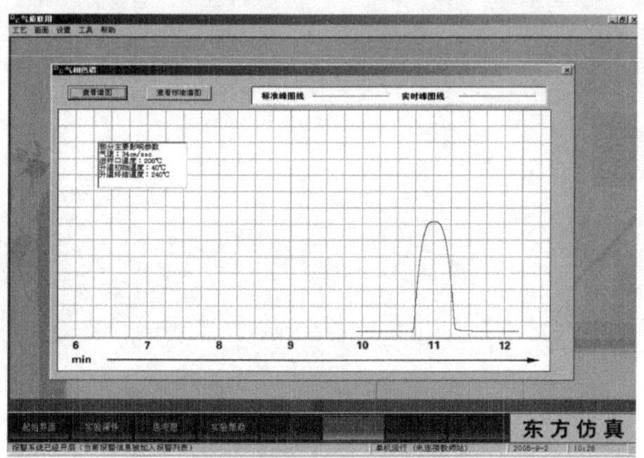

(35) 作为比较，实验以红色线峰图做出标准操作后的标准峰，如果操作正确，会和实时峰完全重合，操作中部分主要参数列表在旁，点击“查看标准谱图”。

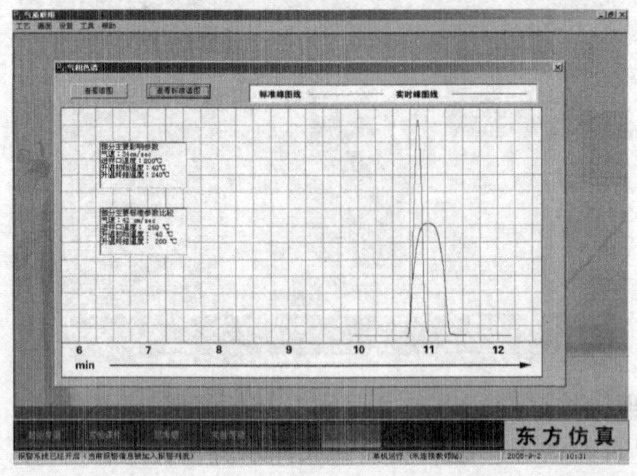

(36) 由于实验仿真是理论上的理想化结果，实际在操作中，即使完全采用同样的参数，同样的进样量，在完全正确的步骤下进行二次实验，实验的结果也可能重合性不是很好，气相色谱的结果很大程度上是一种大量经验的总结，要注重分析和了解实验的原理并与正确的操作规范相结合才能得到理想的实验结果。

在计算机普遍应用的今天，由于电子化的进程操作简化了人为上的可能的操作误差，使得色谱实验的重现性慢慢提高，现在的色谱分析越来越重视保留时间（即定性分析）的重要性，大量的数据库也在慢慢丰富中，所以实验平台在今后的色谱分析化学实验中将起到越来越重要的角色，这就需要我们充分地了解和掌握这些新的电子工具。

本次实验完成。

附 15-2 中国水果蔬菜农药残留限量标准汇总

根据我国 2005 年发布的食品中农药最大残留限量 GB 2763—2005 的规定，具体列出我国对水果蔬菜中农药的残留限量值（单位为：mg/kg）的规定：

甲胺磷：禁止在蔬菜中使用

对硫磷：不得在蔬菜和水果中使用

甲基对硫磷：不得在蔬菜和水果中使用

呋喃丹：不得检出

马拉硫磷：不得检出

甲拌磷：不得检出

乙酰甲胺磷
水果：0.5
蔬菜：1

双甲脒
果菜类蔬菜：0.5
梨果类水果：0.5
柑橘类水果：0.5

敌菌灵：
番茄：10
黄瓜：10

三唑锡
梨果类水果：2
柑橘类水果：2

联苯菊酯
梨果类水果：0.5
柑橘类水果：0.05

溴螨酯
梨果类水果：2
柑橘类水果：2

噻嗪酮
柑橘类水果：0.5

硫线磷
柑橘：0.005

克菌丹
梨果类水果：15

甲萘威
蔬菜：2

多菌灵
番茄：0.5
黄瓜：0.5
芦笋：0.1
辣椒：0.1

梨果类水果：3
葡萄：3
其他水果：0.5

克百威
马铃薯：0.1
柑橘类水果：0.5

丁硫克百威
柑橘类水果：0.1

灭幼脲
甘蓝类蔬菜：3

百菌清
叶菜类蔬菜：5
果菜类蔬菜：5
瓜菜类蔬菜：5
梨果类水果：1
葡萄：0.5
柑橘：1

毒死蜱
叶菜类蔬菜：0.1
甘蓝类蔬菜：1
番茄：0.5
茎类蔬菜：0.05
韭菜：0.1
梨果类水果：1
柑橘类水果：2

四螨嗪
梨果类水果：0.5
柑橘类水果：0.5

氟氯氰菊酯
甘蓝类蔬菜：0.1
苹果：0.5

氯氟氰菊酯
叶菜类蔬菜：0.2
果菜类蔬菜：0.2
梨果类蔬菜：0.2
柑橘：0.2

氯氰菊酯
叶菜类蔬菜：2
果菜类蔬菜：0.5
黄瓜：0.2
豆类蔬菜：0.5
梨果类水果：2
柑橘类水果：2

2, 4- 滴
大白菜：0.2
果菜类蔬菜：0.1

滴滴涕
豆类：0.05
薯类：0.05
蔬菜：0.05
水果：0.05

溴氰菊酯
叶菜类蔬菜：0.5
甘蓝类蔬菜：0.5
果菜类蔬菜：0.2
梨果类水果：0.1
柑橘类水果：0.05

敌敌畏
蔬菜：0.2
水果：0.2

三氯杀螨醇
梨果类水果：1
柑橘类水果：1

除虫脲
叶菜类蔬菜：1
甘蓝类蔬菜：1
梨果类水果：1
柑橘类水果：1

乐果
叶菜类蔬菜：1
甘蓝类蔬菜：1
果菜类蔬菜：0.5
豆类蔬菜：0.5
茎类蔬菜：0.5
鳞茎类蔬菜：0.2
块根类蔬菜：0.5

梨果类水果：1
核果类水果：2
柑橘类水果：2

顺式氰戊菊酯
叶菜类蔬菜：1
梨果类水果：1

杀螟硫磷
蔬菜：0.5
水果：0.5

甲氰菊酯
叶菜类蔬菜：0.5
水果：5.0

倍硫磷
蔬菜：0.05
水果：0.05

氰戊菊酯
叶菜类蔬菜：0.5
甘蓝类蔬菜：0.5
果菜类蔬菜：0.2
瓜菜类蔬菜：0.2
块根类蔬菜：0.05
水果：0.2

氟氰戊菊酯
甘蓝类蔬菜：0.5
果菜类蔬菜：0.2
块根类蔬菜：0.05
梨果类水果：0.5

六六六
蔬菜：0.05
水果：0.05

马拉硫磷
叶菜类蔬菜：8
甘蓝类蔬菜：0.5
果菜类蔬菜：0.5
豆类蔬菜：2
芹菜：1
块根类蔬菜：0.5

百草枯
蔬菜：0.05

二甲戊灵
叶菜类蔬菜：0.1

氯菊酯
蔬菜：1

水果：2

伏杀硫磷
叶菜类蔬菜：1

亚胺硫磷
大白菜：0.5
柑橘类水果：5

辛硫磷
蔬菜：0.05
水果：0.05

咪酰胺
蘑菇：2
柑橘：5
香蕉：5
芒果：2

腐霉利
果菜类蔬菜：5
黄瓜：2
韭菜：0.2
葡萄：5
草莓：10

克螨特
叶菜类蔬菜：2
梨果类水果：5
柑橘类水果：5

三唑酮：
黄瓜：0.1
豌豆：0.05
梨果类水果：0.5

敌百虫
蔬菜：0.1
水果：0.1

另：全面禁止使用的农药（23 种）：六六六（BHC），滴滴涕（DDT），毒杀芬（strobane），二溴氯丙烷（dibromochloropropane），杀虫脒（chlordimeform），二溴乙烷（EDB），除草醚（nitrofen），艾氏剂（aldrin），狄氏剂（dieldrin），汞制剂（mercurycompounds），砷（arsenide）、铅（plumbumcompounds）类，敌枯双，氟乙酰胺（fluoroacetamide），甘氟（gliftor），毒鼠强（tetramine），氟乙酸钠（sodiumfluoroacetate），毒鼠硅（silatranes），以上农药根据农业部第 199 号公告全面禁止使用；根据农业部第 274 号公告甲胺磷（methamidophos）、甲基对硫磷（parathion-methyl）、对硫磷（parathion）、久效磷（monocrotophos）和磷胺（phosphamidon）5 种高毒农药全面禁止使用。

限制使用的农药（19 种）：根据农业部第 194 号公告禁止氧乐果（omethoate）在甘蓝上使用；禁止特丁硫磷（terbufos）在甘蔗上使用；根据农业部第 199 号公告禁止在蔬菜、果树、茶叶中草药材上使用的农药有：甲拌磷（phorate）、甲基异柳磷（isofenphos-methyl）、特丁硫磷（terbufos）、甲基硫环磷（phosfolan-methyl）、治螟磷（sulfotep）、内吸磷（demeton）、克百威（carbofuran）、涕灭威（aldicarb）、灭线磷（ethoprophos）、硫环磷（phosfolan）、蝇毒磷（coumaphos）、地虫硫磷（fonofos）、氯唑磷（isazofos）、苯线磷（fenamiphos）；根据农业部第199号公告，三氯杀螨醇（dicofol）、氰戊菊酯（fenvalerate）禁止在茶树上使用；根据农业部第274号公告，禁止丁酰肼（daminozide）在花生上使用。

项目16 城市交通噪声的测量

（AWA5610A 型积分声级计）

一、知识准备

（一）噪声的概念

1．生理学观点

为人们生活和工作所不需要的声音叫噪声。

2．物理学观点

一切无规律的或随机的声信号叫噪声。

3．环境科学观点

基本与生理学观点相符。

噪声的概念突出了主观性（不需要）、群体性（人们）、公正性（生活和工作）。因此，符合这三种特性的例如优美的音乐，有时候也可能会成为噪声。离开了这三个特性以外的声音，就不一定能称得上是噪声了。例如，对于上课要睡觉的同学来说，你不能强调个体，将老师上课的声音称为噪声。

噪声的判断还与人们的主观感觉和心理因素有关，即一切不希望存在的干扰声都叫噪声。

（二）噪声的分类

1．按机理分

空气动力性噪声、机械性噪声、电磁性噪声。

2．按来源分

交通噪声、工业噪声、建筑施工噪声、社会生活噪声以及自然环境中出现的噪声。

3．按随时间变化分

稳态噪声（噪声起伏在 3dB 以内的）和非稳态噪声。

（三）噪声的危害

噪声对人类带来的危害是非常大的。研究表明，50dB 左右的噪声会影响休息和睡眠，进而影响到人体正常的生理功能。噪声能干扰语言通讯，引发多种疾病，因此，人们把噪声称为无形杀手。它以损害神经系统最明显，会出现头晕、头痛、失眠、易疲劳、爱激动、记忆力衰退、注意力不集中等症状，并伴有耳鸣、听力减退。许多证据表明，噪声还是诱发多种疾病，特别是造成心脏病和高血压的重要原因。长期接触强度比较高的噪声，能够使人心情烦躁，影响人的心理变化，出现情绪波动，甚至在行为上走向极端。

研究表明，90dB 下 20%聋，85dB 下 10%耳聋，噪声会影响人的睡眠质量和数量。连续噪声可以加快熟睡到轻睡的回转，使人熟睡时间缩短；突然的噪声达到 40dB 时，使 10% 的人惊醒；60dB 时，使 70% 的人惊醒；70dB 连续噪声可使 50% 的人受影响。干扰人们的睡眠和工作，强噪声会使人听力损失。这种损失是累计性的，在强噪声下工作一天，只要噪声不是过强（120dB 以上），事后只产生暂时性的听力损失，经过休息可以恢复；但如果长期在强噪声下工作，每天虽可以恢复，经过一段时间后，就会产生永久性的听力损失，过强的噪声还能杀伤人体。

（四）环境噪声的主要特征

1. 可感受性

噪声是一种可感受性的感觉公害。

2. 具有残留影响，却没有残留物质

一旦声源消失，噪声也就消失，与声源同时产生，同时消失（即时性），具有残留影响，却没有残留物质。

3. 局部性与多发性

噪声具有局部性、分散性、多发性。任何场合、任何时候都可能会产生噪声。

（五）噪声监测参数及其分析

1. 声功率、声强、声压

（1）*声功率*（W）

声功率是指单位时间内，声波通过垂直于传播方向某指定面积的声能量。在噪声监测中，声功率是指声源总声功率。单位为 W。

（2）*声强*（I）

声强是指单位时间内，声波通过垂直于传播方向单位面积的声能量。单位为 W/m^2。

（3）*声压*（P）

声压是由于声波存在而引起的压力增值。单位为 Pa。声压与声强的关系是：$I=P^2/\rho c$。

2．分贝、声功率级、声强级和声压级

（1）分贝

人们日常生活中遇到的声音，若以声压值表示，由于变化范围非常大，可以达六个数量级以上，同时由于人体听觉对声信号强弱刺激反应不是线形的，而是成对数比例关系。所以采用分贝来表达声学量值。

所谓分贝，是指两个相同的物理量（如 A_1 和 A_0）之比取以 10 为底的对数并乘以 10（或 20）：$N = 10\lg(A_1/A_0)$。

分贝符号为“dB”，它是无量纲的。式中，A_0 是基准量（或参考量），A 是被量度量。被量度量和基准量之比取对数，这对数值称为被量度量的“级”，亦即用对数标度时，得到的是比值，它代表被量度量比基准量高出多少“级”。

（2）*声功率级*

$$L_W = 10\lg(W/W_0)$$

式中，L_W——声功率级，dB；

W——声功率，W；

W_0——基准声功率，为 10^{-12} W。

（3）*声强级*

$$L_I = 10\lg(I/I_0)$$

式中，L_I——声压级，dB；

I——声强，W/m^2；

I_0——基准声强，为 $10^{-12}W/m^2$。

（4）*声压级*

$$L_P = 20\lg(P/P_0)$$

式中，L_P——声压级，dB；

P——声压，Pa；

P_0——基准声压，为 2×10^{-5}Pa，该值是对 1 000HZ 声音人耳刚能听到的最低声压。

3．响度和响度级

（1）*响度*（N）

响度是人耳判别声音由轻到响的强度等级概念，它不仅取决于声音的强度（如声压级），还与它的频率及波形有关。

响度单位为“宋”，1 宋定义为声压级为 40dB，频率为 1 000Hz，且来自听者正前方的平面波形的强度。如果另一个声音听起来比 1 宋的声音大 n 倍，即该声音的响度为 n 宋。

（2）*响度级*（L_N）

响度级是建立在两个声音主观比较的基础上，选择 1 000Hz 的纯音作基准音，若某一噪声听起来与该纯音一样响，则该噪声的响度级在数值上就等于这个纯音的声压级（dB）。

响度级用 L_N 表示，单位是“方”。

如果某噪声听起来与声压级为 80dB，频率为 1 000Hz 的纯音一样响，则该噪声的响度级就是 80 方。

（3）响度与响度级的关系

根据大量的实验得到，响度级每改变 10 方，响度加倍或减半。它们的关系可用下列数学式表示：$N=2^{[(L_N-40)/10]}$ 或 $L_N=40+33\lg N$。

注意，响度级的合成不能直接相加，而响度可以相加。应先将各响度级换算成响度进行合成，然后再换算成响度级。

4．等响曲线与声压级的修正

利用与基准声音进行比较的方法，人们得到了一般人对不同频率的纯音感觉为同样响的响度级与频率的关系曲线，即等响曲线。在等响曲线上，虽然声音的频率不同，但是对于人耳的感觉来说，却是觉得一样响。这说明仪器的客观测量值与人的主观感觉值之间存在着误差。因此，需要设计一种滤波电路，让仪器的测定值与人耳的感觉值达到一致，这就是对声压级的修正。

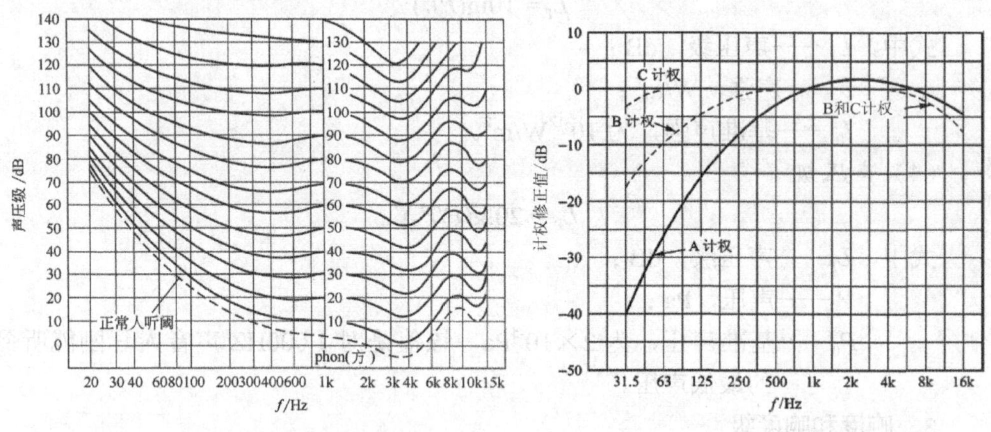

图 16-1　噪声的频率响应特性曲线　　**图 16-2　噪声计权衰减曲线**

所谓修正，也就是要将仪器测定值高而人耳感觉不响的进行衰减，仪器个别测定值低而人耳感觉比较响的地方进行补偿。这种衰减与补偿就由一种特殊的滤波电路来完成。目前已经设计成熟的有四种滤波电路，称为计权网络，分别对不同频率的声音进行修正。其修正曲线见图 16-2。

5．计权声级

为了能用仪器直接反映人的主观响度感觉的评价量，有关人员在噪声测量仪器——声级计中设计了一种特殊滤波器，叫计权网络。通过计权网络测得的声压级，已不再是客观物理量的声压级，而叫计权声压级或计权声级，简称声级，用符号 L 表示。即 Lp 表达的是声压级，是客观值；而 L 表达的是计权声级，是主观值。

日常工作中，由于碰到的测量仪器都是声级计，测得值都是计权声级，所以皆以符号 L 表示，以示和客观值 Lp 的区别。

通用的有A、B、C和D四种计权声级。还有一种Z计权网络，采用Z计权网络时，测得的是噪声的客观值。

A 计权声级是模拟人耳对 55dB 以下低强度噪声的频率特性，声级为 L_A；

B 计权声级是模拟 55 ～ 85dB 的中等强度噪声的频率特性，声级为 L_B；

C 计权声级是模拟高强度噪声的频率特性，声级为 L_C；

D 计权声级是对噪声参量的模拟，专用于飞机噪声的测量，声级为 L_D。

Z 计权声级是对可听声（20 ～ 20 000Hz）宽频范围的水平响应，测定误差在±1.5dB。

表 16-1　A、C 和 Z 频率计权的衰减值（IEC 61672—2003）

频率 /Hz	63	125	250	500	1k	2k	4k	8k	16k
A 计权 /dB	–26.2	–16.1	–8.6	–3.2	0	1.2	1.0	–1.1	–6.6
C 计权 /dB	–0.8	–0.2	0	0	0	–0.2	–0.8	–3.0	–8.5
Z 计权 /dB					0				

后来研究发现，A 计权网络的测定结果与人耳的主观感觉值最接近，所以，实际工作中一般都采用 A 计权声级，单位记作 dB（A）或 dBA，读作分贝 A。只有在高分贝的噪声测量中，才选择 C 计权网络进行测定，单位为 dBC，读作分贝 C。

日常工作中使用的声级计，通常只有 A、C、Z 三种计权特性，尤其以 A 计权特性使用得最多。

（六）等效连续声级、噪声污染级和昼夜等效声级

1．等效连续声级 Leq

反应噪声能量的平均值，即将一系列动态变化的噪声污染，看做与某个恒定分贝值的噪声污染值是等效的。

A 计权声级能够较好地反映人耳对噪声的强度与频率的主观感觉，因此对一个连续的稳态噪声，它是一种较好的评价方法，但对一个起伏的或不连续的噪声，A 计权声级就显得不合适了。例如，交通噪声随车流量和种类而变化；又如，一台机器工作时其声级是稳定的，但由于它是间歇地工作，与另一台声级相同但连续工作的机器对人的影响就不一样。因此提出了一个用噪声能量按时间平均方法来评价噪声对人影响的问题，即等效连续声级，符号“Leq”或“L_{AeqT}”。它是用一个相同时间内声能与之相等的连续稳定的 A 声级来表示该段时间内的噪声的大小。

例如，有两台声级为85dB的机器，第一台连续工作8h，第二台间歇工作，其有效工作时间之和为4h。显然作用于操作工人的平均能量是前者比后者大一倍，即大3dB。因此，等效连续声级反映在声级不稳定的情况下，人实际所接受的噪声能量的大小，它是一个用来表达随时间变化的噪声的等效量。

$$Leq = 10\lg[(\int_0^T 10^{0.1L_A} dt)/T]$$

式中，L_{eq}——某时刻 t 的瞬时A声级，dB；

T——规定的测量时间，s。

如果每次测定声级间隔的时间相同，如为5s或1s，则等效声级也可以用声级产生的次数 N 进行平均，计算公式为：

$$Leq = 10\lg[(\Sigma 10^{0.1L_A})/N]$$

如果数据符合正态分布，其累积分布在正态概率纸上为一直线，则可用下面近似公式计算：

$$L_{Aeq.T} \approx L_{50} + d^2/60,\ d = L_{10} - L_{90}$$

式中，L_{10}、L_{50}、L_{90} 为累积百分声级，其定义是：

L_{10}——测量时间内，10%的时间超过的噪声级，相当于噪声的平均峰值。

L_{50}——测量时间内，50%的时间超过的噪声级，相当于噪声的平均值。

L_{90}——测量时间内，90%的时间超过的噪声级，相当于噪声的背景值。

累积百分声级 L_{10}、L_{50} 和 L_{90} 的计算方法有两种：一种是在正态概率纸上画出累积分布曲线，然后从图中求得；另一种简便方法是将测定的一组数据（例如100个），从大到小排列，第10个数据即为 L_{10}，第50个数据即为 L_{50}，第90个数据即为 L_{90}。

2. 噪声污染级 L_{NP}

许多非稳态噪声的实践表明，涨落的噪声所引起人的烦恼程度比等能量的稳态噪声要大，并且与噪声暴露的变化率和平均强度有关。经实验证明，在等效连续声级的基础上加上一项表示噪声变化幅度的量，更能反映实际污染程度。用这种噪声污染级评价航空或道路的交通噪声比较恰当。故噪声污染级（L_{NP}）公式为：

$$L_{NP} = Leq + K\sigma$$

式中，K——常数，对交通和飞机噪声取2.56；

σ——测定过程中瞬时声级的标准偏差。

3. 昼夜等效声级 L_{dn}

也称日夜平均声级，符号"L_{dn}"。用来表达社会噪声昼夜间的变化情况，表达式为：

$$L_{dn} = 10\lg\{[16\times 10^{0.1L_d} + 8\times 10^{0.1(L_n+10)}]/24\}$$

式中，L_d——白天的等效声级，时间从6:00—22:00，共16个小时；

L_n——夜间的等效声级，时间从22:00至第二天的6:00，共8个小时。

为表明夜间噪声对人的烦扰更大，故计算夜间等效声级这一项时应加上 10dB 的计权。

4. 噪声暴露级 SEL

也称声暴露级，是用于评价单一噪声事件引起的烦恼度，表示人们在一定的噪声环境下工作，面临的噪声强度和噪声暴露时间的影响程度。用 SEL 表示。

$$\text{SEL} = L\text{eq} + 10\lg(T)$$

式中，Leq——等效连续声级；

T——规定的测量时间，s。

（七）噪声的频谱分析

测出不同频率下的噪声分贝值，称为噪声的频谱分析。

通常将噪声频率范围，划分为不同的频率段。用得最多的是倍频程。

人耳听音的频率范围为 20Hz ～ 20kHz，在声音信号频谱分析一般不需要对每个频率成分进行具体分析。为了方便起见，人们把 20Hz ～ 20kHz 的声频范围分为几个段落，每个频带称为一个频程。频程的划分采用恒定带宽比，即保持频带的上、下限之比为一常数。实验证明，当声音的声压级不变而频率提高一倍时，听起来音调也提高一倍。若使每一频带的上限频率比下限频率高一倍，即频率之比为 2，这样划分的每一个频程称 1 倍频程，简称倍频程。

如果在一个倍频程的上、下限频率之间再插入两个频率，使 4 个频率之间的比值相同（相邻两频率比值 =1.26 倍）。这样将一个倍频程划分为 3 个频程，称为这种频程为 1/3 倍频程。所以我们通常使用的 31 段均衡器也称为 1/3 倍频程均衡器。

两个频率相比为 2 的声音间的频程，为一倍频程之间为八度的音高关系，即频率每增加一倍，音高增加一个倍频程。

倍速录音：用双卡录音机录音时，为了节省录音时间而设置的功能，倍速录音的磁带速度是正常录音的两倍，所花时间缩短了一倍，监听录音效果时，声音为快速播放效果，音调升高一个八度。这就是不为人们所熟知的倍频程。

总结：倍频程就是频率为 2 ∶ 1 的频率间隔的频带。声音可以分解为若干（甚至无限多）频率分量的合成。为了测量和描述声音的频率特性，人们使用噪声频谱仪进行分析。

频率的表示方法常用倍频程和 1/3 倍频程。

倍频程的中心频率是 31.5Hz、63Hz、125Hz、250Hz、500Hz、1kHz、2kHz、4kHz、8kHz、16kHz 十个频率，后一个频率均为前一个频率的两倍，因此被称为倍频程，而且后一个频率的频率带宽也是前一个频率的两倍。

1/3 倍频程，也就是把每个倍频程再划分成三个频带，中心频率是 20Hz、31.5Hz、40Hz、50Hz、63Hz、80Hz、100Hz、125Hz、160Hz、200Hz、250Hz、

315Hz、400Hz、500Hz、630Hz、800Hz、1kHz、1.25kHz、1.6kHz、2kHz、2.5kHz、3.15kHz、4kHz、5kHz、6.3kHz、8kHz、10kHz、12.5kHz、16kHz、20kHz 30 个频率，后一个频率均为前一个频率的$2\frac{1}{3}$倍。

（八）有关名词术语

（1）A 声级：用 A 计权网络测得的声级，用 L_A 表示，单位 dB(A)。

（2）等效声级：在某规定时间内 A 声级的能量平均值，又称等效连续 A 声级，用 L_{eq} 表示，单位为 dB(A)。

（3）稳态噪声，非稳态噪声：在测量时间内，声级起伏不大于 3dB(A) 的噪声视为稳态噪声，否则称为非稳态噪声。

二、技能准备

（一）噪声监测点的布设

既要考虑规范化要求，又要体现出现实可能性要求，最终达到以少量的测点，得到最具有代表性的测量数据。

城市交通噪声采样点设置：在每两个交通路口之间的交通线上选择一个测点，测点设在马路边的人行道上，离马路 20cm，距路口的距离应大于 50m。长度小于 100m 的路段，测点选在路段中间。这样的点可代表两个路口之间的该段道路的交通噪声。

（二）测定方法和设定的条件

按照相关规定与要求进行。

（三）噪声的叠加计算

两个以上独立声源作用于某一点，产生噪声的叠加。

声能量可以代数相加，设两个声源声功率分别为 W_1 和 W_2，则总声功率 $W_{总}=W_1+W_2$。而两个声源在某点的声强为 I_1 和 I_2 时，叠加后的总声强 $I_{总}=I_1+I_2$。但声压不能直接相加。

由于 $I_1=P_1^2/(\rho c)$　$I_2=P_2^2/(\rho c)$

故 $P_{总}^2=P_1^2+P_2^2$

又 $(P_1/P_0)^2=10^{(L_p1/10)}$

$(P_2/P_0)^2=10^{(L_p2/10)}$

故总声压级：

$L_{P总} = 10\lg[(P_1^2 + P_2^2)/P_0^2]$

$= 10\lg[10^{(L_P1/10)} + 10^{(L_P2/10)}]$

如果 $L_{P1}=L_{P2}$，即两个声源的声压级相等，则总声压级：

$$L_P = L_{P1} + 10\lg2 \approx L_{P1} + 3(\mathrm{dB})$$

也就是说，作用于某一点的两个声源声压级相等，其合成的总声压级比单个声源的声压级增加 3 dB。

在噪声测量及噪声控制标准中，我们将声压级相差 3dB，就看成噪声的能量相差 1 倍的关系。

当两个噪声源的声压级不相等时，按上式计算较麻烦。可以利用相关表格查出增值进行计算。

方法是：

设 $L_{P1}>L_{P2}$，以 $L_{P1}—L_{P2}$ 的值查表得 ΔL_P，则总声压级 $L_{P总}=L_{P1}+\Delta L_P$。

表 16-2　噪声叠加计算

$L_{P1}—L_{P2}$	0	1	2	3	4	5	6	7	8	9	10	11	12	13
ΔL_P	3.0	2.5	2.1	1.8	1.5	1.2	1.0	0.8	0.6	0.5	0.4	0.3	0.3	0.3

推而广之，当有很多个（例如 *n* 个）噪声源时，我们可以通过 $10^{(Lpi/10)}$ 具有加和性进行累计叠加计算，即：

$L_{P总} = 10\lg[\Sigma(P_i^2/P_0^2)]$

$= 10\lg[\Sigma 10^{(Lpi/10)}]$

（四）噪声测量仪器

1．声级计

声级计也称噪声计，它是用来测量噪声的声压计和计权声级的最基本的测量仪器，适用于环境噪声和各种机器（如风机、空压机、内燃机、电动机）噪声的测量，也可用于建筑声学、电声学的测量。

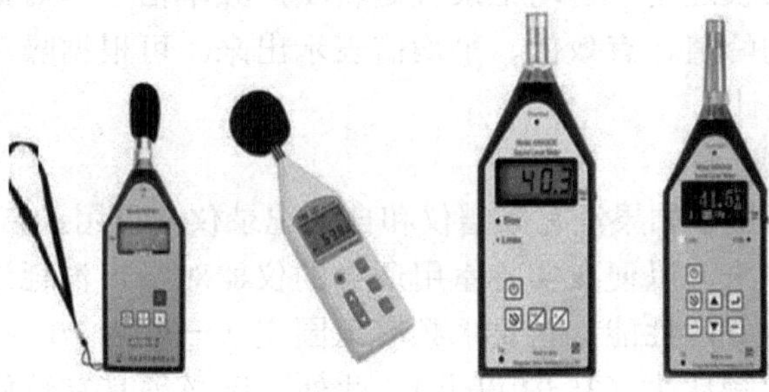

图 16-3　声级计外观

（1）工作原理

声级计主要由传声器、放大器、衰减器、计权网络、电表电路及电源等部分组成。其工作原理是：声压大小经传声器后转换成电压信号，此信号经前置放大器放大后，最后从显示仪上指示出声压级的分贝数值。

（2）分类

声级计整机灵敏度是指在标准条件下测量 1 000Hz 纯音所表现出的精度。按其精度可分为四种类型，即 O 型声级计，是实验用的标准声级计；I 型声级计，相当于精密声级计；II 型声级计和III型声级计作为一般用途的普通声级计。

国产声级计有 ND-2 型精密声级计 PSJ-2 普通声级计。国际标准化组织（ISO）及国际电工委员会（IEC）规定普通声级计的频率范围是 20 ～ 8 000Hz，精密声级计的频率范围是 20 ～ 12 500Hz。

2．频谱分析仪

频谱仪是测量噪声频谱的仪器，它的基本组成大致与声级计相似。但是频谱分析仪中，设置了完整的计权网络（滤波器）。借助于滤波器的作用，可以将声频范围内的频率分成不同的频带进行测量。

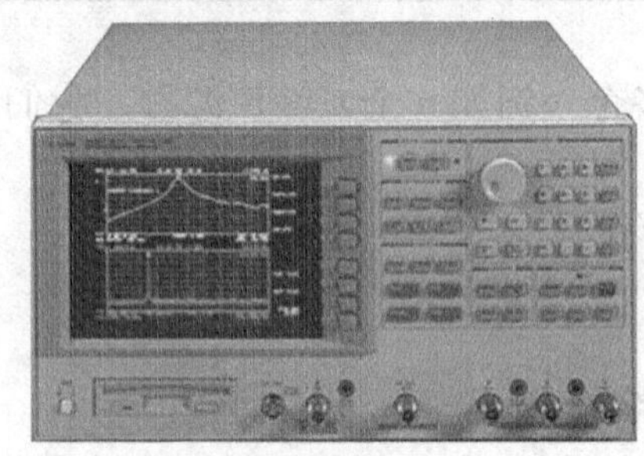

图 16-4　频谱分析仪

3．自动记录仪

在现场噪声测量中，为了迅速、准确、详细地分析噪声源的特性，常把声级频谱仪与自动记录仪连用。自动记录仪是将噪声频率信号作对数转换，用人造宝石或墨水将噪声的峰值、有效值、平均值表示出来。可根据噪声特性选用适当的笔速、纸速和电位计。

4．磁带录音机

在现场噪声测量中如果没有频谱仪和自动记录仪，可用录音机（磁带记录仪）将噪声消耗记录下来，以便在实验室用适当的仪器对噪声消耗进行分析。选用的录音机必须具有较好的性能，它要求频率范围宽（一般为 20 ～ 15 000Hz），失真小（小于 3%），信噪比大（35dB 以上）。此外，还必须具有较好的频率响应和较宽的动态范围。

5．实时分析仪

频谱仪是对噪声信号在一定范围内进行频谱分析，需花费很长的时间，且它只能分析稳态噪声信号，而不能分析瞬时态噪声信号。实时分析仪是一种数字式频线显示仪，它能把测量范围内的输入信号在极短时间内同时反映在显示屏上，通常用于较高要求的研究测量，特别适用于脉冲信号分析。

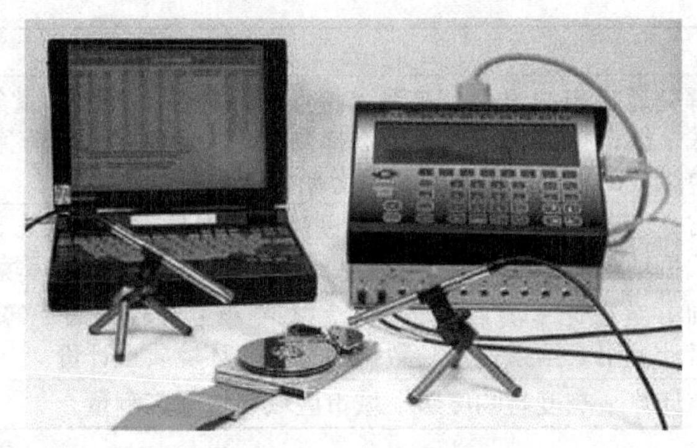

图 16-5 录音与实时分析仪

三、方案设计

项目 16 城市交通噪声的测量

（AWA5610A 型积分声级计）

（一）教学目标

1．知识目标

（1）了解交通噪声的概念、来源、特点与危害性；

（2）掌握测量条件与测量地点的选择；

（3）掌握 AWA5610A 型声级计的使用。

2．能力目标

（1）学会测量地点的选择；

（2）学会 AWA5610A 型声级计的使用；

（3）实训方案的确定；

（4）分析结果的数据处理与表示。

3．素质目标

（1）培养学生测定交通噪声的相关知识，增强岗位认识；

（2）声级计的实践操作能力；

（3）培养学生实事求是的工作作风，精益求精的工作精神；

（4）培养学生良好的职业情操。

（二）工作任务与相关知识

项目16 城市交通噪声的测量
（AWA5610A型积分声级计）

参考学时	5
学习目标	了解交通噪声的概念、来源、特点与危害性；理解测量条件与测量地点选择要求；能根据实际情况正确选择测量点；会制定实训方案；学会AWA5610A型声级计的使用；能正确进行分析结果数据处理
工作任务	城市交通噪声的监测实训方案设计；交通噪声测点的布设；声级计的现场测量；机动车流量的测量；测定结果记录与数据呈报；环境质量评价
相关知识	实训方案设计；测点的布设；稳态噪声；计权声级；等效声级；噪声剂量；声级计使用；结果记录与数据的呈报；环境质量评价
拓展知识	噪声计算；响度与响度级；城市区域环境噪声测量

（三）测量仪器

AWA5610A型声级计。

测量前要对使用的传声器进行校准，并检查电压是否足够；测量后要求复校一次，前后灵敏度相差不大于2dB。

如有条件，也可使用统计分析仪、录音机、声级记录器或自动监测系统。

（四）监测步骤

1. 布点

在每两个交通路口之间的交通线上选择一个测点，测点设在马路边的人行道上，离马路20cm，距路口的距离应大于50m。长度小于100m的路段，测点选在路段中间。这样的点可代表两个路口之间的该段道路的交通噪声。

2. 测量条件

测量时间同城市区域环境噪声要求一样，一般在白天正常工作时间内进行测量。每隔5s记一个瞬时A声级（慢响应），连续记录200个数据。在测量噪声的同时，记载机动车的流量（辆/h）。

测量的量：测量A声级瞬时值，动态特性为慢响应。

（1）天气条件：一般应选择在无雨无雪的时候进行测量（要求在有雨有雪的天气测量除外），要求加风罩，以防止风噪声的干扰，同时使传声器膜片保持清洁。风力在三级以上必须加风罩，大风天气（四级以上）必须停止测量。风力等级与风速对照如表16-3所示。

表 16-3　风力等级与风速对照

风级	名称	风速 /m*	陆地物象	海面波浪	浪高 /m
0	无风	0.0 ～ 0.2	烟直上	平静	0
1	软风	0.3 ～ 1.5	烟示风向	微波峰无飞沫	0.1
2	轻风	1.6～3.3	感觉有风	小波峰未破碎	0.2
3	微风	3.4 ～ 5.4	旌旗展开	小波峰顶破裂	0.6
4	和风	5.5 ～ 7.9	吹起尘土	小浪白沫波峰	1
5	劲风	8.0 ～ 10.7	小树摇摆	中浪折沫峰群	2
6	强风	10.8 ～ 13.8	电线有声	大浪到个飞沫	3
7	疾风	13.9 ～ 17.1	步行困难	破峰白沫成条	4
8	大风	17.2 ～ 20.7	折毁树枝	浪长高有浪花	5.5
9	烈风	20.8 ～ 24.4	小损房屋	浪峰倒卷	7
10	狂风	24.5 ～ 28.4	拔起树木	海浪翻滚咆哮	9
11	暴风	28.5 ～ 32.6	损毁普遍	波峰全呈飞沫	11.5
12	飓风	32.7-	摧毁巨大	海浪滔天	14

* 注：本表所列风速是指平地上离地 10m 处的风速值。

（2）传声器设置方式：测量仪器可以手持，也可以固定在测量三脚架上。传声器要求距离地面高度在 1.2m，如果仪器放在车内，则要求传声器伸出车外一定距离，尽量避免车体反射的影响，与地面距离仍应保持在 1.2m 左右。传声器也可以固定在车顶上，但需要加以注明。

（3）测量时间：交通噪声测定时，要求分为白天和夜间两个时段分别进行。规定：06:00—22:00 为白天，22:00—06:00 为夜晚。本次测量只在白天测量。

3．数据处理

测量结果一般用统计噪声级和等效连续 A 声级来表示。将每个测点所测得的 200 个数据按从大到小顺序排列，第 20 个数据即为 L_{10}，第 100 个数据即为 L_{50}，第 180 个数据即为 L_{90}。经验证明城市交通噪声测量值基本符合正态分布，因此，可直接用近似公式计算等效连续 A 声级和标准偏差值。

$$L_{eq}=L_{50}+d^2/60,\ d=L_{10}-L_{90}$$

L_{10}、L_{50} 和 L_{90} 是测量的 200 个数据按由大到小排列后，第 20 个、第 100 个和第 180 个数对应的声级值。

4．评价方法

当前的多数噪声测量仪器，其噪声的评价量一般体现为噪声剂量 DL、等效连续 A 声级 L_{eq}、噪声最大值 L_{max} 几个方面。进行噪声环境质量评价时，其方法一般有：

（1）数据平均法：若要对全市的交通干线的噪声进行比较和评价，必须把全市各干线长度 l_k 上的测点对应的 L_{10}、L_{50}、L_{90}、L_{eq} 的各自平均值、最大值和准标偏差列出。平均值的计算公式是：

$$L（平均值）=(\sum L_k \cdot l_k)/l$$

式中，l 为干线总长度，m。

（2）图示法：即用噪声污染图表示。当用噪声污染图表示时，评价量为 L_{eq} 或 L_{10}，按 5dB 一等级，以不同颜色或不同阴影线画出每段马路的噪声值，即得到全市交通噪声污染分布图。

四、方案实施

（1）声级计准备。

（2）测定条件设定。

（3）现场布点。

（4）交通噪声测量。

（5）测定结果记录。

（6）测定评价。

表 16-4 声环境质量标准 GB 3096—2008（L_{Aeq}） 单位：dB

声环境功能区类别		时段	
		昼间	夜间
0 类		50	40
1 类		55	45
2 类		60	50
3 类		65	55
4 类	4a 类	70	55
	4b 类	70	60

按区域的使用功能特点和环境质量要求，声环境功能区分为以下五种类型：

0 类声环境功能区：指康复疗养区等特别需要安静的区域。

1 类声环境功能区：指以居民住宅、医疗卫生、文化体育、科研设计、行政办公为主要功能，需要保持安静的区域。

2 类声环境功能区：指以商业金融、集市贸易为主要功能，或者居住、商业、工业混杂，需要维护住宅安静的区域。

3 类声环境功能区：指以工业生产、仓储物流为主要功能，需要防止工业噪声对周围环境产生严重影响的区域。

4 类声环境功能区：指交通干线两侧一定区域之内，需要防止交通噪声对周围环境产生严重影响的区域，包括 4a 类和 4b 类两种类型。4a 类为高速公路、一级公路、二级公路、城市快速路、城市主干路、城市次干路、城市轨道交通（地面段）、内河航道两侧区域；4b 类为铁路干线两侧区域。

五、过程评价

（一）学生评价

（二）教师评价

附 16-1 城市区域环境噪声监测

1．布点：将要普查测量的城市分成等距离网格（例如 500m×500m），测量点设在每个网格中心，若中心点的位置不宜测量（如房顶、污沟、禁区等），可移到旁边能够测量的位置。网格数不应少于 100 个。

2．测量：测量时一般应选在无雨、无雪时（特殊情况除外），声级计应加风罩以避免风噪声干扰，同时也可保持传声器清洁。四级以上大风应停止测量。

声级计可以手持或固定在三脚架上。传声器离地面高 1m、2m。放在车内的，要求传声器伸出车外一定距离，尽量避免车体反射的影响，与地面距离仍保持 1m、2m 左右。如固定在车顶上要加以注明，手持声级计应使人体与传声器距离 0m、5m 以上。

3．测量时间：分为白天（6:00—22:00）和夜间（22:00—6:00）两部分。白天测量一般选在 8:00—12:00 时或 14:00—18:00 时，夜间一般选在 22:00—5:00 时，随地区和季节不同，上述时间可稍作更改。

4．评价方法：

动态特性：一般来说，噪声的起伏在 4dB 以上时，采用慢响应特性，否则采用快响应特性。动态特性与人的听觉感觉特性是一致的，噪声测量仪器上设置不同的响应特性，是为了让仪器指示值，能够及时反映实际噪声值的大小，这对于一些指针示值类的仪器来说，显得尤为重要，起伏大的慢响应，可以更好地读出噪声数据，以帮助人们及时得到外界噪声的准确数值。

实际进行噪声评价时，主要采取下列两种方法：

（1）数据平均法：将全部网点测得的连续等效 A 声级做算术平均运算，所得到的算术平均值就代表某一区域或全市的总噪声水平。

（2）图示法：即用区域噪声污染图表示。为了便于绘图，将全市各测点的测量结果以 5dB 为一等级，划分为若干等级（如 56 ～ 60，61 ～ 65，66 ～ 70……分别为一个等级），然后用不同的颜色或阴影线表示每一等级，绘制在城市区域的网格上，用于表示城市区域的噪声污染分布。

附 16-2 工业企业噪声监测

测点选择的原则

（1）若车间内各处 A 声级波动小于 3dB，则只需在车间择 1 ～ 3 个测点；

（2）若车间内各处声级波动大于 3dB，则应按声级大小，将车间分成若干区域，任意两区域的声级应大于或等于 3dB，而每个区域内的声级波动必须小于 3dB，每个区域取 1 ～ 3 个测点。这些区域必须包括所有工人为观察或管理生产过程而经常工作、活动的地点和范围。如为稳态噪声则测量 A 声级，记为 dB（A），如为不稳态噪声，测量等效连续 A 声级或测量不同 A 声级下的暴露时间，计算等效连续 A 声级。测量时使用慢挡，取平均读数。

测量时要注意减少环境因素对测量结果的影响，如应注意避免或减少气流、电磁场、温度和湿度等因素对测量结果的影响。

附 16-3 工业企业厂界噪声监测

工业企业厂界噪声标准测量方法来源：GB 12349—90 Method of Measuring Noise at Boundary of Industrial Enterprises，本标准为执行 GB 12348《工业企业厂界噪声标准》而制订。本标准适用于工厂及有可能造成噪声污染的企事业单位的边界噪声的测量。

1．名词术语

周期性噪声：在测量时间内，声级变化具有明显的周期性的噪声。

背景噪声：厂界外噪声源产生的噪声。

2．测量条件

测量仪器：测量仪器精度为Ⅱ级以上的声级计或环境噪声自动监测仪，其性能符合 GB 3875《声级计电声性能及测量方法》之规定，应定期校验。并在测量前后进行校准，灵敏度相差不得大于 0.5dB（A），否则测量无效。测量时传声器加风罩。

3．气象条件

测量应在无雨、无雪的气候中进行，风力为 5.5m/s 以上时停止测量。

4．测量时间

测量应在被测企事业单位的正常工作时间内进行。分为昼、夜间两部分，时段的划分可由当地人民政府按当地习惯和季节划定。

5．采样方式

（1）用声级计采样时，动态特性为“慢”响应，采样时间间隔为 5s。

（2）用环境噪声自动监测仪采样，动态特性为“快”响应，采样时间间隔不大于 1s。

6．测量值

稳态噪声测量 1min 的等效声级。

周期性噪声测量一个周期的等效声级。

非周期性非稳态噪声测量整个正常工作时间的等效声级。

7．测点位置的选择

测点（即传声器位置。下同）应选在法定厂界外 1m，高度 1.2m 以上的噪声敏感处。如厂界有围墙，测点应高于围墙。

若厂界与居民住宅相连，厂界噪声无法测量时，测点应选在居室中央，室内限值应比相应标准值低 10dB(A)。

8．测量记录及数据处理

测量记录：围绕厂界布点。布点数目及间距视实际情况而定。在每一测点测量，计算正常工作时间内的等效声级，填入工业企业厂界噪声测量记录表（见附表 A）。

9．背景值修正

背景噪声的声级值应比待测噪声的声级值低 10dB(A) 以上，若测量值与背景值差值小于 10dB(A)，按下表进行修正。

差值	3	4 ～ 6	7 ～ 9
修正值	–3	–2	–1

附表 A　工业企业厂界噪声测量记录（补充件）

<table>
<tr><td>工厂名称</td><td>适用标准类型</td><td>测量仪器</td><td colspan="2">测量时间</td><td>测量人</td></tr>
<tr><td></td><td></td><td></td><td colspan="2"></td><td></td></tr>
<tr><td rowspan="2">测点编号</td><td rowspan="2">主要声源</td><td colspan="2">测量值</td><td rowspan="2" colspan="2">测点示意图</td></tr>
<tr><td>昼间</td><td>夜间</td></tr>
<tr><td></td><td></td><td></td><td></td><td colspan="2"></td></tr>
</table>

10．附加说明

本标准由国家环境保护局提出。

本标准由国家环境保护局负责解释。

本标准主要起草人朱建平、徐恩霖、陈光华、郭静男、郭秀兰。

附 16-4 AWA6218B 型噪声统计分析仪使用说明书

1．常规测点的测量

按下“开复位”键，打开仪器的电源，仪器上显示型号后开始自检，自检完成后如果没有问题则显示测量时间和采样间隔，这两个参数就是上一次用户设定过的值。

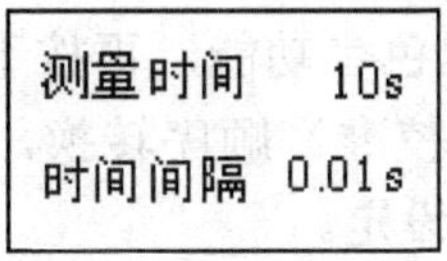

测量时间	10s
时间间隔	0.01s

图 1

```
99/05/06 04:35:21
No.040  F  A  STA
Lp  = 80.0dB  准备
Us:7.10>5.40V
```

图 2

用户应注意检查测量时间和采样间隔是否符合要求，如不符合要求，需重新设定，方法见“测量时间的设定”和“采样时间间隔的设定”。3s 后进入常用测量界面见图 2。

用户应注意检查日历时钟是否准确，如不准可参考“时钟的查看与调整”来调准它。用户如果发现频率计权和时间计权不符合要求可分别参考“频率计权的设定”和“时间计权的设定”。第三行为测量结果显示行，用户用“↑↓”键可顺序查看 L_{eq}、L_5、L_{10}、L_{50}、L_{90}、L_{95}、SD、L_{AE}、L_{max}、L_{min}、E、T_m、N_m。第四行为电池的电压显示，如果显示“LOBAT”说明电池的电压不足，应更换电池再进行测量。“准备”两个汉字表示可以进行测量，用户只需按下启动键即可开始积分测量，启动后此处的显示为“启动”。测量结果的查看见“测量结果的查看”。

2．测量时间设定

按下“测量时间”键，声级计显示见图 3。

测量时间10秒钟
可以用↑↓键设定

图 3

用户如需加大测量时间可按“↑”键，用户如需减小测量时间可按“↓”键。

3．采样间隔设定

按下“上挡功能”键，声级计显示见图 4。

再按下“采样间隔”键声级计显示见图 5。

转入上档功能，按键起红色字作用

图4

采样间隔0.01 可以用↑↓键设定

图5

用户如需加大采样时间间隔可按“↑”键，用户如需减小采样时间间隔可按“↓”键。测量时间和采样时间间隔设定好后，按下“启动”键就开始测量了。用户设定好的测量时间和采样间隔被保存起来，下次启动测量，测量时间和采样间隔不变。注意：启动时无法设定。

4．频率计权设定

按下“上挡功能”键后，按键转入红色字功能，再按下“频率计权”键，频率计权就会从A、C、Z、E（E表示是电校准）顺序转换，下一次开机后仍然是本次设定结果。注意：启动和调阅时无法设定。

5．时间计权设定

按下“上挡功能”键后，按键转入红色字功能，再按下时间计权键，时间计权就会从F、S顺序转换，下一次开机后仍然是本次设定结果。注意：启动和调阅时无法设定。

6．量程的控制（在进入积分平均功能时才有用）

按下“上档功能”键，再按下“量程”键。量程就可以在高和低之间相互切换。当被测噪声大，过载指示灯点亮时，可以将量程设在高，当被测噪声较小时，出现“欠程”或“UNDER”时，可以将量程设在低。“—”是量程标志，表明量程处在低挡；“—”表明量程处在高挡。

7．测量结果的查看

按下“启动暂停”键开始测量，屏幕右下角出现“启动”到达用户设定的测量时间后测量会自动停下来，并显示提示“结束”。

（1）监测指标的查看

按下“↑”、“↓”键，可顺序查看L_{eq}、L_5、L_{10}、L_{50}、L_{90}、L_{95}、SD、L_{AE}、L_{max}、L_{min}、E、T_m、N_m。

（2）统计分布图，累积分布图的查看

测量结束后，按一下“分布图”键，显示统计分布图（图8）（上图反映出测量到的声级有9.5%是89dB），再按一下“分布图”键又可显示累积分布图（图9）（下图反映出有33.0%的声级比87dB大），从累积分布图上可以推算出任意百分比统计声级，精度为1dB。

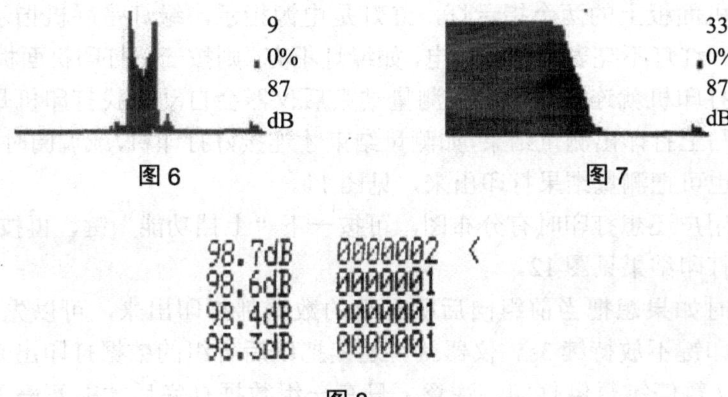

图6　图7

图8

在显示分布图时可以用“↑”、“↓”键来顺序查看每一个声级分档所占百分比。分布图的横坐标为声级，纵坐标为百分比（两行显示数值）。

（3）瞬时值的查看

测量结束后，按下“瞬时值”键。可以显示 L_p—N 表（图 10），前面为声压级，后面为采到的个数，从大到小排列，每一行后面有一个指针，按下“↑”、“↓”键可以使指针上下移动，并可以自动翻页。按下“删除”键可以把指针指向的瞬时值删除掉，并且重新进行统计分析计算。

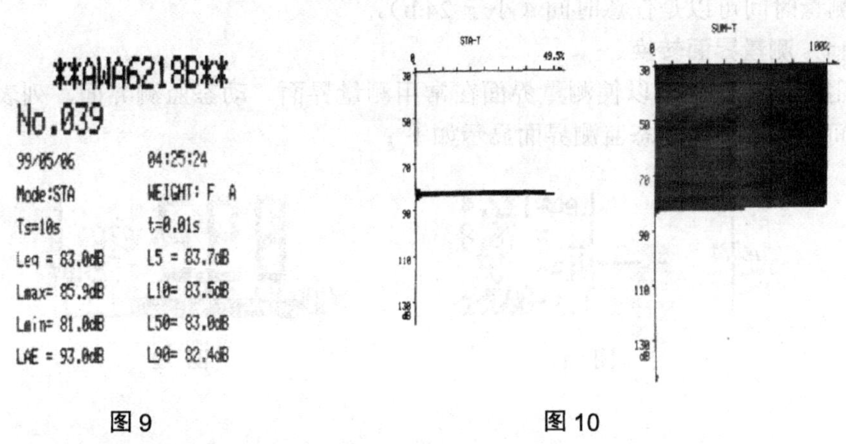

图9　图10

8．测量结果打印

用户如果需要把测量结果打印出来，可以选购 UP40TS 微型打印机，有关打印机的操作请看打印机使用手册。打印线的 9 针插头插入仪器后的接口上，打印线的 25 针插头插入微型打印机的接口，如果有 220V 市电，可以把打印机专用电源插到 220V 市电上，5V 直流输出插头插入打印机的电源插座中，如果没有 220V 市电，也可用打印线 25 针插头上引出的直流输出插头插入打印机的电源插座中。

检查打印机面板上的两个指示灯，红灯是电源指示，绿灯是联机指示，两灯都亮才能打印。红灯不亮表示没有通电，如绿灯不亮，则按一下打印机面板上的“SEL”键，这样打印机就连接好了。当测量结束后仪器会自动查找打印机是否联机，如已联机则马上打印出测量结果，如测量结束才连接好打印机，或调阅时可以按下“打印”键，也可把测量结果打印出来，见图 11。

如果用户还想打印时有分布图，可按一下“上挡功能”键，再按“带图打印”键即可，打印结果见图 12。

调阅时如果想把当前组向后所有组的数据都打印出来，可以先联好打印机，再按下打印键不放持续 3s。仪器就可连续把以后各组的数据打印出来。打印时可以用启动 / 暂停键暂停打印，注意：只有一组数据打完后才能暂停下来，再按启动 / 暂停键又可打印。

9．测量的取消

当用户发现本次测量不正确时或因其他问题而不想测量时可以按下“删除”键，取消本次测量，如果当时正在测量则取消测量回到准备状态，如果测量已经结束，则把已储存起来的测量结果删除掉回到准备状态。

10．测量的提前结束

按下“启动”键启动测量后，用户也可在测量未结束前按下“暂停”键，然后按下“打印”键，测量就提前结束掉，并把测量结果储存起来。用这个方法用户的测量时间可以是任意时间（小于 24 h）。

11．测量界面转换

用“界面”键可以使测量界面在常用测量界面、动态监测界面、列表显示界面之间相互切换。动态监测界面显示如下：

图 11　　　　图 12

附 16-5　AWA5636 声级计简明操作步骤

1．按下“⏻”开机，仪器自检，出现“自检通过”，然后出现可视窗口。

2．将光标键移到“2. 仪器设置”，确定，设置相应参数（移动上、下键即可）。

建议：

传声器灵敏度 AC：100mV/Pa；

W：A；

自动关机，无效；

门限：120dB；

串口波特率：9 600；

按下退出键“⏻”，回到主板面。

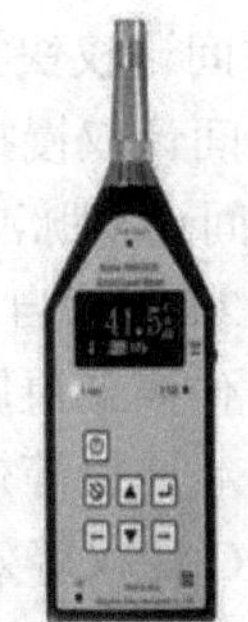

3．光标在“噪声测量”，确定，设置参数：

列表：光标移动下一个，按上升或下降键，到“A”（有 A、C、Z 三种计权特性，Z 是客观值，A、C 分别是 A、C 计权声级，常用 A 计权）；

“F/S”选“S”（有 F、S、I 三种响应特性，I 脉冲，是瞬时值，F 是快响应特性，S 是慢响应特性）；

T_s：调节为预备测量的时间，如为 20min，则设定为 20min；

4．按下确定键“enter”后，仪器自动进入测量状态（有闪烁的箭头出现），时间到达后，箭头闪烁停止。

5. 20min 后，仪器自动停止噪声测量（此时记录数据的窗口虽然 L_p 有数值变化，但未进入统计数据中）

6．记下测定结果：

L_{max}、L_{min}、声暴露级 SEL、L_{eq}（T）、T_s

7．长按退出键“⏻”3s，仪器关机。

注：本仪器的可测噪声范围：30～130dB，GB/T 3785，2 级声级计（普通声级计）。

附 16-6　爱华声级计仪器本身的符号及定义

1. 符号、缩写定义

T_s　设定的积分测量时间

T_m　实际测量经历时间

N_m　实际统计分析的采样个数

GPS　全球定位系统

N　组名或测点的名称，用户可输入

h　24 小时自动监测时的当前时间段号

24h　24 小时自动监测模式

STA　单次统计分析模式

F　时间计权快挡，时间常数为 125ms

S　时间计权慢挡，时间常数为 1 000ms

I　时间计权脉冲挡，上升沿时间常数为 35ms，下降沿时间常数为 1 500ms

R@　24 小时自动监测时的第一组启动时刻

*L*px　传声器灵敏度级

L_{Aeq}　A 计权等效声级

L_{Ceq}　C 计权等效声级

L_{Zeq}　Z 计权等效声级

SEL　声暴露级 $=L_{eq}+10\log(T)$

E　个人声暴露，单位为 Pa^2h

L_{max}　最大声压级

L_{min}　最小声压级

L_5　5% 的声压级超过此声压级

L_{10}　10% 的声压级超过此声压级

L_{50}　50% 的声压级超过此声压级

L_{90}　90% 的声压级超过此声压级

L_{95}　95% 的声压级超过此声压级

SD　均方偏差

L_{AFp}　F 挡测量到的 1s 内的最大 A 声级

L_{ASp}　S 挡测量到的 1s 内的最大 A 声级

L_{AIp}　I 挡测量到的 1s 内的最大 A 声级

L_{A1s}　1s 的 A 计权等效声级

L_{CFp}　F 挡测量到的 1s 内的最大 C 声级

L_{CSp}　S 挡测量到的 1s 内的最大 C 声级

L_{CIp}　I 挡测量到的 1s 内的最大 C 声级

L_{C1s}　1s 的 C 计权等效声级

L_{ZFp}　F 挡测量到的 1s 内的最大 Z 声级

L_{ZSp}　S 挡测量到的 1s 内的最大 Z 声级

L_{ZIp}　I 挡测量到的 1s 内的最大 Z 声级

L_{Z1s}　1s 的 Z 计权等效声级

L_{AFi}　F 挡测量到的瞬时 A 声级

L_{ASi}　S 挡测量到的瞬时 A 声级

L_{AIi}　I 挡测量到的瞬时 A 声级

L_{CFi}　F 挡测量到的瞬时 C 声级

L_{CSi}　S 挡测量到的瞬时 C 声级

L_{CIi}　I 挡测量到的瞬时 C 声级

L_{ZFi}　F 挡测量到的瞬时声压级

L_{ZSi}　S 挡测量到的瞬时声压级

L_{ZIi}　I 挡测量到的瞬时声压级

L_d　昼间等效声级，时间段为 6:00—22:00

L_n　夜间等效声级，时间段为 22:00—6:00

L_{dn}　昼夜间等效声级

L_{Cpk}　峰值 C 声级

Lat　纬度，以度为单位

Lon　经度，以度为单位

Alt　海拔

Vel　速度

SMS　短消息

UTC　世界标准时间，比北京时间晚 8 个小时

GMT+8　格林尼治时间，与 UTC 相同

+8　表示格林尼治时间早 8 个小时

OCT　倍频程频谱分析

Rang　量程

W_A　A 计权声压级

W_C　C 计权声压级

W_Z　Z 计权声压级

电池电量显示

电池欠压

有 GPS 定位信号

SD 卡已插入

成功发送短消息

90° 方向入射

2. 主要性能指标

（1）传声器：预极化测试电容传声器，灵敏度级：–46 ～ –26dB（以 1V/Pa 为参考 0dB）。

（2）频率范围：10Hz ～ 20kHz±1dB（不含传声器）。

（3）A/D 位数：24 位。

（4）采样频率：48kHz。

（5）本机电噪声：小于 A 计权 3μV、C 计权 4μV、Z 计权 5μV（不含前置级，

用 50Ω 电阻直接短路)。

(6)测量上限：由所配传声器灵敏度决定。可按“94- 传声器灵敏度级”进行估算。

(7)动态范围：大于 110dB(A 计权)，无须转换量程。

(8)时间计权：并行(同时)F、S、I。

(9)频率计权：并行(同时)A、C、Z。

(10)检波特性：真有效值数字检波。

(11)仪器类型：IEC61672：2002 1 级，GB/T3785-2010 1 型。当选配 AWA 14602 型前置级时为 2 级或 2 型。

(12)显示器：128×128 点阵液晶显示，对比度 16 级可调，有 LED 背光。

(13)主要显示内容：可实时测量及显示 12 个以上测量指标、统计分布图、累积分布图、24 h 分布图。

(14)主要测量功能：统计分析，24 h 自动监测，机场噪声测量。

(15)主要测量指标：L_{xyi}、L_{xyp}、L_{xeq}、L_{xmax}、L_{xmin}、L_{xN}、SD、SEL、E、L_{Cpeak}、T_d、L_{EPN} 等。

注：x 为 A、C、Z，y 为 F、S、I，N 为 5、10、50、90、95。

L_{Cpeak} 测量下限为测量上限减 60dB。

(16)数据存储：128 组带分布图的统计分析结果。

(17)输出接口：AC(交流)、DC(直流)，RS-232C 至计算机或微型打印机，USB 接口(需选配 SD 卡大容量存贮模块)。

①交流输出：输出信号幅度可在小信号、大信号、交流、1kHz 中选择，输出可接 8Ω 监听耳机，输出功率：150mW，谐波失真小于 0.1%。

②直流输出：可选择输出 A、C、Z 三种频率计权、F、S、I 三种时间计权组合的瞬时声压级，输出比例：20mV/dB。100dB 时输出电压为 2V，最大输出电压 3.3V。

③ RS232 接口：接至计算机可实时输出 A、C、Z 三种频率计权、F、S、I 三种时间计权的瞬时声压级，1s 最大声压级，1s 积分声压级，已保存的测量结果。接至 AH40 微型打印机可打印出测量结果及相关图表。

④ USB 接口：当用户选择了 SD 卡大容量存贮模块后，才具有 USB 接口功能，通过 USB 线将仪器与计算机相连后，仪器会转为一个外置 U 盘。符合 USB1.1 标准，兼容 USB2.0 标准。

(18)日历时钟：每月误差小于 1min，可 GPS 授时、校时，内置后备电池。

(19)电源：4 节 LR6(5 号)电池或 5V 外接电源。工作电源约 120mA，最大约 200mA。

(20)统计分析功能：可以任选频率计权及时间计权，采样速率为 47 次 /s。

（21）测量时间：手动，1s ～ 99h 任意设置或分挡设置。

（22）工作温度：–10 ～ 50℃。

（23）相对湿度：20% ～ 90%。

（24）外形尺寸（mm）：260×80×30。

（25）GPS 定位功能（选配）：测量经度、纬度、海拔、运动速度，并可与噪声测量结果一同记录。还可利用 GPS 定位信息测量运动方向、两点直线距离。

①接收器类型：16 通道。

②更新速率：1Hz。

③定位精度：2.5m。

④启动时间：热启动 <3.5s，温启动 33s，冷启动 34s。

⑤接收灵敏度：跟踪 –158dBm，捕获 –148dBm，冷启动 –142dBm。

⑥授时精度：50ns。

⑦运行限制：海拔高度 <18 000m，速度 <515m/s。

（26）SD 卡大容量存贮功能（选配）：

①测量结果以文本文件格式保存在 SD 卡中，这些文件可用 EXCEL 直接打开。

②统计分析时也可同时记录瞬时值或 1s 积分值及定位信息随时间的变化。

③采用 FAT 表进行文件管理，支持 FAT16 及 FAT32 格式，最大 SD 卡容量 2GB。

④当用 USB 接口连接到计算机时，仪器将 SD 卡转为 U 盘。

（27）录音功能（需选配 SD 卡大容量存贮模块）

录音格式：48 000 采样频率，16 位精度；

文件格式：WAV 格式，内含校准信息；

录音时间：1s ～ 1h；

回放：可用仪器播放，也可用计算机播放。

（28）倍频程频谱分析功能（选配）

滤波器类型：并行（实时）倍频程，G=2；

符合标准：IEC 61260 1 级，GB 3241—2010 1 级；

滤波器中心频率：16Hz、31.5Hz、63Hz、125Hz、250Hz、500Hz、1kHz、2kHz、4kHz、8kHz、16kHz（2 级时无 16Hz，16kHz 中心频率）；

倍频程频带声压级指数平均时间常数：16Hz，31.5Hz 中心频率下为 350ms，其余中心频率下为 125ms；

实时分析速度：每秒约 47 次，同时完成所有中心频率及 A 计权，C 计权，Z 计权；

主要测量界面：列表界面、图形界面、醒目界面。列表界面和图形界面可以同时显示 11 个中心频率的频带声级压以及 A、C 和 Z 计权声压级；

级线性范围：70dB 以上；

主要测量指标：频带瞬时声压级（L_{fmi}）、频带 1s 等效声压级（L_{fmeq}，1s）、频带等效连续声压级（L_{fmeq}，T）。

附 16-7　城市区域环境噪声标准

（GB 3096—93）（1993 年 12 月 6 日实施）

本标准规定了城市五类区域的环境噪声最高限值。本标准适用于城市区域。乡村生活区域可参照本标准执行。

本标准为贯彻《中华人民共和国环境保护法》及《中华人民共和国环境噪声污染防治条例》，保障城市的生活声环境质量而制定。

1　主题内容与适用范围

本标准规定了城市五类区域的环境噪声最高限值。

本标准适用于城市区域。乡村生产区域可参照本标准执行。

2　引用标准

GB/T 14623　城市区域环境噪声测量方法

3　标准值

城市 5 类环境噪声标准值列于下表：

等效声级 L_{Aeq}：dB

类别	昼间	夜间
0	50	40
1	55	45
2	60	50
3	65	55
4	70	55

4　各类标准的适用区域

4.1　0 类标准适用于疗养区、高级别墅区、高级宾馆区等特别需要安静的区域。位于城郊和乡村的这一类区域分别按严于 0 类标准 5dB 执行。

4.2　1 类标准适用于以居住、文教机关为主的区域。乡村居住环境可参照执行该类标准。

4.3　2 类标准适用于居住、商业、工业混杂区。

4.4　3 类标准适用于工业区。

4.5 4类标准适用于城市中的道路交通干线道路两侧区域，穿越城区的内河航道两侧区域。穿越城区的铁路主、次干线两侧区域的背景噪声（指不通过列车时的噪声水平）限值也实行该类标准。

5 夜间突发噪声

夜间突发的噪声，其最大值不准超过标准值15dB。

6 区域及时间的划定

6.1 各类标准适用区域由当地人民政府划定。

6.2 本标准昼间、夜间的时间由当地人民政府按当地习惯和季节变化划定。

7 监测方法

按GB/T 14623执行。

附加说明

本标准由国家环境保护局提出。

本标准主要起草人郭静男、郭秀兰、孙家麒、陈光华、赵仁兴。

本标准由国家环境保护局负责解释。

附16-8 声环境质量标准

（GB 3096—2008）

中华人民共和国环境保护部公告

2008年第45号

为贯彻《中华人民共和国环境保护法》和《中华人民共和国环境噪声污染防治法》，保护环境，保障人体健康，防治环境噪声污染，现批准《声环境质量标准》为国家环境质量标准，并由我部与国家质量监督检验检疫总局联合发布。

标准名称、编号如下：

声环境质量标准（GB 3096—2008）

按有关法律规定，以上标准具有强制执行的效力。

以上标准自2008年10月1日起实施。

以上标准由中国环境出版社出版，标准内容可在环境保护部网址（bz.mep.gov.cn）查询。

自标准实施之日起，《城市区域环境噪声标准》（GB 3096—93）、《城市区域环境噪声测量方法》（GB/T 14623—93）废止。

特此公告。

2008 年 8 月 19 日

前 言

为贯彻《中华人民共和国环境噪声污染防治法》，防治噪声污染，保障城乡居民正常生活、工作和学习的声环境质量，制定本标准。

本标准是对《城市区域环境噪声标准》（GB 3096—93）、《城市区域环境噪声测量方法》（GB/T 14623—93）的修订，与原标准相比主要修改内容如下：

——扩大了标准适用区域，将乡村地区纳入标准适用范围；

——将环境质量标准与测量方法标准合并为一项标准；

——明确了交通干线的定义，对交通干线两侧 4 类区环境噪声限值作了调整；

——提出了声环境功能区监测和噪声敏感建筑物监测的要求。

本标准于 1982 年首次发布，1993 年第一次修订，本次为第二次修订。

自本标准实施之日起，GB 3096—93 和 GB/T 14623—93 废止。

本标准的附录 A 为资料性附录；附录 B、附录 C 为规范性附录。

本标准由环境保护部科技标准司组织制定。

本标准起草单位：中国环境科学研究院、北京市环境保护监测中心、广州市环境监测中心站。

本标准环境保护部 2008 年 7 月 30 日批准。

本标准自 2008 年 10 月 1 日起实施。

本标准由环境保护部解释。

1 适用范围

本标准规定了五类环境功能区的环境噪声限值及测量方法。

本标准适用于声环境质量评价与管理。

机场周围区域受飞机通过（起飞、降落、低空飞越）噪声的影响，不适用于本标准。

2 规范性引用文件

本标准内容引用了下列文件或其中的条款。凡是不注日期的引用文件，其有效版本适用于本标准。

GB 3785　声级计电、声性能及测试方法

GB/T 15173　声校准器

GB/T 15190　城市区域环境噪声适用区划分技术规范

GB/T 17181　积分评价声级计

GB/T 50280　城市规划基本术语标准

JTGB 01　公路工程技术标准

3　术语和定义

下列术语和定义适用于本标准。

3.1　*A 声级* A-weighted sound pressure level

用 A 计权网络测得的声压级，用 L_A 表示，单位 dB(A)。

3.2　*等效连续 A 声级* equivalent continuous A-weighted sound pressure level

简称为等效声级，指在规定测量时间 T 内 A 声级的能量平均值，用 L_{Aeq}，T 表示（简写为 L_{eq}），单位 dB(A)。除特别指明外，本标准中噪声值皆为等效声级。

根据定义，等效声级表示为：

$$L_{eq} = 10\ \lg[\int_0^t(10^{0.1L_A}dt)/T]$$

式中，L_A——t 时刻的瞬时 A 声级；

T——规定的测量时间段。

3.3　*昼间等效声级* day-time equivalent sound level、*夜间等效声级* night-time equivalent sound level

在昼间时段内测得的等效声级 A 声级称为昼间等效声级。用 L_d 表示，单位 dB(A)。

在夜间时段内测得的等效声级 A 声级称为夜间等效声级。用 L_n 表示，单位 dB(A)。

3.4　*昼间* day-time、*夜间* night-time

根据《中华人民共和国噪声污染防治法》，“昼间”是指 6:00—22:00 的时段，“夜间”是指 22:00 至次日 6:00 的时段。

县级以上人民政府为环境噪声污染防治的需要（如考虑时差、作息习惯差异等）而对昼间、夜间的划分另有规定的，应按其规定执行。

3.5　*最大声级* maximum sound level

在规定测量时间内对频发或偶发噪声事件测得的 A 声级最大值，用 L_{max} 表示，单位 dB(A)。

3.6　*累积百分声级* percentile sound level

用于评价测量时间段内噪声强度时间统计分布特征的指标，指占测量时间段一定比例的累积时间内 A 声级的最小值，用 L_N 表示，单位为 dB(A)。最常用的是 L_{10}、L_{50} 和 L_{90}，其含义如下：

L_{10}——在测量时间内有 10% 的时间 A 声级超过的值，相当于噪声的平均峰值。

L_{50}——在测量时间内有 50% 的时间 A 声级超过的值，相当于噪声的平均中值。

L_{90}——在测量时间内有 90% 的时间 A 声级超过的值，相当于噪声的平均本底值。

如果数据采集是按等间隔时间进行的，用 L_N 也表示有 N% 的数据超过的噪声级。

3.7 城市 city、城市规划区 urban planning area

城市是指国家按行政建制设立的直辖市、市和镇。

由城市市区、近郊区以及城市行政区域内其他因城市建设和发展需要实行规划控制的区域，为城市规划区。

3.8 乡村 rural area

乡村是指除城市规划区以外的其他地区，如村庄、集镇等。

村庄是指农村村民居住和从事各种生产的聚居点。

集镇是指乡、民族乡人民政府所在地和经县级人民政府确认由集市发展而成的作为农村一定区域经济、文化和生活服务中心的非建制镇。

3.9 交通干线 traffic artery

指铁路（铁路专用线除外）、高速公路、一级公路、二级公路、城市快速路、城市主干路、城市次干路、城市轨道交通线路（地面段）、内河航道。应根据铁路、交通、城市等规划确定。以上交通干线类型的定义参见附录 A。

3.10 噪声敏感建筑物 noise-sensitive buildings

指医院、学校、机关、科研单位、住宅等需要保持安静的建筑物。

3.11 突发噪声 burst noise

指突然发生、持续时间较短，强度较高的噪声。如锅炉排气、工程爆破等产生的较高噪声。

4 声环境功能区分类

按区域的使用功能特点和环境质量要求，声环境功能区分为以下五种类型：

0 类声环境功能区：指康复疗养区等特别需要安静的区域。

1 类声环境功能区：指以居民住宅、医疗卫生、文化体育、科研设计、行政办公为主要功能，需要保持安静的区域。

2 类声环境功能区：指以商业金融、集市贸易为主要功能，或者居住、商业、工业混杂，需要维护住宅安静的区域。

3 类声环境功能区：指以工业生产、仓储物流为主要功能，需要防止工业噪声对周围环境产生严重影响的区域。

4 类声环境功能区：指交通干线两侧一定区域之内，需要防止交通噪声对周围环境产生严重影响的区域，包括 4a 类和 4b 类两种类型。4a 类为高速公路、一级公路、二级公路、城市快速路、城市主干路、城市次干路、城市轨道交通（地面段）、内河航道两侧区域；4b 类为铁路干线两侧区域。

5 环境噪声限值

5.1 各类声环境功能区使用于表 1 规定的环境噪声等效声级限值。

表 1　环境噪声限值　　单位：dB(A)

声环境功能区类别		时段	
		昼间	夜间
0 类		50	40
1 类		55	45
2 类		60	50
3 类		65	55
4 类	4a 类	70	55
	4b 类	70	60

5.2　表 1 中 4b 类声环境功能区类别环境噪声限值，适用于 2011 年 1 月 1 日起环境影响评价文件通过审批的新建铁路（含新开廊道的增建铁路）干线建设项目两侧区域。

5.3　在下列情况下，铁路干线两侧区域不通过列车时的环境背景噪声限值，按昼间 70dB(A)、夜间 55dB(A) 执行。

a）穿越城区的既有铁路干线；

b）对穿越城区的既有铁路干线进行改建、扩建的铁路建设项目；

既有铁路是指 2010 年 12 月 31 日前已建成运营的铁路或环境影响评价文件已通过审批的铁路建设项目。

5.4　各类声环境功能区夜间突发噪声，其最大声级超过环境噪声限值的幅度不得高于 15dB(A)。

6　环境噪声监测要求

6.1　测量仪器

测量仪器精度为 2 型及 2 型以上的积分平均声级计或环境噪声自动监测仪器，其性能需符合 GB 3785 和 GB/T 17181 的规定，并定期校验。测量前后使用省校准器校准测量仪器的示值偏差不得大于 0.5dB，否则测量无效。声校准器应满足 GB/T 15173 对 1 级或 2 级声校准器的要求。测量时传声器应加防风罩。

6.2　测点选择

根据监测对象和目的，可选择以下三种测点条件（指传声器所置位置）进行环境噪声的测量：

a）一般户外

距离任何反射物（地面除外）至少 3.5m 外测量，距地面高度 1.2m 以上。必要时可置于高层建筑上，以扩大监测受声范围。使用监测车辆测量，传声器应固定在车顶部 1.2m 高度处。

b）噪声敏感建筑物户外

在噪声敏感建筑物外，距墙壁或窗户 1m 处，距地面高度 1.2m 以上。

c）噪声敏感建筑物室内

距离墙面和其他反射面至少 1m，距窗约 1.5m 处，距地面 1.2 ～ 1.5m 高。

6.3 气象条件

测量应在无雨雪、无雷电天气、风速 5m/s 以下时进行。

6.4 监测类型与方法

根据监测对象和目的，环境噪声监测分为声环境功能区监测和噪声敏感建筑物监测两种类型，分别采用附录 B 和附录 C 规定的监测方法。

6.5 测量记录

测量记录应包括以下事项：

a）日期、时间、地点及测定人员；

b）使用仪器型号、编号及其校准记录；

c）测定时间内的气象条件（风向、风速、雨雪等天气状况）；

d）测量项目及测定结果；

e）测量依据的标准；

f）测定示意图；

g）声源及运行工况说明（如交通噪声测量的交通流量等）；

h）其他应记录的事项。

7 声环境功能区的划分要求

7.1 城市声环境功能区的划分

城市区域应按照 GB/T 15190 的规定划分声环境功能区，分别执行本标准规定的 0、1、2、3、4 类声环境功能区环境噪声限值。

7.2 乡村声环境功能的确定

乡村区域一般不划分声环境功能区，根据环境管理的需要，县级以上人民政府环境保护行政主管部门可按以下要求确定乡村区域适用的声环境质量要求：

a）位于乡村的康复疗养区执行 0 类声环境功能区规定；

b）村庄原则上执行 1 类声环境功能区要求，工业活动较多的村庄以及有交通干线通过的村庄（指执行 4 类声环境功能区要求以外的地区）可局部或全部执行 2 类声环境功能区要求；

c）集镇执行 2 类声环境功能区要求；

d）独立于村庄、集镇之外的工业、仓储集中区执行 3 类声环境功能区要求；

e）位于交通干线两侧一定距离（参考 GB/T 15190 第 8.3 条规定）内噪声敏感建筑物执行 4 类声环境功能区要求。

8 标准的实施要求

本标准由县级以上人民政府环境保护主管部门负责组织实施。

为实施本标准，各地应建立环境噪声监测网络与制度、评价声环境质量状况、进行信息通报与公示、确定达标区和不达标区、制订达标区维持计划与不达标区削减计划，因地制宜改善声环境质量。

附录A

（资料性附录）

不同类型交通干线的定义

A.1 铁路

以动力集中方式或动力分散方式牵引，行驶于固定钢轨线路上的客货运输系统。

A.2 高速公路

根据 JTGB 01，定义如下：

专供汽车分向、分车道行驶，并应全部控制出入的多车道公路，其中：

四车道高速公路应能适应将各种汽车折合成小客车的年平均日交通量 25 000 ～ 55 000 辆；

六车道高速公路应能适应将各种汽车折合成小客车的年平均日交通量 45 000 ～ 80 000 辆；

八车道高速公路应能适应将各种汽车折合成小客车的年平均日交通量 60 000 ～ 80 000 辆。

A.3 一级公路

根据 JTGB 01，定义如下：

供汽车分向、分车道行驶，并可根据需要控制出入的多车道公路，其中：

四车道一级公路应能适应将各种汽车折合成小客车的年平均日交通量 15 000 ～ 30 000 辆；

六车道一级公路应能适应将各种汽车折合成小客车的年平均日交通量 25 000 ～ 55 000 辆。

A.4 二级公路

根据 JTGB 01，定义如下：

供汽车行驶的双车道公路。

双车道二级公路应能适应将各种汽车折合成小客车的年平均日交通量 5 000 ～ 15 000 辆。

A.5 城市快速路

根据 GB/T 50280，定义如下：

城市道路中设有中央分隔带，具有四条以上的机动车道，全部或部分采用立体交叉与控制出入，供汽车以较高速度行驶的道路，又称汽车专用道。

城市快速路一般在特大城市或大城市中设置，主要起连续城市内各主要地区、沟通对外联系的作用。

A.6 城市主干路

联系城市各主要地区（住宅区、工业区以及港口、机场和车站等客货运中心等），承担城市主要交通任务的交通干道，是城市道路网的骨架。主干线沿线两侧不宜修建过多的车辆和行人出入口。

A.7 城市次干路

城市各区域内部的主要道路，与城市主干路结合成道路网，起集散交通的作用兼有服务功能。

A.8 城市轨道交通

以电能为主要动力，采用钢轮—钢轨为导向的城市公共客运系统。按照运量及运行方式的不同，城市轨道交通分为地铁、轻轨以及有轨电车。

A.9 内河航道

船舶、排筏可以通航的内河水域及其港口。

附录 B

（规范性附录）

声环境功能区监测方法

B.1 监测目的

评价不同声环境功能区昼间、夜间的声环境质量，了解功能区环境噪声时空分布特征。

B.2 定点监测法

B.2.1 监测要求

选择能反映各类功能区声环境质量特征的监测点 1 至若干个，进行长期定点监测，每次测量的位置、高度应保持不变。

对于 0、1、2、3 类声环境功能区，该监测点应为户外长期稳定、距地面高度为声场空间垂直分布的可能最大值处，其位置应能避开反射面和附近的固定噪声源；4 类声环境功能区监测点设于 4 类区内第一排敏感建筑物户外交通噪声空间垂直分布的可能最大处。

声环境功能区监测每次至少进行一昼夜 24 小时的连续监测，得出每小时及昼间、夜间的等效声级 L_{eq}、L_d、L_n 和最大声级 L_{max}。用于噪声分析的，可适当增加监测项目，如累积百分声级 L_{10}、L_{50}、L_{90} 等。监测应避开节假日和非正常工作日。

B.2.2 监测结果评价

各监测点位监测结果独立评价，以昼夜等效声级 L_d 和夜间等效声级 L_n 作为评价各监测点位声环境质量是否达标的基本依据。

一个功能区设有多个测点的，应按点次分别统计昼间、夜间的达标率。

B.2.3 环境噪声自动监测系统

全国重点环保城市以及其他有条件的城市和地区宜设置环境噪声自动监测系统，进行不同声环境功能区监测点的连续自动监测。

环境噪声自动监测系统主要是由自动监测子站和中心站及通信系统组成，其中自动监测子站由全天候户外传声器、智能噪声自动监测仪器、数据传输设备等构成。

B.3 普查监测法

B.3.1 0～3 类声环境功能区普查监测

B.3.1.1 监测要求

将要普查监测的某一声环境功能区划分成多个等大的正方格，网格要完全覆盖住被普查的区域，且有效网格总数应多于 100 个。测点应设在每一个网格的中心，测点条件为一般户外条件。

监测分别在昼间工作时间和夜间 22：00～24：00（时间不足可顺延）进行。在前述监测时间内，每次每个测点测量 10min 的等效声级 Leq，同时记录噪声主要来源。监测应避开节假日和非正常工作日。

B.3.1.2 监测结果评价

将全部网格中心测点测量 10min 的等效声级 L_{eq} 做算术平均运算，多得到的平均值代表某一声环境功能区的总体环境噪声水平，并计算标准偏差。

根据每个网格中心的噪声值及对应的网格面积，统计不同噪声影响水平下面积百分比，以及昼间、夜间的达标面积比例。有条件可估算受影响人口。

B.3.2 4 类声环境功能区普查监测

B.3.2.1 监测要求

以自然路段、站场、河段等为基础，考虑交通运行特征和两侧噪声敏感建筑物分布情况，划分典型路段（包括河段）。在每个典型路段对应的 4 类区边界上（指 4 类区内无噪声敏感建筑物存在时）或第一排噪声敏感建筑物户外（指 4 类区内有敏感建筑物存在时）选择 1 个测点进行噪声监测。这些测点应与站、场、码头、岔路口、河流汇入口等相隔一定的距离，避开这些地点的噪声干扰。

监测分昼、夜两个时段进行。分别测量如下规定时间内的等效声级 L_{eq} 和交通流量，对铁路、城市轨道交通线路（地面段），应同时测量最大声级 L_{max}，对道路交通噪声应同时测量累积百分声级 L_{10}、L_{50}、L_{90}。

根据交通类型的差异，规定的测量时间为：

铁路、城市轨道交通（地面段）、内河航道两侧：昼、夜间各测量不低于平均运行密度的 1 小时值，若城市轨道交通（地面段）的运行车次密集，测量时间可缩短至 20min。

高速公路、一级公路、二级公路、城市快速路、城市主干路、城市次干路两侧：昼、夜间各测量不低于平均运行密度的 20min 值。

监测应避开节假日和非正常工作日。

B.3.2.2　监测结果评价

将某条交通干线各典型路段测得的噪声值，按路段长度进行加权算术平均，以此得出某条交通干线两侧 4 类声环境功能区的环境噪声平均值。

也可以对某一区域内的所有铁路、确定为交通干线的道路、城市轨道交通（地面段）、内河航道按前述方法进行长度加权统计，得出针对某一区域某一交通类型的环境噪声平均值。

根据每个典型路段的噪声值及对应的路段长度，统计不同噪声影响水平下的路段百分比，以及昼间、夜间的达标路段比例。有条件的可估算受影响人口。

对某条交通干线或某一区域某一交通类型采取抽样测量的，应统计抽样路段比例。

附录 C

（规范性附录）

噪声敏感建筑物监测方法

C.1　监测目的

了解敏感建筑物户外（或室内）的环境噪声水平，评价是否符合所处声环境功能区的环境质量要求。

C.2　监测要求

监测点一般设于噪声敏感建筑物户外。不得不在噪声敏感建筑物室内监测时，应在门窗全打开状况下进行室内噪声监测，并采用较该噪声敏感建筑物所在声环境功能区对应环境噪声限值低 10dB(A) 的值作为评价依据。

对敏感建筑物的环境噪声监测应在周围环境噪声源正常工作条件下测量，视噪声源的运行工况，分昼、夜两个时段连续进行。根据环境噪声源的特征，可优化测量时间：

a）受固定噪声源的噪声影响

稳态噪声测量 1min 的等效声级 L_{eq}；

非稳态噪声测量整个正常工作时间（或代表性时段）的等效声级 L_{eq}。

b）受交通噪声源的噪声影响

对于铁路、城市轨道交通（地面段）、内河航道，昼、夜各测量不低于平均运行密度的 1h 等效声级 L_{eq}，若城市轨道交通（地面段）的运行车次密集，测量时间可缩短至 20min。

对于道路交通，昼、夜各测量不低于平均运行密度的 20min 等效声级 L_{eq}。

c）受突发噪声的影响

以上监测对象夜间存在突发噪声的，应同时监测测量时段内的最大声级 L_{max}。

C.3 监测结果评价

以昼间、夜间环境噪声源正常工作时段的 L_{eq} 和夜间突发噪声 L_{max} 作为评价噪声敏感建筑物户外（或室内）环境噪声水平，是否符合所处声环境功能区的环境质量要求的依据。

项目17 地表水中挥发酚的测定

（4-氨基安替比林比色法）

一、知识准备

（一）挥发酚来源和危害

1．含义

根据酚类能否与水蒸气一起蒸出，分为挥发酚和不挥发酚。挥发酚包括苯酚、间甲酚、邻甲酚、对甲酚、二甲苯酚等，沸点通常在230℃以下的单元酚。

不挥发酚包括苯二酚、连苯三酚等多元酚，沸点在230℃以上的多元酚。

2．来源

酚类主要来自炼油、煤气洗涤、炼焦、造纸、合成氨、木材防腐和化工等工业废水和工业废弃物。

3．危害

酚类物质属于高毒物质，挥发酚通常被认为更具有强烈的毒性。人体摄入一定量时，可出现急性中毒症状；长期饮用被分类污染的水，可引起头昏、出疹、瘙痒、贫血及各种神经系统症状。水中含低浓度（0.1～0.2mg/L）酚类时，可使得鱼肉有异味，高浓度（> mg/L）时则造成中毒死亡。含酚浓度高的废水不宜用于农田灌溉，否则，会使农作物枯死或减产。水中含微量酚类，在加氯消毒时，可产生特异的氯酚臭。

表17-1 地表水环境质量标准基本项目标准限值（GB 3838—2002）

单位：mg/L

项目类别 \ 标准值分类		Ⅰ类	Ⅱ类	Ⅲ类	Ⅳ类	Ⅴ类
高锰酸盐指数	≤	2	4	6	10	15
化学需氧量（COD）	≤	15	15	20	30	40
挥发酚	≤	0.002	0.002	0.005	0.01	0.1

（二）挥发酚测定方法的选择

挥发酚的测定方法有溴量法、4-氨基安替比林分光光度法和色谱法。本次选择 4- 氨基安替比林分光光度法。该方法的测试依据是《水质 挥发酚的测定 4-氨基安替比林分光光度法》（HJ 503—2009），目前，各国普遍采用 4- 氨基安替比林分光光度法。

含量较高时（> 0.5mg/L），采用直接法；

含量较低时（< 0.5mg/L），采用氯仿萃取法。

有关质量及排放标准：

《地表水环境质量标准》（GB 3838—2002），《农田灌溉水质标准》（GB 5084—1992），《污水综合排放标准》（GB 8978—1996）。

（三）4- 氨基安替比林分光光度法测定挥发酚的原理

酚类化合物于 pH 10.00±0.2 介质中，在铁氰化钾存在下，与 4- 氨基安替比林反应，生成橙红色的吲哚酚安替比林染料，其水溶液在 510nm 波长处有最大吸收。若采用氯仿萃取此染料，有色溶液可稳定 3h，可于 460nm 波长处测定吸光度。其吸收值的大小，与溶液中挥发酚的浓度成正比，由此求出水样中挥发酚的含量。该法适合于测定各类污水中酚含量的测定。

研究指出：酚类化合物中，羟基对位的取代基可阻止反应进行；但卤素、羧基、磺酸基、羟基和甲氧基除外，这些基团多半是能被取代下的；邻位硝基阻止反应生成，而间位硝基是不完全地阻止反应：氨基安替比林与酚的偶合在对位较邻位多见，当对位被烷基、芳基、酯、硝基、苯酰基、亚硝基或醛基取代，而邻位未被取代时，不呈现颜色反应。所以，此法测出的挥发酚，不是总酚，而是指在此条件下能够蒸出，并与 4- 氨基安替比林发生显色反应的酚类物质。

当用光程为 20mm 的比色皿测定时，酚的最低检出浓度为 0.1mg/L。

（四）采样点的布设

根据断面设置原则，设置监测断面。再根据水面宽度确定断面上的采样垂线，然后再根据采样垂线处水深确定采样点的数目和位置。

根据河流的宽度，设定垂线数目：

表 17-2 水面宽度与垂线数目的确定

水面宽度 /m	垂线数目	说明
小于 50	1	中间
50 ～ 100	2	左右明显水流处
100 ～ 1 000	3	左右明显水流处，加中间一点
大于 1 500	5	等距离，边缘水流明显

根据垂线的深度，设定采样点数目：

表 17-3　水体深度与采样点数目的确定

水深度 /m	采样点数目	说明
小于 5	1	水面下 0.5m
5 ～ 10	2	水面下 0.5m，水底上 0.5m
10 ～ 50	3	水面下 0.5m，水底上 0.5m，加中间一点
大于 50	大于 4 点，酌情	基本等高度布点，上、下点的距离同上

（五）采样时间和频率

（1）饮用水水源地全年采样监测 12 次，采样时间根据具体情况选定。

（2）对于较大水系干流和中、小河流，全年采样监测次数不少于 6 次。采样时间为丰水期、枯水期和平水期，每期采样两次。流经城市或工业区，污染较重的河流，游览水域，全年采样监测不少于 12 次。采样时间为每月一次或视具体情况选定。底质每年枯水期采样监测一次。

（3）潮汐河流全年在丰、枯、平水期采样监测，每期采样两天，分别在大潮期和小潮期进行，每次应采集当天涨、退潮水样分别测定。

（4）设有专门监测站的湖泊、水库、每月采样监测一次，全年不少于 12 次。其他湖、库全年采样监测两次，枯、丰水期各 1 次。有废（污）水排入，污染较重的湖、库应酌情增加采样次数。

（5）背景断面每年采样监测一次，在污染可能较重的季节进行。

（6）排污渠每年采样监测不少于 3 次。

（7）海水水质常规监测，每年按丰、平、枯水期或季度采样监测 2 ～ 4 次。

（六）采样方法和采样器

（1）在河流、湖泊、水库、海洋中采样：常乘监测船或采样船、手划船等交通工具到采样点采集，也可涉水和在桥上采集。

（2）采集表层水水样：可用适当的容器如塑料筒等直接采集；而溶解氧水样采集时，必须隔绝空气采样，常用双瓶溶解气体采水器进行采集。

（3）采集深层水水样：可用简易采水器、深层采水器、采水泵、自动采水器等。

水样采集的采样器有：简易采水器（水桶、瓶子），单层采水器，急流采水器，双层采水器，泵式采水器，固定式自动采水器，比例组合式自动采水器，以及其他采水器（直立式、塑料手摇泵、电动）等。

（七）水样类型

（1）瞬时水样：是指在某一时间和地点从水体中随机采集的分散水样。当水体水质稳定，或其组分在相当长的时间或相当大空间范围内变化不大时，瞬时水样具有很好的代表性，当水体组分及含量随时间和空间变化时，就应隔时，多点采集瞬时样，分别进行分析，摸清水质的变化规律。

（2）混合水样：是指在同一采样点于不同时间所采集的瞬时水样混合后的水样，有时称“时间混合水样”。这种水样在观察平均浓度时非常有用，但不适用于被测组分在贮存过程中发生明显变化的水样。如果水流量随时间变化，必须采集流量比例混合样，即在不同时间依照流量大小按比例采集的混合样。包括等时混合水样和等比例混合水样。

（3）综合水样：把不同采样点同时采集的各个瞬时水样混合后所得到的样品称为综合水样，在某些情况下更具有实际意义。例如，当为几条河、渠建立综合污水处理厂时，以综合水样取得的水质参数作为设计的依据更为合理。

（4）质量控制样

①现场空白样：在采样现场，用纯水按照采样步骤进行采样装瓶，与水样同样处理，以掌握采样过程中环境与操作条件的变化对监测结果的影响。

②现场平行样：现场采集平行水样用于平行测定，以反映采样与分析的精密度。采集时应控制采样操作条件的一致性。

③加标样：取一组平行水样，在其中的一份水样中加入一定量的被测物的标准溶液，两份水样均按规定方法进行处理，分析结果计算加标回收率，以说明分析准确度的好坏。

二、技能准备

（一）采水器的洗涤

洗涤剂处理，自来水冲洗，蒸馏水荡洗 2 次，带到现场备用。

（二）温度计准备

采样现场，通常要测定水质的温度与 pH，以把握水样是否存在异常情况。pH 测定采用规范 pH 试纸即可；温度的测定采用精度为 0.1℃的普通水银温度计或酒精温度计。

（三）选点采样

（四）水样的保存与干扰的消除

1. 水样的保存

测定挥发酚的水样的装水容器，要求是硼玻璃，现场采水后，加入硫酸铜溶液，以抑制生化作用，同时加入磷酸酸化至 pH ＝ 4，或者用氢氧化钠调节到 pH ＞ 12，如此处理后样品可以保存 24h。

2. 干扰及消除

氧化剂、油类、硫化物、有机或无机还原性物质和苯胺类干扰酚的测定。

（1）氧化剂（如游离氯）的消除

样品滴于淀粉－碘化钾试纸上出现蓝色，说明存在氧化剂，可加入过量的硫酸亚铁去除。

（2）硫化物的消除

当样品中有黑色沉淀时，可取一滴样品放在乙酸铅试纸上，若试纸变黑色，说明有硫化物存在。此时样品继续加磷酸酸化，置通风柜内进行搅拌曝气，直至生成的硫化氢完全逸出。

（3）甲醛、亚硫酸盐等有机或无机还原性物质的消除

可分取适量样品于分液漏斗中，加硫酸溶液使呈酸性，分次加入 50 mL、30 mL、30 mL 乙醚以萃取酚，合并乙醚层于另一分液漏斗，分次加入 4 mL、3 mL、3 mL 氢氧化钠溶液进行反萃取，使酚类转入氢氧化钠溶液中。合并碱萃取液，移入烧杯中，置水浴上加温，以除去残余乙醚，然后用水将碱萃取液稀释到原分取样品的体积。同时应以水作空白试验。

（4）油类的消除

样品静置分离出浮油后，按照操作步骤进行。

（5）苯胺类的消除

苯胺类可与 4- 氨基安替比林发生显色反应而干扰酚的测定，一般在酸性（pH ＜ 0.5）条件下，可以通过预蒸馏分离。

（五）预蒸馏

取 250mL 样品移入 500mL 全玻璃蒸馏器中，加 25mL 水，加数粒玻璃珠以防暴沸，再加数滴甲基橙指示液，若试样未显橙红色，则需继续补加磷酸溶液。连接冷凝器，加热蒸馏，收集馏出液 250mL 至容量瓶中。蒸馏过程中，若发现甲基橙红色褪去，应在蒸馏结束后，放冷，再加 1 滴甲基橙指示液。若发现蒸馏后残液不呈酸性，则应重新取样，增加磷酸溶液加入量，进行蒸馏。

注 1：使用的蒸馏设备不宜与测定工业废水或生活污水的蒸馏设备混用。每

次试验前后，应清洗整个蒸馏设备。

注 2：不得用橡胶塞、橡胶管连接蒸馏瓶及冷凝器，以防止对测定产生干扰。

三、方案设计

项目 17　地表水中挥发酚的测定

（4- 氨基安替比林比色法）

（一）实施目标

1．知识目标

（1）了解挥发酚的概念及测定意义；

（2）了解无酚水的制备方法；

（3）能正确地进行水样的采集和选择水样保存方法；

（4）能根据不同干扰物选择合适的排除方法；

（5）理解 4- 氨基安替比林 - 氯仿萃取比色法测试原理和方法。

2．能力目标

（1）学会水样的预蒸馏方法；

（2）能熟练地完成萃取操作；

（3）学会选择合适的分析测试方法；

（4）进一步巩固 7200 型分光光度计的使用方法；

（5）能计算回归方程；能够绘制并正确使用工作曲线；

（6）能对实验数据进行正确的分析和处理并准确表述分析结果。

3．素质目标

（1）培养学生测定挥发酚的相关知识，增强岗位认识；

（2）培养学生实事求是的工作作风，精益求精的工作精神；

（3）培养学生良好的职业情操。

（二）工作任务与相关知识

项目 17　地表水中挥发酚的测定

（4- 氨基安替比林比色法）

参考学时	5
学习目标	了解挥发酚的概念及测定意义；了解无酚水的制备方法；能正确地进行水样的采集和选择水样保存方法；能根据不同干扰物选择合适的排除方法；学会水样的预蒸馏方法；能熟练地完成萃取操作；学会选择合适的分析测试方法；理解 4- 氨基安替比林 - 氯仿萃取比色法测试原理和方法；进一步巩固 7200 型分光光度计的使用方法；能计算回归方程；能够绘制并正确使用工作曲线；能对实验数据进行正确的分析和处理并准确表述分析结果

参考学时	5
工作任务	水中挥发酚的测定（4-氨基安替比林-氯仿萃取比色法）实训方案设计；采样点的布设；水样的现场固定；水样的预处理；无酚水的制备；标准溶液的配制与标定；标准溶液系列的配制；仪器分析测定；回归方程求算；标准曲线制作；标准曲线的查找；测定结果记录与数据呈报；环境质量评价
相关知识	采样断面的布设；采样点的确定；采样与固定；样品的运输与保存；样品的预处理；无酚水制备；标准溶液系列的配制；显色；萃取；分光光度测定；回归方程计算；标准曲线绘制；标准曲线查找；结果记录与数据呈报；环境质量评价
拓展知识	挥发酚的其他测定方法；水样的其他预处理方法；水样中的其他项目的测定方法与原理

（三）分析原理

酚类化合物于 pH 10.00±0.2 介质中，在铁氰化钾存在下，与 4-氨基安替比林反应，生成橙红色的吲哚酚安替比林染料，其水溶液在 510nm 波长处有最大吸收。若采用氯仿萃取此染料，有色溶液可稳定 3h，可于 460nm 波长处测定吸光度。其吸收值的大小，与溶液中挥发酚的浓度成正比，由此求出水样中挥发酚的含量。该法适合于测定各类污水中酚含量的测定。

（四）仪器与试剂

1．仪器

采水器（附带温度计），硬质玻璃瓶，广泛 pH 试纸，分光光度计，1cm 比色皿，移液管，洗耳球，全玻璃蒸馏器，铁架台，冷凝管，冷凝管夹，十字夹等。

2．试剂配制

本方法所用试剂除非另有说明，分析时均使用符合国家标准的分析纯化学试剂；实验用水为新制备的蒸馏水或去离子水。

（1）无酚水：无酚水可按照如下步骤进行制备。

无酚水应贮于玻璃瓶中，取用时，应避免与橡胶制品（橡皮塞或乳胶管等）接触。于每升水中加入 0.2 g 经 200 ℃活化 30 min 的活性炭粉末，充分振摇后，放置过夜，用双层中速滤纸过滤。加氢氧化钠使水呈强碱性，并加入高锰酸钾至溶液呈紫红色，移入全玻璃蒸馏器中加热蒸馏，集取馏出液备用。

（2）硫酸亚铁（$FeSO_4 \cdot 7H_2O$）。

（3）碘化钾（KI）。

（4）硫酸铜：ρ（$CuSO_4 \cdot 5H_2O$）= 100 g/L。

（5）乙醚（$C_4H_{10}O$）。

（6）三氯甲烷（$CHCl_3$）。

（7）精制苯酚：取苯酚（C_6H_5OH）于具有空气冷凝管的蒸馏瓶中，加热蒸馏，收集 182 ～ 184℃的馏出部分，馏分冷却后应为无色晶体，贮于棕色瓶中，于冷暗处密闭保存。

（8）氨水：ρ（$NH_3 \cdot H_2O$）= 0.90g/mL。

（9）盐酸：ρ（HCl）= 1.19 g/mL。

（10）磷酸溶液，1+9。

（11）硫酸溶液，1+4。

（12）氢氧化钠溶液：ρ（NaOH）= 100 g/L。称取氢氧化钠 10 g 溶于水，稀释至 100 mL。

（13）缓冲溶液：pH=10.7。称取 20g 氯化铵（NH_4Cl）溶于 100 mL 氨水中，密塞，置冰箱中保存。为避免氨的挥发所引起 pH 值的改变，应注意在低温下保存，且取用后立即加塞盖严，并根据使用情况适量配制。

（14）4- 氨基安替比林溶液：称取 2g 4- 氨基安替比林溶于水中，溶解后移入 100mL 容量瓶中，用水稀释至标线，进行提纯，收集滤液后置冰箱中冷藏，可保存 7 天。

4- 氨基安替比林的提纯：4- 氨基安替比林的质量直接影响空白试验的吸光度值和测定结果的精密度。必要时，可按下述步骤进行提纯。

将 100mL 配制好的 4- 氨基安替比林溶液置于干燥烧杯中，加入 10g 硅镁型吸附剂（弗罗里硅土，60 ～ 100 目，600℃烘制 4h），用玻璃棒充分搅拌，静置片刻，将溶液在中速定量滤纸上过滤，收集滤液，置于棕色试剂瓶内，于 4℃下保存。

也可使用其他方法提纯 4- 氨基安替比林溶液，采用上述方法或其他方法提纯，应对提纯效果进行验证，使方法的检出限、精密度和准确度符合要求。

（15）铁氰化钾溶液：ρ（$K_3[Fe(CN)_6]$）= 80g/L。称取 8g 铁氰化钾溶于水，溶解后移入 100mL 容量瓶中，用水稀释至标线。置冰箱内冷藏，可保存一周。

（16）溴酸钾 - 溴化钾溶液：c（1/6$KBrO_3$）= 0.1mol/L。称取 2.784g 溴酸钾溶于水，加入 10g 溴化钾，溶解后移入 1 000mL 容量瓶中，用水稀释至标线。

（17）硫代硫酸钠溶液：c（$Na_2S_2O_3$）≈ 0.012 5 mol/L。称取 3.1g 硫代硫酸钠，溶于煮沸放冷的水中，加入 0.2g 碳酸钠，溶解后移入 1 000mL 容量瓶中，用水稀释至标线。临用前按照 GB 7489—87 标定。

（18）淀粉溶液：ρ= 0.01 g/mL。称取 1g 可溶性淀粉，用少量水调成糊状，加沸水至 100mL，冷却后，移入试剂瓶中，置冰箱内冷藏保存。

（19）酚标准贮备液：ρ（C_6H_5OH）≈ 1.00g/L。称取 1.00g 精制苯酚溶解于水，移入 1 000mL 容量瓶中，用水稀释至标线。置冰箱内冷藏，可稳定保存一个月。按下法进行标定：

吸取 10.0mL 酚贮备液于 250mL 碘量瓶中，加水稀释至 100mL，加 10.0mL

0.1mol/L 溴酸钾—溴化钾溶液，立即加入 5mL 浓盐酸，密塞，徐徐摇匀，于暗处放置 15min，加入 1 g 碘化钾，密塞，摇匀，放置暗处 5min，用硫代硫酸钠溶液滴定至淡黄色，加入 1mL 淀粉溶液，继续滴定至蓝色刚好褪去，记录用量。

同时以水代替酚贮备液做空白试验，记录硫代硫酸钠溶液用量。

酚贮备液浓度按下式计算：

$$\rho=(V_1-V_2)\times C\times 15.68/V$$

式中，ρ——酚贮备液浓度，mg/L；

V_1——空白试验中硫代硫酸钠溶液的用量，mL；

V_2——滴定酚贮备液时硫代硫酸钠溶液的用量，mL；

C——硫代硫酸钠溶液摩尔浓度，mol/L；

V——试样体积，mL；

15.68——苯酚（$1/6C_6H_5OH$）摩尔质量，g/mol。

（20）酚标准中间液：ρ（C_6H_5OH）=10.0 mg/L。取适量酚标准贮备液用水稀释至 100 mL 容量瓶中，使用时当天配制。

（21）酚标准使用液：ρ（C_6H_5OH）= 1.00 mg/L。量取 10.00 mL 酚标准中间溶液于 100mL 容量瓶中，用水稀释至标线，配制后 2h 内使用。

（22）甲基橙指示液：ρ（甲基橙）=0.5g/L。称取 0.1g 甲基橙溶于水，溶解后移入 200 mL 容量瓶中，用水稀释至标线。

（23）淀粉—碘化钾试纸：称取 1.5g 可溶性淀粉，用少量水搅成糊状，加入 200mL 沸水，混匀，放冷，加 0.5g 碘化钾和 0.5g 碳酸钠，用水稀释至 250mL，将滤纸条浸渍后，取出晾干，盛于棕色瓶中，密塞保存。

（24）乙酸铅试纸：称取乙酸铅 5g，溶于水中，并稀释至 100mL。将滤纸条浸入上述溶液中，1h 后取出晾干，盛于广口瓶中，密塞保存。

（25）pH 试纸：1 ～ 14。

（五）操作步骤

1. 水样的采集和保存

在指定的采样点，采用 2.5L 的有机玻璃采水器，采集水样的同时，测定水样的温度和 pH 值。

现场采水后，将水样装入 500mL 硬质硼玻璃中，加入 10% 硫酸铜溶液 5mL，使其浓度约为 1g/L，以抑制生化作用。同时加入磷酸酸化至 pH ＝ 4，或者用氢氧化钠调节到 pH ＞ 12，如此处理后样品可以保存 24h。

加入硫酸铜后如产生黑色沉淀较多，则可摇匀后放置片刻，然后再补加硫酸铜溶液适量，至不再产生黑色沉淀为止。

2．预蒸馏

取 250mL 样品移入 500mL 全玻璃蒸馏器中，加 25mL 水，加数粒玻璃珠以防暴沸，再加数滴甲基橙指示液，若试样未显橙红色，则需继续补加磷酸溶液。连接冷凝器，加热蒸馏，收集馏出液 250mL 至容量瓶中。蒸馏过程中，若发现甲基橙红色褪去，应在蒸馏结束后，放冷，再加 1 滴甲基橙指示液。若发现蒸馏后残液不呈酸性，则应重新取样，增加磷酸溶液加入量，进行蒸馏。

注 1：使用的蒸馏设备不宜与测定工业废水或生活污水的蒸馏设备混用。每次试验前后，应清洗整个蒸馏设备。

注 2：不得用橡胶塞、橡胶管连接蒸馏瓶及冷凝器，以防止对测定产生干扰。

3．萃取法测定步骤

含量较高时（＞ 0.5mg/L），采用直接法；含量较低时（＜ 0.5mg/L），采用氯仿萃取法。

（1）显色

将馏出液 250mL 移入分液漏斗中，加 2.0mL 缓冲溶液，混匀，pH 值为 10.0±0.2，加 1.5mL 4- 氨基安替比林溶液，混匀，再加 1.5mL 铁氰化钾溶液，充分混匀后，密塞，放置 10min。

（2）萃取

在上述显色分液漏斗中准确加入 10.0mL 三氯甲烷，密塞，剧烈振摇 2min，倒置放气，静置分层。用干脱脂棉或滤纸拭干分液漏斗颈管内壁，于颈管内塞一小团干脱脂棉或滤纸，将三氯甲烷层通过干脱脂棉团或滤纸，弃去最初滤出的数滴萃取液后，将余下三氯甲烷直接放入光程为 30mm 的比色皿中。

（3）吸光度测定

于 460nm 波长，以三氯甲烷为参比，测定三氯甲烷层的吸光度值。

（4）空白试验

用水代替试样，按上述步骤测定其吸光度值。空白应与试样同时测定。

（5）标准曲线的制作

①校准系列的制备

于一组 8 个分液漏斗中，分别加入 100mL 水，依次加入 0.00mL、0.25mL、0.50mL、1.00mL、3.00mL、5.00mL、7.00mL 和 10.00mL 酚标准使用液，再分别加水至 250mL。按上述步骤进行测定。

②校准曲线的绘制

由校准系列测得的吸光度值减去零浓度管的吸光度值，绘制吸光度值对酚含量（μg）的曲线，校准曲线回归方程相关系数应达到 0.999 以上。

4．直接法测定步骤

（1）显色

分取馏出液 50mL 加入 50mL 比色管中，加 0.5mL 缓冲溶液，混匀，此时 pH 值为 10.0±0.2，加 1.0mL 4- 氨基安替比林溶液，混匀，再加 1.0mL 铁氰化钾溶液，充分混匀后，密塞，放置 10min。

（2）吸光度测定

于 510nm 波长，用光程为 20mm 的比色皿，以水为参比，于 30min 内测定溶液的吸光度值。

（3）空白试验

用水代替试样，按上述步骤测定其吸光度值。空白应与试样同时测定。

（4）校准曲线制作

①校准系列的制备

于一组 8 支 50 mL 比色管中，分别加入 0.00mL、0.50mL、1.00mL、3.00mL、5.00mL、7.00mL、10.00mL 和 12.50 mL 酚标准中间液，加水至标线。

按萃取法的步骤进行测定。

②校准曲线的绘制

由校准系列测得的吸光度值减去零浓度管的吸光度值，绘制吸光度值对酚含量（mg）的曲线，校准曲线回归方程相关系数应达到 0.999 以上。

5．质控

（1）最低检出限 L：试份体积为 250mL，用 10mL 氯仿萃取，波长为 460nm，使用光程为 20mm 比色皿时，最低检出浓度为 0.002mg/L，1/2L ＝ 0.001mg/L，当试份体积为 50mL，波长为 510nm，光程为 20mm 比色皿时，最低检出浓度为 0.1 mg/L，报出结果小数点后二位，最多三位有效数字。

（2）回归方程的相关系数 $\gamma \geqslant 0.999$ 为合格，截距 a 一般应 $\leqslant 0.005$，当 $a>0.005$ 时应作截距地显著性检验，要求 a 保留到小数点后第三位，至少有一位有效数字，波长为 510nm、比色皿为 20mm 时截距 b 为 0.005 33±0.000 27；波长为 540n、比色皿为 20mm 时截距 b 为 0.040 4±0.002 2。

（3）每批样品的质控要求

①标准点以及相对偏差的要求：校准曲线至少每两月绘制一次，在样品分析中，可以使用原校准曲线，但应在样品分析的同时带两个标准点（以测定上限浓度的 0.3 倍和 0.8 倍各一份为宜）和零浓度点，当两个标准点与原校正曲线相应点的相对偏差＜ 5% 或在 95% 置信水平以内时，原校准曲线可以使用，否则应重新绘制。

②密码平行：每批样品必须随机采集不少于 10% 的样品进行密码测定。

③水质（地面水、地下水）平行样允许差范围

浓度范围 /(mg/L)	允许差范围	
	相对允许差 /%	绝对允许差 /(mg/L)
＜ 0.01		0.004
≥ 0.01	30	

④废水平行样质控要求

样品含量范围 /(mg/L)	相对偏差 /%
＜ 0.05	≤ 30
0.05 ～ 1.0	≤ 20
＞ 1.0	≤ 15

⑤实验室内平行：每批样品实验室内必须随机抽取不少于 10% 的样品做实验室内平行测定。

⑥水质（地面水、地下水）平行样允许差范围

浓度范围 /(mg/L)	允许差范围	
	相对允许差 /%	绝对允许差 /(mg/L)
＜ 0.01		0.002
≥ 0.01	20	

⑦废水平行样质控要求

样品含量范围 /(mg/L)	相对偏差 /%	加标回收率 /%
＜ 0.05	≤ 30	85 ～ 115
0.05 ～ 1.0	≤ 20	85 ～ 115
＞ 1.0	≤ 15	90 ～ 110

⑧加标回收率：每批样品实验室内必须随机抽取不少于 10%的样品进行加标回收，水环境质量监测回收率在 90% ～ 110% 范围内合格，废水加标回收率见上表。

6．安全注意事项

（1）分析时注意酸、碱试剂和水、电的安全使用。

（2）废液的处置：废液收集后集中处理。

四、方案实施

本方案针对水样中挥发酚的含量高低，来选择具体的分析方法。总的来说，挥发酚含量较高时（＞ 0.5mg/L），采用直接法；挥发酚含量较低时（＜ 0.5mg/L），

采用氯仿萃取法。前者的测定波长为510nm，后者的测定波长为460nm。

方案实施中，采用了平时工作中常见的有机玻璃采水器，采集挥发酚测定的水样，对仪器、辅助器具、试剂、人员安排等，需要做仔细的分工。

具体实施步骤大致为：

（1）采水。

（2）预处理水样。

（3）配制溶液。

（4）配制标准系列。

（5）测定标准系列溶液。

（6）样品测定。

（7）数据测定结果处理。

（8）绘制标准曲线。

（9）计算水样中挥发酚的含量。

（10）进行简单的环境质量评价。

五、总结评价

（一）学生评价

（二）教师评价

水和废水中苯系物的测定

（气相色谱——氢火焰检测器检测）

一、知识准备

（一）理化特性

苯系物均属芳香烃类化合物，微溶于水，易溶于乙醇、乙醚等有机化合物；环境监测中的苯系物通常指苯、甲苯、乙苯、邻二甲苯、间二甲苯、对二甲苯、异丙苯、苯乙烯 8 种化合物，除苯是已知的致癌物以外，其他 7 种化合物对人体和水生生物均有不同程度的毒性。

（二）实验原理

水中苯系物用玻璃瓶采样，经二硫化碳萃取后，如果含有醇、酯、醚等干扰物质，可再用硫酸—磷酸混合酸除去。最后用气相色谱仪氢火焰检测器测定。其出峰顺序为：苯、甲苯、乙苯、对二甲苯、间二甲苯、邻二甲苯、苯乙烯。以相对保留时间定性，外标法或内标法（氯苯内标物）定量。

（三）采样方法

用磨口玻璃瓶采样，样品充满容器，不留空间，并加盖密封。

（四）测试依据

方法来源：《水和废水监测分析方法》（第四版），《水质　苯系物的测定　气相色谱法》（GB 11890—89）。

（五）测试方法

仪器条件

HP 6890 GC 附 FID；

HP-5 毛细柱（30m×0.32mm×0.25μm）；

载气：高纯氮；柱前压：10.0 磅力 / 英寸^2；分流比：10 ∶ 1；

Air：450mL/min；H_2：35mL/min；尾吹：40mL/min；

检测器温度：250℃；

进样口温度：230℃；

柱温：55℃。

安捷伦自动顶空进样器 G1888；

Oven Temperatrue：40℃；

Loop Temperature：60℃；

Tr.Line Temperature：80℃；

Low shake；

eq.time：10 min。

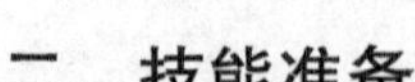

二、技能准备

1．试剂配制

标准储备液：以甲醇为溶剂安培瓶封装，冰箱内 5℃以下储存。标准使用液由储备液按比例稀释，用带特氟龙内衬的棕色样品瓶保存，应尽量减少顶空，存放于 5℃以下的冰箱中冷冻保存，使用时一定要平衡到室温。

标准储备液保存期为 6 个月（需观察溶液体积变化）。

2．干扰及去除

（1）取水样时应使样品充满容器，不留空间，并加盖密封。样品应在冰箱中保存，7 日内处理完毕，14 日内分析完。

（2）采用顶空取样法测定时，顶空样品的制备是准确分析样品的重要步骤之一，如振荡时温度的变化及改变气液两相的比例等都会使分析误差增大。如需第二次进样时，要重新振荡。当温度等条件变化较大时，需要对校准曲线进行校正。进样时所用注射器应预热到稍高于样品温度。

（3）采用二硫化碳萃取方法时，在萃取过程中出现乳化现象时，可用无水硫酸钠破乳或采用离心破乳。

（4）若所用二硫化碳溶剂中有苯系物检出，应进行提纯处理，处理方法为：取 1mL 甲醛与 100mL 浓硫酸混合，取 500mL 分液漏斗一支，加要处理的二硫化碳 250mL 和甲醛－浓硫酸萃取液 20mL，振荡分层。多次萃取至二硫化碳呈无色后，用 20% 碳酸钠水溶液洗涤两次，重蒸馏，截取 46 ～ 47℃馏分。

3．安全

（1）实验分析时注意气、水、电的安全使用。

（2）使用钢瓶气时，注意钢瓶和减压阀要定期检定，保证实验室安全。

（3）制备标准样品时，要在通风良好的情况下进行，以免危害健康。

（4）氢气钢瓶应贮存于防火仓库，并避免日晒和受热，放置要平稳，避免震动，运输时不许在地面上滚动，在使用中要注意阀开关均要到底，所使用房间要通风，不用时立即关掉。

（5）废液的处置：二硫化碳废液回收集中处置。

4．HP 6890 GC 仪器操作

按照仪器操作说明书进行操作。

三、方案设计

项目 18　水和废水中苯系物的测定
（气相色谱——氢火焰检测器检测）

（一）测定目的

（1）了解水中苯系物的来源与危害；了解苯系物的测定方法；理解苯系物的测定原理与过程。

（2）学会样品的采集、预处理方法；学会气相色谱仪的简单使用操作。

（3）培养高尚的职业道德与严谨的工作作风。

（二）测定原理

水中苯系物用玻璃瓶采样，经二硫化碳萃取后，如果含有醇、酯、醚等干扰物质，可再用硫酸—磷酸混合酸除去。最后用气相色谱仪氢火焰检测器测定。其出峰顺序为：苯、甲苯、乙苯、对二甲苯、间二甲苯、邻二甲苯、苯乙烯。以相对保留时间定性，外标法或内标法（氯苯内标物）定量。

（三）仪器与试剂

1．仪器

HP 6890 GC 附 FID，HP-5 毛细柱（30m×0.32mm×0.25um）；

载气（高纯氮），Air，H_2；

安捷伦自动顶空进样器 G1888。

2．试剂

标准储备液：以甲醇为溶剂安培瓶封装，冰箱内 5℃以下储存。标准使用液由储备液按比例稀释，用带特氟龙内衬的棕色样品瓶保存，应尽量减少顶空，存放于 5℃以下的冰箱中冷冻保存，使用时一定要平衡到室温。

标准储备液保存期为 6 个月（需观察溶液体积变化）。

（四）操作步骤

称取 5.0g 烘过的氯化钠（250℃，4h）放入 20mL 顶空瓶中，加入 10mL 水样将盖子封紧，置于安捷伦自动顶空进样器中顶空进样。取液上空间 0.8mL 气体进样分析。仪器设备的操作规程参见《HP-6890 型气相色谱仪操作、维护规程》。使用情况参见《HP-6890 型气相色谱仪使用记录本》。

（五）质量控制

1. 方法最低检出浓度

苯系物方法检出限为：

苯：0.005mg/L，甲苯：0.005mg/L，乙苯：0.005mg/L，

对二甲苯：0.005mg/L，间二甲苯：0.005mg/L，

邻二甲苯：0.005mg/L，

苯乙烯：0.005mg/L，异丙苯：0.005mg/L。

2. 最低检出限

根据所分析水样中苯系物的含量多少，可用二硫化碳萃取和顶空取样两种方法，用带有氢焰离子化检测器（FID）的气相色谱仪进行分析测定；采用液上气相色谱法，最低检出浓度为 0.005mg/L，测定范围为 0.005 ～ 0.1mg/L，采用二硫化碳萃取得气相色谱法，最低检出浓度为 0.05mg/L，测定范围为 0.05 ～ 12mg/L。

3. 工作曲线的相关系数

在建立方法时，应绘制校准曲线，其相关系数应＞ 0.990。在日常监测中，在线性范围内可用单点校正法进行定量测定。

4. 每批样品的质控要求

（1）空白试验

取纯水进行与样品测定同样的步骤测定。

（2）平行样

每批样品随机抽取不少于 10% 的现场平行样和不少于 10% 的实验室平行样，水样浓度在 mg/L 级范围内，其允许差小于 10% ～ 20% 为合格，浓度在 μg/L 级范围内，其允许差小于 20% ～ 40% 为合格。

（3）加标回收率

每批样品随机抽取不少于 10% 的加标回收样，水样浓度在 mg/L 级范围内，加标回收率在 70% ～ 120% 为合格，浓度在 μg/L 级范围内，加标回收率在 50% ～ 100% 为合格。

四、方案实施

（1）样品采集。

（2）样品预处理。

（3）标准样品的配制。

（4）仪器开机。
（5）测定体积的选取。
（6）样品分析。
（7）数据处理。

五、过程评价

（一）学生评价

（二）教师评价

项目19 降水中 pH 值的测定

（玻璃电极法）

一、知识准备

（一）含义

pH 值为水中氢离子活度的负对数。pH 值可间接地表示水的酸碱程度。

pH 低至 5.6 以下的酸性降水（降雨、降雪等），称为酸雨，它是由高硫燃料在燃烧过程中排放的酸性硫酸盐的烟气，对环境的破坏非常大，进一步影响了土壤、水体、农作物、植被、建筑物等一系列生态系统功能的变化，是目前世界普遍关注的焦点问题之一。

（二）测定目的

进行降水 pH 的测定，目的主要是了解降雨（雪）过程中，从空气降落到地面的沉降物的主要组成，以及其中某些污染物性质和含量，为分析和控制空气污染提供基础数据和资料。

（三）采样点的布设

采样点设置数目与研究地区的具体情况有关。我国规定，常规监测中，人口在 50 万以上的城市，布设 3 个采样点，而 50 万以下的城市，布设 2 个采样点。

采样点的位置要兼顾城区、农村或清洁对照区，要考虑区域的环境特点，如地形、地貌、工业分布等；应避开局部污染源，且采样点的四周无遮挡雨、雪、风的高大建筑物或树木。

全国重点基站，要求每年采用 4 次，每季度各一次；大气比较严重的地区，每年采样 12 次，每月 1 次。

（四）样品的采集

1．采样器

（1）采集雨水时，使用聚乙烯塑料桶或塑料缸，其上口直径为 40cm，高为

20cm。也可采用自动采水器。

(2)采集雪水时,使用上口径50cm以上,高度不低于50cm的聚乙烯塑料容器。

2. 采样方法

(1)每次降水开始,立即将清洁的采样器,放置在预定的采样点支架上,采集全过程水样(开始到结束)。如遇连续数天降水,每天上午8点开始,连续采集24h为一次样。

(2)采样器应高于基础面1.2m以上,以防止地面复杂环境的影响。

(3)样品采集后,应贴上标签,标上编号,记录采样地点、采样日期、采样起止时间、降水量等。

降水的起止时间、降水量、降水强度等,可使用自动降水量计测量。这类仪器由降水量或降水强度传感器、变换器(转换成脉冲信号)、记录仪等组成。

3. 水样的保存

由于降水中含有尘、微生物等微粒,所以除了测定pH和电导率的水样不过滤外,测定金属和非金属离子的水样均需用孔径为0.45μm的滤膜过滤。

降水中的化学组分一般含量都比较低,所以要尽快分析测定;不能尽快分析的,最好采取低温保存的方法,而不要加入额外的化学保存剂,以防添加剂的加入导致测定指标的含量发生变化;含量比较稳定的指标,可参照地表水样的保存措施进行保存。

(五)降水中pH测定方法的选择

降水中pH的测试依据,选用《大气降水 pH值的测定 电极法》(GB/T 13580.4—1992),该法适用于大气降水中pH值测定。

有关质量标准及排放标准:pH < 5.6为酸雨;

测试方法,选择玻璃电极法。

精密度和准确度:32个实验室用本方法测定pH值为6.66的合成水样,测定结果的相对标准偏差为0.75%,相对误差为0.15%。

(六)玻璃电极法测定水样pH的原理

将pH玻璃电极作为指示电极,饱和甘汞电极作为参比电极,插入待测溶液中,组成电位测定系统。在零电流的条件下测定组成原电池的电动势,其大小在一定条件下与待测溶液的pH值呈直线关系,符合公式$E=K+S\times \text{pH}$,因此,测出了电池的电动势,即可以求出溶液pH的大小。

(七)pH值的测定方法

标准溶液比较对照法:在一定条件下,工作电池的电动势与待测试液的pH

呈线性关系。当用 pH 计测定试液 pH 时，先用标准缓冲溶液校准仪器，称定位，测出标准缓冲溶液的电动势 E_s，然后再测出待测溶液的电动势，比较得出。

$$pH_x = pH_s + \frac{E_x - E_s}{2.303\,RT/F}$$

（八）测定误差来源与减免

1．温度

2．电动势的测量

3．干扰离子

加入 TISAB。

4．响应时间

电极的响应时间是指指示电极与参比电极从接触试液开始到电极电位变化稳定的 98% 所需要的时间。常常通过搅拌溶液，适当提高待测离子浓度来缩短响应时间。

5．测定注意事项

（1）应选用 pH 尽可能与待测试液 pH 相近的标准缓冲溶液；

（2）测定过程中应尽可能保持测定溶液的温度恒定；

（3）同时要固定电极的前处理方法，一般都是采用蒸馏水洗涤，吸干水分，然后进行测定。

二、技能准备

（一）pH 标准缓冲溶液的配制

1．pH 标准溶液甲（pH=4.008 25，简称酸性，或 4）

有商品试剂时，直接使用商品试剂按要求配制。或者称取事先在 110 ～ 130℃干燥 2 ～ 3h 的邻苯二甲酸氢钾 ($KHC_8H_4O_4$)10.12g 溶于水，并在容量瓶中稀释至 1L。

2．pH 标准溶液乙（pH=6.865 25，简称中性，或 7）

有商品试剂时，直接使用商品试剂按要求配制。或者分别称取事先在 110～130℃干燥 2～3h 的磷酸二氢钾 (KH_2PO_4)3.388g 和磷酸氢二钠 (Na_2HPO_4)3.533g 溶于水并在容量瓶中稀释至 1L。

3．pH 标准溶液丙（pH=9.180 25，简称碱性，或 9）

有商品试剂时，直接使用商品试剂按要求配制。为了使晶体具有一定的组成应称取与饱和溴化钠（或氯化钠加蔗糖）溶液（室温）共同放置在干燥器中平衡两昼夜的硼砂 ($Na_2B_4O_7·10H_2O$)3.80g 溶于水并在容量瓶中稀释至 1L。

磷酸氢二钠应该用 pH 基准级的，是无水的。现在有卖现成的 pH 基准级混合磷酸盐。

无水磷酸氢二钠，别名磷酸二钠，简称二钠，白色固体粉末，易吸潮，100℃时溶解度为 51.004%，不溶于醇。

注：缓冲溶液的 pH 必须要和测定溶液的 pH 相近，这样测定比较（定位），结果才比较可靠。

（二）标准缓冲溶液 pH 与温度的关系

表 19-1　标准缓冲溶液 pH 与温度的关系

温度 /℃	0.05mol/L 邻苯二甲酸氢钾	0.025mol/L 磷酸二氢钾 + 0.025 mol/L 磷酸氢二钠	0.01mol/L 硼砂
5	3.999	6.949	9.391
10	3.996	6.921	9.330
15	3.996	6.898	9.276
20	3.998	6.879	9.226
25	4.003	6.864	9.182
30	4.010	6.852	9.142

温度不在表中出现的，需要通过内插法计算出来。

（三）pHS-3C 型精密 pH 计使用方法

1．开机

（1）将电极梗旋入仪器上的电极梗插座。

（2）取下复合电极前端的电极套，用蒸馏水清洗电极头部，将电源线插入电源插座。

（3）按下电源开关，电源接通后，预热 30min 后标定。

2．标定（一般情况下，在 24h 内仪器不需要再标定）

（1）把选择开关调到 pH 挡，调节温度补偿旋钮，使等于溶液温度值。

（2）把用蒸馏水清洗过的电极，插入 pH =6.86 的缓冲溶液中，调节定位调节旋钮，使仪器显示读数与该缓冲溶液当时温度下 pH 值相一致（出现 YES 时，按下确定键即可进行调节）。

（3）用蒸馏水清洗电极，再插入 pH=4.00（或 pH=9.18）的标准缓冲溶液中，分别调节斜率旋钮，使仪器显示读数与该缓冲溶液当时温度下的 pH 一致。

（4）为了保证仪器的校正精度，建议以上 2 ～ 3 两个标定步骤重复 1 ～ 2 次。完成标定后，定位调节旋钮及斜率调节旋钮不能再有任何变动。

3. 测量待测溶液 pH 值

4. 维护

（1）测量完毕后，及时洗净电极，并将电极套套上（电极套内应放少量内参比补充液，可用 3mol/L 的 KCl 浸泡，以保持电极球泡的湿润）。

（2）切忌将玻璃电极膜长期直接浸泡在蒸馏水中，以免电极膜的溶解而引起玻璃膜破损。

5. 注意事项

（1）标定缓冲溶液第一次用 pH 6.86 的溶液，第二次须用接近被测溶液 pH 的缓冲溶液。如果被测溶液为酸性，缓冲溶液应选 pH 4.00；如果被测溶液为碱性，那么选 pH 9.18 的缓冲溶液 。

（2）每次测定时，都要用蒸馏水清洗电极头部，再用被测溶液润洗一次。

（3）在选择温度和标定缓冲溶液过程中，每次调节完毕都要按下确定键。

（4）电极插入待测溶液时，尽可能不用电磁搅拌子进行搅拌，可轻轻旋转烧杯以搅拌溶液。

（5）当仪器的读数不能稳定时，建议将旋转次数、幅度以及旋转时间、静置时间等尽可能保持一致，如从电极浸入溶液起即开始计时，并旋转烧杯 2min，静置 30s，然后读出该溶液的 pH 值。这样得到的数据具有可比性，尤其是作为离子计测量溶液的电动势，在采用标准曲线法测定时更要如此。

（6）安全作业规程：实验分析时注意酸、碱试剂和水、电的安全使用。

三、方案设计

项目 19　降水中 pH 值的测定

（玻璃电极法）

（一）测定目的

进行降水 pH 的测定，目的主要是了解降雨（雪）过程中，从空气降落到地面的沉降物的主要组成，以及其中某些污染物性质和含量，为分析和控制空气污染提供基础数据和资料。

（二）测定原理

将 pH 玻璃电极作为指示电极，饱和甘汞电极作为参比电极，插入待测溶液中，组成电位测定系统。在零电流的条件下测定组成原电池的电动势，其大小在一定条件下与待测溶液的 pH 值呈直线关系，符合公式 $E=K+S\times pH$，25℃时，S=0.059 16V，即 59.16mV，即 pH 每改变一个单位，电动势即改变 59.16mV，我们将每 59.16mV 刻画为 1 个 pH 单位，即可实现溶液 pH 的直读。因此，测出了电池的电动势，即可以得出溶液 pH 的大小。

（三）仪器试剂

1．仪器

雨水采集支架，聚乙烯塑料桶或塑料缸，烧杯，pHs-3C 型酸度计，pH 玻璃复合电极，温度计。

2．试剂

pH=4.008 的缓冲溶液，pH=6.856 的缓冲溶液，pH=9.180 的缓冲溶液。

（四）操作步骤

1．试剂配制

配制标准溶液的水的电导率应小于 2μS/cm，临用前煮沸数分钟，以赶除二氧化碳，冷却后使用。配好的溶液应贮存于塑料瓶中，有效期一个月。若发现絮凝变质，应弃去重新配制。

用于校正 pH 计和配制标准 pH 值缓冲溶液的试剂，一般可用计量部门出售的 pH 值标准物质直接溶解定容而成。也可以按下述方法进行配制：

（1）pH=4.008 的缓冲溶液：称取 10.21g 在 105℃烘干 2h 的邻苯二甲酸氢钾（$KH_2C_8H_4O_4$）溶于水中，并稀释至 1 000mL。

（2）pH=6.856 的缓冲溶液：称取 3.38g 在 105℃烘干 2h 的磷酸二氢钾（KH_2PO_4）和 3.53g 磷酸氧二钠（Na_2HPO_4），溶于水，并稀释至 1 000mL。

（3）pH=9.180 的缓冲溶液：称取 3.81g 四硼酸钠 ($Na_2B_4O_7 \cdot 10H_2O$) 溶于水，并稀释至 1 000mL。

2．操作步骤

（1）按照仪器的使用说明书进行。玻璃电极在使用前应在水中浸泡 24h。

（2）开启仪器电源，预热大约 0.5h。

（3）用两种标准缓冲溶液对仪器进行定位和校正。

（4）样品测定：用水冲洗电极 2 ～ 3 次，用滤纸把水吸干。然后将电极插入样品中，搅动样品至少 1min（用磁力搅拌器），停止搅拌，待读至稳定后记录 pH 值。如此再重复两次，取其平均值作为测定结果。

（5）仪器设备的操作、记录仪器的使用情况：见 pH-2C 型精密酸度计操作规程，仪器附属设备的运行情况记录。

3．质控要求

（1）测定 pH 实验中所用水应是电导率小于 2μS/cm 的蒸馏水，临用前煮沸数分钟，然后冷却至室温。

（2）第一次使用的样品瓶，一定要用洗涤剂把瓶内、瓶外洗刷干净，并用自来水彻底冲洗。然后用（1 + 1）硝酸（或盐酸）溶液浸泡一昼夜，再用去离子水反复冲洗多次，至洗涤水呈中性为止。把瓶子倒置于干燥架上，使之自然晾干，保存在清洁的地方。

（3）存放降水的容器一般以白色的聚乙烯塑料瓶为好，而不能用带颜色的塑料瓶。玻璃瓶在存放过程中由于会溶出金属杂质，所以一般不使用。

（4）在测定降水样品时，不需过滤。应先测电导率，再测 pH 值。

（5）在降水样品量允许的情况下，须增测实验室平行样。样品须在 24h 内测定。标准缓冲溶液每月应重新配制。

4. 注意事项

（1）滴定时搅拌速度不宜太快，以免产生气泡附在电极表面，影响测定结果。

（2）玻璃电极在使用前应在蒸馏水中浸泡 24h 以上。用毕，冲洗干净，浸泡在水中。

（3）测定时，玻璃电极的球泡影全部浸入溶液中，使它稍高于甘汞电极的陶瓷芯端，以免搅拌使碰破。

（4）甘汞电极的饱和氯化钾液面必须高于汞体，并应有适量氯化钾晶体存在，以保证氯化钾溶液的饱和。使用前必须先拔掉上孔胶塞。

（5）为防止空气中二氧化碳溶入或水样中二氧化碳逸失，测定前不宜提前打开水样瓶塞。

（6）玻璃电极球泡受污染时，可用稀盐酸溶解无机盐结垢，再用丙酮除去油污。

（7）注意电极的出厂日期，存放时间过长的电极性能将变劣。玻璃电极一般一年换一次。

（8）玻璃电极的选择：用 pH 4 的标准溶液定位，然后测量 pH 6 的标准溶液，如其测定值与标准值的误差超过 0.1pH 时，则此玻璃电极须更换。

四、方案实施

（1）雨水样品采集。

（2）酸度计准备。

（3）酸度计定位。

（4）水样 pH 测定。

（5）分析过程质量控制。

五、过程评价

（一）学生评价

（二）教师评价

附19-1 pHS-3C型精密pH计使用说明

1．开机

（1）将电极梗旋入电极梗插座。

（2）取下复合电极前端的电极套，用蒸馏水清洗电极头部。

（3）将电源线插入电源插座。

（4）按下电源开关，电源接通后，预热30min后标定。

2．标定（一般情况下，在24h内仪器不需要再标定）

（1）把选择开关调到pH挡。

（2）调节温度补偿旋钮，使等于溶液温度值。

（3）把用蒸馏水清洗过的电极，插入pH =6.86的缓冲溶液中。

（4）调节定位调节旋钮，使仪器显示读数与该缓冲溶液当时温度下pH值相一致（出现YES时，按下确定键即可进行调节）。

（5）用蒸馏水清洗电极，再插入pH=4.00（或pH=9.18）的标准缓冲溶液中，分别调节斜率旋钮，使仪器显示读数与该缓冲溶液当时温度下的pH值相一致。

（6）完成标定，定位调节旋钮及斜率调节旋钮不能再有任何变动。

3．测量待测溶液pH值

4．使用注意事项

（1）测量完毕后，及时洗净电极，并将电极套套上（电极套内应放少量内参比补充液，可用3mol/L的KCl浸泡，以保持电极球泡的湿润）。

（2）切忌浸泡在蒸馏水中。

（3）标定缓冲溶液第一次用pH 6.86的溶液，第二次须用接近被测溶液pH的缓冲溶液。如果被测溶液为酸性，缓冲溶液应选pH 4.00；如果被测溶液为碱性，那么选pH 9.18的缓冲溶液 。

（4）每次测定时，都要用蒸馏水清洗电极头部，再用被测溶液润洗一次。

（5）在温度、标定缓冲溶液过程中，每次调节完毕都要按下确定键。

（6）电极插入待测溶液，可用电极轻轻搅拌溶液，旋转次数与幅度要尽可能一致，等待测溶液均匀、pH值稳定后，读出该溶液当时温度下的pH值 。

（7）如果读数不稳定，可以固定读数时间间隔，如搅拌15次，再等待15s后读取pH值。

标准缓冲溶液 pH 与温度的关系

温度 /℃	0.05mol/L 邻苯二甲酸氢钾	0.025mol/L 磷酸二氢钾 + 0.025 mol/L 磷酸氢二钠	0.01mol/L 硼砂
5	3.999	6.949	9.391
10	3.996	6.921	9.330
15	3.996	6.898	9.276
20	3.998	6.879	9.226
25	4.003	6.864	9.182
30	4.010	6.852	9.142

项目20 水中硫化物的测定

（亚甲基蓝分光光度法）

一、知识准备

（一）水中硫化物的来源与危害

地下水及生活污水中均含有硫化物。水中硫化物通常来源于水中的硫酸盐在厌氧环境中，由水体中的厌氧菌还原形成；地下水特别是温泉水中常常含有高浓度的硫化物，是由地球含硫矿物质逐渐溶解形成；某些工矿企业，如选矿、焦化、造气、造纸、印染、制革等工业废水中，易存在硫化物。工业废水排放时存在的硫化物，多数是由于含硫有机物发生降解时分解的产物；大气中含硫酸盐的颗粒物最终落到地面，通过地面径流而汇入河流，在河水有机污染严重，且水体溶解氧不足时，极易导致硫化物污染。

水中硫化物包括溶解性的 H_2S、HS^-、S^{2-}，存在于悬浮物中的可溶性硫化物、酸溶性的金属硫化物，以及未电离的有机、无机类硫化物，在环境 pH 降低即酸性增强的时候，容易形成硫化氢气体而逸出水体，不仅有毒，而且很容易导致水体发臭、发黑，严重影响人们的健康和视觉观瞻。大量逸出的硫化物气体，若存在于下水道中，则很容易造成地下管道施工人员中毒，轻微时引起头晕、恶心、呕吐，严重时导致人的呼吸功能衰竭，甚至呼吸停止而失去生命。

清洁水体中，硫化氢的嗅阈浓度为 0.025 ～ 0.25μg/L，超过此数值即可产生特殊的臭气。

表 20-1 部分指标的地表水环境质量标准限值 单位：mg/L

标准值分类 / 项目类别		Ⅰ类	Ⅱ类	Ⅲ类	Ⅳ类	Ⅴ类
溶解氧	≧	饱和率 90%（或 7.5）	6	5	3	2
高锰酸盐指数	⩽	2	4	6	10	15
化学需氧量（COD）	⩽	15	15	20	30	40
五日生化需氧量（BOD_5）	⩽	3	3	4	6	10
氨氮（NH_3）	⩽	0.15	0.5	1.0	1.5	2.0

项目类别 \ 标准值分类		Ⅰ类	Ⅱ类	Ⅲ类	Ⅳ类	Ⅴ类
硫化物	≦	0.05	0.1	0.2	0.5	1.0
pH（量纲为一）		6～9				
铜	⩽	0.01	1.0	1.0	1.0	1.0
锌	⩽	0.05	1.0	1.0	2.0	2.0
砷	⩽	0.05	0.05	0.05	0.1	0.1
铬（六价）	⩽	0.01	0.05	0.05	0.05	0.1
硝酸盐氮（NO_3^--N）	⩽	集中式生活饮用水（以N计）：10				

（二）水中硫化物的测定方法

目前，测定硫化物的方法有亚甲基蓝比色法（即对氨基二甲基苯胺光度法）、碘量法、间接火焰原子吸收法、电位滴定法、离子色谱法、极谱法、库仑滴定法、比浊法等。

1．碘量法

（1）方法原理

硫化物在酸性条件下，与过量的碘作用，剩余的碘用硫代硫酸钠溶液滴定。由硫代硫酸钠溶液所消耗的量，间接求出硫化物的含量。

（2）干扰及消除

还原性或氧化性物质干扰测定。水中悬浮物或浑浊度高时，对测定可溶态硫化物有干扰。遇此情况应进行适当处理。

（3）方法的适用范围

本方法适用于含硫化物在1mg/L以上的水和废水的测定。当试液体积在200mL，用0.01mol/L的硫代硫酸钠溶液滴定时，可用于含硫化物0.40mg/L以上的水和污水的测定。

2．间接火焰原子吸收法

（1）方法原理

水和废水中的硫化物，包括水体中可溶解的氢硫酸盐、硫化物及酸可溶性的金属硫化物，以及非离解的硫化氢。将水样酸化后转化为硫化氢，用氮气带出，被含有定量且过量的铜离子吸收液吸收。分离沉淀后，测定上清液中铜离子的浓度，即可对硫化物进行间接定量。

铜离子与硫化氢的反应为：$Cu^{2+} + H_2S \longrightarrow CuS$（黑色）↓ $+2H^+$

反应中，加入适量的醋酸—醋酸钠缓冲溶液，以调节吸收液的酸度；加适量的乙醇调节吸收液的表面张力，改善吸收液中气泡的均匀性，从而可以提高该方法的回收率。

（2）干扰消除

基体成分简单的水样，可以不用吹气而直接采用此法测定。当样品污染严重时（如含有不溶物、还原性物质、浊度高，或者硫化物的含量极低），应采用改进后的吹气装置，以分离基体消除干扰，还可起到一定的富集作用。

（3）方法的适用范围

本方法适用于水和污水中硫化物的测定。

3．气相分子吸收光谱法

（1）方法原理

在水样中加入5%～10%的磷酸，将硫化物转化为挥发性的硫化氢气体，用空气将其载入气相分子吸收光谱仪中的吸光管内，测量200nm附近的吸光度。此法可以快速测定水和废水中硫化物的含量。

（2）干扰及其消除

若水样基体复杂，含干扰成分多，则采用快速沉淀过滤与吹气分离的双重去除干扰的手段来进行测定。

酸性介质中，NO_2^-、SO_3^{2-}、$S_2O_3^{2-}$等的分解产物对紫外光也有吸收，产生正干扰，只要在反应瓶中加入过氧化氢，再加入磷酸，即可消除20mg NO_2^-、35mg SO_3^{2-}及45mg $S_2O_3^{2-}$对10μgS^{2-}的影响。水样中含I^-以及可产生吸收的挥发性有机物，产生正干扰，CNS^-产生负干扰。为消除这些干扰，须采用碳酸锌沉淀分离后，再加入过氧化氢和磷酸进行测定。

（3）方法的适用范围

本法的最低检出浓度为0.005mg/L，测定上限10mg/L。可用于各种水样中硫化物的测定。

本项目选择亚甲基蓝比色法测定水中硫化物［详见《水质硫化物的测定　亚甲基蓝分光光度法》（GB/T 16489—1996）］。本法所测定的是水和废水中溶解性的无机硫化物和酸溶性金属硫化物。该方法的最低检出浓度为0.02mg/L（以S^{2-}计），测定上限为0.8mg/L。酌情减少取样量，测定浓度可以达到4mg/L。

（三）亚甲基蓝分光光度法

1．方法原理

硫化氢被醋酸、醋酸锌溶液吸收，生成硫化锌沉淀，聚乙醇磷酸铵能保护硫化含量不变，使其隔绝空气和阳光，以减少硫化物的氧化和光分解作用。在含高铁离子的酸性溶液中，硫离子与对氨基二甲苯胺作用，生成亚甲蓝，颜色深度与水中硫离子浓度成正比。

或者：硫化氢被氢氧化镉—聚乙烯醇磷酸铵溶液吸收，生成硫化镉胶状沉淀，聚乙醇磷酸铵能保护硫化镉胶体，使其隔绝空气和阳光，以减少硫化物的氧化和光分解作用。在硫酸溶液中，硫离子与对氨基二甲基苯胺溶液和三氯化铁溶液作用，生成亚甲基蓝，颜色深浅与水样中硫离子的浓度成正比，根据颜色深浅，于665nm 波长处，用分光光度法进行测定。

2．干扰及其消除

亚硫酸盐、硫代硫酸盐超过 10mg/L 时将影响测定，必要时，增加硫酸铁铵的用量，则其允许量可达 40mg/L；亚硝酸盐达 0.5mg/L 时产生正干扰；其他氧化剂或还原剂亦可影响显色反应；亚铁氰化物可生成蓝色产生正干扰。

3．方法的适用范围

本法的最低检出浓度为 0.02mg/L（S^{2-}），测定上限 0.8mg/L。当采用酸化 - 吹气预处理法时，可进一步降低检出浓度。酌情减少取样量时，测定浓度可达 4mg/L。

（四）水样的采集与保存

对于地表水，按照规定的布点方法确定断面、垂线与采样点。

对于污染源排放的废水，按照采样点设置要求，在规定的废水排放口，分次采集废水样品，合并后进行一次测定（时间混合样）。

对硫化物水样的采集容器没有特别要求。

由于含硫化合物性质不稳定，容易被氧化，硫化氢气体又容易从水样中逸出所以在采样时要防止曝气，并加入醋酸锌溶液和一定量的氢氧化钠溶液，使之呈现碱性，并让硫离子生成硫化锌沉淀，这些操作都必须要在采样现场进行。

采样时，向 1L 事先清洗干净的试剂瓶中，加入 2mL 醋酸锌溶液 [220g 的 $Zn(C_2H_3O_2)_2 \cdot 2H_2O$ 溶于水中，稀释至 1L]，将采水器在采样现场用所采水样荡洗 2 ～ 3 次，然后将采水器中的水样装满 1L 的试剂瓶。

硫化物含量多时，醋酸锌的体积可以酌情多加，直到沉淀完全为止。水样装满瓶后立即密塞保存。水样在现场固定后带回实验室，必须于一周内分析测定。

（五）水样的预处理

由于水中还原性物质，如硫代硫酸盐、亚硫酸盐，各种固体的、溶解性的有机物，都能与碘反应，并阻止亚甲基蓝和硫离子的显色反应而干扰测定；水中的悬浮物、色度等，也对硫化物的测定产生干扰，因此当采用碘量法与亚甲基蓝比色法测定硫化物时，都需要对水样进行预处理。

1．乙酸锌沉淀—过滤法

当水样中只含有少量硫代硫酸盐、亚硫酸盐等干扰物质时，可将现场采集并已固定的水样，用中速定量滤纸或玻璃纤维滤膜进行过滤，然后按含量高低选择适当方法，直接测定沉淀中的硫化物。

2．酸化—吹气法（适用于碘量法）

若水样中存在悬浮物或浑浊度高、色度深时，可将现场采集固定后的水样加入一定量的磷酸，使水样中的硫化锌转变为硫化氢气体，利用载气将硫化氢吹出，用乙酸锌—乙酸钠溶液或2%氢氧化钠溶液吸收，再进行测定。

3．过滤—酸化—吹气分离法

若水样污染严重，不仅含有不溶性物质及影响测定的还原性物质，并且浊度和色度都高时，宜用此法。即将现场采集且固定的水样，用中速定量滤纸或玻璃纤维滤膜过滤后，按酸化吹气法进行预处理。

预处理操作是测定硫化物的一个关键性步骤，应注意既消除干扰物的影响，又不至于造成硫化物的损失。

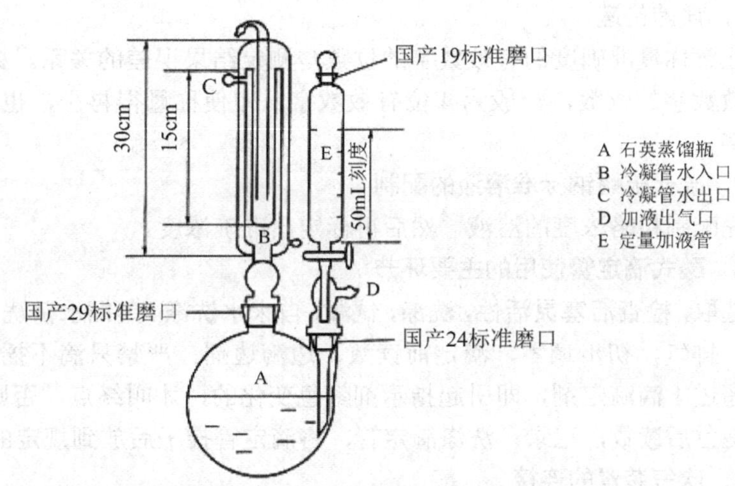

图20-1 比色法测定硫化物的吹气装置

4．用于光度法的吹气法

（1）接好吹气装置，通载气检查各部位是否漏气。

（2）向吸收管（包式吸收管或50mL比色管）中，加入10mL吸收液（同碘量法）。

（3）按碘量法吹气步骤吹气45min，然后将导气管及吸收管取下，关闭气源。按光度法步骤测定吸收管中硫化物含量。

（六）测定注意事项和干扰的消除

（1）吹气速度影响测定结果，流速不宜过快或过慢。必要时，应通过硫化物标准溶液进行回收率的测定，以确定合适的载气流速。在吹气40min后，流速可适当加大，以赶尽最后残留在容器中的H_2S气体。

（2）注意载气质量，必要时应进行空白试验和回收率测定。

（3）浸入吸收液部分的导管壁上，常常黏附一定量的硫化锌，难以用热水洗下。因此，无论用碘量法或比色法，均应进行定量反应后，再取出导气管。

（4）当水样中含有硫代硫酸盐或亚硫酸盐时，可产生干扰，这时应采用乙酸锌沉淀过滤—酸化—吹气法。

（5）应注意磷酸质量。当磷酸中含氧化性物质时，可使测定结果偏低。

二、技能准备

试液的配制

1. 误差传递

注意称量准确度的有效数字的位数与测定结果误差的关系。标准物质的溶液，其有效数字的位数，一般为4位有效数字，即使称量得再少，也不得少于3位有效数字。

2. 硫代硫酸钠标准溶液的配制

先配制粗略浓度的溶液，然后再标定出准确浓度。

3. 酸式滴定管使用的主要环节

选取，检查活塞灵活性，洗涤，试漏，自来水洗涤、蒸馏水荡洗，所装溶液润洗，装液，排气，初步调零，滴定前读数，边滴边摇，严禁只滴不摇，终点判断（前后不超过1滴滴定剂，即引起指示剂颜色变化的，才叫终点，否则就不对），半分钟不褪色后读数，记录，洗涤滴定管，将滴定管控干后放到规定的地方。

4. 吹气装置的连接

安装时注意铁架台上十字夹的方向、连接的次序与合理性。

对于含悬浮物、浑浊度较高、有色、不透明的水样，采用酸化—吹气—吸收法测定。

（1）连接酸化—吹气—吸收装置。

（2）通氮气检查装置的气密性后，关闭气源。

（3）取20mL 乙酸锌—乙酸钠溶液，从侧向玻璃接口处加入吸收显色管。

（4）取一定体积、采样现场已固定并混匀的水样，加5mL 抗氧化剂溶液，取出加酸通氮管，将水样移入反应瓶，加水至总体积约200mL。

（5）重装加酸通氮管，接通氮气，以200～300mL/min 的速度预吹气2～3min后，关闭气源。

（6）关闭加酸通氮管活塞，取出顶部接管，向加酸通氮管内加10mL 磷酸溶液后，重接顶部接管。

（7）缓慢旋开加酸通氮管活塞，接通氮气，以300mL/min 的速度连续吹气

30min。吹气速度和吹气时间的改变均会影响测定结果，必要时可通过测定硫化钠标准使用液的回收率进行检验。

（8）取下吸收显色管，关闭气源，以少量水冲洗吸收显色管各接口，加水至约 60mL，由侧向玻璃接口处缓慢加入 10mL*N*, *N*- 甲基对苯二胺溶液，立即密塞并将溶液缓慢倒转一次，再从侧向玻璃接口处加入 1mL 硫酸铁铵溶液，立即密塞并充分振荡，放置 10min。

(9) 将溶液移入 100mL 具塞比色管，用水冲洗吸收显色管，冲洗液并入比色管，用水稀释至标线，摇匀。使用 1cm 比色皿，以水作参比，在波长为 665nm 处测量吸光度。测得的吸光度值扣除空白试验的吸光度后，在校准曲线上查出硫化物的含量。

5．分光光度计的使用

（1）用黑色比色皿调透光率 0%。此操作表示，没有光线通过时，穿过溶液的出射光强度为 0。如果没有黑色比色皿，也可以用不透明的其他物质代替（如厚厚的纸张或书籍等，只要不重新开机，只用一次即可，后面不需要再次调节了）。

（2）任取一只比色皿装入有色溶液，扫描波长，使其吸光度达最大，此时的波长即是要选择的最大吸收波长（选中后，波长调节盘不能再作更改）。

(3) 重新任意选取 2 只比色皿，于靠近身边第一格的比色皿中装入参比溶液（不指明时，即用蒸馏水代替），调节透光率 100%。此操作表示没有颜色浓度为 0 的蒸馏水，照射光穿过其中时全部通过，若其他有颜色的溶液处于光路中时，其透光率必定小于 100%，此时吸光度必定大于 0）。

（4）将另一只比色皿也装入蒸馏水，测定其吸光度大小。注意：哪只比色皿装入蒸馏水的吸光度小，就选择哪只比色皿继续做参比。当参比溶液的吸光度变化后，一定要重新定义零吸光度。

（5）将装蒸馏水后吸光度比较大的比色皿，装入参比溶液，调节透光率 100%，分别依次装入欲测溶液（浓度最好由低到高，可省去每次的荡洗。测定浓度相差比较大的溶液时，一定要用所装溶液荡洗，否则将会引起很大的误差），测定各自的吸光度。

6．测定结果的数据处理

（1）数据测定列表记录

（2）回归方程的求算：采用电脑自带的 Excel 功能，求算回归方程

（3）绘制标准曲线

绘制标准曲线注意点：

（1）横坐标表示被测量，纵坐标表示指示量；

（2）对坐标作合理的分度，使直线的倾角接近于 45°；

（3）作图时，坐标上能读出的有效数字的位数和仪器的实际测量精度一致（体

积精确到小数点后2位，吸光度精确到小数点后3位。)，同时，要及时标明图的名称、坐标箭头、名称、符号、单位、测量点坐标的标示等。

三、方案设计

项目20 水中硫化物的测定

（亚甲基蓝分光光度法）

（一）测定目的

了解水中硫化物的来源与危害，理解亚甲基蓝分光光度法测定水中硫化物的原理与方法，了解水样预处理的方法，学会分光光度法测定硫化物时水样的预处理过程与方法，学会分析结果的数据处理，理解标准曲线的制作与绘制注意点。

（二）测定原理

硫化氢被醋酸、醋酸锌溶液吸收，生成硫化锌沉淀，聚乙醇磷酸铵能保护硫化含量不变，使其隔绝空气和阳光，以减少硫化物的氧化和光分解作用。在含高铁离子的酸性溶液中，硫离子与对氨基二甲苯胺作用，生成亚甲蓝，颜色深度与水中硫离子浓度成正比。

（三）仪器与试剂

1．仪器

（1）分光光度计，10mm 比色皿；

（2）50mL 比色管及比色管架、移液管、烧杯、洗耳球、洗瓶等；

（3）硫化物预处理的酸化—吹气装置一套。

2．试剂

（1）无二氧化碳水：将蒸馏水煮沸15min 后，加盖冷却至室温。所有实验用水均为无二氧化碳水。

（2）硫酸铁铵溶液：取25g 十二水合硫酸高铁铵溶解于含有5mL 硫酸的水中，稀释至200mL。

（3）2g/L 对氨基二甲基苯胺溶液：称取2g 对氨基二甲基苯胺盐酸盐溶于700mL 水中，缓缓加入200mL 硫酸，冷却后，用水稀释至1 000mL。

（4）1+5 硫酸。

（5）0.1mol/L 硫代硫酸钠标准溶液：称取24.8g 五水合硫代硫酸钠和0.2g 无水碳酸钠，溶于无二氧化碳水中，转移至1 000mL 棕色容量瓶内，稀释至标线，摇匀。按碘量法测定硫化物的方法进行标定。

标定方法：在250mL 碘量瓶中，加1g 碘化钾（KI）和50mL 水，加15.00mL

重铬酸钾标准溶液，振摇至完全溶解后，加 5mL（1+5）硫酸溶液，立即密塞摇匀。于暗处放置 5min 后，用待标定的硫代硫酸钠标准溶液滴定至溶液呈淡黄色时，加 1mL 淀粉溶液，继续滴定至蓝色刚好消失为终点。记录硫代硫酸钠标准溶液的用量，同时作空白滴定。

硫代硫酸钠标准溶液的准确浓度 $C_{Na_2S_2O_3}$（mol/L）按下式计算：

$$C_{Na_2S_2O_3}=(0.100\,0\times15.00)/(V_1-V_2)$$

式中，V_1——滴定重铬酸钾标准溶液消耗硫代硫酸钠标准溶液的体积，mL；

V_2——滴定空白溶液消耗硫代硫酸钠标准溶液的体积，mL。

（6）2mo1/L 乙酸锌溶液。

（7）0.05mo1/L（l/2 I_2）碘标准溶液：准确称取 6.400g 碘于 250mL 烧杯中，加入 20g 碘化钾，加适量水溶解后，转移至 1 000mL 棕色容量瓶中，用水稀释至标线，摇匀。

（8）1% 淀粉指示液。

（9）硫化钠标准贮备液：取一定量结晶九水合硫化钠置布氏漏斗中，用水淋洗除去表面杂质，用干滤纸吸去水分后，称取 7.5g 溶于少量水中，转移至 1 000mL 棕色容量瓶中，用水稀释至标线，摇匀备测。

标定：在 250mL 碘量瓶中，加入 10mL 1mo1/L 乙酸锌溶液，10.00mL 待标定的硫化钠溶液及 0.1mo1/L 的碘标准溶液 20.00mL，用水稀释至 60mL，加入（1+5）硫酸 5mL，密塞摇匀。在暗处放置 5min，用 0.1mol/L 硫代硫酸钠标准溶液，滴定至溶液呈淡黄色时，加入 1mL 淀粉指示液，继续滴定至蓝色刚好消失为止，记录标准液用量。

同时以 10mL 水代替硫化钠溶液，作空白试验。

按下式计算 1mL 硫化钠溶液中含硫化物的毫克数：

$$硫化物（mg/m_1）=[(V_0-V_1)\times C\times16.03]/10.00$$

式中，V_1——滴定硫化钠溶液时，硫代硫酸钠标准溶液用量，mL；

V_0——空白滴定时，硫代硫酸钠标准溶液用量，mL；

C——硫代硫酸钠标准溶液的浓度，mo1/L；

16.03——1/2 S^{2-} 的摩尔质量，g/mol。

（10）硫化钠标准使用液的配制：

① 吸取一定量刚标定过的硫化钠溶液，用水稀释成 1.00mL 含 5.0μg 硫化物（S^{2-}）的标准使用液，临用时现配。

② 吸取一定量刚标定过的硫化钠溶液，移入已盛有 2mL 乙酸锌—乙酸钠溶液和 800mL 水的 1 000mL 棕色容量瓶中，加水至标线，充分混匀，使成均匀的含硫（S^{2-}）浓度为 5.0μg/mL 的硫化锌混悬液。该溶液在 20℃下保存，可稳定 1 ～ 2 周，每次取用时，应充分振摇混匀。

以上两种使用液可根据需要选择使用。

（四）操作步骤

1．校准曲线的绘制

分别取0mL、0.50mL、1.00mL、2.00mL、3.00mL、4.00mL、5.00mL的硫化钠标准使用液①或②置50mL比色管中，加水至40mL，加对氨基二甲基苯胺溶液5mL，密塞。颠倒一次，加硫酸铁铵溶液1mL，立即密塞，充分摇匀。10min后，用水稀释至标线，混匀。用10mm比色皿，以水为参比，在665nm处测量吸光度，并作空白校正。

2．水样测定

将预处理后的吸收液或硫化物沉淀转移至50mL比色管或在原吸收管中，加水至40mL。以下操作同校准曲线绘制，并以水代替试样，按相同操作步骤，进行空白试验，以此对试样作空白校正。

3．计算

$$硫化物（S^{2-}，mg/L）= m/V$$

式中，m——从校准曲线上查出的硫量，μg；

V——水样体积，mL。

4．精密度和准确度

国标法中，六个实验室分析含0.029～0.043mg/L的硫化物加标水样，回收率为65%～108%；单个实验室的相对标准偏差不超过12%；单个实验室分析含0.289～0.350mg/L的硫化物加标水样，回收率为80%～97%；相对标准偏差不超过16%。

本法最低检出浓度为0.005mg/L，有效数字最多3位，小数点后最多3位。

样品精密度、准确度控制：每批样品随机抽取10%实验室平行样，污染事故、污染纠纷样品随机抽取不少于20%实验室平行样；每批样品随机抽取10%样品做加标回收。分析平行样相对偏差应≤20%，加标回收率在90%～110%范围内为合格。

平行样允许差范围：平行样相对允许差（%）= $|x_1 - x_2| / |\bar{x}|$（《江苏省地表水环境监测技术规范》）。

浓度范围 /（mg/L）	允许差范围		加标回收率 /%
	相对允许差 /%	绝对允许差 /（mg/L）	
＜0.05		≤0.01	90～110
≥0.05	≤20		90～110

5. 注意事项

(1) 水样中硫化物浓度波动较大，为此，可先按下述手续进行定性试验：分取 25 ～ 50mL 混匀并已固定的水样，置于 150mL 锥形瓶中，加水至 50mL，加(1+1)硫酸 2mL 及数粒玻璃珠，立即在瓶口覆盖滤纸，并用橡皮筋扎紧。在滤纸中央滴加 100g/L)乙酸铅溶液 1 滴，置电热板上加热至沸，取下锥形瓶。冷却后，取下滤纸，查看朝液面的斑点是呈淡棕色还是呈黑褐色，从而判断水样中含硫化物的大致含量，以确定水样取用量。

(2) 显色时，加入的两种试剂均含硫酸，应沿管壁徐徐加入，并加塞混匀，避免硫化氢逸出而损失。

(3) 绘制校准曲线时，向反应瓶中加入的水量应与测定水样时的加入量相同。

四、方案实施

(1) 采样点的布设。
(2) 采样与保存。
(3) 样品的预处理。
(4) 试剂的配制。
(5) 标准系列的配制。
(6) 标准曲线的测定。
(7) 水样的测定。
(8) 数据处理与评价。

五、过程评价

(一) 学生评价

(二) 教师评价

项目21 水中有机磷农药的测定

（气相色谱——火焰光度检测器检测法）

一、知识准备

（一）有机磷农药的来源和危害

常见的有机磷农药有敌百虫、敌敌畏（DDVP）、甲胺磷（多灭灵）、乐果、氧化乐果、乙酰甲胺磷、甲拌磷（西梅脱）、倍硫磷、对硫磷（1605，一扫光）、甲基对硫磷（甲基1605）、马拉硫磷等。地表水中的有机磷主要来源于农药施放不当引起，植物经有机磷农药喷洒后，未及时吸收即经雨水冲刷而进入水体，也有农药运输过程中造成事故性泄漏，污染水源地的。

有机磷是一种常用的有毒农药，环境中的有机磷如果误食，会引起人的急性中枢神经中毒症状，如行为失调、意识模糊、昏迷，严重者如不及时抢救，很容易造成死亡。进入水体的有机磷，会对水生生物的生长环境造成巨大影响，轻者导致鱼类的逃逸，重者导致大量水产品的死亡，对于水产养殖户是一大威胁，一旦发生农药泄漏事故，很容易引起大面积的鱼的死亡现象。

《地表水环境质量标准》（GB 3838—2002）中，集中式生活饮用水地表水源地特定项目标准限值中，有机磷的含量随有机磷的化学成分不同，大体在0.002～0.08mg/L。因此，通过测定地表水中有机磷农药的含量大小，能够估计水源地的有机磷农药的污染程度与水平，为加大农药监管力度，提高人民的生活环境质量，提供必要的数据资料。

集中式生活饮用水地表水源地特定项目标准限值见表21-1。

表21-1　集中式生活饮用水地表水源地特定项目标准限值　　单位：mg/L

序号	项 目	标准值	序号	项 目	标准值
1	三氯甲烷	0.06	41	丙烯酰胺	0.000 5
2	四氯化碳	0.002	42	丙烯腈	0.1
3	三溴甲烷	0.1	43	邻苯二甲酸二丁酯	0.003
4	二氯甲烷	0.02	44	邻苯二甲酸二（2-乙基己基）酯	0.008
5	1,2-二氯乙烷	0.03	45	水合阱	0.01

序号	项目	标准值	序号	项目	标准值
6	环氧氯丙烷	0.02	46	四乙基铅	0.000 1
7	氯乙烯	0.005	47	吡啶	0.2
8	1,1- 二氯乙烯	0.03	48	松节油	0.2
9	1,2- 二氯乙烯	0.05	49	苦味酸	0.5
10	三氯乙烯	0.07	50	丁基黄原酸	0.005
11	四氯乙烯	0.04	51	活性氯	0.01
12	氯丁二烯	0.002	52	滴滴涕	0.001
13	六氯丁二烯	0.000 6	53	林丹	0.002
14	苯乙烯	0.02	54	环氧七氯	0.000 2
15	甲醛	0.9	55	对硫磷	0.003
16	乙醛	0.05	56	甲基对硫磷	0.002
17	丙烯醛	0.1	57	马拉硫磷	0.05
18	三氯乙醛	0.01	58	乐果	0.08
19	苯	0.01	59	敌敌畏	0.05
20	甲苯	0.7	60	敌百虫	0.05
21	乙苯	0.3	61	内吸磷	0.03
22	二甲苯①	0.5	62	百菌清	0.01
23	异丙苯	0.25	63	甲萘威	0.05
24	氯苯	0.3	64	溴氰菊酯	0.02
25	1,2- 二氯苯	1.0	65	阿特拉津	0.003
26	1,4- 二氯苯	0.3	66	苯并 [*a*] 芘	2.8×10^{-6}
27	三氯苯②	0.02	67	甲基汞	1.0×10^{-6}
28	四氯苯③	0.02	68	多氯联苯⑥	2.0×10^{-5}
29	六氯苯	0.05	69	微囊藻毒素 -LR	0.001
30	硝基苯	0.017	70	黄磷	0.003
31	二硝基苯④	0.5	71	钼	0.07
32	2,4- 二硝基甲苯	0.000 3	72	钴	1.0
33	2,4,6- 三硝基甲苯	0.5	73	铍	0.002
34	硝基氯苯⑤	0.05	74	硼	0.5
35	2,4- 二硝基氯苯	0.5	75	锑	0.005
36	2,4- 一氯苯酚	0.093	76	镍	0.02
37	2,4,6- 三氯苯酚	0.2	77	钡	0.7
38	五氯酚	0.009	78	钒	0.05
39	苯胺	0.1	79	钛	0.1
40	联苯胺	0.000 2	80	铊	0.000 1

注：①二甲苯：指对 - 二甲苯、间 - 二甲苯、邻 - 二甲苯。②三氯苯：指 1,2,3- 三氯苯、1,2,4- 三氯苯、1,3,5- 三氯苯。③四氯苯：指 1,2,3,4- 四氯苯、1,2,3,5- 四氯苯、1,2,4,5- 四氯苯。④二硝基苯：指对 - 二硝基苯、

间-二硝基苯、邻-二硝基苯。⑤硝基氯苯：指对-硝基氯苯、间-硝基氯苯、邻-硝基氯苯。⑥多氯联苯：指 PCB-1016、PCB-1221、PCB-1232、PCB-1242、PCB-1248、PCB-1254、PCB-1260。

我国粮食、蔬菜中的农药残留量的国家标准见表 21-2。

表 21-2　粮食、蔬菜中农药残留量国家标准限量值

序号	农药通用名称	农副产品名称	最高残留限量 (MRL)，≤ mg/kg	国家标准号
1	2,4- 滴 (2,4-D)	蔬菜	0.2	GB 15194—94
		原粮	0.5	GB 15194—94
2	矮壮素 (chlormequat chloride)	原粮	5	GB 15194—94
3	百草枯 (paraquat)	菜籽油	0.05	GB 16333—1996
		成品粮	0.5	GB 16333—1996
		柑橘	0.2	GB 16333—1996
4	百菌清 (chlorothalonil)	谷类（以原粮计）	0.2	GB 14869—94
		蔬菜	1	GB 14869—94
		水果	1	GB 14869—94
5	倍硫磷 (fenthion)	谷类（以原粮计）	0.05	GB 4788—94
		食用油	0.01	GB 4788—94
		蔬菜	0.05	GB 4788—94
		水果	0.05	GB 4788—94
6	苯丁锡 (fenbutatin oxide)	柑橘	5	GB 16333—1996
		梨果	5	GB 16333—1996
7	丙线磷 (ethoprophos)	花生	0.02	GB 15194—94
8	丙环唑 (propiconazole)	原粮	0.1	GB 15194—94
9	草甘膦 (glyphosate)	甘蔗	2	GB 14968—94
		水果	0.1	GB 14968—94
10	除虫脲 (diflubenzuron)	柑橘	1	GB 16333—1996
		梨果	1	GB 16333—1996
		原粮	0.2	GB 16333—1996
11	代森锰锌 (mancozeb)	梨果	3	GB 16333—1996
		小粒水果	5	GB 16333—1996
		果菜	0.5	GB 16333—1996
12	稻丰散 (phenthoate)	成品粮	0.05	GB 16333—1996
		柑橘	1	GB 16333—1996

序号	农药通用名称	农副产品名称	最高残留限量(MRL),≤mg/kg	国家标准号
13	滴滴涕 (DDT)	粮食（成品粮） 蔬菜 水果 鱼	0.2 0.1 0.1 1	GB 2763—81 GB 2763—81 GB 2763—81 GB 2763—81
14	敌百虫 (trichlorfon)	蔬菜 水果 原粮	0.1 0.1 0.1	GB 16329—1996 GB 16329—1996 GB 16329—1996
15	敌敌畏 (divhlorvos)	食用油 蔬菜 水果 原粮	不得检出 0.2 0.2 0.1	GB 5127—1998 GB 5127—1998 GB 5127—1998 GB 5127—1998
16	敌菌灵 (anilazine)	蔬菜 原粮	10 0.2	GB 15194—94 GB 15194—94
17	敌瘟磷 (edifenphos)	成品粮	0.1	GB 16333—1996
18	丁硫克百威 (carbosulfan)	稻谷 柑橘	0.5 2	GB 16333—1996 GB 16333—1996
19	毒死蜱 (chlorpyrifos)	成品粮 梨果 棉籽油 叶菜	0.1 1 0.05 1	GB 16333—1996 GB 16333—1996 GB 16333—1996 GB 16333—1996
20	对硫磷 (parathion)	食用油 蔬菜 水果 原粮	0.1 不得检出 不得检出 0.1	GB 5127—1998 GB 5127—1998 GB 5127—1998 GB 5127—1998
21	多菌灵 (carbendazim)	谷类(以原粮计) 蔬菜 水果	0.5 0.5 0.5	GB 14870—94 GB 14870—94 GB 14870—94
22	多效唑 (paclobutrazol)	菜籽油 原粮	0.5 0.5	GB 16333—1996 GB 16333—1996
23	二嗪磷 (diazinon)	谷类(以原粮计） 蔬菜 水果	0.1 0.5 0.5	GB 14928.1—94 GB 14928.1—94 GB 14928.1—94
24	伏杀硫磷 (phosalone)	棉籽油 叶菜	0.1 1	GB 16333—1996 GB 16333—1996
25	氟氯氰菊酯 (cyfluthrin)	棉籽油	0.05	GB 16333—1996

序号	农药通用名称	农副产品名称	最高残留限量(MRL)，≤ mg/kg	国家标准号
26	氟戊菊酯 (flucythrinate)	棉籽油	0.2	GB 15194—94
		蔬菜	0.2	GB 15194—94
		水果	0.5	GB 15194—94
		原粮	0.2	GB 15194—94
27	腐霉利 (procymidone)	菜籽油	1	GB 16333—1996
		果菜	2	GB 16333—1996
28	甲胺磷 (methamidophos)	稻谷	0.1	GB 14873—94
29	甲拌磷 (phorate)	谷类（以原粮计）	0.02	GB 4788—94
		食用油	不得检出	GB 4788—94
		蔬菜	不得检出	GB 4788—94
		水果	不得检出	GB 4788—94
30	甲基对硫磷 (parathion-methyl)	稻谷	0.1	GB 14874—94
		棉籽油	0.1	GB 14874—94
31	甲基嘧啶磷 (pirimiphos-methyl)	谷物	5	GB 14928.3—94
32	甲萘威 (carbaryl)	粮食	5	GB 14971—94
		食用油	0.5	GB 14971—94
		蔬菜	2	GB 14971—94
		水果	2.5	GB 14971—94
		烟草	1	GB 14971—94
33	甲霜灵 (metalaxyl)	果菜	0.5	GB 16333—1996
		小粒水果	1	GB 16333—1996
		原粮	0.05	GB 16333—1996
34	久效磷 (monocrotophos)	稻谷	0.02	GB 16333—1996
		棉籽油	0.05	GB 16333—1996
35	抗蚜威 (pirmicarb)	粮食（包括大豆）	0.05	GB 14928.2—94
		蔬菜	1	GB 14928.2—94
		水果	0.5	GB 14928.2—94
36	克百威 (carbofuran)	稻谷	0.5	GB 14928.7—94
37	克菌丹 (captan)	水果	15	GB 15194—94
38	硫线磷 (cadusafos)	甘蔗	0.005	GB 14969—94
		柑橘	0.005	GB 14969—94
39	喹硫磷 (quinalphos)	大米	0.2	GB 14928.10—94
		柑橘	0.5	GB 14928.10—94
		蔬菜	0.2	GB 14928.10—94
40	乐果 (dimethoate)	食用油	不得检出	GB 5127—1998
		蔬菜	1	GB 5127—1998
		水果	1	GB 5127—1998
		原粮	0.05	GB 5127—1998

序号	农药通用名称	农副产品名称	最高残留限量(MRL), ≤ mg/kg	国家标准号
41	林丹 (lindane)	蛋	0.1	GB 16333—1996
		牛乳、乳制品	0.01	GB 16333—1996
		肉，脂肪含量≤ 10%（以鲜重计）	0.2	GB 16333—1996
		肉，脂肪含量 >10%（以鲜重计）	2	GB 16333—1996
		原粮	0.1	GB 16333—1996
42	磷胺 (phosphamidon)	原粮	0.1	GB 15194—94
43	硫双威 (thiodicarb)	棉籽油	0.1	GB 16333—1996
44	六六六 (HCH;BHC)	粮食（成品粮）	0.3	GB 2763—81
		蔬菜	0.2	GB 2763—81
		水果	0.2	GB 2763—81
		鱼	2	GB 2763—81
45	氯氟氰菊酯 (cyhalothrin)	棉籽油	0.02	GB 16333—1996
		梨果	0.2	GB 16333—1996
		果菜	0.5	GB 16333—1996
		柑橘	0.2	GB 16333—1996
		叶菜	0.2	GB 16333—1996
46	氯菊酯 (permethrin)	谷类（以原粮计）	1	GB 14871—94
		蔬菜	1	GB 14871—94
		水果	2	GB 14871—94
47	马拉硫磷 (malathion)	成品粮	3	GB 5127—1998
		食用油	不得检出	GB 5127—1998
		蔬菜	不得检出	GB 5127—1998
		水果	不得检出	GB 5127—1998
		原粮	8	GB 5127—1998
48	灭草松 (bentazone)	原粮	0.05	GB 16333—1996
49	灭多威 (methomyl)	甘蓝	2	GB 16333—1996
		柑橘	1	GB 16333—1996
50	灭幼脲 (chlorbenzuron)	蔬菜	3	GB 15195—94
		原粮	3	GB 15195—94
51	氰戊菊酯 (fenvalerate)	根块类菜	0.05	GB 14928.5—94
		谷类（以原粮计）	0.2	GB 14928.5—94
		果类菜	0.2	GB 14928.5—94
		水果	0.2	GB 14928.5—94
		叶类菜	0.5	GB 14928.5—94

序号	农药通用名称	农副产品名称	最高残留限量(MRL)，≤ mg/kg	国家标准号
52	炔螨特 (propargite)	柑橘 梨果 棉籽油 叶菜	5 5 0.1 2	GB 16333—1996 GB 16333—1996 GB 16333—1996 GB 16333—1996
53	噻菌灵 (thiabendazole)	柑橘 香蕉	10 3	GB 16333—1996 GB 16333—1996
54	噻螨酮 (hexythiazos)	柑橘 梨果	0.5 0.5	GB 16333—1996 GB 16333—1996
55	噻嗪酮 (buprofezin)	粮食 蔬菜	0.3 0.3	GB 14970—94 GB 14970—94
56	三环唑 (tricyclaxole)	稻谷	2	GB 14928.9—94
57	三唑醇 (triadimenol)	原粮	0.1	GB 15194—94
58	三唑酮 (triadimefon)	谷类（原粮） 蔬菜 水果	0.5 0.2 0.2	GB 14972—94 GB 14972—94 GB 14972—94
59	三唑锡 (azocyclotin)	柑橘 梨果	2 2	GB 16333—1996 GB 16333—1996
60	杀虫环 (thiocyclam)	大米	0.2	GB 14928.11—94
61	杀虫双 (disosultap)	大米	0.2	GB 14928.12—94
62	杀螟丹 (cartap)	成品粮 柑橘	0.1 1	GB 16333—1996 GB 16333—1996
63	杀螟硫磷 (fenitrothion)	谷类（以原粮计） 食用油 蔬菜 水果	5 不得检出 0.5 0.5	GB 4788—94 GB 4788—94 GB 4788—94 GB 4788—94
64	杀扑磷 (methidathion)	柑橘	2	GB 16333—1996
65	双甲脒 (amitraz)	柑橘 果菜 梨果 棉籽油	0.5 0.5 0.5 0.05	GB 16333—1996 GB 16333—1996 GB 16333—1996 GB 16333—1996
66	水胺硫磷 (isocarbophos)	稻谷 柑橘（肉）	0.1 0.02	GB 14928.8—94 GB 14928.8—94
67	四螨嗪 (clofentezine)	水果	1	GB 15194—94

序号	农药通用名称	农副产品名称	最高残留限量 (MRL)，≤ mg/kg	国家标准号
68	涕灭威 (aldicarb)	花生仁 棉籽油 花生油	0.05 不得检出 不得检出	GB 14928.6—94 GB 14928.6—94 GB 14928.6—94
69	五氯硝基苯 (quintozene)	蔬菜 原粮	0.2 0.1	GB 15194—94 GB 15194—94
70	辛硫磷 (phoxim)	谷类（以原粮计） 蔬菜 水果	0.05 0.05 0.05	GB 14868—94 GB 14868—94 GB 14868—94
71	溴甲烷 (methyle bromide)	原粮	50(以无机溴计)	GB 15194—94
72	溴螨酯 (bromopropylate)	柑橘 梨果	5 5	GB 16333—1996 GB 16333—1996
73	溴氰菊酯 (deltametrin)	柑橘 果类菜（皮可食） 水果（皮可食） 原粮 叶菜类	0.05 0.2 0.1 0.5 0.5	GB 14928.4—94 GB 14928.4—94 GB 14928.4—94 GB 14928.4—94 GB 14928.4—94
74	亚胺硫磷 (phosmet)	茶叶 蔬菜 水果 原粮	0.5 0.5 0.5 0.5	GB 16320—1996 GB 16320—1996 GB 16320—1996 GB 16320—1996
75	乙硫磷 (ethion)	棉籽油 原粮	0.5 0.2	GB 15194—94 GB 15194—94
76	乙烯菌核利 (vinclozolin)	蔬菜	5	GB 15194—94
77	乙酰甲胺磷 (acephate)	谷类（以原粮计） 蔬菜 水果	0.2 0.2 0.5	GB 14872—94 GB 14872—94 GB 14872—94
78	异菌脲 (iprodione)	梨果 果菜	10 5	GB 16333—1996 GB 16333—1996
79	莠去津 (atrazine)	甘蔗 玉米	0.05 0.05	GB 16323—1996 GB 16323—1996

（二）有机磷农药的测定方法

地表水中有机磷农药测定方法，目前基本都是建立在气相色谱分析的基础上。根据测定方法标准规定，目前有机磷的测定方法主要有两种：

GB/T 13192—1991《水质　有机磷农药的测定　气相色谱法》；

美国 EPA 8141B—1994《有机磷　毛细管气相色谱法》。

（三）色谱法

色谱分析法是一种分离后再分析的方法，简称色谱法。色谱法实质上是一种物理化学分离方法，即利用不同物质在两相（固定相和流动相）中具有不同的分配系数（或吸附系数），当两相做相对运动时，这些物质在两相中反复多次分配（即组分在两相之间进行反复多次的吸附、脱附或溶解、挥发过程）从而使各物质得到完全分离。

色谱法有多种类型，从不同的角度可以有不同的分类方法。通常是按照下述三种方法进行分类的：

1．按固定相和流动相所处的状态

表 21-3　按两相所处状态分的色谱法分类

流动相	总称	固定相	色谱名称
气体	气相色谱（GC）	固体	气—固色谱（GSC）
		液体	气—液色谱（GLC）
液体	液相色谱（LC）	固体	液—固色谱（LSC）
		液体	液—液色谱（LLC）

2．按固定相性质和操作方式

表 21-4　按固定相性质和操作方式分的色谱法分类

固定相形式	柱		纸	薄层板
	填充柱	开口管柱		
固定相性质	在玻璃或不锈钢柱管内填充固体吸附剂或涂渍在惰性载体上的固定液	在弹性石英玻璃或玻璃毛细管内壁附有吸附剂薄层或涂渍固定液等	具有多孔和强渗透能力的滤纸或纤维素薄膜	在玻璃板上涂有硅胶 G 薄层
操作方式	液体或气体流动相从柱头向柱尾连续不断地冲洗		液体流动相从滤纸一端向另一端扩散	液体流动相从薄层板一端向另一端扩散
名称	柱色谱		纸色谱	薄层色谱

3．按色谱分离过程的物理化学原理

表 21-5　按分离过程的物理化学原理分的色谱法分类

名称	吸附色谱	分配色谱	离子交换色谱	凝胶色谱
原理	利用吸附剂对不同组分吸附性能的差别	利用固定液对不同组分分配性能差别	利用离子交换剂对不同离子亲和能力的差别	利用凝胶对不同组分分子的阻滞作用的差别
平衡常数	吸附系数 K_A	分配系数 K_P	选择性系数 K_S	渗透系数 K_{PF}
流动相为液体	液固吸附色谱	液液分配色谱	液相离子交换色谱	液相凝胶色谱
流动相为气体	气固吸附色谱	气液分配色谱		

（四）气相色谱分析的基本原理

气相色谱是指以气体作为流动相的色谱法，是首先让混合物组分发生分离，然后再进行分析的方法。固定相是固体吸附剂的称为气固色谱，而固定相是在固体颗粒表面涂敷了液体的，称为气液色谱。气固色谱主要用于永久性气体的分离测定，气液色谱则用于沸点在 500℃以下，相对分子质量在 450 以下的组分（通常为有机物）的分离测定。有机磷农药的分离分析，主要是基于后者，属于气液色谱分析。而固定相通常会装在一根柱子里，所以是柱色谱。

气液色谱中存在着两相，一种是气体也称载气，此流动相会一直均匀地流过色谱柱内涂敷了固定液的固定相的表面。当混合物组分通过注射器注入色谱柱时，在气化室内立即受热气化，随流动相载气一起流过固定相表面，此时混合物组分就在固定液中发生溶解，由于载气的不断流入，溶解了的组分又会发生挥发，而挥发的组分又溶解到前面的固定液中，又由于载气的冲刷作用发生挥发，就这样反复的溶解、挥发，再溶解、再挥发。由于混合物中各组分的性质不同，易溶解的便难挥发，在柱中就走得慢一些；而不易溶解的便易挥发，在柱中就走得快一些，这样，经历一定的时间，只要色谱柱有足够的长，即能够在柱子的出口处得到分离了的纯净物的组分。此时在柱出口处即安装了一部检测器，对流过检测器的组分分别一一测定，就能够知道混合物中待测组分的含量大小了。

（五）气相色谱流出曲线有关术语

1．色谱图

色谱柱流出物通过检测器系统时所产生的响应信号 R（mV），对时间 t（s）（或载气体积 mL）的曲线图，称为色谱图。图中随时间或载气流出体积变化的响应信号曲线，称为色谱流出曲线，如图 21-1 所示。在实验条件下，只有纯流动相（没有样品组分）经过检测器的信号—时间曲线称为基线，稳定的基线为一条直线。操作条件不稳定或检测器及其附件的工作状态的变化，使基线朝一定方向缓慢变

化，称为基线漂移。各种偶发因素使基线起伏不定的现象，称为噪声。

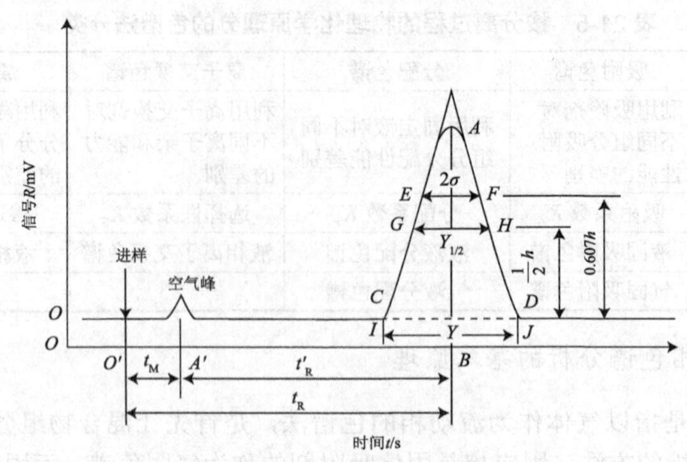

图 21-1　气相色谱流出曲线

（引自：戚立春．仪器分析．北京：中国轻工业出版社，2002）

2．色谱峰

当有组分进入检测器时，色谱流出曲线就会偏离基线，高出基线的凸起部分的流出曲线，称为色谱峰；峰顶到基线的距离称为峰高，以 h 表示；峰面积（A）是指每个组分的流出曲线与基线间所包围的面积。

峰高或峰面积的大小和每个组分在样品中的含量相关，因此色谱峰的峰高或峰面积是气相色谱进行定量分析的主要依据；色谱峰两侧拐点（即组分流出曲线上二阶导数等于零的点）处所作的切线与峰底相交两点之间的距离，称为峰宽，常用符号 W_b 表示。在峰高为 $h_{1/2}$ 处的峰宽，称为半峰宽，常用符号 $W_{1/2}$ 表示。

3．保留值

保留值是用来描述各组分色谱峰在色谱图中的位置的，在一定实验条件下，组分的保留值具有特征性，是气相色谱定性的参数。保留值通常用时间（或载气体积）来表示。

（1）死时间（t_M）

指从进样开始到惰性组分（指不被固定相吸附或溶解的空气或甲烷）从柱中流出，呈现浓度极大值时所需要的时间，如图 21-1 中 OO' 所示的距离。t_M 反映了色谱柱中未被固定相填充的柱内死体积和检测器死体积的大小，与被测组分的性质无关。

（2）保留时间（t_R）

从进样到色谱柱后出现待测组分信号极大值所需要的时间，以 t_R 表示。t_R 可作为色谱峰位置的标志。

(3) 调整保留时间(t'_R)

扣除死时间后的保留时间(如图 21-1 中 O'B 所示的距离),以 t'_R 表示:$t'_R= t_R - t_M$。

t'_R 反映了被分析的组分与色谱柱中固定相发生相互作用,而在色谱柱中滞留的时间,它更确切地表达了被分析组分的保留特性,是气相色谱定性分析的基本参数。

(4) 死体积(V_M)、保留体积(V_R)和调整保留体积(V'_R)

保留时间受载气流速的影响,为了消除这一影响,保留值也可以用从进样开始到出现峰(空气或甲烷峰,组分峰)极大值所流过的载气体积来表示,即用保留时间乘以载气平均流速。

4. 相对保留值(r_{21})与选择性因子(α)

一定的实验条件下两组分的调整保留时间之比,称为相对保留值(r_{21}),是一个无量纲的量。

$$r_{21} = t_R{'}_2 / t_R{'}_1$$

r_{21} 仅与柱温及固定相性质有关,而与其他操作条件如柱长、柱内填充情况及载气的流速等无关。

而指相邻两组分的调整保留值之比,称为选择性因子,以 α 表示。α 数值的大小反映了色谱柱对难分离物质对的分离选择性,α 值越大,相邻两组分色谱峰相距越远,色谱柱的分离选择性越高。当 α 接近于 1 或等于 1 时,说明相邻两组分色谱峰重叠未能分开。

r_{21} 只是两组分的调整保留值之比,任何两个物质之间,都可以从调整保留值得出这个比值,所以,相对保留值中相对的两组分不一定是相邻的组分,而选择性因子中的两组分一定是指相邻的两组分,这是相对保留值与选择性因子的不同之处。

(六) 气相色谱仪的组成

气相色谱仪(gas chromatograph)都有六大系统组成,分别为:

(1) 气路系统:气相色谱仪中的气路是一个载气连续运行的密闭管路系统。整个气路系统要求载气纯净、密闭性好、流速稳定及流速测量准确。

(2) 进样系统:进样就是把气体或液体样品快速而定量地加到色谱柱上端。

(3) 分离系统:分离系统的核心是色谱柱,它的作用是将多组分样品分离为单个组分。色谱柱分为填充柱和毛细管柱两类。

(4) 检测系统:检测器的作用是把被测色谱柱分离的样品组分根据其特性和含量转换成电信号,经放大后,有记录仪记录成色谱图。常用的检测器有热导池检测器、氢火焰离子化检测器、电子捕获检测器、火焰光度检测器等。

(5) 信号记录或微机数据处理系统:近年来气相色谱仪主要采用色谱数据处理机。色谱数据处理机可打印记录色谱图,并能在同一张记录纸上打印出处理后的结果，如保留时间、被测组分质量分数等。

（6）温度控制系统：用于控制和测量色谱柱、检测器、气化室温度，是气相色谱仪的重要组成部分。

（七）气相色谱检测器

1．热导池检测器（TCD）

热导池检测器的代号为TCD，是利用被检测组分与载气的热导率的差别来检测组分的浓度变化的。它具有构造简单、测定范围广、稳定性能好、线性范围宽、样品不被破坏等优点，是一种通用类型的检测器。但灵敏度低。

热导池检测器的结构如图 21-2 所示，它由池体和热敏元件组成，它有两个池，一个是参比池（图中 2）只通载气，另一个测量池（图中 1），通载气或载气与组分的混合气体。两池中都有阻值、规格完全一致的热敏元件，并将这些热敏元件接到电桥电路中，调节电桥处于平衡状态。

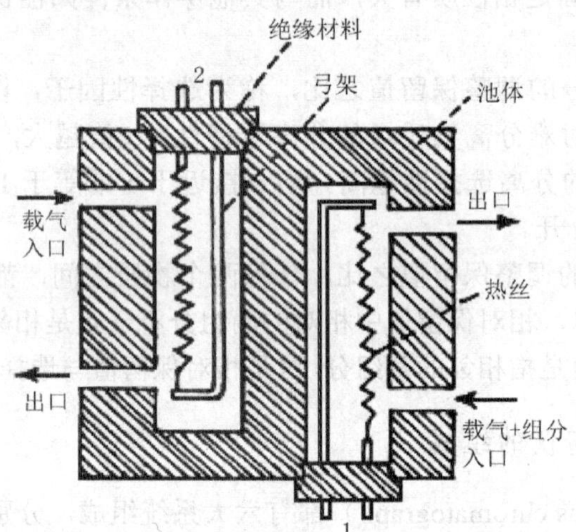

图 21-2　热导池检测器（TCD）的结构示意

在通电通载气的情况下，钨丝被加热到一定热量，电阻的阻值也上升到一定值，由于没有组分进入，两池中气体的组成相同，带走的热量相同，引起电阻改变相同，电桥处于平衡状态。一旦测量池中有组分进入时，由于参比池中通的只有载气，而测量池中通入的是载气和组分的混合气体，两池中带走的热量不同，引起电阻的改变不同，电桥不再处于平衡状态，两端就有信号输出，输出信号的大小，与进入检测器中组分的浓度成正比。

2．氢火焰离子化检测器

氢焰离子化检测器的代号为 FID，它是利用有机物在氢焰的作用下，在高温下裂解成自由基，再发生进一步的反应形成离子，通过测定离子流强度进行检测的一种质量型检测器。FID具有灵敏度高、响应快、线性范围宽等优点，是目前最常用的检测器之一。这种检测器一般只能测定含碳有机物，而且检测时样品被破坏。

FID的主要结构是一个离子室，包括载气入口、火焰喷嘴、一对电极和金属外罩。它以氢气作燃气，空气作助燃气，燃烧形成高温（约2 100℃）。有机物在此高温下形成自由基，如CH·、CHO·等。与此同时，空气中的氧也在高温下形成激发态原子氧，它们进一步反应，形成大量的离子和电子，于是在电场的作用下形成电流（由于电流很小，需要进一步放大），其大小在一定条件下与进入检测器待测物组分的质量成正比，因而FID是一种质量型检测器。

3．电子捕获检测器

电子捕获检测器的代号为ECD，它的结构主要是一个离子室，包括气体入出口、β-放射源（H^3或Ni^{63}）、一对电极和金属外罩。其中β-放射源也起着负极的作用，在两极间施加直流或脉冲电压。ECD利用电负性物质捕获电子的能力，通过测定电子流进行检测，具有灵敏度高、选择性好的特点。

ECD以氮气作载气，进入检测器中后就在β-放射源的作用下，形成大量的氮气正离子和电子，在电场的作用下形成稳定的基流。一旦有电负性组分进入检测器，电负性组分便捕获电子形成分子负离子，由于其质量比电子大得多，使其运动速度一下子受阻，这样就有足够的时间在空中和原来的氮气正离子结合为中性的分子，导致自由移动的电荷减少，使原来的基流下降，下降的量与进入检测器中待测物质的浓度成正比，由此实现了定量分析。

ECD是一种具有专一选择性的检测器，目前，分析痕量电负性有机化合物如卤素、硫、氧、羰基、氨基等类的化合物都用ECD，具有很高的信号响应。ECD可检测出CCl_4为10^{-14}g/mL的浓度。但对无电负性的物质如烷烃等几乎没有响应。ECD的缺点是线性范围窄，分析重现性较差。

4．氮磷检测器（NPD）

氮磷检测器的代号为NPD，它是利用含氮、磷的有机物在氢焰的作用下，通

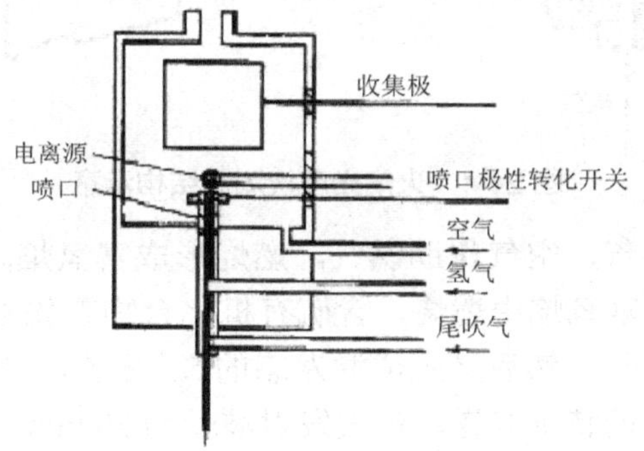

图21-3　氮磷检测器（NPD）的结构示意

过金属铷珠的催化作用而形成离子流，通过测定离子流强度进行检测的一种浓度型检测器。NPD 的结构和 FID 的非常相似，只是在火焰喷嘴上方用一种金属铷盐做成的铷珠为电离源。

它也是以氢气作燃气，空气作助燃气，在低温下燃烧，含氮含磷的化合物通过低温火焰时，裂解成自由基如"·C≡N"、"·PO 或·PO_2"，自由基和玻璃珠周围的铷蒸气发生催化反应，生成离子：

$$\cdot C\equiv N + Rb\cdot \longrightarrow CN^- + Rb^+$$

$$\cdot PO + Rb\cdot \longrightarrow PO^- + Rb^+$$

$$\cdot PO_2 + Rb\cdot \longrightarrow PO_2^- + Rb^+$$

大量的离子就在电场的作用下，形成电流，其大小在一定条件下与进入检测器中含氮、磷的有机物浓度成正比。若将玻璃态铷珠接在负极，生成的 Rb^+ 就会回到铷珠上被吸收还原（而生成的 CN^- 向收集极运动），以维持电离源的长期使用。

5. 火焰光度检测器（FPD）

火焰光度检测器代号为 FPD，是一种对含硫、磷有机物具有专一选择性的质量型检测器。利用富氢燃烧条件，使含硫、磷有机物产生化学发光，通过波长选择和光信号接收，经放大后将物质的含量和信号的大小联系起来，建立了定量分析的依据。

FPD 的结构包括燃烧室、单色器、光电倍增管、石英片（保护滤光片）及电源和放大器等。图 21-4 是火焰光度检测器（FPD）的结构示意图。

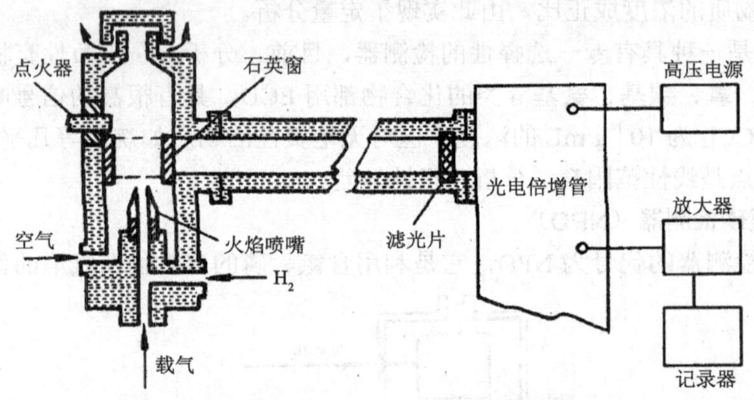

图 21-4　火焰光度检测器结构示意

FPD 以氢气作燃气，空气作助燃气，燃烧形成富氢焰。当含 S、P 化合物进入氢焰离子室时，在富氢焰中燃烧，含硫有机化合物首先被氧化成 SO_2，再在富氢焰中被还原成 S 原子，然后又生成激发态的 S_2^* 分子，当其回到基态时发射出波长为 350 ～ 430nm 的特征光谱，最大发射波长为 394nm。通过石英滤光片，由光电倍增管接收，经放大后由记录仪记录其色谱峰（信号）。此检测器的信号与含

S 化合物的量不成线性关系而呈对数关系，即信号大小与含 S 化合物的质量的对数成正比，由此实现定量分析。

含磷化合物被氧化成磷的氧化物，在富氢焰中还原成激发态 HPO^* 分子碎片，同时发射出 480 ～ 600nm 的特征光谱，最大波长为 526nm。通过相应波长的滤光片可以得到选择性很好的信号。检测磷时，信号大小与进入检测器含磷有机物的质量成正比。

（八）操作条件的选择

1. 色谱柱的选择

色谱柱的柱管质料有玻璃管、金属管或塑料管，视样品的性质进行选用，对于腐蚀性强的样品，则不宜选择金属柱。选择的色谱柱要求内径均匀，填充柱的直径尺寸在 2 ～ 4mm、长度在 0.6 ～ 5m，可弯成 U 形或螺旋形，玻璃柱的材质一般是硬质玻璃；毛细管柱的直径在 0.1 ～ 0.5mm，长度在 20 ～ 200m，材质使用石英玻璃。

色谱柱的长度选择可以根据实验结果进行求算：

设在柱长为 L_1 的条件下分离某物质对，得到此物质对的分辨率为 R_1，则所需的最短柱长 L_2 为：

$$L_2 = \frac{1.5^2}{{R_1}^2} \times L_1$$

2. 担体的选择

一般填充柱管中填装的固定相颗粒粒径在 0.2 ～ 0.4mm，包括担体和涂渍的固定液形成的颗粒。选择担体要考虑被分离组分的性质及固定液含量的大小。固定液含量也称固定液的配比，指固定液与担体的质量比，常用百分比表示。如固定液含量为 3%，即指 100g 的担体表面，涂渍了 3g 的固定液。选择担体时必须遵循以下原则：

当组分的性质不是很特别时选择硅藻土型担体。若固定液的含量比较高（大于 5%）时，选择没有处理的白色或红色担体即可以满足要求；当固定液的含量比较低（小于 5%）时，必须对硅藻土型担体进行处理以后才能使用；若组分的沸点很高，应选择玻璃微球担体；样品具有较大的腐蚀性时，则要选择氟担体。

3. 固定液的选择

固定液的含量大小与一系列因素有关。当样品的含量很低时，要求进样量比较多，以达到适宜的峰信号，此时就要求固定液的含量也比较大，因而担体的表面积也要求比较大才行。前面说过，固定液含量比较大时可以选择未处理的硅藻土型担体，因为高固定液含量足以阻挡进入液相进行分配的组分分子和担体进行接触。

选择固定液还要考虑组分的性质，尤其是组分的极性与固定液的极性之间的关系，所以要遵循“相似相溶原则”。相似相溶原则就是指极性相似者相互容易溶解，只有这样，才能使组分在固定液中维持较大的分配系数，使不同组分之间的分配系数的差异拉大，提高组分之间分离的可能性。因此，在选择固定液时要充分考虑以下几点：

（1）分离极性组分，选择极性固定液，此时分子之间产生静电力，试样中各组分将按照极性由小到大的次序，先后流出色谱柱。

（2）分离非极性组分，一般选择非极性固定液，此时分子之间产生色散力，试样中的各组分将按照分子量由小到大的顺序流出色谱柱，或者说是按照沸点由低到高的次序流出色谱柱。

（3）分离极性与非极性的混合物，一般选择极性固定液，此时分子之间产生诱导力，非极性组分先出峰，极性组分将按照极性由小到大的次序流出色谱柱。

（4）分离氢键类型的混合物（如醇、酚、胺和水等的分离），一般选择极性的或氢键型的固定液，不易形成氢键的先流出色谱柱，最易形成氢键的后流出色谱柱。

（5）分离复杂混合物，可以选择两种或两种以上的固定液，此时，组分与固定液之间作用力小的先流出色谱柱，而作用力大的后流出色谱柱。

4．载气及其流速的选择

根据范弟姆特方程式 $H = A + \dfrac{B}{u} + Cu$ 可以知道，当 H 的一阶导数为 0 时，存在着最佳载气流速 u 为：

$$\mu_{最佳} = \sqrt{\frac{B}{C}}$$

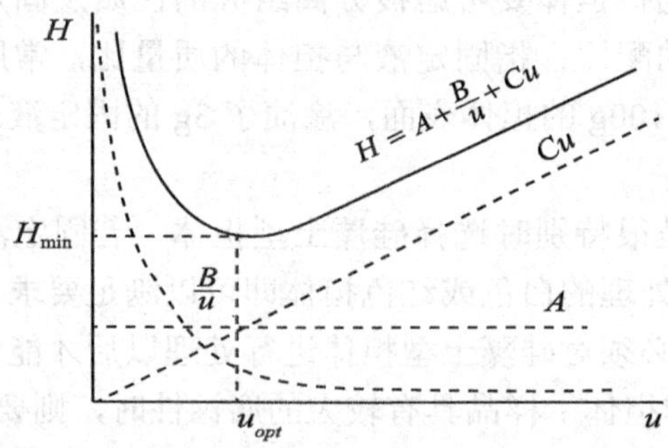

图 21-5　理论塔板高度—载气线速（*H-u*）曲线

$\mu_{最佳}$可以从实验测得。只要计算出三种不同载气流速 u 下的 H 值，就可以求出根据范弟姆特方程式中的 A、B、C 三项，由此也就可以求出 $\mu_{最佳}$了。u 可由柱长 L 和死时间 t_M 计算求得）：

$$u = \frac{L(\mathrm{cm})}{t_M(\mathrm{s})}$$

根据范弟姆特方程式，我们可以得出这样的结论：

（1）低载气流速下，Cu 项可以忽略不计，因而 $H = A + \frac{B}{u}$，若采用填充柱，则 A 的影响总是存在，但采用高分子量的气体作载气，可以减小 B 项；

（2）高载气流速下，$\frac{B}{u}$ 项可以忽略不计，此时 $H = A + Cu$，若采用低分子量的气体作载气可以减小 C 项，提高柱效；

（3）中等载气流速下，必须要考虑最佳载气流速。实验证明，在 $H-u$ 曲线上最佳载气流速的右面，载气流速的增加不会显著导致柱效的下降，但却可以显著地缩短分析时间，因而实际工作中经常采用最佳载气流速的两倍流速，作为色谱分离时的载气流速。

5．柱压的选择

大部分气相色谱仪的柱出口压力为 1atm，所以柱的内压都超过 1atm（绝对压力）。当柱压增大时，将可能导致内部气体产生湍流，使分子的纵向扩散变得剧烈，峰形变宽，柱效下降。尤其在柱出口处更为严重，因为那里的柱压改变最大，线速特快，就有可能使得原来分离的组分在此发生混合，所以要采用低压力降（进出口压力差小）的柱子。为此，可以在柱出口处增加一段毛细管阻力，以增加柱出口的压力值，这样就能够达到柱内线速均匀。另外，我们在安装色谱柱时也要注意到，使色谱柱在装填固定相时的方向和接入色谱柱中载气的流向一致，这样就可以维持这种出口处填充比较紧密的状态，使柱出口处的阻力增加，提高柱效，也可以防止填充均匀的固定相再次出现过多集中的死空间。

6．柱温的选择

柱温是一个复杂的参数，而且对分离的影响很大。在选择柱温时要遵循以下一些原则：

（1）柱温不能超过固定液的最高使用温度，否则会使固定液流失；

（2）要遵循柱温的选择原则：在使最难分离的组分能尽可能好的分离前提下，选择最低的柱温，但以保留时间适宜，峰形不拖尾为度；

（3）柱温的高低要满足待分离的组分在色谱柱中既不会发生冷凝，又不会发生分解，能够保持待分离物质原来的性质；

（4）柱温的选择还要考虑到检测器的灵敏度大小。

柱温过高，将使组分在柱中几乎都以气体状态存在于气相，不能在液相中产生分配，导致分配系数严重下降。由于保留时间缩短，因而很容易在柱出口处产生不能分离的馒头峰。

柱温过低，将使组分在柱中发生冷凝，组分几乎都以液体状态存在于固定相，不能在气相中流动，也不能在两相之间产生分配，导致分配系数严重加大。由于液相传质阻力加大，保留时间过长，纵向扩散剧烈，使得色谱峰宽度变得很宽，也很容易发生进入的样品不能在柱出口处产生该组分的色谱峰，严重时甚至永远不出峰。

对于宽沸程试样，宜采用程序升温。所谓程序升温，是指柱温按照预定的加热速度作线性或非线性的增加。常用的是柱温随时间呈线性的增加来进行。它的好处是，在低温时，那些易挥发性物质能够产生较大的分配系数，提高了分离的可能性，因而能够很好地拉开距离而分离开来；对那些高沸点物质，由于在低温下在流动相中的溶解度非常大，导致分配系数过大，保留时间很长，但是程序升温到一定的时候，就能够使这些物质在较高的温度下维持适当的分配系数，也能够很好地在色谱柱中产生良好的分离。事实证明，程序升温无论是对于低沸点物质还是高沸点物质，都能够在各自适宜的柱温下产生良好的分离，因而在实际工作中使用很广。

7．进样量的选择

气相色谱分析的进样量一般都比较少，液体在微升级，气体在毫升级。即液体进样在 0.1 ～ 5μL，气体进样在 0.1 ～ 10μL。

进样量若太大的话，将会使得样品来不及气化而滞留在柱入口处，滞留的样品再逐渐气化又干扰了分离的正常进行（许多峰产生重叠）。

进样量若太少，将会使得信号很小以至被忽略，导致检不出的后果；若提高增益，又面临着仪器噪声的加大，影响定量的准确性。

因此要控制适当的进样量。进样量的多少有时可以从主要组分峰的大小来估计或试验，一般满足主要组分峰的大小以占记录仪移动范围的 50% ～ 90% 为宜。

8．汽化温度的选择

汽化温度一般选择在试样沸点或稍高于试样沸点处，以保证试样在极短的时间内快速完全地气化。一般来说，进样量多时，汽化温度要适当高一些，进样量少时，汽化温度可以适当低一些。在 0.1μL 级进样时，即使汽化温度比其沸点低，由于试样处于一种无限稀释状态，也能够快速汽化完全。

经验上说，一般色谱分析，汽化温度比其沸点高 5 ～ 20℃，比其柱温高 10 ～ 50℃；进样量很多时，汽化温度比其沸点高 20 ～ 60℃，比其柱温高 30 ～ 70℃。理想的汽化室温度应通过实验得出。

9．检测器温度的选择

检测器温度太高，将会产生湍流，不利于分离了的组分的正常检测；检测器温度过低，有可能导致分离了的组分在此发生冷凝，同样不利于检测。检测器的温度通常等同于柱温或稍高一点。

（九）气相色谱分析方法

1．绝对定量法

根据检测器灵敏度的公式，如果能够准确测出公式中的各项参数，即可以计算出待测组分的质量分数了。计算公式为：

$$W_i = \frac{m_i}{m} \times 100\% = \frac{C_1 C_2 A_i F_0}{S_{ci} \cdot m} \times 100\%$$

这种方法要求准确知道进样量 m、检测器对该组分的灵敏度 S_{ci}、记录仪的灵敏度 C_1、记录纸速的倒数 C_2、该组分的绝对峰面积 A_i 以及载气的体积流速的绝对值大小，特别是 A_i 的绝对值得到比较困难，因而使这种方法的使用受到很大限制。

2．归一化法

归一化法就是将待测物质的总量看作 1，其他各组分在这个 1 中所占的份额的多少。当样品中的所有组分都能够流出色谱柱，并全部表现出分离良好时，可用归一化法进行分析计算。

假设有 n 个组分存在于混合物中，每个组分的量为 m_1、$m_2 \cdots m_i \cdots m_n$ 时，各组分的总和为 100%，则其中 i 组分的质量分数为：

$$W_i = \frac{m_i}{m} \times 100\% = \frac{m_i}{\sum_{i=1}^{n} m_i} \times 100\%$$

$$= \frac{A_i f_i}{\sum_{i=1}^{n} A_i f_i} \times 100\%$$

式中，当 f_i 为质量校正因子时，得到质量分数；当 f_i 为摩尔校正因子时，得到摩尔分数；当 f_i 为体积校正因子时，得到体积分数。

特别地，当各组分的校正因子比较接近时，则上式可以简化为面积归一化，即：

$$W_i = \frac{A_i}{\sum_{i=1}^{n} A_i} \times 100\%$$

对于狭窄的色谱峰，可用峰高代替峰面积进行计算，即：

$$W_i = \frac{m_i}{m} \times 100\% = \frac{h_i f_i''}{\sum_{i=1}^{n} h_i f_i''} \times 100\%$$

式中，峰高校正因子 f_i'' 需要自己测定，测定方法和面积校正因子的测定方法差不多。

采用峰高校正因子对狭窄的色谱峰进行定量分析，简单快速，特别适合于一些工厂和有固定分析任务的化验室使用。

例如：采用气相色谱法测定苯、甲苯、乙苯、对二甲苯的混合物，得到它们的色谱峰面积如下表，试计算此苯系物中各组分的质量分数。

组分	苯	甲苯	乙苯	对二甲苯
f_m	1.00	1.04	1.09	1.12
A_s/cm^2	5.42	3.51	4.66	4.23

解：$W_i = \dfrac{m_i}{m} \times 100\% = \dfrac{m_i}{\sum\limits_{i=1}^{n} m_i} \times 100\% = \dfrac{A_i f_i}{\sum\limits_{i=1}^{n} A_i f_i} \times 100\%$

$$\sum_{i=1}^{n} A_i f_i = 1.00\times5.42+1.04\times3.51+1.09\times4.66+1.12\times4.23$$

$$= 5.42+3.650\,4+5.079\,4+4.737\,6$$

$$= 18.887\,4$$

所以，$W_{苯} = \dfrac{5.42}{18.887\,4} \times 100\% = 28.7\%$，$W_{甲苯} = \dfrac{3.650\,4}{18.887\,4} \times 100\% = 19.3\%$，

$W_{乙苯} = \dfrac{5.079\,4}{18.887\,4} \times 100\% = 26.9\%$，

$W_{对二甲苯} = \dfrac{4.737\,6}{18.887\,4} \times 100\% = 25.1\%$

3．外标法

在所有组分没有全部流出色谱柱并呈现出良好的分离时，我们就不能用归一化方法进行分析计算。但是，若待测组分色谱峰完好时，我们可以采用外标法进行计算。

外标法就是使用待测物质的纯物质作标准进行对照分析。经常使用的是标准曲线法。即：将待测组分的纯物质加稀释剂（液体样品用适当的溶剂稀释，气体样品用载气或纯净的空气稀释），配制成不同浓度的标准溶液 W_s，取固定量的进样量进行进样分析，从色谱图上测出各浓度溶液对应的峰面积 A_s 大小，以标准溶液的浓度作横坐标，以相应的峰面积作纵坐标，绘制标准曲线。

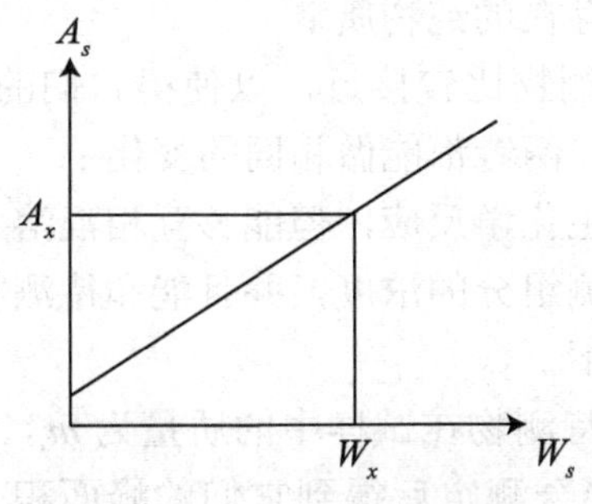

图 21-6 外标标准曲线法

分析试样溶液时，取和制作标准曲线时相同的进样量进样分析（即固定进样量），测出峰面积 A_x，然后从标准曲线上查找出相对应的浓度 W_x，就是待测溶液中被测物的含量大小。

外标标准曲线法特别适合于分析大量的同一类型的样品分析，简便、快速，可以节省许多工作量。

当待测样品中被测物的含量范围波动不是很大时，可以采用直接比较法进行分析。方法是：配制一个和待测物浓度 W_i 十分接近的标准溶液 W_s，在相同的条件下定量进样分析，由待测物的峰高和标准物的峰高之比，即可以求出待测物质的含量了，即：

$$\frac{W_i}{W_s}=\frac{A_i}{A_s}$$

$$W_i=\frac{A_i}{A_s}\times W_s$$

这种方法实际上是假定了标准曲线经过原点，因而可以通过一点来确定标准曲线的斜率，因而这种直接比较法，又叫单点校正法。

4．内标法

当待测组分流出了色谱柱，并呈现出良好的色谱峰，却没有待测物质的纯物质作标准进行比较测定，我们是否就不能进行分析测量了呢？在这种情况下，我们可以采用内标法进行测定。

所谓内标法，就是采用待测试样中不存在的非待测物质的纯物质作标准，进行比较测定，以此求出待测组分含量的一种分析方法。为什么我们可以用非待测物作测定比较的标准？原因在于相对校正因子的作用，它将单位峰面积代表组分量的多少总是相对于某个标准物质，因而不管是哪个相对校正因子，都具有数据比值的传递功能。

采用内标法时，选择的内标物必须要满足以下要求：

（1）必须是试样中不存在的纯物质；

（2）结构、性质和待测物比较接近，以使得它们的色谱峰位置比较接近，并且当外界条件发生变化时，两者都能做相同的变化；

（3）和待测物质不发生化学反应，但能够互相混溶；

（4）加入量接近于待测组分的浓度，并且能和待测物的色谱峰完全分开。

内标法的计算方法如下：

设试样的质量为 m，待测物在试样中的质量为 m_i，含量为 w_i，可于试样中加入质量为 m_s 的内标物，混合测定后得到它们的峰面积分别为 A_i 和 A_s，假设它们的质量校正因子分别为 f_i 和 f_s，则有：

$$m_i=f_iA_i$$

$$m_s=f_sA_s$$

$$m_i/m_s=f_iA_i/f_sA_s$$

$$m_i=[f_iA_i/(f_sA_s)]\times m_s$$

$$w_i=(m_i/m)\times 100\%$$

采用以上计算公式需要注意的是，公式中的 f_sA_s 与 m_s 是不能相约分的，在数值上它们实际上是处于不相等的关系，只有质量的比值与面积和相对校正因子的乘积之间才具有意义，否则没有任何意义。

例如：为分析某不含环己酮的试样中乙酸的含量，称取此试样 1.250g，以环己酮做内标，称取 0.185 2g 的环己酮加入到试样中去，混合均匀后，吸取此试样 5mL 进样，得到如下数据，试计算出试样中乙酸的含量。

组分	环己酮 s	乙酸 i
峰面积 A/cm^2	3.58	1.74
面积校正因子 f_m	1.00	1.78
内标物质量 m_s/g	0.185 2	
试样质量 m/g	1.250	

解：$W_i=\dfrac{m_i}{m}\times 100\%=\dfrac{f_iA_i}{f_sA_s}\times\dfrac{m_s}{m}\times 100\%$

将数据 A_i=1.74，A_s=3.58，f_i=1.78，f_s=1.00，m_s=0.185 2，m=1.250 代入上式得：

$$W_i=\frac{1.78\times 1.74}{3.58\times 1.00}\times\frac{0.185\ 2}{1.250}\times 100\%$$

$$=12.8\%$$

二、技能准备

（一）定量校正因子的测定

由于在一定的色谱操作条件下，响应信号正比于峰面积（或峰高），即：

$$m_i = f_i' \times A_i \text{（或} m_i = f_i'' \times h_i \text{）}$$

上式可以改写为：

$$f_i' = \frac{m_i}{A_i} \text{（或} f_i'' = \frac{m_i}{h_i} \text{）}$$

式中，m_i——组分的量。可以是质量，可以是摩尔，也可以是气体的体积等；

A_i——组分的峰面积；

h_i——组分的峰高大小；

f_i'——面积绝对定量校正因子；

f_i''——峰高绝对定量校正因子。

因此，定量校正因子可以理解为单位峰面积或单位峰高代表组分量的多少。

定量校正因子在色谱计算中起着关键的作用。但是不同的组分，其单位峰面积（峰高）所代表的组分的量是不一样的，即使是相同的组分，在不同的检测器上单位峰面积（峰高）代表的组分的量也是不同的。当然，目前也有许多文献资料上有一些校正因子的数据可供查找，如果我们的分析条件和文献资料上条件是一样的话，完全可以使用现有的数据。但是事物总是一分为二的，任何分析中都有误差，而分析条件又总是会发生变异的，这就使得我们在使用文献资料时具有一定的局限性。因而实际工作中，常常需要我们测定定量校正因子。下面主要以测定面积校正因子为例加以说明。

由于峰面积的测量方法差异，使得绝对定量校正因子的测量受到很大限制。实际工作中，往往以相对定量校正因子 f_i 代替绝对定量校正因子 f_i'。

相对定量校正因子的定义为：样品中各组分的绝对定量校正因子与某标准物质的绝对定量校正因子之比。即：

$$f_i = \frac{f_i'}{f_s'}$$

平常我们所说的以及文献上查得的定量校正因子，其实都是相对定量校正因子，又简称为校正因子。根据使用的计量单位不同，校正因子又可分为质量校正因子、摩尔校正因子和体积校正因子。

1．质量校正因子 f_m

如果组分的量以其质量（g）表示，即单位峰面积代表组分的质量的多少，则定量校正因子就是质量校正因子，用 f_m 表示。即：

$$f_\mathrm{m}=\frac{f'_{i(\mathrm{m})}}{f'_{\mathrm{s\ (m)}}}=(\frac{m_i}{A_i})\ /\ (\frac{m_\mathrm{s}}{A_\mathrm{s}})$$

$$=\frac{A_\mathrm{s}m_i}{A_i m_\mathrm{s}}$$

式中，m_i、m_s——分别代表被测物和标准物的质量，g。

A_i、A_s——分别代表被测物和标准物的峰面积，cm^2。

2．摩尔校正因子 f_M

如果组分的量以其物质的量（mol）表示，即单位峰面积代表组分的物质的量的多少，则定量校正因子就是摩尔校正因子，用 f_M 表示。即：

$$f_\mathrm{M}=\frac{f'_{i(\mathrm{M})}}{f'_{\mathrm{s(M)}}}=(\frac{n_i}{A_i})/(\frac{n_\mathrm{s}}{A_\mathrm{s}})$$

$$=(\frac{\frac{m_i}{M_i}}{A_i})/(\frac{\frac{m_\mathrm{s}}{M_\mathrm{s}}}{A_\mathrm{s}})=\frac{m_i M_\mathrm{s} A_\mathrm{s}}{m_\mathrm{s} M_i A_i}$$

$$=f_\mathrm{m}\times\frac{M_\mathrm{s}}{M_i}$$

式中，n_i、n_s——分别表示被测物和标准物的物质的量，mol。

M_i、M_s——分别表示被测物和标准物的摩尔质量，g/mol。

3．体积校正因子 f_V

如果组分的量是以其体积（L）表示，即单位峰面积代表组分的体积的多少，则定量校正因子就是体积校正因子，用 f_V 表示。即：

$$f_\mathrm{V}=\frac{f'_{i(\mathrm{V})}}{f'_{\mathrm{s(V)}}}=(\frac{V_i}{A_i})/(\frac{V_\mathrm{s}}{A_\mathrm{s}})$$

$$=(\frac{n_i\times V_\mathrm{M}}{A_i})/(\frac{n_\mathrm{s}\times V_\mathrm{M}}{A_\mathrm{s}})$$

$$=(\frac{n_i}{A_i})/(\frac{n_\mathrm{s}}{A_\mathrm{s}})$$

$$=f_\mathrm{M}$$

式中，V_i、V_s——分别代表被测物和标准物的气体体积，L。

V_M——测定条件下的气体摩尔体积，L/mol。

上式说明，体积校正因子在数值上等于摩尔校正因子。需要注意的是，f_V只适用于气体组分，而对于液体或固体组分不适用。

4．相对响应值 *S*

通过文献查找相对校正因子时，在表格中常常发现“S”值，它是表示该物质的相对响应值，定义为待测物*i*和标准物*s*在相同量时的响应值（灵敏度）之比。单位相同时，它与校正因子互为倒数关系，即：

$$S_i = \frac{1}{f_i}$$

所以有：$S_m = \frac{1}{f_m}$，$S_M = \frac{1}{f_M}$，$S_V = \frac{1}{f_V}$。

相对响应值只与被测物、标准物的性质以及检测器的类型有关，而与操作条件（如柱温、固定液性质、柱径、柱长、载气流速等）无关，因而是一个能够通用的常数。

表 21-6　部分有机物在 TCD 上的相对校正因子（载气：氢气，基准物：苯）

化合物	S_m	S_M	f_m	f_M	化合物	S_m	S_M	f_m	f_M
甲烷	1.73	0.357	0.58	2.80	2-甲基-1,3-丁二烯	1.06	0.92	0.94	1.09
乙烷	1.33	0.512	0.75	1.96	苯	1.00	1.00	1.00	1.00
丙烷	1.16	0.645	0.86	1.55	甲苯	0.98	1.16	1.02	0.86
丁烷	1.15	0.851	0.87	1.18	乙苯	0.95	1.29	1.05	0.78
戊烷	1.14	1.05	0.88	0.95	萘	0.84	1.39	1.19	0.72
异丁烷	1.10	0.82	0.91	1.22	四氢萘	0.86	1.45	1.16	0.69
异戊烷	1.10	1.02	0.91	0.98	氩	0.82	0.42	1.22	2.38
新戊烷	1.08	0.99	0.93	1.01	氮	1.16	0.42	0.86	2.38
2,2-二甲基丁烷	1.05	1.16	0.95	0.86	氧	0.98	0.40	1.02	2.50
2,3-二甲基丁烷	1.05	1.16	0.95	0.86	二氧化碳	0.85	0.48	1.18	2.08
2-甲基戊烷	1.09	1.20	0.92	0.83	一氧化碳	1.16	0.42	0.86	2.38
乙烯	1.34	0.48	0.75	2.08	硫化氢	0.88	0.38	1.14	2.63
丙烯	1.20	0.65	0.83	1.54	水	1.42	0.33	0.70	3.03
异丁烯	1.14	0.82	0.88	1.22	丙酮	1.15	0.86	0.87	1.16
环戊二烯	0.81	0.68	1.23	1.47					

注：摘自许国旺，等．现代实用气相色谱法．第1版．北京：化学工业出版社，2004：208。

表 21-7 部分有机化合物在 FID 上的校正因子（基准物：苯）

化合物	S_m	f_m	化合物	S_m	f_m
甲烷	0.87	1.15	苯	1.00	1.00
乙烷	0.87	1.15	甲苯	0.96	1.04
丙烷	0.87	1.15	乙苯	0.92	1.09
丁烷	0.92	1.09	对二甲苯	0.89	1.12
戊烷	0.93	1.08	间二甲苯	0.93	1.08
2,2- 二甲基丁烷	0.93	1.08	邻二甲苯	0.91	1.10
2,3- 二甲基丁烷	0.92	1.09	1,2,3- 三甲苯	0.88	1.14
2,4- 二甲基戊烷	0.91	1.10	甲醇	0.21	4.76
3,3- 二甲基戊烷	0.92	1.09	乙醇	0.41	2.43
3- 乙基戊烷	0.91	1.10	1,3- 二甲基丁醇	0.66	1.52
乙炔	0.96	1.04	丁醛	0.55	1.82
乙烯	0.91	1.10	庚醛	0.69	1.45
1- 己烯	0.88	1.14	辛醛	0.70	1.43
1- 辛烯	1.03	0.97	丙酮	0.44	2.27
环己烯	0.90	1.11	甲乙酮	0.54	1.85
乙酸甲酯	0.18	5.56	甲酸	0.009	111.11
乙酸乙酯	0.34	2.94	乙酸	0.21	4.76
乙酸异丙酯	0.44	2.27	甲基异丁基酮	0.63	1.59
乙酸仲丁酯	0.46	2.17	乙基丁基酮	0.63	1.59
环己烷	0.64	1.56	二异丁基酮	0.64	1.56
苯胺	0.67	1.49	乙基戊基酮	0.72	1.39

注：摘自许国旺，等．现代实用气相色谱法．第 1 版．北京：化学工业出版社，2004：208。

校正因子的测定方法是：首先配制一系列已知浓度的基准物质 S 和待测组分 i 的混合溶液，其中待测组分的浓度要与该组分在待测样品中的浓度相当。在最佳色谱条件下（基准物质和待测组分的色谱峰能够完全分离）进行色谱分析。在进入相同量的样品的条件下，以其质量分数的比值与对应峰面积的比值作图，得到通过原点的直线，直线的斜率就是该组分的相对质量校正因子，如图 21-7 所示。

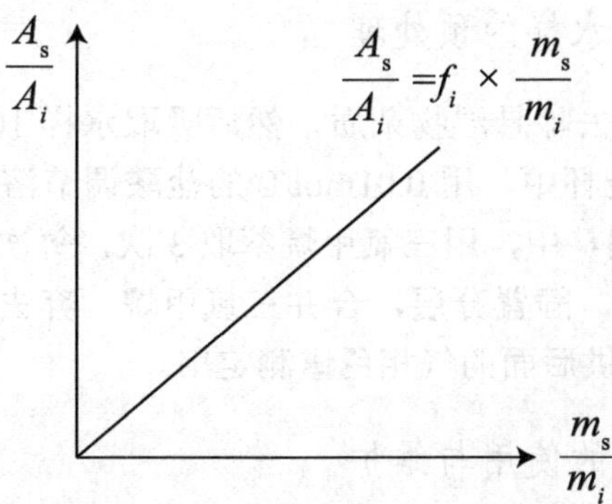

图 21-7 相对校正因子的测定曲线

若曲线不通过原点时，则可按照公式：

$$f_m=\frac{A_s m_i}{A_i m_s}$$

进行计算。f_m 求出来了，则 f_M 及 f_V 也就很容易通过计算得到了。

（二）水样的采集与保存

水质采样点的布设方法，参看前面项目中的描述。

选择 2.5L 规格的专用玻璃采水器，在实验室用自来水洗涤干净，并用蒸馏水荡洗 2 ～ 3 遍，携带至指定采样点采水现场，用所采水样荡洗 2 次，然后采集水样 2.5L，必须采满，不留任何空隙，带回实验室立即进行分析。敌百虫、敌敌畏因为性质不稳定，很容易降解，应尽快分析。若不能立即进行分析，则要放在 2 ～ 5℃的环境下保存，在此条件下，可以保存 24h。

（三）色谱柱的预处理与填充

选择内径为 4mm，长 2m 的玻璃柱，将其用水洗净，并用中性洗衣液浸泡 2h，如能用热的洗液浸泡更佳。然后用自来水冲洗干净至中性，并用蒸馏水清洗干净，烘干后进行硅烷化处理：将 6% ～ 10% 的二氯二甲基硅烷—甲醇溶液注满色谱柱浸泡 2h，然后用甲醇清洗至中性，烘干备用。

将色谱柱的尾端（接检测器的一端），用硅烷化玻璃棉塞住，接上真空泵，另一端通过一软管接一漏斗下端，开动真空泵后，将固定相徐徐吸入色谱柱内，同时轻轻拍打色谱柱，使固定相在柱内填充紧密，直至固定相不再有被抽入柱内为止，装填完毕后再用硅烷化的玻璃棉塞住色谱柱的另一端。

（四）有机磷农药水样的预处理

水样经过摇匀后，去除悬浮物杂质，然后吸取水样 100mL（视农药的含量高低而定）于 250mL 的烧杯中，用 0.01mol/L 的盐酸调节溶液的 pH 至 6.5，将试液转移入 250mL 的分液漏斗中，用三氯甲烷萃取 3 次，每次用三氯甲烷 5mL（相比为 1 ：20），摇匀 5min，静置分层，合并三氯甲烷，弃去水层。将三氯甲烷萃取液用无水硫酸钠脱水，供后面的气相色谱测定用。

（五）气相色谱仪的使用与维护

（1）严格按照说明书要求进行规范操作，这是正确使用和科学保养仪器的前提。

（2）仪器应该有良好的接地，使用稳压电源，避免外部电器的干扰。

（3）使用高纯载气，纯净的氢气和压缩空气，尽量不用氧气代替空气。

（4）确保载气、氢气、空气的流量和比例适当、匹配，一般指导流速依次为载气 30mL/min、氢气 30mL/min、空气 300mL/min，针对不同的仪器特点，可在此基础上，上下做适当调整。

（5）经常进行试漏检查（包括进样垫），确保整个流路系统不漏气。

（6）气源压力过低，气体流量不稳，应及时更换新钢瓶，保持气源压力充足、稳定。

（7）新填充的色谱柱不能马上使用还需要进行老化处理，避免固定液流失，产生噪声。以 OV-101、OV-17、OV-225 等试剂级固定液，老化时间不应该少于 24h，对 SE-30，QF-1 工业级的固定液因纯度低，老化不应该少于 48h。老化的目的有两个：一是为了彻底除去填充物中的残余溶剂和某些挥发性杂质，另一个目的是促进固定液均匀的、牢固分布在单体的表面上。老化的方法：把柱子与汽化室连接，与检测器一端要断开，以氮气为载气，流速是正常的一半即可，温度选择固定液的最高使用温度，老化时间大约 20h，老化完成后将仪器温度降至近室温关闭色谱仪，待仪器温度恢复室温再将色谱柱连接到检测器上（老化时接汽化室的一端最好接在检测器上），开机，在使用温度下看基线是否平稳，如果平稳色谱柱就算老化好了，否则要继续老化。

（8）注射器要经常用溶剂（如丙酮）清洗。试验结束后，立即清洗干净，以免被样品中的高沸点物质污染。

（9）要尽量用磨口玻璃瓶作试剂容器。避免使用橡皮塞，因其可能造成样品污染。如果使用橡皮塞，要包一层聚乙烯膜，以保护橡皮塞不被溶剂溶解。

（10）避免超负荷进样（否则会造成多方面的不良后果）。对不经稀释直接进样的液态样品进样体积可先试 0.1μL（约 100μg），然后再做适当调整。

（11）对于欠稳定的农药、中间体，最好用溶剂稀释后再进行分析，这样可以减少样品的分解。

（12）密封垫分一般密封垫和耐高温密封垫，汽化室温度超过300℃时用耐高温密封垫，耐高温密封垫的一面有一层膜，使用时带膜的面朝下。

（13）保持检测器的清洁、畅通。为此，检测器温度可设得高一些，并用乙醇、丙酮和专用金属丝经常清洗和疏通。

（14）保持气化室的惰性和清洁，防止样品的吸附、分解。每周应检查一次玻璃衬管，如污染，清洗烘干后再使用。

（15）要定期更换空气泵，氢气发生器的硅胶和活性炭。

（16）操作过程中，一定要先通载气再加热，以防损坏检测器。

（17）在使用微量进样器取样时要注意不可将进样器的针芯完全拔出，以防损坏进样器。

（18）进样口温度一般应高于柱温 30 ～ 50° 。检测器温度不能低于进样口温度，否则会污染检测器，进样口温度应高于柱温的最高值，同时化合物在此温度下不分解。

（19）含酸、碱、盐、水、金属离子的化合物不能分析，要经过处理方可进行。

（20）进样器所取样品要避免带有气泡以保证进样重现性。

（21）取样前用溶剂反复洗针，再用要分析的样品至少洗 2 ～ 5 次。

（22）仪器要定期进行程序升温老化柱子，这样会提高柱子的使用寿命和降低仪器污染。

三、方案设计

项目 21 水中有机磷农药的测定
（气相色谱——火焰光度检测器检测法）

（一）实施目的

了解水中有机磷农药的来源与危害，了解有机磷农药在水体、蔬菜、粮食中的含量限值；了解气相色谱测定有机磷农药的原理和方法；理解火焰光度检测器（FPD）等检测器的结构及测定原理；了解仪器的组成、结构、简单使用操作及维护方法；学会气相色谱的分析方法及数据处理方法。

（二）实施原理

水样经过摇匀后，去除悬浮物杂质，然后吸取水样 100mL（视农药的含量高低而定）于 250mL 的烧杯中，用 0.01mol/L 的盐酸调节溶液的 pH 至 6.5，将试液转移入 250mL 的分液漏斗中，用三氯甲烷萃取 3 次，每次用三氯甲烷 5mL（相比为 1 ∶ 20），摇匀 5min，静置分层，合并三氯甲烷，弃去水层。将三氯甲烷萃取液用无水硫酸钠脱水。在附带 HP-5 毛细柱，30m×0.32mm×0.25μm 的 Agilent 6890N 气相色谱仪上进行分离，于柱出口处采用火焰光度检测器进行检测。根据标准溶液系列制作的标准曲线进行相对测定，由此得出水样中有机磷农药的含量。

（三）仪器与试剂

1．仪器

Agilent 6890N 气相色谱仪；HP-5 毛细柱（30m×0.32mm×0.25μm）；

色谱分析条件：柱温（程序升温）50℃保持 0.5min，以 25℃ /min 的速率升至 100℃，再以 6℃ /min 程序升温至 265℃，保持 4min，流速 1.0mL/min；

进样口 250℃；

检测器（FPD）250℃；

载气：高纯 N_2；

柱前压 55kPa；

空气 100 mL/min；

氢气 75 mL/min；

尾吹 55 mL/min；

分流进样，0.5min 后分流，分流比 20 ∶ 1；

进样量 1μL。

2．试剂

二氯甲烷：农残级，进口；

无水硫酸钠：分析纯，国药集团化学试剂有限公司，经 400℃烘干 4h 干燥处理；

氯化钠：分析纯，国药集团化学试剂有限公司，经 400℃烘干 4h 干燥处理；

有机磷混合标样：浓度为 2 000μg/mL，介质为二氯甲烷，进口；

替代物标准（磷酸三苯酯）：浓度为 500μg/mL，介质为二氯甲烷，进口；

混标（含替代物）贮备液：准确移取 1.0mL 有机磷混合标样和 4.0mL 替代物标准至 100mL 容量瓶中，用二氯甲烷定容至刻度，此储备液浓度为 20mg/L。

3．质量控制

（1）平行样

每批样品增加不少于 10% 的密码平行样和不少于 10% 的实验室平行样，其允许差应小于 20%。

每批样品增加不少于 10% 的现场平行样和不少于 10% 的实验室平行样，平行样允许差应小于 30%。

（2）加标样

每批样品增加不少于 10% 的加标回收样，其加标回收率应在 120% 以内。

加标回收率：每批样品增加不少于10%的加标回收样，加标回收率在70%～120%内为合格。

（3）质控

方法最低检出浓度：0.10μg/L。

（4）注意事项

①水样到达实验室前不得变质或污染。用玻璃瓶采样且采满，不留空隙。采集的水样要尽快进行分析，冰箱低温保存一般不超过24h。

②浓缩水浴温度严格控制在40～60℃。

③安全方面，实验分析时注意有机试剂和气、水、电的安全使用；使用钢瓶气时，钢瓶和减压阀必须定期检定，保证实验室安全；废液的处置按《危险品控制程序》进行处置。

（四）操作步骤

（1）采样点的布设。

（2）水样的采集与保存。

（3）水样的实验室预处理。

（4）气相色谱仪开机预热。

（5）分析条件的选择。

（6）标准溶液及标准系列的配制。

（7）进样分析。

（8）回归方程的求算。

（9）水样中有机磷农药的含量计算。

（10）测定结果的评价。

四、方案实施

（1）测定中要注意按要求进行样品的采集、保存、预处理、进样、测定。

（2）仪器的使用要严格按照操作规程进行。

（3）结果关机时，一定要让仪器在载气流中冷却，否则将会严重损害色谱柱的性能，严重的可能导致死柱而影响以后的分离。

五、过程评价

（一）学生评价

（二）教师评价

附录1 环境监测分析数据处理的质量保证

环境监测的结果将会得到许多环境质量的代表值，它们是描述和评价环境质量各种标志的基本数据。由于测量系统的条件限制以及操作人员的技术水平，测定值或测量值总是存在着差异，环境污染的流动性、变异性与时间空间因素有很大的关系，以有限次的分析测定怎样才能较好地代表总体，这是环境监测数据处理中十分关注的问题。环境监测数据处理的质量保证，要求监测结果的数据处理必须要保证其真实性、有效性和可操作性。

一、基本概念

（一）总体、样本和平均数

1．总体与个体

环境监测分析是通过对少量试样的分析，取得对一批物料的组成和性质的认识。少量试样通常是由大批物料中随机抽取得到的。从统计角度看，研究对象的全体称为总体，而总体中的一个单位称为个体。

2．样本与样本容量

总体中的一部分称为样本，样本中含有个体的数目叫此样本的容量，用 n 表示；当 n 趋于无穷时，则用 N 表示。

3．平均数

平均数代表一组变量的平均水平或集中趋势。样本观测中，大多数的测量值都接近于平均数。

平均数有多种表示方法：

（1）算术平均数：简称均数，它是最常用的平均数。假设对某样品进行 n 次测定，得到 n 个测定结果，分别为：x_1、x_2、$\cdots x_i$、$\cdots x_n$，则它们的算术平均数的表示方法为：

样本均数 $\overline{x}=\dfrac{\sum\limits_{i=1}^{n}x_i}{n}$，总体均数 $\mu=\dfrac{\sum\limits_{i=1}^{n}x_i}{N}$

（2）几何平均数：当变量呈现等比关系时，常用几何均数表示。表示方法为：

$$\overline{x}_g = (\prod_{i=1}^{n} x_i)^{\frac{1}{n}} = \lg^{-1}(\frac{\sum_{i=1}^{n} \lg x_i}{n})$$

例如计算酸雨pH值的均数，采用的是计算雨水中氢(H^+)离子活度的几何均数。

（3）中位数：将各数据按大小顺序排列，位于中间的数据即为中位数，若数据的个数为偶数的话，则取中间两位数据的平均数。中位数适用于一组数据的少数呈“偏态”分散于某一侧，而使均数受个别极数的影响较大的情形。

（4）众数：指一组数据中出现次数最多的一个数据。因为平均数是表示数据的集中趋势，所以当测定数据严格呈正态分布时，其算术均数、中位数和众数三者表示的是同一个数据。

（二）正态分布

相同的条件下，对同一样品测定的随机误差均服从正态分布。正态分布的概率密度函数可以用下式表示：

$$\varphi(x) = \frac{1}{\sigma\sqrt{2\pi}} e^{-\frac{(x-\mu)^2}{2\sigma^2}}$$

式中，x——此分布中随机抽出的样本测定值；

μ——总体均值；

σ——总体标准偏差，它反映了数据的离散程度。

从统计学知道，样本落在下列区间内的概率如表1所示。

表1　正态分布总体的样本落在下列区间的概率

区间	落在区间内的概率 /%	区间	落在区间内的概率 /%
$\mu \pm 1.000\sigma$	68.26	$\mu \pm 2.000\sigma$	95.44
$\mu \pm 1.645\sigma$	90.00	$\mu \pm 2.576\sigma$	99.00
$\mu \pm 1.960\sigma$	95.00	$\mu \pm 3.000\sigma$	99.73

由正态分布的概率密度函数可以画出正态分布图，如图1所示。

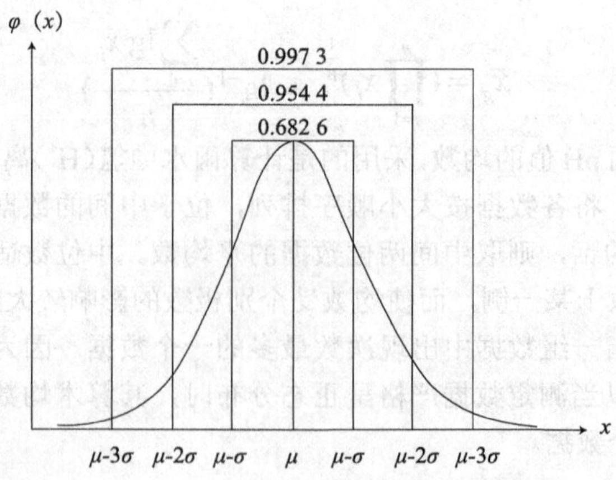

图 1　正态分布

正态分布曲线说明：

（1）小误差出现的概率大于大误差出现的概率，即误差的概率与误差的大小有关；

（2）大小相等、符号相反的正负误差出现的数目近于相等，故曲线对称；

（3）出现大误差的概率很小；

（4）多次测定以后的算术平均值是可靠的数值。

概率也称置信概率或置信水平，如概率为 95%，即置信水平为 95%，它表示测定结果落在这个之间有 95% 的可能性，或者说测定结果落在这个范围之外少于 5% 的机会，这个 5%，也叫显著性水平，用 α 表示（也有用 P 表示的）。环境监测中，显著性水平 α 通常取 0.05、0.01、0.10 等。

表 1 中的区间，也称置信区间。如 $\mu\pm1.960\,\sigma$，表示有 95% 的可能性，测定结果落在 $\mu\pm1.960\,\sigma$ 范围内，或者说，有 5% 的可能性，使测定结果落在 $\mu\pm1.960\,\sigma$ 的范围之外。

置信区间的一般表达式为：

$$\mu=\overline{x}\pm\frac{t_{(\alpha,f)}\cdot s}{\sqrt{n}}$$

式中，$t_{(\alpha,f)}$ 为显著性水平为 α 自由度为 f 的 t 分布值（t 分布值可从表 4 中查得）；$\overline{x}$ 为测定均值；s 为 n 次平行测定的标准偏差（后面会讲到）。

有些监测数据呈现偏正态分布，偏正态分布曲线是不对称的，如图 2 所示。

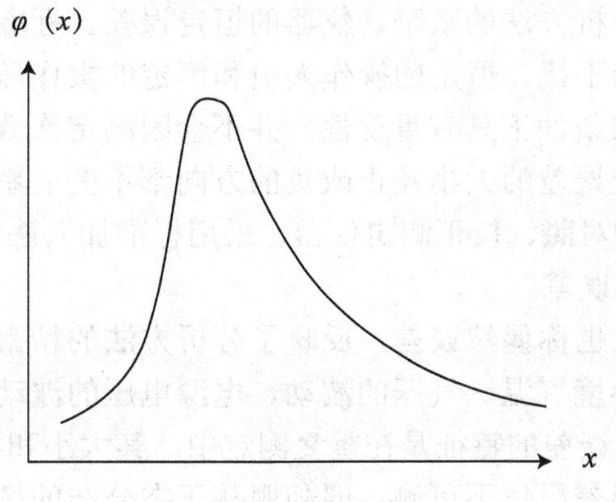

图2　偏态分布

实际工作中，有些数据本身不呈正态分布，但将数据通过数学转换后可呈现出正态分布，最常用的方法是将数据取对数。若监测数据的对数呈正态分布，称为对数正态分布。例如，大气监测中，当二氧化硫形成颗粒物且在其浓度较低时，实验证明，测定数据一般呈对数的正态分布。有些工厂排放废水的浓度数据也是呈正态分布的。

（三）误差与偏差

1．真值

在某一时刻和某一位置或状态下，某量的效应体现出的客观值或实际值称为真值。真值包括这样几个方面：

（1）理论真值：例如三角形的内角之和等于180°；

（2）约定真值：由国际计量大会定义的国际单位制，包括基本单位、辅助单位和导出单位。由国际单位制所定义的真值叫约定真值。例如氢（H）原子量为1.007 94；

（3）标准器（包括标准物质）的相对真值：高一级标准器的误差为低一级标准器误差的1/5（或1/20～1/3）时，则可认为前者是后者的相对真值。

2．误差及其分类

由于科学技术水平的限制，导致测量数据的有效位数不足，以及人们的认识能力有限，总会造成测定值与真值表现为不一致，这种现象称为误差。任何测定结果都会有误差，并存在于一切测量的全过程之中。

误差按其性质和产生原因，可分为系统误差、随机误差和过失误差。按其表示方法可分为绝对误差、相对误差等。

（1）系统误差：也称恒定误差、可测误差或偏倚，反映了分析方法的准确度。它是指测定总体均值与真值之间的差别。系统误差由测定过程中的某些恒定因素造成，主要来源于分析方法的缺陷、仪器的恒定误差、标准物浓度不准、操作技术不正确、干扰物的干扰、恒定的操作人员和恒定的操作环境等造成。系统误差的特征是它在一定的条件下具有重现性，并不会因测定次数的增加而减少，只要分析条件不变，系统误差的大小及正或负的方向都不变；系统误差可以进行检定和校正，如用纯试剂对照、校正测定仪器、采用标准加入法等可以消除系统误差，因此系统误差是可测误差。

（2）随机误差：也称偶然误差，反映了分析方法的精密度。由分析中的各种随机因素引起，如环境气温、气压的波动、电源电压的波动、仪器噪声和人员判断力的波动等。偶然误差的特征是在重复测定中，其大小和符号的变化是随机的，是不可测的；偶然误差虽然不可测，但却服从正态分布的统计规律，即进行大量观察时，正、负偏差出现的机会均等，小偏差出现的机会多，大偏差出现的机会少，因而通过多次测定取其平均值，可以减少偶然误差。

（3）过失误差：又称粗差，是由测定过程中的粗枝大叶犯下的不应有的错误造成，属于责任事故，一经发现应该立即纠正。

（4）误差的表示方法：可以分为绝对误差和相对误差。

$$绝对误差 = 测定值 - 真值 = x_i - \mu$$

$$相对误差 = \frac{测定值 - 真值}{真值} \times 100\% = \frac{x_i - \mu}{\mu} \times 100\%$$

例：用某分析天平称取某物质的质量为 1.000 3g，而该物质的标准质量为 1.000 0g，则它们的绝对误差与相对误差分别为：

$$绝对误差 = 1.000\ 3 - 1.000\ 0 = 0.000\ 3\ g$$

$$相对误差 = \frac{0.000\ 3}{1.000\ 0} \times 100\% = 0.03\%$$

3．偏差

偏差表示在相同的条件下，对同一种试样进行重复测定时所得结果互相接近的程度，即表示测定的精密度。我们知道某些限度以内的数值，物质的真实值是未知的，不能进行误差的计算，所以除了那些限度以内的数值以外，数据的准确度也是未知的。为了得到比较可信的结果，往往采取在相同的条件下对试样平行测定多次，取其平均值，该平均值就作为测定结果最适当的数值。该平均值与任一数值进行比较，其差值称为偏差。偏差越小，说明该个别测定值的精密度越高。

偏差分为绝对偏差、相对偏差、平均偏差、相对平均偏差、标准偏差、相对标准偏差等。

设平行测定某均匀样品的分析结果为：x_1、x_2 … x_i … x_n，则

平均值 $\overline{x} = \frac{1}{n}\sum_{i=1}^{n} x_i$，绝对偏差 d_i = 测定值 − 平均值 = $x_i - \overline{x}$，

$$相对偏差=\frac{绝对偏差}{平均值}\times100\%=\frac{d_i}{\overline{x}}\times100\%$$

$$平均偏差\ \overline{d}\ =\ \frac{绝对偏差绝对值之和}{平行测定次数}\ =\ \frac{\sum_{i=1}^{n}|d_i|}{n}$$

$$相对平均偏差=\frac{平均偏差}{平均值}\times100\%\ =\frac{\overline{d}}{\overline{x}}\times100\%=\frac{\sum_{i=1}^{n}|d_i|}{n\cdot\overline{x}}\times100\%$$

4．标准偏差与相对标准偏差

（1）*差方和*

也称离差平方，是绝对偏差的平方和。

$$差方和=\sum_{i=1}^{n}(x_i-\overline{x})^2=\sum_{i=1}^{n}{d_i}^2$$

（2）*样本方差*

$$样本方差S^2=\frac{1}{n-1}\sum_{i=1}^{n}(x_i-\overline{x})^2$$

（3）*样本标准偏差*

$$样本标准偏差S=\sqrt{\frac{1}{n-1}\sum_{i=1}^{n}(x_i-\overline{x})^2}$$

（4）*样本相对标准偏差*

样本相对标准偏差也称变异系数，用 CV 表示。

$$CV=\frac{S}{\overline{x}}\times100\%$$

（5）*总体方差和总体标准偏差*

总体方差和总体标准偏差分别用σ^2和σ表示。

$$\sigma^2=\frac{1}{N}\sum_{i=1}^{n}(x_i-\mu)^2\text{，}\quad\sigma=\sqrt{\sigma^2}=\sqrt{\frac{1}{N}\sum_{i=1}^{n}(x_i-\mu)^2}$$

（6）*极差*

极差也称全距或范围误差，是一组测量值中的最大值x_{max}与最小值x_{min}之差，它表示测定值的范围，用R表示。$R=x_{max}-x_{min}$。

（四）误差的传递

环境监测分析是通过一系列测量步骤来完成的，每一测量步骤都可能包含一定的误差。那么这些测量误差又是如何传递到结果中去的呢？

1．系统误差的累积

（1）系统误差在加减法运算中的传递

若分析结果 R 是由 A、B、C 三个测量值相加减得到的，例如：

$$R = A + B - C$$

如果 α、β、γ 分别代表 A、B、C 三个测定值的绝对误差，ρ 代表 R 中最大的测定误差，则：

$$R + \rho = (A + \alpha) + (B + \beta) - (C - \gamma)$$

或

$$R + \rho = (A + B - C) + (\alpha + \beta + \gamma)$$

所以，$\rho = \alpha + \beta + \gamma$ 。

由此可见，加法或减法计算时，分析结果所产生的最大的可能误差，是各测量步骤的绝对误差之和。

例：求下列计算结果的最大误差，并将其表示于最后结果中（小括号内数字代表绝对误差）：

10.54（0.04）+18.26（0.02）－8.35（0.03）

解：$\rho = \alpha + \beta + \gamma$ =0.04+0.02+0.03=0.09

$R = A + B - C$ =10.54+18.26－8.35=20.45

$R + \rho = (A - B - C) + (\alpha + \beta + \gamma)$ =20.45±0.09

（2）系统误差在乘除法运算中的传递

若分析结果 R 是由 A、B、C 三个测量值相乘除得到的，例如：

$$R = \frac{A \times B}{C}$$

如果 α、β、γ 分别代表 A、B、C 三个测定值的绝对误差，ρ 代表 R 中最大的测定误差，则：

$$R + \rho = \frac{(A + \alpha)(B + \beta)}{(C - \gamma)} = \frac{AB + \alpha B + \beta \mathrm{A} + \alpha\beta}{(C - \gamma)}$$

由于 α、β 数值很小，所以 $\alpha\beta$ 更小，可以忽略不计，于是得：

$$R + \rho = \frac{AB + \alpha B + \beta \mathrm{A}}{(C - \gamma)}$$

$$\rho = \frac{AB + \alpha B + \beta \mathrm{A}}{(C - \gamma)} - R$$

$$= \frac{AB + \alpha B + \beta \mathrm{A}}{(C - \gamma)} - \frac{A \times B}{C}$$

$$=\frac{ABC+\alpha BC+\beta AC-ABC+AB\gamma}{C(C-\gamma)}$$

上式除以$R=\frac{A\times B}{C}$，得到：

$$\frac{\rho}{R}=\frac{(ABC+\alpha BC+\beta AC-ABC+AB\gamma)C}{C(C-\gamma)A\times B}$$

因为$\gamma<<C$，所以$C-\gamma\approx C$，则上式变为：

$$\frac{\rho}{R}=\frac{\alpha}{A}+\frac{\beta}{B}+\frac{\gamma}{C}$$

由此可见，乘法或除法计算时，分析结果所产生的最大可能误差，是各测量步骤的相对误差之和。

例：求下列计算结果的最大误差，并将其表示于最后结果中（小括号内数字代表绝对误差）。

$$\frac{12.35(0.02)\times 7.23(0.02)}{2.05(0.01)}$$

解：$\frac{\rho}{R}=\frac{\alpha}{A}+\frac{\beta}{B}+\frac{\gamma}{C}=\frac{0.02}{12.35}+\frac{0.02}{7.23}+\frac{0.01}{2.05}=0.01$

$R=\frac{A\times B}{C}=\frac{12.35\times 7.23}{2.05}=43.6$

$\rho=R\times 0.01=43.6\times 0.01=0.4$

$R+\rho=43.6\pm 0.4$

2．偶然误差的累积

（1）*偶然误差在加减法运算中的传递*

偶然误差在加减法运算中传递的规律是，运算结果的方差（即标准偏差的平方）等于各个测定值的方差之和。

例如：$R=A+B-C$

设S_A、S_B、S_C分别代表A、B、C的标准偏差，S_R代表R的标准偏差，则有：

$$S_R{}^2=S_A{}^2+S_B{}^2+S_C{}^2$$

例：求下列运算结果的标准偏差：

21.52（0.06）+12.38（0.02）－16.37（0.03）

解：$S_R{}^2=S_A{}^2+S_B{}^2+S_C{}^2=(0.06)^2+(0.02)^2+(0.03)^2=0.004\,9$

$S_R=\pm\sqrt{0.004\,9}=\pm 0.07$

（2）偶然误差在乘除法运算中的传递

偶然误差在乘除法运算中的传递规律是，运算结果的相对标准偏差的平方等于各个测定值的相对标准偏差的平方之和。即：

$$(\frac{S_R}{R})^2=(\frac{S_A}{A})^2+(\frac{S_B}{B})^2+(\frac{S_C}{C})^2$$

例：求下列运算结果的相对标准偏差（括号中数字为相对标准偏差值）：

$$\frac{9.82(0.02)\times 15.98(0.02)}{3.76(0.01)}$$

解：$(\frac{S_R}{R})^2=(\frac{S_A}{A})^2+(\frac{S_B}{B})^2+(\frac{S_C}{C})^2=(\frac{0.04}{9.82})^2+(\frac{0.02}{15.98})^2+(\frac{0.01}{3.76})^2$

$=0.000\,025$

$\frac{S_R}{R}=\pm\sqrt{0.000\,025}=\pm 0.005$

3．误差传递在分析计算中的应用

（1）重量分析中结果误差的计算

重量分析中，误差的传递方式与读数的累积次数有关。计算结果的相对误差大小，由试样的称重和沉淀称重的相对误差求得。

用重量法测定样品中某组分的质量分数时，计算公式可表示为：

$$W=\frac{\text{沉淀质量}\times\text{换算因素}}{\text{样品质量}}\times 100\%$$

例：设分析天平的平衡点观察的标准偏差为 0.000 2 g。用重量法测定氯含量时，氯化物试样质量为 0.380 0 g，生成的氯化银沉淀的质量为 0.625 0 g，计算含氯量测定结果的标准偏差为多少？

解：分析中一般都要求消除系统误差，因此这里只考虑偶然误差的影响。显然上式属于乘除计算。试样称重时观察了 2 次平衡点，而称量氯化银质量时观察了 4 次平衡点（沉淀质量是由空坩埚质量和沉淀—坩埚质量求得的），所以，含氯量测定的标准偏差（用相对百分偏差表示）为：

$$(\frac{S_R}{R})^2=(\frac{S_A}{A})^2+(\frac{S_B}{B})^2$$

$$\frac{S_R}{R}\times 100\%=\pm\sqrt{(\frac{S_A}{A})^2+(\frac{S_B}{B})^2}\times 100\%$$

$$=\pm\sqrt{2(\frac{0.000\,2}{0.380\,0})^2+4\,(\frac{0.000\,2}{0.625\,0})^2}\times 100\%$$

$$=\pm 0.10\%$$

（2）容量分析中结果误差的计算

容量分析中，通常根据消耗的标准溶液体积、浓度及试样的质量来求出其组分含量的，也与读数的次数有关。

用容量分析法测定样品中某组分的质量分数时，分析结果计算公式可以表示为：

$$W=\frac{\text{标准溶液浓度}\times\text{体积}\times\text{摩尔质量}}{\text{试样质量}}\times100\%$$

例：设容量分析中，标准溶液浓度的相对误差为 0.1%，滴定体积为 25.34mL，滴定的误差为 ±0.02mL；试样的质量为 0.351 2g，称重误差为 ±0.000 2g，求计算结果的相对误差。

解：滴定的相对误差为 $\frac{\pm0.02}{25.34}\times100\%=0.08\%$

称重的相对误差为 $\frac{\pm0.000\ 2}{0.351\ 2}\times100\%=0.06\%$

标准溶液浓度的相对误差为 0.1%。

计算结果的相对误差为：

$$\frac{S_R}{R}\times100\%=\pm\sqrt{(\frac{S_A}{A})^2+(\frac{S_B}{B})^2+(\frac{S_C}{C})^2}\times100\%$$

$$=\pm\sqrt{(0.08\%)^2\times2+(0.06\%)^2\times2+(0.1\%)^2\times1}\times100\%$$

$$=\pm\sqrt{0.03\%}\times100\%=\pm0.17\%$$

（3）比色分析结果中误差的计算

比色分析中一般都是通过回归方程来进行计算的，因此，结果的误差与方程中的数据波动范围有关。

例：采用盐酸副玫瑰苯胺比色法测定大气中的二氧化硫，制作的标准曲线方程为 $y=0.030x+0.025$（y 为吸光度，x 为二氧化硫的绝对含量 μg）。若测得样品的吸光度为 0.285，吸光度测定误差为 0.002，标准曲线的斜率波动为 0.002，截距波动为 0.005，试估算二氧化硫质量的测定误差。

解：根据题意，二氧化硫质量的表达公式可以表示为：

$$x=\frac{y(0.002)-0.025(0.005)}{0.030(0.002)}=\frac{0.285(0.002)-0.025(0.005)}{0.030(0.002)}$$

先求分子部分的最大误差，明显地它是加减关系。如果我们只考虑偶然误差的影响，则：

$$S_R^{\ 2}=S_A^{\ 2}+S_B^{\ 2}$$

$$S_R=\sqrt{S_A^{\ 2}+S_B^{\ 2}}=\sqrt{0.002^2+0.005^2}$$

$=0.005$（标准偏差也可以看成一种波动）

而 $A-B=0.285-0.025=0.260$，

所以，上式可以写为 $x=\frac{0.260(0.005)}{0.030(0.002)}$。

再求乘除关系中的最大误差。我们有 $(\frac{S_R}{R})^2=(\frac{S_A}{A})^2+(\frac{S_B}{B})^2$

$\frac{S_R}{R}=\sqrt{(\frac{S_A}{A})^2+(\frac{S_B}{B})^2}=\sqrt{(\frac{0.005}{0.260})^2+(\frac{0.002}{0.030})^2}$

$=0.07$，即相对标准偏差为 7%。

$R=\frac{A}{B}=\frac{0.260}{0.030}=8.7\ \mu g$

所以，最大波动为 $S_R=0.07R=0.07\times8.7=0.6\ \mu g$

因此，二氧化硫质量计算结果估计值的范围为 $R\pm S_R=$（8.7±0.6）μg，测定误差（波动值）为 0.6μg，近似相对误差为 7%。

上面只是一种估算方法，估算时将误差和标准偏差看成近似相等。实际测定中肯定还包含着系统误差，因此，估算值可能会小于实际值。

二、可疑值的取舍

（一）有效数字的记录、计算和修约

1．有效数字

0、1、2、3、4、5、6、7、8、9 这十个数码称为数字。由单一数字或多个数字可以组成数值，一个数值中，各个数字所占的位置称为数位。

测定结果的记录、计算、修约、呈报必须要注意有效数字。由有效数字构成的数值（如测定值）和通常的数学上的数值在概念上是不同的。例如 2.5、2.50、2.500 在数学上都看成同一个数值，但是，如果表示测定值，则其所表示的测量准确度是不同的。

2.5 的测定误差为 $\frac{0.1}{2.5}\times100\%=4\%$；

2.50 的测定误差为 $\frac{0.01}{2.50}\times100\%=0.4\%$；

2.500 的测定误差为 $\frac{0.001}{2.500}\times100\%=0.04\%$。

一个数值只能有一个估计数字，即只有倒数第一位上的数字是可疑的或者说是不确定的，而倒数第二位以上的数字应该都是可靠的或者说是确定的。所谓有效数字是由全部确定数字和一位不确定数字构成的数（数据）。因此，我们在记录、计算、修约时，不能对有效数字的位数进行任意地增删。

由有效数字构成的测定值必定是近似值，而有效数字位数的识别对于记录、计算、修约起着很大作用。

数字“0”，当它用于指示小数点的位置而与测量的准确程度无关时，不是有效数字；当它用于表示与测量准确程度有关的数值大小时，则为有效数字。这与“0”在数值中的位置有关。

（1）非零数字左边的“0”不是有效数字，如 0.026 5 是三位有效数字，0.008 是一位有效数字；

（2）非零数字中的“0”是有效数字，如 1.025 为四位有效数字，10.002 为五位有效数字；

（3）小数中最后一个非零数字的“0”是有效数字，如 2.50 是三位有效数字，2.500 为四位有效数字，0.350% 是三位有效数字；

（4）以“0”结尾的整数，有效数字的位数难以判断，必须要依靠计量仪器的精度上加以判别。如 150mg，若用普通的架盘天平称取的话，则为 0.15g，有效数字只有两位；若用万分之一的分析天平称取的话，则为 0.150 0g，有效数字为四位。在这种情况下，最好写成指数形式，前者为 1.5×10^{-1} g，后者为 1.500×10^{-1} g。

2. 有效数字的记录

（1）记录的有效数字位数要和仪器的测量精度一致，即只能保留一位可疑数字；

（2）表示精密度的数值通常只取一位有效数字，只有当测定次数很多时，才可以取两位，并且最多只能取两位有效数字；

（3）在数值计算中，当有效数字的位数确定之后，其余的数字应按有效数字的修约规则一律舍去；

（4）在数值计算中，常数的有效数字位数是无限的，可以根据需要进行取舍；

（5）来自一个正态分布总体的一组数据（多于 4 个），其平均值的有效数字位数可比原数多增加一位。

根据以上的原则，可以得出这样的结论：

（1）用合格的万分之一天平称量物质时，以克为单位，有效数字可以记录到小数点后面第四位；

（2）普通架盘天平称量物质时，以克为单位，有效数字可以记录到小数点后面第二位；

（3）用合格的量器（移液管、容量瓶、滴定管等）量取溶液时，以毫升为单位，100 mL 以下的，体积的有效数字位数可以记录到小数点后面第二位，大于等于 100 mL 的，体积的有效数字位数可以记录到小数点后面第一位；

（4）用 100 ～ 500mL 的量筒量取水样时，有效数字取三位较为合理，即分别记为 100mL、200mL、500mL 等。

（5）光度法中，吸光度一般可以记录到小数点后面第三位，若吸光度无法读取三位有效数字，可以先读取透光率，然后再换算为吸光度值，以防止有效数字的丢失；

（6）稀释的中间标准溶液和标准系列，浓度的有效数字的位数必须根据稀释公式进行计算与修约得出。

3．数字计算规则

有效数字在运算中要注意，确定值与确定值的运算结果才是确定值，而确定值与可疑值的运算结果是可疑值，可疑值与可疑值的运算结果就更是可疑值了。由此我们可以得出以下的计算规则：

（1）加减运算时，得数经修约后，小数点后面有效数字的位数应和参加运算的数中小数点后面有效数字的位数最少者相同；

（2）乘除运算时，得数经修约后，其整个有效数字的位数应和参加运算的数中有效数字位数最少者相同；

（3）进行对数或反对数运算时，得数经修约后，结果小数点后面有效数字的位数应和真数的有效数字的位数相同，如 $\lg 5.0 = 0.70$，$\lg 5.00 = 0.699$；

（4）进行乘方、开方、三角函数等运算时，计算结果有效数字的位数和原数相同。

（5）分析结果有效数字所能够达到的数位，不能超过方法最低检出限的有效数字所能达到的数位。例如，一个方法的最低检出浓度为 0.02mg/L，那么分析结果呈报 2.065mg/L 就不合理，应该呈报 2.06mg/L 才行。

4．数据修约规则

对于环境监测中的数字修约，《环境水质监测质量保证手册》推荐按 GB 8170—87 规定的数字修约规则进行数字的修约。

这个修约规则可以用这样的口诀来概括：四舍六入五待定，五后非零则进一，五后皆零视奇偶，奇进偶不进，修约一次性。分述如下：

（1）在拟舍弃的数字中，若左边的第一个数字小于 5（不包括 5）时，则舍去，即所拟保留的末位数不变。

例如：将 5.134 2 修约到保留一位小数。

（舍弃的数字是 342，3 小于 5）

修约前 5.134 2，修约后 5.1

（2）在拟舍弃的数字中，若左边第一个数字大于 5（不包括 5）时，则进一，即所拟保留的末位数字加一。

例如：将 12.484 3 修约到保留一位小数。

（舍弃的数字是 843，8 大于 5）

修约前 12.484 3，修约后 12.5

（3）在拟舍弃的数字中，若左边第一个数字等于 5，其右边的数字并非全是零时，则进一，即所拟保留的末位数字加一。

例如：将 3.250 2 修约到保留一位小数。

（舍弃的数字是 502，5 右边为 02，不为 0）

修约前 3.250 2，修约后 3.3

（4）在拟舍弃的数字中，若左边第一个数字等于 5，其右边的数字都是零时，所拟保留的末位数字若为奇数则进一，若为偶数（包括 0）则不进。

例如：将 3.2500、3.150 0 分别修约到保留一位小数。

（舍弃的数字都是 500，5 后边全部是 0）

修约前 3.250 0，修约后 3.2

修约前 3.150 0，修约后 3.2

我们在进行数字修约时一定要注意，修约只能一次性修约，不能分步连续修约。例如，将数据 15.454 6 修约到保留整数：

正确的做法是：15.454 6 → 15 （一次性修约）

不正确的做法是：15.454 6 → 15.455 → 15.46 → 15.5 → 16 （多次修约）

有时测试部门与计算部门先将获得的数据按修约位数多一位或多几位报出，而后由其他部门判定，为了避免产生连续修约的结果，最好将那些包含 5 结尾的数据后面以（+）或（−）或不加符号表示，以说明修约前是小于 5 还是大于 5 抑或等于 5。

例如，13.452 写成 13.45（+）（若计算是要达到一位小数，则可修约到 13.5）；1.450 0 写成 1.45；12.449 52 写成 12.450（−）等。

（二）可疑值的取舍

在一定条件下，进行重复测定得到的一系列数据具有一定的分散性，这种分散性反映了随机误差的大小，也就是说这些数据可以认为是来自同一总体的。如果实验条件发生了改变，使实验中出现了系统误差，那么测定的这些数据就有可能不是来自同一总体。我们将与正常数据不是来自同一总体，明显歪曲实验结果的测量数据称为离群数据，而将有可能会歪曲实验结果，尚未经检验断定其是离群数据的测量数据，称为可疑数据。

产生可疑数据的原因有很多，有些是系统误差引起，有些是偶然误差引起，形式多样，不能一概而论。因此对不同原因产生的可疑数据要分别处理。正常数据总有一定的分散性，如果人为地删除一些误差较大的可疑数据，由此得到精密度很高的测量结果，并不符合客观实际。

在数据处理时，对于可疑数据要检验，离群数据要剔除，使测定结果更符合实际。只有经统计检验判断确实属于离群数据的测量数据才可以剔除，所以，对可疑数据的取舍必须要采用统计的方法进行判别。

1．Grubbs 检验法

Grubbs 检验法用于检验多组（组数为 l）测量均值的一致性及剔除多组测量均值中的可疑值，也可用于检验一组测量值（个数为 n）的一致性和剔除一组测量值中的可疑值（检出的可疑值个数不超过 1 个）。一般采用单侧检验，其检验步骤为：

（1）将测定值按照由小到大的顺序排列：x_1、$x_2 \cdots x_i \cdots x_n$（$n \geqslant 3$）。其中最小值为 x_1，最大值为 x_n，它们都是可疑值，用 x_d 表示。

（2）计算样本均值 $\overline{x}$ 和样本标准偏差 S。

$$\overline{x} = \frac{1}{n}\sum_{i-1}^{n} x_i \,, \quad S = \sqrt{\frac{\sum_{i=1}^{n}(x_i - \overline{x})^2}{n-1}}$$

（3）选取统计量 G_n，并计算出结果。

$$G_n = \frac{|x_d - \overline{x}|}{S}$$

（4）确定检出显著性水平（α 通常取 0.01 和 0.05），由表查出对应的 n、α 的临界值 $G_{\alpha(n)}$。

（5）判断：当 $G_n > G_{0.01(n)}$ 时，判断可疑值 x_d 为离群值，应予以剔除；

当 $G_n \leqslant G_{0.05(n)}$ 时，被检数据 x_d 为正常数据，予以保留；

当 $G_{0.05(n)} < G_n \leqslant G_{0.01(n)}$ 时，则被检数据 x_d 为偏离数据。

偏离数据是介于离群和不离群之间的测量数据。对于偏离数据的处理要慎重，只有能够找到原因的偏离数据才能作为离群数据处理，否则就不能作为离群数据考虑。

表 2　Grubbs 检验临界值 G

n	α		n	α		n	α	
	0.01	0.05		0.01	0.05		0.01	0.05
3	1.155	1.153	12	2.550	2.285	21	2.912	2.580
4	1.492	1.463	13	2.607	2.331	22	2.939	2.603
5	1.749	1.672	14	2.659	2.371	23	2.963	2.624
6	1.944	1.822	15	2.705	2.409	24	2.987	2.644
7	2.097	1.938	16	2.747	2.443	25	3.009	2.663
8	2.221	2.032	17	2.785	2.475	30	3.103	2.745
9	2.323	2.110	18	2.821	2.504	35	3.178	2.811
10	2.410	2.176	19	2.854	2.532	40	3.240	2.866
11	2.485	2.234	20	2.884	2.557	50	3.336	2.956

2．Dixon 检验法

Dixon 检验法用于一组观测值的单值一致性检验和剔除一组观测值中的离群单值，适用于检出一个或多个离群单值。一般也采用单侧检验。其检验步骤为：

（1）将样本数据从小到大进行排列：x_1、$x_2 \cdots x_i \cdots x_n$（$3 \leqslant n \leqslant 25$）。其中最小值为 x_1，最大值为 x_n，它们都是等待检验的可疑值。

（2）选取统计量 D，并计算出结果：

当 $3 \leqslant n \leqslant 7$ 时，计算公式为：

$$D=\frac{x_2-x_1}{x_n-x_1}\text{（检验最小值 }x_1\text{）}$$

$$D=\frac{x_n-x_{n-1}}{x_n-x_1}\text{（检验最大值 }x_n\text{）}$$

当 $8 \leqslant n \leqslant 10$ 时，计算公式为：

$$D=\frac{x_2-x_1}{x_{n-1}-x_1}\text{（检验最小值 }x_1\text{）}$$

$$D=\frac{x_n-x_{n-1}}{x_n-x_2}\text{（检验最大值 }x_n\text{）}$$

当 $11 \leqslant n \leqslant 13$ 时，计算公式为：

$$D=\frac{x_3-x_1}{x_{n-1}-x_1}\text{（检验最小值 }x_1\text{）}$$

$$D=\frac{x_n-x_{n-2}}{x_n-x_2}\text{（检验最大值 }x_n\text{）}$$

当 $n \geqslant 14$ 时，计算公式为：

$$D=\frac{x_3-x_1}{x_{n-2}-x_1}\text{（检验最小值 }x_1\text{）}$$

$$D=\frac{x_n-x_{n-2}}{x_n-x_3}\text{（检验最大值 }x_n\text{）}$$

（3）查 Dixon 检验临界值表得 D_α，α 为显著性水平，通常取 0.01 和 0.05。

（4）判断：若 $D > D_{0.01}$ 时，则被检值为离群值，剔除之；

若 $D \leqslant D_{0.05}$ 时，则被检值为正常数据，予以保留；

当 $D_{0.05} < D_n \leqslant D_{0.01}$ 时，则被检数据为偏离数据。

对于偏离数据的处理同样要慎重，能够找到原因的偏离数据才能作为离群数据考虑，否则就不作为离群数据考虑。

表3　单侧 Dixon 检验法的临界值 D

n	α		n	α	
	0.01	0.05		0.01	0.05
3	0.988	0.941	17	0.577	0.490
4	0.889	0.765	18	0.561	0.475
5	0.780	0.642	19	0.547	0.462
6	0.698	0.560	20	0.535	0.450
7	0.637	0.507	21	0.524	0.440
8	0.683	0.554	22	0.514	0.430
9	0.635	0.512	23	0.505	0.421
10	0.597	0.477	24	0.497	0.413
11	0.697	0.576	25	0.489	0.406
12	0.642	0.546	26	0.486	0.399
13	0.615	0.521	27	0.475	0.393
14	0.641	0.546	28	0.469	0.387
15	0.616	0.525	29	0.463	0.381
16	0.595	0.507	30	0.457	0.376

三、测量结果的统计检验和结果表述

（一）测量结果的统计检验步骤

测量结果差别的统计检验一般都采用 t 检验法。t 检验法的检验步骤是：

（1）求出与 t 有关的相关数据指标；

（2）选取统计量 t，并计算出结果；

（3）查找在自由度 f 和规定显著性水平 α 下的 t 的临界值大小，通常显著性水平 α 取 0.01 和 0.05；

（4）使用判断准则进行判断：

①当 $t \geqslant t_{0.01(f)}$ 时，测定结果的差别有非常的显著意义；

②当 $t < t_{0.05(f)}$ 时，测定结果差别没有显著意义；

③当 $t_{0.05(f)} \leqslant t < t_{0.01(f)}$ 时，测定结果差别有显著意义。

表4　双侧检验 t 值

f \ α	0.50	0.20	0.10	0.05	0.02	0.01	0.005	0.002	0.001
1	1.000	3.078	6.314	12.706	31.821	63.657	127.321	318.309	636.619
2	0.816	1.886	2.920	4.303	6.965	9.925	14.089	22.327	31.599
3	0.765	1.638	2.353	3.182	4.541	5.841	7.453	10.215	12.924
4	0.741	1.533	2.132	2.776	3.747	4.604	5.598	7.173	8.610
5	0.727	1.476	2.015	2.571	3.365	4.032	4.773	5.893	6.869
6	0.718	1.440	1.943	2.447	3.143	3.707	4.317	5.208	5.959
7	0.711	1.415	1.895	2.365	2.998	3.499	4.029	4.785	5.408
8	0.706	1.397	1.860	2.306	2.896	3.355	3.833	4.501	5.041
9	0.703	1.383	1.833	2.262	2.821	3.250	3.690	4.297	4.781
10	0.700	1.372	1.812	2.228	2.764	3.169	3.581	4.144	4.587
11	0.697	1.363	1.796	2.201	2.718	3.106	3.497	4.025	4.437
12	0.695	1.356	1.782	2.179	2.681	3.055	3.428	3.930	4.318
13	0.694	1.350	1.771	2.160	2.650	3.012	3.372	3.852	4.221
14	0.692	1.345	1.761	2.145	2.624	2.977	3.326	3.787	4.140
15	0.691	1.341	1.753	2.131	2.602	2.947	3.286	3.733	4.073
16	0.690	1.337	1.746	2.120	2.583	2.921	3.252	3.686	4.015
17	0.689	1.333	1.740	2.110	2.567	2.898	3.222	3.646	3.965
18	0.688	1.330	1.734	2.101	2.552	2.878	3.197	3.610	3.922
19	0.688	1.328	1.729	2.093	2.539	2.861	3.174	3.579	3.883
20	0.687	1.325	1.725	2.086	2.528	2.845	3.153	3.552	3.850
21	0.686	1.323	1.721	2.080	2.518	2.831	3.135	3.527	3.819
22	0.686	1.321	1.717	2.074	2.508	2.819	3.119	3.505	3.792
23	0.685	1.319	1.714	2.069	2.500	2.807	3.104	3.485	3.768
24	0.685	1.318	1.711	2.064	2.492	2.797	3.091	3.467	3.745
25	0.684	1.316	1.708	2.060	2.485	2.787	3.078	3.450	3.725
26	0.684	1.315	1.706	2.056	2.479	2.779	3.067	3.435	3.707
27	0.684	1.314	1.703	2.052	2.473	2.771	3.057	3.421	3.690
28	0.683	1.313	1.701	2.048	2.467	2.763	3.047	3.408	3.674
29	0.683	1.311	1.699	2.045	2.462	2.756	3.038	3.396	3.659
30	0.683	1.310	1.697	2.042	2.457	2.750	3.030	3.385	3.646
31	0.682	1.309	1.696	2.040	2.453	2.744	3.022	3.375	3.633
32	0.682	1.309	1.694	2.037	2.449	2.738	3.015	3.365	3.622
33	0.682	1.308	1.692	2.035	2.445	2.733	3.008	3.356	3.611
34	0.682	1.307	1.091	2.032	2.441	2.728	3.002	3.348	3.601

f \ α	0.50	0.20	0.10	0.05	0.02	0.01	0.005	0.002	0.001
35	0.682	1.306	1.690	2.030	2.438	2.724	2.996	3.340	3.591
36	0.681	1.306	1.688	2.028	2.434	2.719	2.990	3.333	3.582
37	0.681	1.305	1.687	2.026	2.431	2.715	2.985	3.326	3.574
38	0.681	1.304	1.686	2.024	2.429	2.712	2.980	3.319	3.566
39	0.681	1.304	1.685	2.023	2.426	2.708	2.976	3.313	3.558
40	0.681	1.303	1.684	2.021	2.423	2.704	2.971	3.307	3.551
50	0.679	1.299	1.676	2.009	2.403	2.678	2.937	3.261	3.496
60	0.679	1.296	1.671	2.000	2.390	2.660	2.915	3.232	3.460
70	0.678	1.294	1.667	1.994	2.381	2.648	2.899	3.211	3.436
80	0.678	1.292	1.664	1.990	2.374	2.639	2.887	3.195	3.416
90	0.677	1.291	1.662	1.987	2.368	2.632	2.878	3.183	3.402
100	0.677	1.290	1.660	1.984	2.364	2.626	2.871	3.174	3.390
200	0.676	1.286	1.653	1.972	2.345	2.601	2.839	3.131	3.340
500	0.675	1.283	1.648	1.965	2.334	2.586	2.820	3.107	3.310
1 000	0.675	1.282	1.646	1.962	2.330	2.581	2.813	3.098	3.300
∞	0.674 5	1.281 6	1.644 9	1.960 0	2.326 3	2.575 8	2.807 0	3.090 2	3.290 5

注：α 表示双侧概率，若为单侧概率，则取 $\alpha/2$ 值；f 是自由度。

（二）样本均值与总体均值差别的显著性检验

例：某含铁的标准物质，已知其中铁的保证值为1.06%，对其10次测定结果的平均值为1.054%，10次测定的标准偏差为0.009%，检验测定结果与保证值之间有无显著性差异。

解：μ=1.06%，$\bar{x}$=1.054%，n=10，

自由度 f=10－1=9，s=0.009%

$$S_{\bar{x}}=\frac{S}{\sqrt{n}}=\frac{0.009\%}{\sqrt{10}}$$

选取统计量 $t=\dfrac{|\bar{x}-\mu|}{S_{\bar{x}}}=\dfrac{|\bar{x}-\mu|}{0.009\%}\times\sqrt{10}=2.11$

查表：$t_{0.05(9)}$ =2.262，$t<t_{0.05(n)}$

所以，差别没有显著意义，测定正常。

（三）两种测定方法的显著性检验

不同实验室用相同或不同分析方法对同一样品进行对比分析，或同一实验室用相同或不同分析方法对同一样品进行对比分析时，经常采用这种检验方法。若

两个方法的分析结果经过检验，它们的均值之间没有显著性差异，则认为分析结果比较可靠。

设两个实验室用两种原理不同的方法分别对同一样品进行测定，数据如下：

组别	测定单值	测定次数	测定均值	测定方差
第一组	X_1、X_2、$\cdots X_i$、X_{n1}	n_1	$\overline{X}$	S_1^2
第二组	Y_1、Y_2、$\cdots Y_i$、Y_{n2}	n_2	$\overline{Y}$	S_2^2

则按以下公式求统计量 t：

$$t=\frac{|\overline{X}-\overline{Y}|}{S_{\overline{X}-\overline{Y}}\times\sqrt{\frac{1}{n_1}+\frac{1}{n_2}}}$$

式中：$\overline{X}=\frac{\sum_{i=1}^{n_1}X_i}{n_1}$

$$\overline{Y}=\frac{\sum_{i=1}^{n_2}Y_i}{n_2}$$

$$S_{\overline{X}-\overline{Y}}=\sqrt{\frac{(n_1-1)S_1^{\ 2}+(n_2-1)S_2^{\ 2}}{n_1+n_2-2}}$$

自由度取 $f=n_1+n_2-2$

例：为比较用双硫腙比色法和冷原子吸收法测定水中的汞含量，由六个合格实验室对同一水样进行 6 次测定，结果如下表所示，问两种测定方法的可比性如何？

方法	1	2	3	4	5	6	$\overline{x}$
双硫腙比色法	4.07	3.94	4.21	4.02	3.98	4.08	
冷原子吸收法	4.00	4.04	4.10	3.90	4.04	4.21	
差数 x	0.07	–0.10	0.11	0.12	–0.06	–0.13	0.01
x^2	0.004 9	0.010 0	0.012 1	0.014 4	0.003 6	0.016 9	0.061 9

解：

$$\overline{x}=\frac{0.01}{6}=0.001\ 7$$

$$S=\sqrt{\frac{\Sigma(\overline{x}-x_i)^2}{n-1}}=\sqrt{\frac{\Sigma x_i^{\ 2}-\frac{(\Sigma x_i)^2}{n}}{n-1}}=\sqrt{\frac{0.061\ 9-\frac{(0.01)^2}{6}}{6-1}}=0.111$$

$$S_{\bar{x}} = \frac{S}{\sqrt{n}} = \frac{0.111}{6} = 0.045\,3$$

$$t = \frac{|\bar{x} - 0|}{S_{\bar{x}}} = \frac{0.001\,7}{0.045\,3} = 0.037\,5$$

查表得 $t_{0.05(5)} = 2.57$

因为 $t = 0.037\,5 < 2.57$ ，所以差别无显著性意义，即两种测定方法的可比性很好。

四、直线回归和相关

环境监测分析中经常会遇到待测量与指示量之间的关系问题，而这些关系通常都呈现出直线关系，如待测物质浓度与吸光度，组分含量与色谱峰面积，待测离子浓度的对数与电动势等基本都是直线关系。

（一）直线回归方程

为了使被测量（自变量）和指示量（因变量）之间的关系更能反映实际情况，我们可以通过最小二乘法原理，由一系列的实验点进行回归分析，求出其回归方程。

设自变量 x 取某一值 x_i 时（i=1、2⋯i⋯n），测得因变量 y 的对应值为 y_i（i=1、2⋯i⋯n），如果 x 与 y 之间的关系呈现一条直线趋势时，则可用一条直线来描述这二者之间的关系。

$$\hat{y} = a + bx$$

这条直线方程可以根据最小二乘法的原理来建立。

当 x 取值 x_i 时，由上述方程计算得到的 y 的估计值为 $\hat{y}_i$，即

$$\hat{y}_i = a + bx_i$$

则 y 的估计值 $\hat{y}_i$ 与 y 的实测值 y_i 的绝对误差为 $y_i - \hat{y}_i$。所谓最小二乘法，就是要求上述 n 个绝对误差的平方和达到最小，亦即选择适当的 a 和 b，使

$$\sum_{i=1}^{n}(y_i - \hat{y}_i)^2 = \sum_{i=1}^{n}(y_i - a - bx_i)^2 = \text{最小值}$$

应用求极值的方法可以求得 a 和 b：

$$\left\{\begin{aligned} b &= \frac{S_{(xy)}}{S_{(xx)}} \\ a &= \bar{y} - b\bar{x} \end{aligned}\right\}$$

式中，$\bar{x} = \frac{1}{n}\sum_{i=1}^{n} x_i$ ；$\bar{y} = \frac{1}{n}\sum_{i=1}^{n} y_i$ ；

$$S_{(xx)}=\sum_{i=1}^{n}(x_i-\overline{x})^2\;;$$

$$S_{(xy)}=\sum_{i=1}^{n}(x_i-\overline{x})(y_i-\overline{y})。$$

方程 $\hat{y}=a+bx$ 称为一元线性回归方程或一元回归直线，简称回归方程或回归直线。b 称为回归系数，a 称为截距。

回归方程建立之后，亦可根据实测值 y_0 去估计相应自变量的大小：

$$\hat{x}_0=\frac{y_0-a}{b}$$

注意：用回归方程去估计自变量（或因变量）时，因变量（或自变量）的取值因在已测量到的数值范围之内。除非有充分的依据，回归直线不得任意外推。

（二）相关系数

对于任意两个变量 x 和 y 的一组数据 (x_i,y_i)（i =1、2⋯ n），都可以根据最小二乘法配出唯一的一条直线 $\hat{y}=a+bx$。但在实际工作中，只有当 y 与 x 之间存在某种线性关系时，配出的直线才有意义。

变量 x 和 y 之间线性关系的密集程度可用相关系数 γ 度量，其定义如下：

$$\gamma=\frac{S_{(xy)}}{\sqrt{S_{(xx)}S_{(yy)}}}$$

式中，$S_{(yy)}=\sum_{i=1}^{n}(y_i-\overline{y})^2$。

相关系数可以理解为表示指示量和被测量两种变量之间关系的性质和回归曲线与实验点之间相互符合程度的指标。相关系数 γ 的取值范围是 $0\leqslant|\gamma|\leqslant 1$，可以有三种情况。

（1）若 x 增大，y 也相应增大，称 x 与 y 正相关，此时 $0<\gamma<1$。若 γ=1，则称 x 与 y 完全正相关。

（2）若 x 增大，y 相应减小，称 x 与 y 负相关，此时，$-1<\gamma<0$，当 $\gamma=-1$ 时，称完全负相关。

（3）若 y 与 x 的变化没有关系，则称 x 与 y 不相关，此时 γ =0。

因此，$|\gamma|$ 越接近于 0，则实验点对直线就越分散，$|\gamma|$ 越接近于 1，则实验点对直线就越接近，线性相关就越大。

（三）相关系数的显著性检验

1．用相关系数表进行统计检验

表 5 给出了相关系数的临界值 γ_{α}，其大小与测量次数 n 及给定的显著性水平有关。

表 5　相关系数检验临界值 γ_{α}

自由度 f	α=5%				α=1%			
	变量总数				变量总数			
	2	3	4	5	2	3	4	5
1	0.997	0.999	0.999	0.999	1.000	1.000	1.000	1.000
2	0.950	0.975	0.983	0.987	0.990	0.995	0.997	0.998
3	0.878	0.930	0.950	0.961	0.959	0.976	0.983	0.987
4	0.811	0.881	0.912	0.930	0.917	0.949	0.962	0.970
5	0.754	0.836	0.874	0.898	0.874	0.917	0.937	0.949
6	0.707	0.795	0.839	0.867	0.834	0.886	0.911	0.927
7	0.666	0.758	0.807	0.838	0.798	0.855	0.885	0.904
8	0.632	0.726	0.777	0.811	0.765	0.827	0.860	0.882
9	0.602	0.697	0.750	0.786	0.735	0.800	0.836	0.861
10	0.576	0.671	0.726	0.763	0.708	0.776	0.814	0.840
11	0.553	0.648	0.703	0.741	0.684	0.753	0.793	0.821
12	0.532	0.627	0.683	0.722	0.661	0.732	0.773	0.802
13	0.514	0.608	0.664	0.703	0.641	0.712	0.755	0.785
14	0.497	0.590	0.646	0.686	0.623	0.694	0.737	0.768
15	0.482	0.574	0.630	0.670	0.606	0.677	0.721	0.752
16	0.468	0.559	0.615	0.655	0.590	0.662	0.706	0.738
17	0.456	0.545	0.601	0.641	0.575	0.647	0.691	0.724
18	0.444	0.532	0.587	0.628	0.561	0.633	0.678	0.710
19	0.433	0.520	0.575	0.615	0.549	0.620	0.665	0.698
20	0.423	0.509	0.563	0.604	0.537	0.608	0.652	0.685
21	0.413	0.498	0.552	0.592	0.526	0.596	0.641	0.674
22	0.404	0.488	0.542	0.582	0.515	0.585	0.630	0.663
23	0.396	0.479	0.532	0.572	0.505	0.574	0.619	0.652
24	0.388	0.470	0.523	0.562	0.496	0.565	0.609	0.642
25	0.381	0.462	0.514	0.553	0.478	0.555	0.900	0.633
26	0.374	0.454	0.506	0.545	0.478	0.546	0.590	0.626
27	0.367	0.446	0.498	0.536	0.470	0.538	0.582	0.615
28	0.361	0.439	0.490	0.529	0.463	0.530	0.573	0.606

自由度 f	α=5%				α=1%			
	变量总数				变量总数			
	2	3	4	5	2	3	4	5
29	0.355	0.432	0.482	0.521	0.456	0.522	0.565	0.598
30	0.349	0.426	0.476	0.514	0.449	0.514	0.558	0.591
35	0.325	0.397	0.445	0.482	0.418	0.481	0.523	0.556
40	0.304	0.373	0.419	0.455	0.393	0.454	0.494	0.526
45	0.288	0.353	0.397	0.432	0.372	0.430	0.470	0.501
50	0.273	0.336	0.379	0.412	0.354	0.410	0.449	0.479
60	0.250	0.308	0.348	0.380	0.325	0.377	0.414	0.442
70	0.232	0.286	0.324	0.354	0.302	0.351	0.386	0.413
80	0.217	0.269	0.304	0.332	0.283	0.330	0.362	0.389
90	0.205	0.254	0.288	0.315	0.267	0.312	0.343	0.368
100	0.195	0.241	0.274	0.300	0.254	0.297	0.327	0.351
125	0.174	0.216	0.246	0.269	0.228	0.266	0.294	0.316
150	0.159	0.198	0.225	0.247	0.208	0.244	0.270	0.290
200	0.138	0.172	0.196	0.215	0.181	0.212	0.234	0.253
300	0.113	0.141	0.160	0.176	0.148	0.174	0.192	0.208
400	0.098	0.122	0.139	0.153	0.128	0.151	0.167	0.180
500	0.088	0.109	0.124	0.137	0.115	0.135	0.150	0.162
1 000	0.062	0.077	0.088	0.097	0.081	0.096	0.106	0.115

采用相关系数表进行统计检验时，按如下步骤进行：

（1）计算两个变量之间的相关系数γ；

（2）确定显著性水平（α=5% 或 1%），再根据自由度 $f=n-2$ 查出相关系数表上的临界值 $\gamma_{0.05}$ 和 $\gamma_{0.01}$；

（3）判断：

若 $|\gamma| \geqslant \gamma_{0.05}$，即 $\alpha < 0.05$，也即样本来自无相关总体的概率小于 5%，说明两个变量相关显著；

若 $|\gamma| \geqslant \gamma_{0.01}$，即 $\alpha < 0.01$，说明两个变量相关极为显著；

以上所得回归方程才是有意义的。

若 $|\gamma| < \gamma_{0.05}$，即 $\alpha > 0.05$，也即样本来自无相关总体的概率大于 5%，说明两个变量不相关，或者说两个变量之间不成线性关系，所得回归方程没有意义。

2．相关系数的 t 检验法

若总体中 x 与 y 不相关，在抽样时由于偶然误差的影响，计算结果可能使得 $\gamma \neq 0$，此时应检验 γ 值是否具有显著性意义。

相关系数显著性的 t 检验方法步骤如下：

（1）求出 γ 值。

（2）按 $t=|\gamma|\times\sqrt{\dfrac{n-2}{1-\gamma^2}}$，求出 t 值，n 为变量的配对数，自由度 $f=n-2$。

（3）查 t 值表（一般单侧检验）。

（4）判断：

若 $t>t_{0.05(f)}$，$\alpha<0.05$，γ 显著意义相关；

若 $t>t_{0.01(f)}$，$\alpha<0.01$，γ 有非常显著意义而相关；

若 $t<t_{0.1(f)}$，$\alpha>0.1$，γ 关系不显著。

（四）回归直线的精密度检验

已知自变量 x_i，通过回归方程可以估计因变量 y_i，但不能准确知道 的值。测量值 y_i 与估计值 $\hat{y}_i$ 的差别反映了回归直线的精密度。

在一元线性回归中，可以用剩余标准偏差 S_E 描述回归直线的精密度，进而对 y 作近似的区间估计。剩余标准差 S_E 由下式定义：

$$S_E=\sqrt{\frac{1}{n-2}\sum_{i=1}^{n}(y_i-\hat{y}_i)^2}$$

上式计算 S_E 不方便，通常改用下式计算：

$$S_E=\sqrt{\frac{S_{(yy)}-bS_{(xy)}}{n-2}}=\sqrt{\frac{(1-\gamma^2)S_{(yy)}}{n-2}}$$

式中，$S_{(yy)}=\sum_{i=1}^{n}(y_i-\overline{y})^2=\sum_{i=1}^{n}y_i{}^2-\frac{1}{n}(\sum_{i=1}^{n}y_i)^2$

$$S_{(xy)}=\sum_{i=1}^{n}(x_i-\overline{x})(y_i-\overline{y})=\sum_{i=1}^{n}x_iy_i-\frac{1}{n}\sum_{i=1}^{n}x_i\sum_{i=1}^{n}y_i$$

对于测定范围内的每个 x 值，有 95.4% 的 y 值落在两条平行直线 $y'=a+bx-2S_E$ 与 $y''=a+bx+2S_E$ 之间；有 99.7% 的 y 值落在两条平行直线 $y'=a+bx-3S_E$ 与 $y''=a+bx+3S_E$ 之间。

（五）回归直线的统计检验

实验室得到的回归直线经常不过原点，造成这一现象的原因可能是存在着某种系统误差，或仅仅是由测量中各种随机作用引起。通过回归直线的统计检验，我们可以知道回归直线的截距是否和某一定值相等（标准曲线是否过原点，空白测定值是否存在）；回归系数是否与某一定值相等（方法的灵敏度是否等于已经量，多水平下测定的两组数据之间是否存在系统差异）；以及两条回归直线之间是否存在系统差异等。

1．截距 $\alpha=\alpha_0$ 的统计检验

（1）计算统计量 t：

$$t=\frac{a-a_0}{S_E\sqrt{\frac{1}{n}+\frac{\overline{x}^2}{S_{(xx)}}}}$$

式中，$S_{(xx)}=\sum_{i=1}^{n}(x_i-\overline{x})^2=\sum_{i=1}^{n}x_i{}^2-\frac{1}{n}(\sum_{i=1}^{n}x_i)^2$。

（2）确定显著性水平。

（3）查 t 分布表得临界值 $t_{\alpha(f)}$（α 通常取 0.05，自由度 $f=n-2$）。

（4）判断：

若 $|t|\geqslant t_{\alpha(f)}$，则 α 与 α_0 存在显著性差异；

若 $|t|<t_{\alpha(f)}$，则 α 与 α_0 差异不显著。

例：用新铜试剂法测定铜的吸光度如下：

铜含量/μg（吸光度）	x	0.00	1.00	3.00	5.00	7.00	10.00
A		0.015	0.055	0.130	0.190	0.300	0.389
$A-A_0$	y	0.000	0.040	0.115	0.175	0.285	0.374

试求该方法的实验室标准曲线、剩余标准差、相关系数，并对相关系数和截距进行检验。

解：列表计算如下：

序号	x_i	y_i	$x_i{}^2$	$y_i{}^2$	x_iy_i
1	0	0	0	0	0
2	1.00	0.040	1	0.001 6	0.040
3	3.00	0.115	9	0.013 225	0.345
4	5.00	0.175	25	0.030 625	0.875
5	7.00	0.285	49	0.081 225	1.995
6	10.00	0.374	100	0.139 876	3.74
Σ	26.00	0.989	184	0.266 551	6.995

$\overline{x}=\frac{1}{6}\times 26=4.333\ 33$	$S_{(yy)}=\sum_{i=1}^{n}y_i^{\ 2}-\frac{1}{n}(\sum_{i=1}^{n}y_i)^2$
$\overline{y}=\frac{1}{6}\times 0.989=0.164\ 833$	$=0.266\ 551-\frac{1}{6}\times 0.989^2=0.103\ 531$
$S_{(xx)}=\sum_{i=1}^{n}x_i^{\ 2}-\frac{1}{n}(\sum_{i=1}^{n}x_i)^2$	$S_{(xy)}=\sum_{i=1}^{n}x_iy_i-\frac{1}{n}\sum_{i=1}^{n}x_i\sum_{i=1}^{n}y_i$
$=184-\frac{1}{6}\times 26^2=71.333\ 3$	$=6.995-\frac{1}{6}\times 26\times 0.989=2.709\ 33$

$$b=\frac{S_{(xy)}}{S_{(xx)}}=\frac{2.709\ 33}{71.333\ 3}=0.037\ 98=0.038\ 0$$

$$a=\overline{y}-b\overline{x}=0.164\ 833-0.037\ 98\times 4.333\ 33=0.002\ 53=0.003$$

故，该实验室得到的标准曲线方程为：

$y=0.000\ 3+0.038\ 0x$（x 为铜含量 μg，y 为吸光度）

剩余标准差 S_E 为：

$$S_E=\sqrt{\frac{(1-\gamma^2)S_{(yy)}}{n-2}}=\sqrt{\frac{(1-0.997\ 0^2)\times 0.103\ 531}{6-2}}=0.012\ 452\ 5=0.01\mu g$$

相关系数 γ 为：

$$\gamma=\frac{S_{(xy)}}{\sqrt{S_{(xx)}\times S_{(yy)}}}=\frac{2.709\ 33}{\sqrt{71.333\ 3\times 0.103\ 531}}=0.996\ 966=0.997\ 0$$

根据变量为 2，自由度 $f=n-2=4$，查相关系数检验的临界 γ_α 表可以得到 $\gamma_{0.05(4)}=0.811$，$\gamma_{0.01(4)}=0.917$。由于 $\gamma>>\gamma_{0.01(4)}$，故铜含量与吸光度之间的线性关系非常显著。

如果直线过原点，则 α_0=0，而该实验的 $a=0.000\ 3$ 。

$$t=\frac{a-a_0}{S_E\sqrt{\frac{1}{n}+\frac{\overline{x}^2}{S_{(xx)}}}}$$

$$=\frac{0.000\ 3-0}{0.012\ 452\ 5\times\sqrt{\frac{1}{6}+\frac{4.333\ 33^2}{71.333\ 3}}}=0.036\ 743\ 3=0.037$$

查 t 分布表得临界值 $t_{\alpha(f)}$（α= 0.05，自由度 $f=n-2=4$），得到 $t_{0.05(4)}=2.776$，由于 $t=0.037<<t_{0.05(4)}=2.776$，故截距 α 与 0 无显著差异。

2. 回归系数 $b=b_0$ 的统计检验

（1）计算统计量 t：

$$t=\frac{b-b_0}{S_E\sqrt{\frac{1}{S_{(xx)}}}}\text{。}$$

（2）确定显著性水平 α（α 通常取 0.05）。

（3）查 t 分布表得临界值 $t_{\alpha(f)}$（自由度 $f=n-2$）。

（4）判断：

若 $|t|\geqslant t_{\alpha(f)}$，则 b 与 b_0 存在显著性差异；

若 $|t|<t_{\alpha(f)}$，则 b 与 b_0 差异不显著。

例：将含有 10 种不同浓度的某物质的水样分发到两个实验室，分别测定这 10 种水样中该物质的含量，结果如下表，试比较这两个实验室的测定结果之间是否存在显著性差异。

样品号	1	2	3	4	5	6	7	8	9	10
实验室 A	46.4	42.6	32.0	85.1	39.6	25.7	24.6	37.7	58.2	29.1
实验室 B	47.3	41.6	35.6	79.8	40.3	27.4	26.3	39.4	55.2	31.4

解：如果这两个实验室测定结果之间的随机误差和系统误差都很小，则以 A 的测定结果作为横坐标 x，B 的测定结果作为纵坐标 y，x 与 y 对应实验点应分布在通过原点且斜率为 1 的直线两侧。这些点的回归方程的截距和回归系数反映了两个实验室之间的系统误差。

可以求出回归方程为：

$$y=6.03+0.865x$$

且 $\overline{x}=42.1$，$S_E=1.13$，$S_{(xx)}=2\,998.78$，$n=10$。

（1）检验 $a=0$

$$t=\frac{a-a_0}{S_E\sqrt{\frac{1}{n}+\frac{\overline{x}^2}{S_{(xx)}}}}=\frac{6.03-0.00}{1.13\times\sqrt{\frac{1}{10}+\frac{42.1^2}{2\,998.78}}}=6.42$$

查 t 表，得 $t_{0.05(8)}=2.306$。由于 $|t|=6.54>t_{0.05(8)}=2.306$，故回归直线不通过原点。

（2）检验 $b=1$

$$t=\frac{b-b_0}{S_E\sqrt{\frac{1}{S_{(xx)}}}}=\frac{0.865-1.000}{1.13\times\sqrt{\frac{1}{2\,998.78}}}=-6.54$$

查 t 表，得 $t_{0.05(8)}=2.306$。由于 $|t|=6.54>t_{0.05(8)}=2.306$，故回归直线的斜率不为1。

由此可以看出，这两个实验室之间存在着系统误差。

3．两条回归直线的比较

比较同一实验室在不同的时间，或不同实验室测得的两条标准曲线有无显著性差异，可通过检验其剩余标准差、回归系数 b 及截距 a 进行判断。检验步骤为：

（1）列出两条直线的基本参数

	直线1	直线2		直线1	直线2
回归方程	$\hat{y}_1=a_1+b_1x_1$	$\hat{y}_2=a_2+b_2x_2$	自变量的差方和	$S_{(x_1x_1)}$	$S_{(x_2x_2)}$
样本容量	n_1	n_2	自变量的平均值	$\overline{x}_1$	$\overline{x}_2$
剩余标准差	S_{E1}	S_{E2}	因变量的平均值	$\overline{y}_1$	$\overline{y}_2$
剩余标准差的自由度	$f_1=n_1-2$	$f_2=n_2-2$			

（2）检验剩余标准差 $S_{E1}=S_{E2}$

采用 F 检验法：计算统计量

$$F=\frac{S^2_{(max)}}{S^2_{(min)}}$$

式中，$S^2_{(max)}$ 为 S_{E1} 和 S_{E2} 中较大者；

$S^2_{(min)}$ 为 S_{E1} 和 S_{E2} 中较小者。

根据相应的自由度及确定的显著水平 α 查 F 表，得临界值 $F_{\alpha(f_1,f_2)}$。若 $F<F_\alpha$，则 S_{E1} 和 S_{E2} 没有显著差异。将两者合并计算 S_C，并作下一步检验。

$$S_c=\sqrt{\frac{f_1\times S_{E1}{}^2+f_2\times S_{E2}{}^2}{f_1+f_2}}$$

需要比较的两条回归直线大多数是在相同的条件下得出的，因此这两条直线应该是等精密度的，即 $S_{E1}{}^2=S_{E2}{}^2$。在这种情况下，若 F 检验表明 $S_{E1}{}^2\neq S_{E2}{}^2$，应进一步寻找并消除造成 $S_{E1}{}^2\neq S_{E2}{}^2$ 的原因。

表6　方差分析的 F 值

$\alpha = 0.05$ 时：

f_1 \ f_2	1	2	3	4	5	6	7	8	9	10	12	14	16	18	20	f_2 / f_1
1	161	200	216	225	230	234	237	239	241	242	244	245	246	247	248	1
2	18.5	19.0	19.2	19.2	19.3	19.3	19.4	19.4	19.4	19.4	19.4	19.4	19.4	19.4	19.4	2
3	10.1	9.55	9.28	9.12	9.01	8.94	8.89	8.85	8.81	8.79	8.74	8.71	8.69	8.67	8.66	3
4	7.71	6.94	6.59	6.39	6.26	6.16	6.09	6.04	6.00	5.96	5.91	5.87	5.84	5.82	5.80	4
5	6.61	5.79	5.41	5.19	5.05	4.95	4.88	4.82	4.77	4.74	4.68	4.64	4.60	4.58	4.56	5
6	5.99	5.14	4.76	4.53	4.39	4.28	4.21	4.15	4.10	4.06	4.00	3.96	3.92	3.90	3.87	6
7	5.59	4.74	4.35	4.12	3.97	3.87	3.79	3.73	3.68	3.64	3.57	3.53	3.49	3.47	3.44	7
8	5.32	4.46	4.07	3.84	3.69	3.58	3.50	3.44	3.39	3.35	3.28	3.24	3.20	3.17	3.15	8
9	5.12	4.26	3.86	3.63	3.48	3.37	3.29	3.23	3.18	3.14	3.07	3.03	2.99	2.96	2.94	9
10	4.96	4.10	3.71	3.48	3.33	3.22	3.14	3.07	3.02	2.98	2.91	2.86	2.83	2.80	2.77	10
11	4.84	3.98	3.59	3.36	3.20	3.09	3.01	2.95	2.90	2.85	2.79	2.74	2.70	2.67	2.65	11
12	4.75	3.89	3.49	3.26	3.11	3.00	2.91	2.85	2.80	2.75	2.69	2.64	2.60	2.57	2.54	12
13	4.67	3.81	3.41	3.18	3.03	2.92	2.83	2.77	2.71	2.67	2.60	2.55	2.51	2.48	2.46	13
14	4.60	3.74	3.34	3.11	2.96	2.85	2.76	2.70	2.65	2.60	2.53	2.48	2.44	2.41	2.39	14
15	4.54	3.68	3.29	3.06	2.90	2.79	2.71	2.64	2.59	2.54	2.48	2.42	2.38	2.35	2.33	15
16	4.49	3.63	3.24	3.01	2.85	2.74	2.66	2.59	2.54	2.49	2.42	2.37	2.33	2.30	2.28	16
17	4.45	3.59	3.20	2.96	2.81	2.70	2.61	2.55	2.49	2.45	2.38	2.33	2.29	2.26	2.23	17
18	4.41	3.55	3.16	2.93	2.77	2.66	2.58	2.51	2.46	2.41	2.34	2.29	2.25	2.22	2.19	18
19	4.38	3.52	3.13	2.90	2.74	2.63	2.54	2.48	2.42	2.38	2.31	2.26	2.21	2.18	2.16	19
20	4.35	3.49	3.10	2.87	2.71	2.60	2.51	2.45	2.39	2.35	2.28	2.22	2.18	2.15	2.12	20
21	4.32	3.47	3.07	2.84	2.68	2.57	2.49	2.42	2.37	2.32	2.25	2.20	2.16	2.12	2.10	21
22	4.30	3.44	3.05	2.82	2.66	2.55	2.46	2.40	2.34	2.30	2.23	2.17	2.13	2.10	2.07	22

f_1 \ f_2	1	2	3	4	5	6	7	8	9	10	12	14	16	18	20	f_2 / f_1
23	4.28	3.42	3.03	2.80	2.64	2.53	2.44	2.37	2.32	2.27	2.20	2.15	2.11	2.07	2.05	23
24	4.26	3.40	3.01	2.78	2.62	2.51	2.42	2.36	2.30	2.25	2.18	2.13	2.09	2.05	2.03	24
25	4.24	3.39	2.99	2.76	2.60	2.49	2.40	2.34	2.28	2.24	2.16	2.11	2.07	2.04	2.01	25
26	4.23	3.37	2.98	2.74	2.59	2.47	2.39	2.32	2.27	2.22	2.15	2.09	2.05	2.02	1.99	26
27	4.21	3.35	2.96	2.73	2.57	2.46	2.37	2.31	2.25	2.20	2.13	2.08	2.04	2.00	1.97	27
28	4.20	3.34	2.95	2.71	2.56	2.45	2.36	2.29	2.24	2.19	2.12	2.06	2.02	1.99	1.96	28
29	4.18	3.33	2.93	2.70	2.55	2.43	2.35	2.28	2.22	2.18	2.10	2.05	2.01	1.97	1.94	29
30	4.17	3.32	2.92	2.69	2.53	2.42	2.33	2.27	2.21	2.16	2.09	2.04	1.99	1.96	1.93	30
32	4.15	3.29	2.90	2.67	2.51	2.40	2.31	2.24	2.19	2.14	2.07	2.01	1.97	1.94	1.91	32
34	4.13	3.28	2.88	2.65	2.49	2.38	2.29	2.23	2.17	2.12	2.05	1.99	1.95	1.92	1.89	34
36	4.11	3.26	2.87	2.63	2.48	2.36	2.28	2.21	2.15	2.11	2.03	1.98	1.93	1.90	1.87	36
38	4.10	3.24	2.85	2.62	2.46	2.35	2.26	2.19	2.14	2.09	2.02	1.96	1.92	1.88	1.85	38
40	4.08	3.23	2.84	2.61	2.45	2.34	2.25	2.18	2.12	2.08	2.00	1.95	1.90	1.87	1.84	40
42	4.07	3.22	2.83	2.59	2.44	2.32	2.24	2.17	2.11	2.06	1.99	1.93	1.89	1.86	1.83	42
44	4.06	3.21	2.82	2.58	2.43	2.31	2.23	2.16	2.10	2.05	1.98	1.92	1.88	1.84	1.81	44
46	4.05	3.20	2.81	2.57	2.42	2.30	2.22	2.15	2.09	2.04	1.97	1.91	1.87	1.83	1.80	46
48	4.04	3.19	2.80	2.57	2.41	2.29	2.21	2.14	2.08	2.03	1.96	1.90	1.86	1.82	1.79	48
50	4.03	3.18	2.79	2.56	2.40	2.29	2.20	2.13	2.07	2.03	1.95	1.89	1.85	1.81	1.78	50
60	4.00	3.15	2.76	2.53	2.37	2.25	2.17	2.10	2.04	1.99	1.92	1.86	1.82	1.78	1.75	60
80	3.96	3.11	2.72	2.49	2.33	2.21	2.13	2.06	2.00	1.95	1.88	1.82	1.77	1.73	1.70	80
100	3.94	3.09	2.70	2.46	2.31	2.19	2.10	2.03	1.97	1.93	1.85	1.79	1.75	1.71	1.68	100
125	3.92	3.07	2.68	2.44	2.29	2.17	2.08	2.01	1.96	1.91	1.83	1.77	1.72	1.69	1.65	125
150	3.90	3.06	2.66	2.43	2.27	2.16	2.07	2.00	1.94	1.89	1.82	1.76	1.71	1.67	1.64	150
200	3.89	3.04	2.65	2.42	2.26	2.14	2.06	1.98	1.93	1.88	1.80	1.74	1.69	1.66	1.62	200

f_1 \ f_2	1	2	3	4	5	6	7	8	9	10	12	14	16	18	20	f_2 / f_1
300	3.87	3.03	2.63	2.40	2.24	2.13	2.04	1.97	1.91	1.86	1.78	1.72	1.68	1.64	1.61	300
500	3.86	3.01	2.62	2.39	2.23	2.12	2.03	1.96	1.90	1.85	1.77	1.71	1.66	1.62	1.59	500
1 000	3.85	3.00	2.61	2.38	2.22	2.11	2.02	1.95	1.89	1.84	1.76	1.70	1.65	1.61	1.58	1 000
∞	3.84	3.00	2.60	2.37	2.21	2.10	2.01	1.94	1.88	1.83	1.75	1.69	1.64	1.60	1.57	∞

f_1 \ f_2	22	24	26	28	30	35	40	45	50	60	80	100	200	500	∞	f_2 / f_1
1	249	249	249	250	250	251	251	251	252	252	252	253	254	254	254	1
2	19.5	19.5	19.5	19.5	19.5	19.5	19.5	19.5	19.5	19.5	19.5	19.5	19.5	19.5	19.5	2
3	8.65	8.64	8.63	8.62	8.62	8.60	8.59	8.59	8.58	8.57	8.56	8.55	8.54	8.53	8.53	3
4	5.79	5.77	5.76	5.75	5.75	5.73	5.72	5.71	5.70	7.69	5.67	5.66	5.65	5.64	5.63	4
5	4.54	5.53	4.52	4.50	4.50	4.48	4.46	4.45	4.44	4.43	4.41	4.41	4.39	4.37	4.37	5
6	3.86	3.84	3.83	3.82	3.81	3.79	3.77	3.76	3.75	3.74	3.72	3.71	3.69	3.68	3.67	6
7	3.43	3.41	3.40	3.39	3.38	3.36	3.34	3.33	3.32	3.30	3.29	3.27	3.25	3.24	3.23	7
8	3.13	3.12	3.10	3.09	3.08	3.06	3.04	3.03	3.02	3.01	2.99	2.97	2.95	2.94	2.93	8
9	2.92	2.90	2.89	2.87	2.83	2.84	2.83	2.81	2.80	2.79	2.77	2.76	2.73	2.72	2.71	9
10	2.75	2.74	2.72	2.71	2.70	2.68	2.66	2.65	2.64	2.62	2.60	2.59	2.56	2.55	0.54	10
11	2.63	2.61	2.59	2.58	2.57	2.55	2.53	2.52	2.51	2.49	2.47	2.46	2.43	2.42	2.40	11
12	2.52	2.51	2.49	2.48	2.47	2.44	2.43	2.41	2.40	2.38	2.36	2.35	2.32	2.31	2.30	12
13	2.44	2.42	2.41	2.39	2.38	2.36	2.34	2.33	2.31	2.30	2.27	2.26	2.23	2.22	2.21	13
14	2.37	2.35	2.33	2.32	2.31	2.28	2.27	2.25	2.24	2.22	2.20	2.19	2.16	2.14	2.13	14
15	2.31	2.29	2.27	2.26	2.25	2.22	2.20	2.19	2.18	2.16	2.14	2.12	2.10	2.08	2.07	15
16	2.25	2.24	2.22	2.21	2.19	2.17	2.15	2.14	2.12	2.11	2.08	2.07	2.04	2.02	2.01	16

f_1 \ f_2	22	24	26	28	30	35	40	45	50	60	80	100	200	500	∞	f_2 / f_1
17	2.21	2.19	2.17	2.16	2.15	2.12	2.10	2.09	2.08	2.06	2.03	2.02	1.99	1.97	1.96	17
18	2.17	2.15	2.13	2.12	2.11	2.08	2.06	2.05	2.04	2.02	1.99	1.98	1.95	1.93	1.92	18
19	2.13	2.11	2.10	2.08	2.07	2.05	2.03	2.01	2.00	1.98	1.96	1.94	1.91	1.89	1.88	19
20	2.10	2.08	2.07	2.05	2.04	2.01	1.99	1.98	1.97	1.95	1.92	1.91	1.88	1.86	1.84	20
21	2.07	2.05	2.04	2.02	2.01	1.98	1.96	1.95	1.94	1.92	1.89	1.88	1.84	1.82	1.81	21
22	2.05	2.03	2.01	2.00	1.98	1.96	1.94	1.92	1.91	1.89	1.86	1.85	1.82	1.80	1.78	22
23	2.02	2.00	1.99	1.97	1.96	1.93	1.91	1.90	1.88	1.86	1.84	1.82	1.79	1.77	1.76	23
24	2.00	1.98	1.97	1.95	1.94	1.91	1.89	1.88	1.86	1.84	1.82	1.80	1.77	1.75	1.73	34
25	1.98	1.96	1.95	1.93	1.92	1.89	1.87	1.86	1.84	1.82	1.80	1.78	1.75	1.73	1.71	25
26	1.97	1.95	1.93	1.91	1.90	1.87	1.85	1.84	1.82	1.80	1.78	1.76	1.73	1.71	1.69	26
27	1.95	1.93	1.91	1.90	1.88	1.86	1.84	1.82	1.81	1.79	1.76	1.74	1.71	1.69	1.67	27
28	1.93	1.91	1.90	1.88	1.87	1.84	1.82	1.80	1.79	1.77	1.74	1.73	1.69	1.67	1.65	28
29	1.92	1.90	1.88	1.87	1.85	1.83	1.81	1.79	1.77	1.75	1.73	1.71	1.67	1.65	1.64	29
30	1.91	1.89	1.87	1.85	1.84	1.81	1.79	1.77	1.76	1.74	1.71	1.70	1.66	1.64	1.62	30
32	1.88	1.86	1.85	1.83	1.82	1.79	1.77	1.75	1.74	1.71	1.69	1.67	1.63	1.61	1.59	32
34	1.86	1.84	1.82	1.80	1.80	1.77	1.75	1.73	1.71	1.69	1.66	1.65	1.61	1.59	1.57	34
36	1.85	1.82	1.81	1.79	1.78	1.75	1.73	1.71	1.69	1.67	1.64	1.62	1.59	1.56	1.55	36
38	1.83	1.81	1.79	1.77	1.76	1.73	1.71	1.69	1.68	1.65	1.62	1.61	1.57	1.54	1.53	38
40	1.81	1.79	1.77	1.76	1.74	1.72	1.69	1.67	1.66	1.64	1.61	1.59	1.55	1.53	1.51	40
42	1.80	1.78	1.76	1.74	1.73	1.70	1.68	1.66	1.65	1.62	1.59	1.57	1.53	1.51	1.49	42
44	1.79	1.77	1.75	1.73	1.72	1.69	1.67	1.65	1.63	1.61	1.58	1.56	1.52	1.49	1.48	44
46	1.78	1.76	1.74	1.72	1.71	1.68	1.65	1.64	1.62	1.60	1.57	1.55	1.51	1.48	1.46	46
48	1.77	1.75	1.73	1.71	1.70	1.67	1.64	1.62	1.61	1.59	1.56	1.54	1.49	1.47	1.45	48

f_2 \ f_1	22	24	26	28	30	35	40	45	50	60	80	100	200	500	∞	f_2 \ f_1
50	1.76	1.74	1.72	1.70	1.69	1.66	1.63	1.61	1.60	1.58	1.54	1.52	1.48	1.46	1.44	50
60	1.72	1.70	1.68	1.66	1.65	1.62	1.59	1.57	1.56	1.53	1.50	1.48	1.44	1.41	1.39	60
80	1.68	1.65	1.63	1.62	1.60	1.57	1.54	1.52	1.51	1.48	1.45	1.43	1.38	1.35	1.32	80
100	1.65	1.63	1.61	1.59	1.57	1.54	1.52	1.49	1.48	1.45	1.41	1.39	1.34	1.31	1.28	100
125	1.63	1.60	1.58	1.57	1.55	1.52	1.49	1.47	1.45	1.42	1.39	1.36	1.31	1.27	1.25	125
150	1.61	1.59	1.57	1.55	1.53	1.50	1.48	1.45	1.44	1.41	1.37	1.34	1.29	1.25	1.22	150
200	1.60	1.57	1.55	1.53	1.52	1.48	1.46	1.43	1.41	1.39	1.35	1.32	1.26	1.22	1.19	200
300	1.58	1.55	1.53	1.51	1.50	1.46	1.43	1.41	1.39	1.36	1.32	1.30	1.23	1.19	1.15	300
500	1.56	1.54	1.52	1.50	1.48	1.45	1.42	1.40	1.38	1.34	1.30	1.28	1.21	1.16	1.11	500
1 000	1.55	1.53	1.51	1.49	1.47	1.44	1.41	1.38	1.36	1.33	1.29	1.26	1.19	1.13	1.08	1 000
∞	1.54	1.52	1.50	1.48	1.46	1.42	1.39	1.37	1.35	1.32	1.27	1.24	1.17	1.11	1.00	∞

$\alpha = 0.01$ 时：

f_2 \ f_1	1	2	3	4	5	6	7	8	9	10	12	14	16	18	20	f_2 \ f_1
1	4 052	5 000	5 403	5 625	5 754	5 859	5 928	5 981	6 022	6 056	6 106	6 142	6 169	6 190	6 209	1
2	98.5	99.0	99.2	99.2	99.3	99.3	99.4	99.4	99.4	99.4	99.4	99.4	99.4	99.4	99.4	2
3	34.1	30.8	29.5	28.7	28.2	27.9	27.7	27.5	27.3	27.2	27.1	26.9	26.8	26.8	26.7	3
4	21.2	18.0	16.7	16.0	15.5	15.2	15.0	14.8	14.7	14.5	14.4	14.2	14.2	14.1	14.0	4
5	16.3	13.3	12.1	11.4	11.0	10.7	10.5	10.3	10.2	10.1	9.89	9.77	9.68	9.61	9.55	5
6	13.7	10.9	9.78	9.15	8.75	8.47	8.26	8.10	7.98	7.87	7.72	7.60	7.52	7.45	7.40	6
7	12.2	9.55	8.45	7.85	7.46	7.19	6.99	6.84	6.72	6.62	6.47	6.36	6.27	6.21	6.16	7
8	11.3	8.65	7.59	7.01	6.63	6.37	6.18	6.03	5.91	5.81	5.67	5.56	5.48	5.41	5.36	8
9	10.6	8.02	6.99	6.42	6.06	5.80	5.61	5.47	5.35	5.26	5.11	5.00	4.92	4.86	4.81	9

f_1 \ f_2	1	2	3	4	5	6	7	8	9	10	12	14	16	18	20	f_2 / f_1
10	10.0	7.56	6.55	5.99	5.64	5.39	5.20	5.06	4.94	4.85	4.71	4.60	4.52	4.46	4.41	10
11	9.65	7.21	6.22	5.67	5.32	5.07	4.89	4.74	4.63	4.54	4.40	4.29	4.21	4.15	4.10	11
12	9.33	6.93	5.95	5.41	5.06	4.82	4.64	4.50	4.39	4.30	4.16	4.05	3.97	3.91	3.86	12
13	9.07	6.70	5.74	5.21	4.86	4.62	4.44	4.30	4.19	4.10	2.96	3.86	3.73	3.71	3.66	13
14	8.86	6.51	5.56	5.04	4.70	4.46	4.23	4.14	4.03	3.94	3.80	3.70	3.62	3.56	3.51	14
15	8.68	6.36	5.42	4.89	4.56	4.32	4.14	4.00	3.89	3.80	3.67	3.56	3.49	3.42	3.37	15
16	8.53	6.23	5.29	4.77	4.44	4.20	4.03	3.89	3.78	3.69	3.55	3.45	3.37	3.31	3.26	16
17	8.40	6.11	5.18	4.67	4.34	4.10	3.93	3.79	3.68	3.59	3.46	3.35	3.27	3.21	3.16	17
18	8.29	6.01	5.39	4.58	4.25	4.01	3.84	3.71	3.60	3.51	3.37	3.27	3.19	3.13	3.68	18
19	8.18	5.93	5.01	4.50	4.17	3.94	3.77	3.63	3.52	3.43	3.30	3.10	3.12	3.05	3.00	19
20	8.10	5.85	4.94	4.43	4.10	3.37	3.70	3.56	3.46	3.37	3.23	3.13	3.05	2.99	2.94	20
21	8.02	5.78	4.87	4.37	4.04	3.81	3.64	3.51	3.40	3.31	3.17	3.07	2.99	2.93	2.88	21
22	7.95	5.72	4.82	4.31	3.99	3.76	3.59	3.45	3.35	3.26	3.12	3.02	2.94	2.88	2.83	22
23	7.88	5.66	4.76	4.26	3.94	3.71	3.54	3.41	3.30	3.21	3.07	2.97	2.89	2.83	2.78	23
24	7.82	5.61	4.72	4.22	3.90	3.67	3.50	3.36	3.26	3.17	3.03	2.93	2.85	2.79	2.74	24
25	7.77	5.57	4.68	4.18	3.86	3.63	3.46	3.32	3.22	3.13	2.99	2.89	2.81	2.75	2.70	25
26	7.72	5.53	4.64	4.14	3.82	3.59	3.42	3.29	3.18	3.09	2.96	2.86	2.78	2.72	2.66	26
27	7.68	5.49	4.60	4.11	3.78	3.56	3.39	3.26	3.15	3.06	2.93	2.82	2.75	2.68	2.63	27
28	7.64	5.45	4.57	4.07	3.75	3.53	3.36	3.23	3.12	3.03	2.90	2.79	2.72	2.65	2.60	28
29	7.60	5.42	4.54	4.04	3.73	3.50	3.33	3.20	3.09	3.00	2.87	2.77	2.69	2.62	2.57	29
30	7.56	5.39	4.51	4.02	3.70	3.47	3.30	3.17	3.07	2.98	2.84	2.74	2.66	2.60	2.55	30
32	7.50	5.34	4.46	3.07	3.65	3.43	3.26	3.13	3.02	2.93	2.80	2.70	2.62	2.55	2.50	32
34	7.44	5.29	4.42	3.93	3.61	3.39	3.22	3.09	2.98	2.89	2.76	2.66	2.58	2.51	2.46	34
36	7.40	5.25	4.38	3.89	3.57	3.35	3.18	3.05	2.95	2.86	2.72	2.62	2.54	2.48	2.43	36
38	7.35	5.21	4.34	3.86	3.54	3.32	3.15	3.02	2.92	2.83	2.69	2.59	2.51	2.45	2.40	38

f_1 \ f_2	1	2	3	4	5	6	7	8	9	10	12	14	16	18	20	f_2 / f_1
40	7.31	5.18	4.31	3.83	3.51	3.29	3.12	2.99	2.89	2.80	2.66	2.56	2.48	2.42	2.37	40
42	7.28	5.15	4.29	3.80	3.49	3.27	3.10	2.97	2.86	2.78	2.64	2.54	2.46	2.40	2.34	42
44	7.25	5.12	4.26	3.78	3.47	3.24	3.08	2.95	2.84	2.75	2.62	2.52	2.44	2.37	2.32	44
46	7.22	5.10	4.24	3.76	3.44	3.22	3.06	2.93	2.82	2.73	2.60	2.50	2.42	2.35	2.30	46
48	7.20	5.08	4.22	3.74	3.43	3.20	3.04	2.91	2.80	2.72	2.58	2.48	2.40	2.33	2.28	48
50	7.17	5.06	4.20	3.72	3.41	3.19	3.02	2.89	2.79	2.70	2.56	2.46	2.38	2.32	2.27	50
60	7.08	4.98	4.13	3.65	3.34	3.12	2.95	2.82	2.72	2.63	2.59	2.39	2.31	2.25	2.20	60
80	6.96	4.88	4.04	3.56	3.26	3.04	2.87	2.74	2.64	2.55	2.42	2.31	2.23	2.17	2.12	80
100	6.90	4.82	3.98	3.51	3.21	2.99	2.82	2.69	2.59	2.50	2.37	2.26	2.19	2.12	2.07	100
125	6.84	4.78	3.94	3.47	3.17	2.95	2.79	2.66	2.55	2.47	2.33	2.23	2.15	2.08	2.03	125
150	6.81	4.75	3.92	3.45	3.14	2.92	2.76	2.63	2.53	2.44	2.31	2.20	2.12	2.06	2.00	150
200	6.76	4.71	3.88	3.41	3.11	2.89	2.73	2.60	2.50	2.41	2.27	2.17	2.09	2.02	1.97	200
300	6.72	4.68	3.85	3.38	3.08	2.86	2.70	2.57	2.47	2.38	2.24	2.14	2.06	1.99	1.94	300
500	6.69	4.65	3.82	3.36	3.05	2.84	2.68	2.55	2.44	2.36	2.22	2.12	2.04	1.97	1.92	500
1 000	6.66	4.63	3.80	3.34	3.04	2.82	2.66	2.53	2.43	2.34	2.20	2.10	2.02	1.95	1.90	1 000
∞	6.63	4.61	3.78	3.32	3.02	2.80	2.64	2.51	2.41	2.32	2.18	2.08	2.00	1.93	1.88	∞

f_1 \ f_2	22	24	26	28	30	35	40	45	50	60	80	100	200	500	∞	f_2 / f_1
1	6 220	6 234	6 240	6 250	6 258	6 280	6 286	6 300	6 302	6 310	6 334	6 330	6 352	6 361	6 366	1
2	99.5	99.5	99.5	99.5	99.5	99.5	99.5	99.5	99.5	99.5	99.5	99.5	99.5	99.5	99.5	2
3	26.6	26.6	26.6	26.5	26.5	26.5	26.4	26.4	26.4	26.3	26.3	26.2	26.2	26.1	26.1	3
4	14.0	13.9	13.9	13.9	13.8	13.8	13.7	13.7	13.7	13.7	13.6	13.6	13.5	13.5	13.5	4
5	9.51	9.47	9.43	9.40	9.38	9.33	9.29	9.26	9.24	9.20	9.16	9.13	9.08	9.04	9.02	5
6	7.35	7.31	7.28	7.25	7.23	7.18	7.14	7.11	7.09	7.06	7.01	6.99	6.93	6.90	6.88	6

f_2 / f_1	22	24	26	28	30	35	40	45	50	60	80	100	200	500	∞	f_2 / f_1
7	6.11	6.07	6.04	6.02	5.99	5.94	5.91	5.88	5.86	5.82	5.78	5.75	5.70	5.67	5.65	7
8	5.32	5.28	5.25	5.22	5.20	5.15	5.12	5.00	5.07	5.03	4.99	4.96	4.91	4.88	4.86	8
9	4.77	4.73	4.70	4.67	4.65	4.60	4.57	4.54	4.52	4.48	4.44	4.42	4.36	4.33	4.31	9
10	4.36	4.33	4.30	4.27	4.25	4.20	4.17	4.14	4.12	4.08	4.04	4.01	3.96	3.93	3.91	10
11	4.06	4.02	5.99	3.96	3.94	3.89	3.86	3.83	3.81	3.78	3.73	3.71	3.66	3.62	3.60	11
12	3.82	3.78	3.75	3.72	3.70	3.65	3.62	3.59	3.57	3.54	3.49	3.47	3.41	3.38	3.36	12
13	3.62	3.59	3.56	3.53	3.51	3.46	3.43	3.40	3.38	3.34	3.30	3.27	3.22	3.19	3.17	13
14	3.46	3.43	2.40	3.37	3.35	3.30	3.27	3.24	3.22	3.18	3.14	3.11	3.06	3.03	3.00	14
15	3.33	3.29	3.26	3.24	3.21	3.17	3.13	3.10	3.08	3.05	3.00	2.98	2.92	2.89	2.87	15
16	3.22	3.18	3.15	3.12	3.10	3.05	3.02	2.99	2.97	2.93	2.89	2.86	2.81	2.78	2.75	16
17	3.12	3.08	3.05	3.03	3.00	2.96	2.92	2.89	2.87	2.83	2.79	2.76	2.71	2.68	2.65	17
18	3.03	3.00	2.97	2.94	2.92	2.87	2.84	2.81	2.78	2.75	2.70	2.68	2.62	2.59	2.57	18
19	2.96	2.92	2.89	2.87	2.84	2.80	2.76	2.73	2.71	2.67	2.63	2.60	2.55	2.51	2.49	19
20	2.90	2.86	2.83	2.80	2.78	2.73	2.69	2.67	2.64	2.61	2.56	2.54	2.48	2.44	2.42	20
21	2.84	2.80	2.77	2.74	2.72	2.67	2.64	2.61	2.58	2.55	2.50	2.48	2.42	2.38	2.36	21
22	2.78	2.75	2.72	2.69	2.67	2.62	2.58	2.55	2.53	2.50	2.45	2.42	2.36	2.33	2.31	22
23	2.74	2.70	2.67	2.64	2.62	2.57	2.54	2.51	2.48	2.45	2.40	2.37	2.32	2.28	2.26	23
24	2.70	2.66	2.63	2.60	2.58	2.53	2.49	2.46	2.44	2.40	2.36	2.33	2.27	2.24	2.21	24
25	2.66	2.62	2.59	2.56	2.54	2.49	2.45	2.42	2.40	2.36	2.32	2.29	2.23	2.19	2.17	25
26	2.62	2.58	2.55	2.53	2.50	2.45	2.42	2.39	2.36	2.33	2.28	2.25	2.19	2.16	2.13	26
27	2.59	2.55	2.52	2.49	2.47	2.42	2.38	2.35	2.33	2.29	2.25	2.22	2.16	2.12	2.10	27
28	2.56	2.52	2.49	2.46	2.44	2.39	2.35	2.32	2.30	2.26	2.22	2.19	2.13	2.09	2.06	28
29	2.53	2.49	2.46	2.44	2.41	2.36	2.33	2.30	2.27	2.23	2.19	2.16	2.10	2.06	2.03	29

f_1 \ f_2	22	24	26	28	30	35	40	45	50	60	80	100	200	500	∞	f_2 / f_1
30	2.51	2.47	2.44	2.41	2.39	2.34	2.30	2.27	2.25	2.21	2.16	2.13	2.07	2.03	2.01	30
32	2.46	2.42	2.39	2.36	2.34	2.29	2.25	2.22	2.20	2.16	2.11	2.08	2.02	1.98	1.96	32
34	2.42	2.38	2.35	2.32	2.30	2.25	2.21	2.18	2.16	2.12	2.07	2.04	1.98	1.94	1.91	34
36	2.38	2.35	2.32	2.29	2.26	2.21	2.17	2.14	2.12	2.08	2.03	2.00	1.94	1.90	1.87	36
38	2.35	2.32	2.28	2.26	2.23	2.18	2.14	2.11	2.09	2.05	2.00	1.97	1.90	1.86	1.84	38
40	2.33	2.29	2.26	2.23	2.20	2.15	2.11	2.08	2.06	2.02	1.97	1.94	1.87	1.83	1.80	40
42	2.30	2.26	2.23	2.20	2.18	2.13	2.09	2.06	2.03	1.99	1.94	1.91	1.85	1.80	1.78	42
44	2.28	2.24	2.21	2.18	2.15	2.10	2.06	2.03	2.01	1.97	1.92	1.89	1.82	1.78	1.75	44
46	2.26	2.22	2.19	2.16	2.13	2.08	2.04	2.01	1.99	1.95	1.90	1.86	1.80	1.75	1.73	46
48	2.24	2.20	2.17	2.14	2.12	2.06	2.02	1.99	1.97	1.93	1.88	1.84	1.78	1.73	1.70	48
50	2.22	2.18	2.15	2.12	2.10	2.05	2.01	1.97	1.95	1.91	1.86	1.82	1.76	1.71	1.68	50
60	2.15	2.12	2.08	2.05	2.03	1.98	1.94	1.90	1.88	1.84	1.78	1.75	1.68	1.63	1.60	60
80	2.07	2.03	2.00	1.97	1.94	1.89	1.85	1.81	1.79	1.75	1.69	1.66	1.58	1.53	1.49	80
100	2.02	1.98	1.94	1.92	1.89	1.84	1.80	1.76	1.73	1.69	1.63	1.60	1.52	1.47	1.43	100
125	1.98	1.94	1.91	1.88	1.85	1.80	1.76	1.72	1.69	1.65	1.59	1.55	1.47	1.41	1.37	125
150	1.96	1.92	1.88	1.85	1.83	1.77	1.73	1.69	1.66	1.62	1.56	1.52	1.43	1.38	1.33	150
200	1.93	1.89	1.85	1.82	1.79	1.74	1.69	1.66	1.63	1.58	1.52	1.48	1.39	1.33	1.28	200
300	1.89	1.85	1.82	1.79	1.76	1.71	1.66	1.62	1.59	1.55	1.48	1.44	1.35	1.28	1.22	300
500	1.87	1.83	1.79	1.76	1.74	1.68	1.63	1.60	1.56	1.52	1.45	1.41	1.31	1.23	1.16	500
1 000	1.85	1.81	1.77	1.74	1.72	1.66	1.61	1.57	1.54	1.50	1.43	1.38	1.28	1.19	1.11	1 000
∞	1.83	1.79	1.76	1.72	1.70	1.64	1.59	1.55	1.52	1.47	1.40	1.36	1.25	1.15	1.00	∞

（3）检验回归系数 $b_1=b_2$

计算统计量 $t=\dfrac{b_1-b_2}{S_c\sqrt{\dfrac{1}{S_{(x_1x_1)}}+\dfrac{1}{S_{(x_2x_2)}}}}$

根据显著性水平 α（通常取 0.05）和自由度 $f=f_1+f_2$，查 t 表得临界值 $t_{\alpha(f)}$。若 $|t|<t_{\alpha(f)}$，则 b_1 与 b_2 没有显著差异。将 b_1 与 b_2 合并计算 b，并作下一步检验。

$$b=\frac{b_1S_{(x_1x_1)}+b_2S_{(x_2x_2)}}{S_{(x_1x_1)}+S_{(x_2x_2)}}$$

（4）检验截距 $a_1=a_2$

计算统计量 $t=\dfrac{a_1-a_2}{S_c\sqrt{\dfrac{1}{n_1}+\dfrac{1}{n_2}+\dfrac{\overline{x}_1^{\,2}}{S_{(x_1x_1)}}+\dfrac{\overline{x}_2^{\,2}}{S_{(x_2x_2)}}}}$

根据显著性水平 α（通常取 0.05）和自由度 $f=f_1+f_2$，查 t 表得临界值 $t_{\alpha(f)}$。若 $|t|<t_{\alpha(f)}$，则 α_1 与 α_2 没有显著差异。将 α_1 与 α_2 合并计算 α。

$$a=\frac{1}{n_1+n_2}[n_1\overline{y}_1+n_2\overline{y}_2-b(n_1\overline{x}_1+n_2\overline{x}_2)]$$

若经过上述剩余标准差检验、回归系数检验、截距检验都无显著差异时，则这两条回归直线就无显著差异，并可用下列回归直线作这两条直线得共同回归直线：

$$y=a+bx$$

（六）线性范围

按某分析方法制作标准曲线，其直线部分所对应的待测物质浓度或含量的变化范围，称为该方法的线性范围。对定量分析而言，一般总是希望方法的线性范围要宽一些，以利于不同含量条件下的分析测定使用。

附录 2 地表水环境质量标准

（GB 3838—2002 代替 GB 3838—88，GHZB 1—1999）

前 言

为贯彻《中华人民共和国环境保护法》和《中华人民共和国水污染防治法》，防治水污染，保护地表水水质，保障人体健康，维护良好的生态系统，制定本标准。

本标准将标准项目分为：地表水环境质量标准基本项目、集中式生活饮用水地表水源地补充项目和集中式生活饮用水地表水源地特定项目。地表水环境质量标准基本项目适用于全国江河、湖泊、运河、渠道、水库等具有使用功能的地表水水域；集中式生活饮用水地表水源地补充项目和特定项目适用于集中式生活饮用水地表水源地一级保护区和二级保护区。集中式生活饮用水地表水源地特定项目由县级以上人民政府环境保护行政主管部门根据本地区地表水水质特点和环境管理的需要进行选择，集中式生活饮用水地表水源地补充项目和选择确定的特定项目作为基本项目的补充指标。

本标准项目共计 109 项，其中地表水环境质量标准基本项目 24 项，集中式生活饮用水地表水源地补充项目 5 项，集中式生活饮用水地表水源地特定项目 80 项。

与 GHZB 1—1999 相比，本标准在地表水环境质量标准基本项目中增加了总氮一项指标，删除了基本要求和亚硝酸盐、非离子氨及凯氏氮三项指标，将硫酸盐、氯化物、硝酸盐、铁、锰调整为集中式生活饮用水地表水源地补充项目，修订了 pH、溶解氧、氨氮、总磷、高锰酸盐指数、铝、粪大肠菌群 7 个项目的标准值，增加了集中式生活饮用水地表水源地特定项目 40 项。本标准删除了湖泊水库特定项目标准值。

县级以上人民政府环境保护行政主管部门及相关部门根据职责分工，按本标准对地表水各类水域进行监督管理。

与近海水域相连的地表水河口水域根据水环境功能按本标准相应类别标准值进行管理，近海水功能区水域根据使用功能按《海水水质标准》相应类别标准值进行管理。批准划定的单一渔业水域按《渔业水质标准》进行管理；处理后的城市污水及与城市污水水质相近的工业废水用于农田灌溉用水的水质按《农田灌溉水质标准》进行管理。

《地面水环境质量标准》（GB 3838—83）为首次发布，1988年为第一次修订，1999年为第二次修订，本次为第三次修订。本标准自2002年6月1日起实施，《地面水环境质量标准》（GB 3838—88）和《地表水环境质量标准》（GHZB 1—1999）同时废止。

本标准由国家环境保护总局科技标准司提出并归口。本标准由中国环境科学研究院负责修订。本标准由国家环境保护总局2002年4月26日批准。本标准由国家环境保护总局负责解释。

1 范围

1.1 本标准按照地表水环境功能分类和保护目标，规定了水环境质量应控制的项目及限值，以及水质、评价、水质项目的分析方法和标准的实施与监督。

1.2 本标准适用于中华人民共和国领域内江河、湖泊、运河、渠道、水库等具有使用功能的地表水水域。具有特定功能的水域，执行相应的专业用水水质标准。

2 引用标准

《生活饮用水卫生规范》（卫生部，2001年）和本标准表4～表6所列分析方法标准及规范中所含条文在本标准中被引用即构成为本标准条文，与本标准同效。当上述标准和规范被修订时，应使用其最新版本。

3 水域功能和标准分类

依据地表水水域环境功能和保护目标，按功能高低依次划分为五类：

Ⅰ类 主要适用于源头水、国家自然保护区；

Ⅱ类 主要适用于集中式生活饮用水地表水源地一级保护区、珍稀水生生物栖息地、鱼虾类产卵场、仔稚幼鱼的索饵场等；

Ⅲ类 主要适用于集中式生活饮用水地表水源地二级保护区、鱼虾类越冬场、洄游通道、水产养殖区等渔业水域及游泳区；

Ⅳ类 主要适用于一般工业用水区及人体非直接接触的娱乐用水区；

Ⅴ类 主要适用于农业用水区及一般景观要求水域。

对应地表水上述五类水域功能，将地表水环境质量标准基本项目标准值分为五类，不同功能类别分别执行相应类别的标准值。水域功能类别高的标准值严于水域功能类别低的标准值。同一水域兼有多类使用功能的，执行最高功能类别对应的标准值。实现水域功能与达功能类别标准为同一含义。

4 标准值

4.1 地表水环境质量标准基本项目标准限值见表1。

表 1　地表水环境质量标准基本项目标准限值　　单位：mg/L

序号	项目 \ 标准值分类		Ⅰ类	Ⅱ类	Ⅲ类	Ⅳ类	Ⅴ类
1	水温 /℃		人为造成的环境水温变化应限制在：周平均最大温升≤ 1，周平均最大温降≤ 2				
2	pH 值（量纲为一）		6 ～ 9				
3	溶解氧	≥	饱和率 90%（或 7.5）	6	5	3	2
4	高锰酸盐指数	≤	2	4	6	10	15
5	化学需氧量（COD）	≤	15	15	20	30	40
6	五日生化需氧量（BOD_5）	≤	3	3	4	6	10
7	氨氮（NH_3-N）	≤	0.15	0.5	1.0	1.5	2.0
8	总磷（以 P 计）	≤	0.02（湖、库 0.01）	0.1（湖、库 0.025）	0.2（湖、库 0.05）	0.3（湖、库 0.1）	0.4（湖、库 0.2）
9	总氮（湖、库，以 N 计）	≤	0.2	0.5	1.0	1.5	2.0
10	铜	≤	0.01	1.0	1.0	1.0	1.0
11	锌	≤	0.05	1.0	1.0	2.0	2.0
12	氟化物（以 F^- 计）	≤	1.0	1.0	1.0	1.5	1.5
13	硒	≤	0.01	0.01	0.01	0.02	0.02
14	砷	≤	0.05	0.05	0.05	0.1	0.1
15	汞	≤	0.000 05	0.000 05	0.000 1	0.001	0.001
16	镉	≤	0.001	0.005	0.005	0.005	0.01
17	铬（六价）	≤	0.01	0.05	0.05	0.05	0.1
18	铅	≤	0.01	0.01	0.05	0.05	0.1
19	氰化物	≤	0.005	0.05	0.02	0.2	0.2
20	挥发酚	≤	0.002	0.002	0.005	0.01	0.1
21	石油类	≤	0.05	0.05	0.05	0.5	1.0
22	阴离子表面活性剂	≤	0.2	0.2	0.2	0.3	0.3
23	硫化物	≤	0.05	0.1	0.2	0.5	1.0
24	粪大肠菌群 /（个 / L）	≤	200	2 000	10 000	20 000	40 000

4.2　集中式生活饮用水地表水源地补充项目标准限值见表 2。

表 2　集中式生活饮用水地表水源地补充项目标准限值　　单位：mg/L

序号	项目	标准值
1	硫酸盐（以 SO_4^{2-} 计）	250
2	氯化物（以 Cl^- 计）	250
3	硝酸盐（以 N 计）	10
4	铁	0.3
5	锰	0.1

4.3 集中式生活饮用水地表水源地特定项目标准限值见表 3。

表 3　集中式生活饮用水地表水源地特定项目标准限值　　单位：mg/L

序号	项 目	标准值	序号	项目	标准值
1	三氯甲烷	0.06	41	丙烯酰胺	0.000 5
2	四氯化碳	0.002	42	丙烯腈	0.1
3	三溴甲烷	0.1	43	邻苯二甲酸二丁酯	0.003
4	二氯甲烷	0.02	44	邻苯二甲酸二（2- 乙基己基）酯	0.008
5	1,2- 二氯乙烷	0.03	45	水合肼	0.01
6	环氧氯丙烷	0.02	46	四乙基铅	0.000 1
7	氯乙烯	0.005	47	吡啶	0.2
8	1,1- 二氯乙烯	0.03	48	松节油	0.2
9	1,2- 二氯乙烯	0.05	49	苦味酸	0.5
10	三氯乙烯	0.07	50	丁基黄原酸	0.005
11	四氯乙烯	0.04	51	活性氯	0.01
12	氯丁二烯	0.002	52	滴滴涕	0.001
13	六氯丁二烯	0.000 6	53	林丹	0.002
14	苯乙烯	0.02	54	环氧七氯	0.000 2
15	甲醛	0.9	55	对硫磷	0.003
16	乙醛	0.05	56	甲基对硫磷	0.002
17	丙烯醛	0.1	57	马拉硫磷	0.05
18	三氯乙醛	0.01	58	乐果	0.08
19	苯	0.01	59	敌敌畏	0.05
20	甲苯	0.7	60	敌百虫	0.05
21	乙苯	0.3	61	内吸磷	0.03
22	二甲苯①	0.5	62	百菌清	0.01
23	异丙苯	0.25	63	甲萘威	0.05
24	氯苯	0.3	64	溴氰菊酯	0.02

序号	项目	标准值	序号	项目	标准值
25	1,2- 二氯苯	1.0	65	阿特拉津	0.003
26	1,4- 二氯苯	0.3	66	苯并 [a] 芘	2.8×10^{-6}
27	三氯苯②	0.02	67	甲基汞	1.0×10^{-6}
28	四氯苯③	0.02	68	多氯联苯⑥	2.0×10^{-5}
29	六氯苯	0.05	69	微囊藻毒素 -L R	0.001
30	硝基苯	0.017	70	黄磷	0.003
31	二硝基苯④	0.5	71	钼	0.07
32	2,4- 二硝基甲苯	0.000 3	72	钴	1.0
33	2,4,6- 三硝基甲苯	0.5	73	铍	0.002
34	硝基氯苯⑤	0.05	74	硼	0.5
35	2,4- 二硝基氯苯	0.5	75	锑	0.005
36	2,4- 一氯苯酚	0.093	76	镍	0.02
37	2,4,6- 三氯苯酚	0.2	77	钡	0.7
38	五氯酚	0.009	78	钒	0.05
39	苯胺	0.1	79	钛	0.1
40	联苯胺	0.000 2	80	铊	0.000 1

注：①二甲苯：指对二甲苯、间二甲苯、邻二甲苯。

②三氯苯：指 1,2,3- 三氯苯、1,2,4- 三氯苯、1,3,5- 三氯苯。

③四氯苯：指 1,2,3,4- 四氯苯、1,2,3,5- 四氯苯、1,2,4,5- 四氯苯。

④二硝基苯：指对 - 二硝基苯、间 - 二硝基苯、邻 - 二硝基苯。

⑤硝基氯苯：指对 - 硝基氯苯、间 - 硝基氯苯、邻 - 硝基氯苯。

⑥多氯联苯：指 PCB-1016、PCB-1221、PCB-1232、PCB-1242、PCB-1248、PCB-1254、PCB-1260。

5 水质评价

5.1 地表水环境质量评价应根据实现的水域功能类别，选取相应类别标准，进行单因子评价，评价结果应说明水质达标情况，超标的应说明超标项目和超标倍数。

5.2 丰、平、枯水期特征明显的水域，应分水期进行水质评价。

5.3 集中式生活饮用水地表水源地水质评价的项目应包括表 1 中的基本项目、表 2 中的补充项目以及由县级以上人民政府环境保护行政主管部门从表中选择确定的特定项目。

6 水质监测

6.1 本标准规定的项目标准值，要求水样采集后自然沉降 30min，取上层非沉降部分按规定方法进行分析。

6.2 地表水水质监测的采样布点、监测频率应符合国家地表水环境监测技术规范的要求。

6.3 本标准水质项目的分析方法应优先选用表 4 ～表 6 规定的方法，也可采用

ISO 方法体系等其他等效分析方法，但须进行适用性检验。

表 4 地表水环境质量标准基本项目分析方法

序号	基本项目	分析方法	测定下限 /（mg/L）	方法来源
1	水温	温度计法		GB 13195—91
2	pH	玻璃电极法		GB 6920—86
3	溶解氧	碘量法	0.2	GB 7489—89
		电化学探头法		GB 11913—89
4	高锰酸盐指数		0.5	GB 11892—89
5	化学需氧量	重铬酸盐法	5	CB 11914—89
6	五日生化需氧量	稀释与接种法	2	GB 7488—87
7	氨氮	纳氏试剂比色法	0.05	GB7479—87
		水杨酸分光光度法	0.01	GB7481—87
8	总磷	钼酸铵分光光度法	0.01	GB 11893—89
9	总氮	碱性过硫酸钾消解紫外分光光度法	0.05	GB 11894—89
10	铜	2,9- 二甲基 -1,10- 菲啰啉分光光度法	0.06	GB 7473—87
		二乙基二硫代氨基甲酸钠分光光度法	0.010	GB 7474—87
		原子吸收分光光度法（螯合萃取法）	0.001	GB7475—87
11	锌	原子吸收分光光度法	0.05	GB 7475—87
12	氟化物	氟试剂分光光度法	0.05	GB 7483—87
		离子选择电极法	0.05	GB 7484—87
		离子色谱法	0.02	HJ/T 84-2001
13	硒	2,3- 二氨基萘荧光法	0.000 25	GB 11902—89
		石墨炉原子吸收分光光度法	0.003	GB/T 15505—1995
14	砷	二乙基二硫代氨基甲酸银分光光度法	0.007	GB 7485—87
		冷原子荧光法	0.000 06	1）
15	汞	冷原子吸收分光光度法	0.000 05	GB 7468—87
		冷原子荧光法	0.000 05	1）
16	镉	原子吸收分光光度法（螯合萃取法）	0.001	GB 7475—87
17	铬（六价）	二苯碳酰二肼分光光度法	0.004	GB 7467—87
18	铅	原子吸收分光光度法螯合萃取法	0.01	GB 7475—87

序号	基本项目	分析方法	测定下限 /（mg/L）	方法来源
19	总氰化物	异烟酸 - 吡唑啉酮比色法	0.004	GB 7487—87
		吡啶 - 巴比妥酸比色法	0.002	
20	挥发酚	蒸馏后 4- 氨基安替比林分光光度法	0.002	GB 7490—87
21	石油类	红外分光光度法	0.01	GB/T 16488—1996
22	阴离子表面活性剂	亚甲蓝分光光度法	0.05	GB 7494—87
23	硫化物	亚甲基蓝分光光度法	0.005	GB/T 16489—1996
		直接显色分光光度法	0.004	GB/T 17133—1997
24	粪大肠菌群	多管发酵法、滤膜法		1）

注：暂采用下列分析方法，待国家方法标准发布后，执行国家标准。

1）水和废水监测分析方法．第 3 版．北京：中国环境科学出版社，1989。

表 5　集中式生活饮用水地表水源地补充项目分析方法

序号	项目	分析方法	最低检出限 /（mg/L）	方法来源
1	硫酸盐	重量法	10	GB 11899—89
		火焰原子吸收分光光度法	0.4	GB 13196—91
		铬酸钡光度法	8	1）
		离子色谱法	0.09	HJ/T 84—2001
2	氯化物	硝酸银滴定法	10	GB 11896—89
		硝酸汞滴定法	2.5	1）
		离子色谱法	0.02	HJ/T 84—2001
3	硝酸盐	酚二磺酸分光光度	0.02	GB 7480—87
		紫外分光光度法	0.08	1）
		离子色谱法	0.08	HJ/T 84—2001
4	铁	火焰原子吸收分光光度法	0.03	GB 11911—89
		邻菲啰啉分光光度法	0.03	1）
5	锰	火焰原子吸收分光光度法	0.01	GB 11911—89
		甲醛肟光度法	0.01	1）
		高碘酸钾分光光度法	0.02	GB 11906—89

注：暂采用下列分析方法，待国家方法标准发布后，执行国家标准。

1）水和废水监测分析方法．第 3 版．北京：中国环境科学出版社，1989。

表6 集中式生活饮用水地表水源地特定项目分析方法——气相色谱法

序号	项目	分析方法	最低检出限/(mg/L)	方法来源
1	三氯甲烷	顶空气相色谱法	0.000 3	GB/T 17130—1997
		气相色谱法	0.000 6	2)
2	四氯化碳	顶空气相色谱法	0.000 05	GB/T 17130—1997
		气相色谱法	0.000 3	2)
3	三溴甲烷	顶空气相色谱法	0.001	GB/T 17130—1997
		气相色谱法	0.006	2)
4	二氯甲烷	顶空气相色谱法	0.008 7	2)
5	1,2-二氯乙烷	顶空气相色谱法	0.012 5	2)
6	环氧氯内烷	气相色谱法	0.02	2)
7	氯乙烯	气相色谱法	0.001	2)
8	1,1-二氯乙烯	吹出捕集气相色谱法	0.000 018	2)
9	1,2-二氯乙烯	吹出捕集气相色谱法	0.000 012	2)
10	三氯乙烯	顶空气相色谱法	0.000 5	GB/T 17130—1997
		气相色谱法	0.003	2)
11	四氯乙烯	顶空气相色谱法	0.000 2	GB/T 17130—1997
		气相色谱法	0.001 2	2)
12	氯丁二烯	顶空气相色谱法	0.002	2)
13	六氯丁二烯	气相色谱法	0.000 02	2)
14	苯乙烯	气相色谱法	0.01	2)
15	甲醛	乙酰丙酮分光光度法	0.05	GB 13197—91
		4-氨基-3-联氨-5-巯基-1,2,4-三氮杂茂(AHMT)分光光度法	0.05	2)
16	乙醛	气相色谱法	0.24	2)
17	丙烯醛	气相色谱法	0.019	2)
18	三氯乙醛	气相色谱法	0.001	2)
19	苯	液上气相色谱法	0.005	GB 11890—89
		顶空气相色谱法	0.000 42	2)
20	甲苯	液上气相色谱法	0.005	GB 11890—89
		二硫化碳萃取气相色谱法	0.05	
		气相色谱法	0.01	2)
21	乙苯	液上气相色谱法	0.005	GB 11890—89
		二硫化碳萃取气相色谱法	0.05	
		气相色谱法	0.01	2)

序号	项目	分析方法	最低检出限 /（mg/L）	方法来源
22	二甲苯	液上气相色谱法	0.005	GB 11890—89
		二硫化碳萃取气相色谱法	0.05	
		气相色谱法	0.01	2）
23	异丙苯	顶空气相色谱法	0.003 2	2）
24	氯苯	气相色谱法	0.01	HJ/T 74—2001
25	1,2- 二氯苯	气相色谱法	0.002	GB/T 17131—1997
26	1,4- 二氯苯	气相色谱法	0.005	GB/T 17131—1997
27	三氯苯	气相色谱法	0.000 04	2）
28	四氯苯	气相色谱法	0.000 02	2）
29	六氯苯	气相色谱法	0.000 02	2）
30	硝基苯	气相色谱法	0.000 2	GB 13194—91
31	二硝基苯	气相色谱法	0.2	2）
32	2,4- 二硝基甲苯	气相色谱法	0.000 3	GB 13194—91
33	2,4,6- 三硝基甲苯	气相色谱法	0.1	2）
34	硝基氯苯	气相色谱法	0.000 2	GB 13194—91
35	2,4- 二硝基氯苯	气相色谱法	0.1	2）
36	2,4- 二氯苯酚	电子捕获 - 毛细色谱法	0.000 4	2）
37	2,4,6- 三氯苯酚	电子捕获 - 毛细色谱法	0.000 04	2）
38	五氯酚	气相色谱法	0.000 04	GB 8972—88
		电子捕获 - 毛细色谱法	0.000 024	2）
39	苯胺	气相色谱法	0.002	2）
40	联苯胺	气相色谱法	0.000 2	3）
41	丙烯酰胺	气相色谱法	0.000 15	2）
42	丙烯钠	气相色谱法	0.10	2）
43	邻苯二甲酸二丁酯	液相色谱法	0.000 1	HJ/T 72—2001
44	邻苯二甲酸二(2- 乙基己基)酯	气相色谱法	0.000 4	2）
45	水合肼	对二甲氨基苯甲醛直接分光光度法	0.005	2）
46	四乙基铅	双硫腙比色法	0.000 1	2）
47	吡啶	气相色谱法	0.031	GB/T 14672—93
		巴比妥酸分光光度法	0.05	2）
48	松节油	气相色谱法	0.02	2）

序号	项目	分析方法	最低检出限 /（mg/L）	方法来源
49	苦味酸	气相色谱法	0.001	2）
50	丁基黄原酸	铜试剂亚铜分光光度法	0.002	2）
51	活性氯	*N*, *N* - 二乙基对苯二胺 (DPD) 分光光度法	0.01	2）
		3,3′,5,5′- 四甲基联苯胺比色法	0.005	2）
52	滴滴涕	气相色谱法	0.000 2	GB 7492—87
53	林丹	气相色谱法	4×10^{-6}	GB 7492—87
54	环氧七氯	液液萃取气相色谱法	0.000 083	2）
55	对硫磷	气相色谱法	0.000 54	GB 13192—91
56	甲基对硫磷	气相色谱法	0.000 42	GB 13192—91
57	马拉硫磷	气相色谱法	0.000 64	GB 13192—91
58	乐果	气相色谱法	0.000 57	GB 13192—91
59	敌敌畏	气相色谱法	0.000 06	GB 13192—91
60	敌百虫	气相色谱法	0.000 051	GB 13192—91
61	内吸磷	气相色谱法	0.002 5	2）
62	百菌清	气相色谱法	0.000 4	2）
63	甲萘威	高效液相色谱法	0.01	2）
64	溴氰菊酯	气相色谱法	0.000 2	2）
		高效液相色谱法	0.002	2）
65	阿特拉津	气相色谱法		3）
66	苯并 [*a*] 芘	乙酰化滤纸层析荧光分光光度法	4×10^{-6}	GB 11895—89
		高效液相色谱法	1×10^{-6}	GB 3198—91
67	甲基汞	气相色谱法	1×10^{-8}	GB/T 17132—1997
68	多氯联苯	气相色谱法		3）
69	微囊藻毒素 -LR	高效液相色谱法	0.000 01	2）
70	黄磷	钼—锑—抗分光光度法	0.002 5	2）
71	钼	无火焰原子吸收分光光度法	0.002 31	2）
72	钴	无火焰原子吸收分光光度法	0.001 91	2）
73	铍	铬菁 R 分光光度法	0.000 2	HJ/T 58—2000
		石墨炉原子吸收分光光度法	0.000 02	HJ/T 59—2000
		桑色素荧光分光光度法	0.000 2	2）
74	硼	姜黄素分光光度法	0.02	HJ/T 49—1999
		甲亚胺 -H 分光光度法	0.2	2）
75	锑	氢化原子吸收分光光度法	0.000 25	2）
76	镍	无火焰原子吸收分光光度法	0.002 48	2）
77	钡	无火焰原子吸收分光光度法	0.006 18	2）

序号	项目	分析方法	最低检出限 /（mg/L）	方法来源
78	钒	钽试剂 (BPHA) 萃取分光光度法	0.018	GB/T 15503—1995
		无火焰原子吸收分光光度法	0.006 98	2）
79	钛	催化示波极谱法	0.000 4	2）
		水杨基荧光酮分光光度法	0.02	2）
80	铊	无火焰原子吸收分光光度法	1×10^{-6}	2）

注：暂采用下列分析方法，待国家方法标准发布后，执行国家标准。1）水和废水监测分析方法. 第 3 版. 北京：中国环境科学出版社，1989。2）中华人民共和国卫生部. 生活饮用水卫生规范. 2001。3）水和废水标准检验法. 第 15 版. 北京：中国建筑工业出版社，1985。

7 标准的实施与监督

7.1 本标准由县级以上人民政府环境保护行政主管部门及相关部门按职责分工监督实施。

7.2 集中式生活饮用水地表水源地水质超标项目经自来水厂净化处理后，必须达到《生活饮用水卫生规范》的要求。

7.3 省、自治区、直辖市人民政府可以对本标准中未作规定的项目，制定地方补充标准，并报国务院环境保护行政主管部门备案。

附录3 环境空气质量标准

（GB 3095—2012）（2016 年 1 月 1 日起在全国实施）

1 适用范围

本标准规定了环境空气功能区分类、标准分级、污染物项目、平均时间及浓度限值、监测方法、数据统计的有效性规定及实施与监督等内容。

本标准适用于环境空气质量评价与管理。

2 规范性引用文件

本标准引用下列文件或其中的条款。凡是不注明日期的引用文件，其最新版本适用于本标准。

GB 8971　空气质量飘尘中苯并 [*a*] 芘的测定　乙酰化滤纸层析荧光分光光度法

GB 9801　空气质量一氧化碳的测定　非分散红外法

GB/T 15264　环境空气　铅的测定　火焰原子吸收分光光度法

GB/T 15432　环境空气　总悬浮颗粒物的测定　重量法

GB/T 15439　环境空气　苯并 [*a*] 芘的测定　高效液相色谱法

HJ 479　环境空气　氮氧化物（一氧化氮和二氧化氮）的测定　盐酸萘乙二胺分光光度法

HJ 482　环境空气　二氧化硫的测定　甲醛吸收 - 副玫瑰苯胺分光光度法

HJ 483　环境空气　二氧化硫的测定　四氯汞盐吸收 - 副玫瑰苯胺分光光度法

HJ 504　环境空气　臭氧的测定　靛蓝二磺酸钠分光光度法

HJ 539　环境空气　铅的测定　石墨炉原子吸收分光光度法（暂行）

HJ 590　环境空气　臭氧的测定　紫外光度法

HJ 618　环境空气　PM_{10} 和 $PM_{2.5}$ 的测定　重量法

HJ 630　环境监测质量管理技术导则

HJ/T 193　环境空气　质量自动监测技术规范

HJ/T 194　环境空气　质量手工监测技术规范

《环境空气质量监测规范（试行）》（国家环境保护总局公告 2007 年第 4 号）

《关于推进大气污染联防联控工作改善区域空气质量的指导意见》（国办发 [2010]33 号）

3 术语和定义

下列术语和定义适用于本标准。

3.1 环境空气 ambient air

指人群、植物、动物和建筑物所暴露的室外空气。

3.2 总悬浮颗粒物 Total Suspended Particle（TSP）

指环境空气中空气动力学当量直径小于等于 100 μm 的颗粒物。

3.3 颗粒物（粒径小于等于 10 μm） Particulate Matter（PM_{10}）

指环境空气中空气动力学当量直径小于等于 10 μm 的颗粒物，也称可吸入颗粒物。

3.4 颗粒物（粒径小于等于 2.5 μm） Particulate Matter（$PM_{2.5}$）

指环境空气中空气动力学当量直径小于等于 2.5 μm 的颗粒物，也称细颗粒物。

3.5 铅 lead

指存在于总悬浮颗粒物中的铅及其化合物。

3.6 苯并 [*a*] 芘 Benzo[a]pyrene（BaP）

指存在于颗粒物（粒径小于等于 10 μm）中的苯并 [*a*] 芘。

3.7 氟化物 fluoride

指以气态和颗粒态形式存在的无机氟化物。

3.8 1 小时平均 1-hour average

指任何 1 小时污染物浓度的算术平均值。

3.9 8 小时平均 8-hour average

指连续 8 小时平均浓度的算术平均值，也称 8 小时滑动平均。

3.10 24 小时平均 24-hour average

指一个自然日 24 小时平均浓度的算术平均值，也称为日平均。

3.11 月平均 monthly average

指一个日历月内各日平均浓度的算术平均值。

3.12 季平均 quarterly average

指一个日历季内各日平均浓度的算术平均值。

3.13 年平均 annual mean

指一个日历年内各日平均浓度的算术平均值。

3.14 标准状态 standard state

指温度为 273 K，压力为 101.325 kPa 时的状态。本标准中的污染物浓度均为标准状态下的浓度。

4 环境空气功能区分类和质量要求

4.1 环境空气功能区分类

环境空气功能区分为两类：一类区为自然保护区、风景名胜区和其他需要特殊保护的区域；二类区为居住区、商业交通居民混合区、文化区、工业区和农村地区。

4.2　环境空气功能区质量要求

一类区适用一级浓度限值，二类区适用二级浓度限值。一、二类环境空气功能区质量要求见表 1 和表 2。

表 1　环境监测空气污染物基本项目浓度限值

污染物项目		平均时间	浓度限值		浓度单位
			一级标准	二级标准	
表 1 基本项目	二氧化硫（SO_2）	年平均	20	60	μg/m³（标准状态）
		24h 平均	50	150	
		1h 平均	150	500	
	二氧化氮（NO_2）	年平均	40	40	
		24h 平均	80	80	
		1h 平均	200	200	
	一氧化碳（CO）	24h 平均	4	4	mg/m³（标准状态）
		1h 平均	10	10	
	臭氧（O_3）	日最大 8h 平均	100	160	μg/m³（标准状态）
		1h 平均	160	200	
	颗粒物（≤ 10μm）	年平均	40	70	
		24h 平均	50	150	
	颗粒物（≤ 2.5μm）	年平均	15	35	
		24h 平均	35	75	

表 2　环境监测空气污染物其他项目浓度限值

污染物项目		平均时间	浓度限值		浓度单位
			一级标准	二级标准	
表 2 其他项目	总悬浮颗粒物（TSP）	年平均	80	200	μg/m³（标准状态）
		24h 平均	120	300	
	氮氧化物（NO_x）	年平均	50	50	
		24h 平均	100	100	
		1h 平均	250	250	
	铅（Pb）	年平均	0.5	0.5	
		季平均	1	1	
	苯并 [*a*] 芘（BaP）	年平均	0.001	0.001	μg/m³（标准状态）
		24h 平均	0.002 5	0.002 5	

4.3 本标准自 2016 年 1 月 1 日起在全国实施。基本项目（表 1）在全国范围内实施；其他项目（表 2）由国务院环境保护行政主管部门或者省级人民政府根据实际情况，确定具体实施方式。

4.4 在全国实施本标准之前，国务院环境保护行政主管部门可根据《关于推进大气污染联防联控工作改善区域空气质量的指导意见》等文件要求指定部分地区提前实施本标准，具体实施方案（包括地域范围、时间等）另行公告；各省级人民政府也可根据实际情况和当地环境保护的需要提前实施本标准。

5 监测

环境空气质量监测工作应按照《环境空气质量监测规范（试行）》等规范性文件的要求进行。

5.1 监测点位布设

表 1 和表 2 中环境空气污染物监测点位的设置，应按照《环境空气质量监测规范（试行）》中的要求执行。

5.2 样品采集

环境空气质量监测中的采样环境、采样高度及采样频率等要求，按 HJ/T 193 或 HJ/T 194 的要求执行。

5.3 分析方法

应按表 3 的要求，采用相应的方法分析各项污染物的浓度。

表 3 各项污染物分析方法

序号	污染物项目	手工分析方法		自动分析方法
		分析方法	标准编号	
1	二氧化硫 (SO_2)	环境空气 二氧化硫的测定 甲醛吸收—副玫瑰苯胺分光光度法	HJ 482	紫外荧光法、差分吸收光谱分析法
		环境空气 二氧化硫的测定 四氯汞盐吸收—副玫瑰苯胺分光光度法	HJ 483	
2	二氧化氮 (NO_2)	环境空气 氮氧化物（一氧化氮和二氧化氮）的测定 盐酸萘乙二胺分光光度法	HJ 479	化学发光法、差分吸收光谱分析法
3	一氧化碳 (CO)	空气质量 一氧化碳的测定 非分散红外法	GB 9801	气体滤波相关红外吸收法、非分散红外吸收法
4	臭氧 (O_3)	环境空气 臭氧的测定 靛蓝二磺酸钠分光光度法	HJ 504	紫外荧光法、差分吸收光谱分析法
		环境空气 臭氧的测定 紫外光度法	HJ 590	
5	颗粒物（粒径小于等于 10 μm)	环境空气 PM_{10} 和 $PM_{2.5}$ 的测定 重量法	HJ 618	微量振荡天平法、β 射线法

序号	污染物项目	手工分析方法		自动分析方法
		分析方法	标准编号	
6	颗粒物（粒径小于等于 2.5 μm）	环境空气　PM_{10} 和 $PM_{2.5}$ 的测定　重量法	HJ 618	微量振荡天平法、β 射线法
7	总悬浮颗粒物 (TSP)	环境空气　总悬浮颗粒物的测定　重量法	GB/T 15432	—
8	氮氧化物 (NO_x)	环境空气　氮氧化物（一氧化氮和二氧化氮）的测定　盐酸萘乙二胺分光光度法	HJ 479	化学发光法、差分吸收光谱分析法
9	铅 (Pb)	环境空气　铅的测定　石墨炉原子吸收分光光度法（暂行）	HJ 539	—
		环境空气　铅的测定　火焰原子吸收分光光度法	GB/T 15264	—
10	苯并 [*a*] 芘 (BaP)	空气质量　飘尘中苯并 [*a*] 芘的测定　乙酰化滤纸层析荧光分光光度法	GB 8971	—
		环境空气　苯并 [*a*] 芘的测定　高效液相色谱法	GB/T 15439	—

6　数据统计的有效性规定

6.1　应采取措施保证监测数据的准确性、连续性和完整性，确保全面、客观地反映监测结果。所有有效数据均应参加统计和评价，不得选择性地舍弃不利数据以及人为干预监测和评价结果。

6.2　采用自动监测设备监测时，监测仪器应全年 365 天（闰年 366 天）连续运行。在监测仪器校准、停电和设备故障，以及其他不可抗拒的因素导致不能获得连续监测数据时，应采取有效措施及时恢复。

6.3　异常值的判断和处理应符合 HJ 630 的规定。对于监测过程中缺失和删除的数据均应说明原因，并保留详细的原始数据记录，以备数据审核。

6.4　任何情况下，有效的污染物浓度数据均应符合表 4 中的最低要求，否则应视为无效数据。

表 4　污染物浓度数据有效性的最低要求

污染物项目	平均时间	数据有效性规定
二氧化硫 (SO_2) 二氧化氮 (NO_2) 颗粒物（粒径小于等于 10 μm） 颗粒物（粒径小于等于 2.5 μm） 氮氧化物 (NO_x)	年平均	每年至少有 324 个日平均浓度值 每月至少有 27 个日平均浓度值（2 月至少有 25 个日平均浓度值）

污染物项目	平均时间	数据有效性规定
二氧化硫 (SO_2) 二氧化氮 (NO_2) 一氧化碳 (CO) 颗粒物 (粒径小于等于 10 μm) 颗粒物 (粒径小于等于 24h 平均 2.5μm) 氮氧化物 (NO_x)		每日至少有 20h 平均浓度值或采样时间
臭氧 (O_3)	8h 平均	每 8h 至少有 6h 平均浓度值
二氧化硫 (SO_2) 二氧化氮 (NO_2) 一氧化碳 (CO) 1h 平均臭氧 (O_3) 氮氧化物 (NO_x)		每小时至少有 45min 的采样时间
总悬浮颗粒物 (TSP) 苯并 [*a*] 芘 (BaP) 铅 (Pb)	年平均	每年至少有分布均匀的 60 个日平均浓度值，每月至少有分布均匀的 5 个日平均浓度值
铅 (Pb)	季平均	每季至少有分布均匀的 15 个日平均浓度值，每月至少有分布均匀的 5 个日平均浓度值
总悬浮颗粒物 (TSP) 苯并 [*a*] 芘 (BaP) 铅 (Pb)	24h 平均	每日应有 24h 的采样时间

7 实施与监督

7.1 本标准由各级环境保护行政主管部门负责监督实施。

7.2 各类环境空气功能区的范围由县级以上（含县级）人民政府环境保护行政主管部门划分，报本级人民政府批准实施。

7.3 按照《中华人民共和国大气污染防治法》的规定，未达到本标准的大气污染防治重点城市，应当按照国务院或者国务院环境保护行政主管部门规定的期限，达到本标准。该城市人民政府应当制定限期达标规划，并可以根据国务院的授权或者规定，采取更严格的措施，按期实现达标规划。